国家职业资格培训教材
技能型人才培训用书

热处理工（中级）

第2版

国家职业资格培训教材编审委员会　组编
吴元徽　编

机 械 工 业 出 版 社

本书是依据最新《国家职业技能标准 金属热处理工》（中级）的知识要求和技能要求，按照岗位培训需要的原则编写的。本书的主要内容包括：金属材料热处理基础知识，常规热处理，表面淬火处理，化学热处理，表面清洗、清理与防锈的原理及方法，工件校正的方法及设备，热处理质量检测及误差分析，热处理设备的维护与保养。本书还附有大量的知识要求试题和技能要求试题，以便于企业培训、考核和读者自测自查。

本书主要用作企业培训和职业技能鉴定培训的教材，也可作为技校、中职、各种短训班的教学用书，还可供有关工人自学使用。

图书在版编目（CIP）数据

热处理工：中级/吴元徽编.—2版.—北京：机械工业出版社，2012.11（2026.1重印）

国家职业资格培训教材 技能型人才培训用书

ISBN 978-7-111-40171-1

Ⅰ.①热… Ⅱ.①吴… Ⅲ.①热处理—技术培训—教材 Ⅳ.①TG156

中国版本图书馆CIP数据核字（2012）第251990号

机械工业出版社（北京市百万庄大街22号 邮政编码100037）
策划编辑：王华庆 责任编辑：王华庆
版式设计：闫玥红 责任校对：佟瑞鑫
封面设计：饶 薇 责任印制：张 博
固安县铭成印刷有限公司印刷
2026年1月第2版第6次印刷
169mm×239mm · 22.25印张 · 430千字
标准书号：ISBN 978-7-111-40171-1
定价：49.80元

电话服务
客服电话：010-88361066
010-88379833
010-68326294

网络服务
机 工 官 网：www.cmpbook.com
机 工 官 博：weibo.com/cmp1952
金 书 网：www.golden-book.com
机工教育服务网：www.cmpedu.com

国家职业资格培训教材（第2版）
编审委员会

第2版 序

在“十五”末期，为贯彻落实“全国职业教育工作会议”和“全国再就业会议”精神，加快培养一大批高素质的技能型人才，机械工业出版社精心策划了与原劳动和社会保障部《国家职业标准》配套的《国家职业资格培训教材》。这套教材涵盖41个职业工种，共172种，有十几个省、自治区、直辖市相关行业的200多名工程技术人员、教师、技师和高级技师等从事技能培训和鉴定的专家参加编写。教材出版后，以其兼顾岗位培训和鉴定培训需要，理论、技能、题库合一，便于自检自测的特点，受到全国各级培训、鉴定部门和广大技术工人的欢迎，基本满足了培训、鉴定和读者自学的需要，在“十一五”期间为培养技能人才发挥了重要作用，本套教材也因此成为国家职业资格鉴定考证培训及企业员工培训的品牌教材。

2010年，《国家中长期人才发展规划纲要（2010—2020年）》、《国家中长期教育改革和发展规划纲要（2010—2020年）》、《关于加强职业培训促就业的意见》相继颁布和出台，2012年1月，国务院批转了七部委联合制定的《促进就业规划（2011—2015年）》，在这些规划和意见中，都重点阐述了加大职业技能培训力度、加快技能人才培养的重要意义，以及相应的配套政策和措施。为适应这一新形势，同时也鉴于第1版教材所涉及的许多知识、技术、工艺、标准等已发生了变化的实际情况，我们经过深入调研，并在充分听取了广大读者和业界专家意见的基础上，决定对已经出版的《国家职业资格培训教材》进行修订。本次修订，仍以原有的大部分作者为班底，并保持原有的“以技能为主线，理论、技能、题库合一”的编写模式，重点在以下几个方面进行了改进：

1. 新增紧缺职业工种——为满足社会需求，又开发了一批近几年比较紧缺的以及新增的职业工种教材，使本套教材覆盖的职业工种更加广泛。

2. 紧跟国家职业标准——按照最新颁布的《国家职业技能标准》或《国家职业标准》规定的工作内容和技能要求重新整合、补充和完善内容，涵盖职业标准中所要求的知识点和技能点。

3. 提炼重点知识技能——在内容的选择上，以“够用”为原则，提炼出应重点掌握的必需专业知识和技能，删减了不必要的理论知识，使内容更加精练。

4. 补充更新技术内容——紧密结合最新技术发展，删除了陈旧过时的内容，补充了新的技术内容。

5. 同步最新技术标准——对原教材中按旧的技术标准编写的内容进行更新，所有内容均与最新的技术标准同步。

6. 精选技能鉴定题库——按鉴定要求精选了职业技能鉴定试题，试题贴近教材、贴近国家试题库的考点，更具典型性、代表性、通用性和实用性。

7. 配备免费电子教案——为方便培训教学，我们为本套教材开发配备了配套的电子教案，免费赠送给选用本套教材的机构和教师。

8. 配备操作实景光盘——根据读者需要，部分教材配备了操作实景光盘。

一言概之，经过精心修订，第2版教材在保留了第1版精华的同时，内容更加精练、可靠、实用，针对性更强，更能满足社会需求和读者需要。全套教材既可作为各级职业技能鉴定培训机构、企业培训部门的考前培训教材，又可作为读者考前复习和自测使用的复习用书，也可供职业技能鉴定部门在鉴定命题时参考，还可作为职业技术院校、技工院校、各种短训班的专业课教材。

在本套教材的调研、策划、编写过程中，得到了许多企业、鉴定培训机构有关领导、专家的大力支持和帮助，在此表示衷心的感谢！

虽然我们已经尽了最大努力，但是教材中仍难免存在不足之处，恳请专家和广大读者批评指正。

国家职业资格培训教材第2版编审委员会

第1版 序一

当前和今后一个时期，是我国全面建设小康社会、开创中国特色社会主义事业新局面的重要战略机遇期。建设小康社会需要科技创新，离不开技能人才。“全国人才工作会议”、“全国职教工作会议”都强调要把“提高技术工人素质、培养高技能人才”作为重要任务来抓。当今世界，谁掌握了先进的科学技术并拥有大量技术娴熟、手艺高超的技能人才，谁就能生产出高质量的产品，创出自己的名牌；谁就能在激烈的市场竞争中立于不败之地。我国有近一亿技术工人，他们是社会物质财富的直接创造者。技术工人的劳动，是科技成果转化为生产力的关键环节，是经济发展的重要基础。

科学技术是财富，操作技能也是财富，而且是重要的财富。中华全国总工会始终把提高劳动者素质作为一项重要任务，在职工中开展的“当好主力军，建功‘十一五’，和谐奔小康”竞赛中，全国各级工会特别是各级工会职工技协组织注重加强职工技能开发，实施群众性经济技术创新工程，坚持从行业和企业实际出发，广泛开展岗位练兵、技术比赛、技术革新、技术协作等活动，不断提高职工的技术技能和操作水平，涌现出一大批掌握高超技能的能工巧匠。他们以自己的勤劳和智慧，在推动企业技术进步，促进产品更新换代和升级中发挥了积极的作用。

欣闻机械工业出版社配合新的《国家职业标准》为技术工人编写了这套涵盖41个职业的172种“国家职业资格培训教材”。这套教材由全国各地技能培训和考评专家编写，具有权威性和代表性；将理论与技能有机结合，并紧紧围绕《国家职业标准》的知识点和技能鉴定点编写，实用性、针对性强，既有必备的理论和技能知识，又有考核鉴定的理论和技能题库及答案，编排科学，便于培训和检测。

这套教材的出版非常及时，为培养技能型人才做了一件大好事，我相信这套教材一定会为我们培养更多更好的高技能人才做出贡献！

（李永安　中国职工技术协会常务副会长）

第1版 序二

为贯彻“全国职业教育工作会议”和“全国再就业会议”精神，全面推进技能振兴计划和高技能人才培养工程，加快培养一大批高素质的技能型人才，我们精心策划了这套与劳动和社会保障部最新颁布的《国家职业标准》配套的《国家职业资格培训教材》。

进入21世纪，我国制造业在世界上所占的比重越来越大，随着我国逐渐成为“世界制造业中心”进程的加快，制造业的主力军——技能人才，尤其是高级技能人才的严重缺乏已成为制约我国制造业快速发展的瓶颈，高级蓝领出现断层的消息屡屡见诸报端。据统计，我国技术工人中高级以上技工只占3.5%，与发达国家40%的比例相去甚远。为此，国务院先后召开了“全国职业教育工作会议”和“全国再就业会议”，提出了“三年50万新技师的培养计划”，强调各地、各行业、各企业、各职业院校等要大力开展职业技术培训，以培训促就业，全面提高技术工人的素质。

技术工人密集的机械行业历来高度重视技术工人的职业技能培训工作，尤其是技术工人培训教材的基础建设工作，并在几十年的实践中积累了丰富的教材建设经验。作为机械行业的专业出版社，机械工业出版社在“七五”、“八五”、“九五”期间，先后组织编写出版了“机械工人技术理论培训教材”149种，“机械工人操作技能培训教材”85种，“机械工人职业技能培训教材”66种，“机械工业技师考评培训教材”22种，以及配套的习题集、试题库和各种辅导性教材约800种，基本满足了机械行业技术工人培训的需要。这些教材以其针对性、实用性强，覆盖面广，层次齐备，成龙配套等特点，受到全国各级培训、鉴定和考工部门及技术工人的欢迎。

2000年以来，我国相继颁布了《中华人民共和国职业分类大典》和新的《国家职业标准》，其中对我国职业技术工人的工种、等级、职业的活动范围、工作内容、技能要求和知识水平等根据实际需要进行了重新界定，将国家职业资格分为5个等级：初级（5级）、中级（4级）、高级（3级）、技师（2级）、高级技师（1级）。为与新的《国家职业标准》配套，更好地满足当前各级职业培训和技术工人考工取证的需要，我们精心策划编写了这套《国家职业资格培训教材》。

这套教材是依据劳动和社会保障部最新颁布的《国家职业标准》编写的，

为满足各级培训考工部门和广大读者的需要，这次共编写了41个职业172种教材。在职业选择上，除机电行业通用职业外，还选择了建筑、汽车、家电等其他相近行业的热门职业。每个职业按《国家职业标准》规定的工作内容和技能要求编写初级、中级、高级、技师（含高级技师）四本教材，各等级合理衔接、步步提升，为高技能人才培养搭建了科学的阶梯型培训架构。为满足实际培训的需要，对多工种共同需求的基础知识我们还分别编写了《机械制图》、《机械基础》、《电工常识》、《电工基础》、《建筑装饰识图》等近20种公共基础教材。

在编写原则上，依据《国家职业标准》又不拘泥于《国家职业标准》是我们这套教材的创新。为满足沿海制造业发达地区对技能人才细分市场的需要，我们对模具、制冷、电梯等社会需求量大又已单独培训和考核的职业，从相应的职业标准中剥离出来单独编写了针对性较强的培训教材。

为满足培训、鉴定、考工和读者自学的需要，在编写时我们考虑了教材的配套性。教材的章首有培训要点、章末配复习思考题，书末有与之配套的试题库和答案，以及便于自检自测的理论和技能模拟试卷，同时还根据需求为20多种教材配制了VCD光盘。

为扩大教材的覆盖面和体现教材的权威性，我们组织了上海、江苏、广东、广西、北京、山东、吉林、河北、四川、内蒙古等地相关行业从事技能培训和考工的200多名专家、工程技术人员、教师、技师和高级技师参加编写。

这套教材在编写过程中力求突出“新”字，做到“知识新、工艺新、技术新、设备新、标准新”；增强实用性，重在教会读者掌握必需的专业知识和技能，是企业培训部门、各级职业技能鉴定培训机构、再就业和农民工培训机构的理想教材，也可作为技工学校、职业高中、各种短训班的专业课教材。

在这套教材的调研、策划、编写过程中，曾经得到广东省职业技能鉴定中心、上海市职业技能鉴定中心、江苏省机械工业联合会、中国第一汽车集团公司以及北京、上海、广东、广西、江苏、山东、河北、内蒙古等地许多企业和技工学校的有关领导、专家、工程技术人员、教师、技师和高级技师的大力支持和帮助，在此谨向为本套教材的策划、编写和出版付出艰辛劳动的全体人员表示衷心的感谢！

教材中难免存在不足之处，诚恳希望从事职业教育的专家和广大读者不吝赐教，批评指正。我们真诚希望与您携手，共同打造职业培训教材的精品。

国家职业资格培训教材编审委员会

前言

本教材第1版自出版以来，已多次重印，得到了广大读者的认可与好评。2009年，新的《国家职业技能标准　金属热处理工》颁布，对各级热处理工的理论知识和操作技能提出了新的要求。另外，本教材第1版所涉及的技术、工艺、标准、名词术语等有些已发生了变化，相关的新技术、新知识不断涌现。因此，我们组织相关专家对第1版教材进行了修订，以使其更能满足读者的需求。

本教材在修订过程中，以满足岗位培训需要为宗旨，以实用、够用为原则，以技能为主线，使理论为技能服务，并将理论知识和操作技能结合起来，有机地融于一体。第2版教材的主要特点是：

（1）内容先进　本教材在强调实用性、典型性的前提下，充分重视内容的先进性，尽可能反映与本职业相关联的新技术、新工艺、新设备、新材料和新方法，并采用法定计量单位和最新名词术语，能充分满足职业资格培训的需要。

（2）最大限度地体现技能培训特色　本教材以最新《国家职业技能标准　金属热处理工》为依据，以职业技能鉴定要求为尺度，以满足本职业对从业人员的要求为目标，以岗位技能需求为出发点，确定核心技能模块，编写每一个技能训练。

（3）配套资源丰富　本教材配有电子课件，书后附有试题库、模拟试卷样例及答案，以便于教学、培训和读者自查自测。

（4）服务目标明确　本教材主要用于企业培训和职业技能鉴定培训，也可作为技校、中职院校以及各种短训班的教学用书，还可供有关工人自学使用。

本次修订工作由第1版主编吴元徽负责。在修订过程中，得到了丁翔、张长英等同志的支持和帮助，在此表示衷心的感谢！

由于编者水平有限，书中难免存在缺点和不足之处，恳请广大读者批评指正！

编　者

目录

第一章

金属材料热处理基础知识

培训学习目标 熟悉 $Fe\text{-}Fe_3C$ 相图及杠杆定律的运用；了解常用钢的牌号、性能及用途；学会正确选材；能够初步编制热处理工艺。

第一节 金属学相关知识

一、二元相图及杠杆定律

1. 二元匀晶相图

二元合金系中两组元若在液态和固态下均能以任何比例相互溶解，在固态下能形成无限固溶体，则其相图属于匀晶相图。这些二元合金的结晶过程称为匀晶转变。例如 Cu-Ni、Fe-Cr、Au-Ag 等合金的相图都属于匀晶相图，这些合金的两组元都能满足形成无限固溶体的条件。

（1）相图分析 图 1-1a 所示为 Cu-Ni 合金匀晶相图。Cu、Ni 是两个在液态和固态均能完全互溶的纯组元。

匀晶相图由两个点、两条线及三个相区组成。t_{Cu} = 1083℃为纯铜的熔点，t_{Ni} = 1455℃为纯镍的熔点。上面一条线为液相线，代表各种成分的 Cu-Ni 二元合金在冷却过程中开始结晶（或加热过程中熔化终了）的温度；下面一条线为固相线，代表 Cu-Ni二元合金在冷却过程中结晶终了（或加热过程中开始熔化）的温度。液相线与固相线把整个相图划分为三个不同的相区：液相线以上为单一的液相区，合金处于均匀的液体状态，以“L”表示；固相线以下是单一的固溶体区，合金处于均匀的固溶体状态，因为 Cu、Ni 组成的是无限固溶体，所以以“α”表示；在液相线与固相线之间是液、固两相共存区，即合金的凝固区，用“L + α”表示。

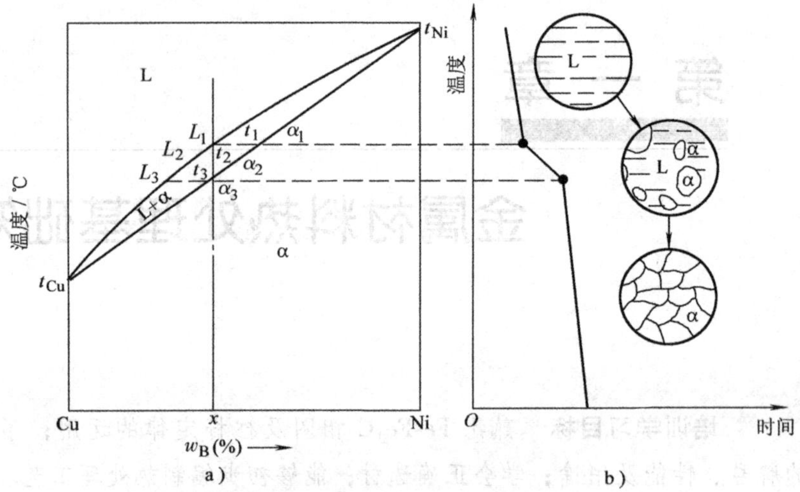

图 1-1　Cu-Ni 合金匀晶相图及结晶过程

a）匀晶相图　b）结晶过程

（2）合金结晶过程分析　现以成分为 x 的合金（即 $w_{Ni}=x\%$）为例阐述其结晶过程及产物，如图 1-1b 所示。

在图 1-1a 所示二元合金相图上的 x 成分点处作其合金线，与液相线、固相线分别在 L_1 和 α_3 处相交。由 L_1 点可知，该合金在 t_1 温度时开始结晶；由 α_3 点可知，该合金在 t_3 温度时结晶结束。因此，合金 x 的结晶过程为：由高温液态缓慢冷却到 t_1 温度时，α 固溶体开始从液相中析出，随着温度的下降，α 固溶体量不断增加，液相量不断减少，直到温度降至 t_3 时，合金结晶终了，获得了 Cu 和 Ni 组成的均匀 α 固溶体。该过程可用结晶冷却转变式表示为

$$L \xrightarrow[\text{开始结晶}]{t_1} L+\alpha \xrightarrow[\text{结晶终了}]{t_3} \alpha \tag{1-1}$$

上述结晶过程是在极其缓慢的条件下（即平衡条件下）进行的，因此称为平衡结晶，所得的组织称为平衡组织。匀晶转变得到的平衡组织与纯金属相似，也是多边形等轴晶粒。

必须指出，在合金结晶过程中，结晶出的 α 固溶体成分和剩余的液相成分都与合金的平均成分不同，两平衡相的相对质量比也不同，它们都在结晶温度范围内（即 t_1 和 t_3 之间）随着温度的改变而改变。仍以图 1-1a 为例，若要知道成分为 x 的 Cu-Ni 合金在结晶过程中某一温度时两相的成分，可通过该合金的合金线上相当于该温度的点作水平线，此水平线与液相线及固相线的交点在成分坐标上的投影，即相应地表示该温度下液相与固相的成分。因此，由图 1-1a 可见，在 t_1 温度时，液相与固相的成分分别为 L_1 点和 α_1 点在成分坐标轴的投影。其原因可大致解释为：当液相冷

却到 t_1 温度时，结晶出某一成分的固溶体，在重新加热到同一温度时，应当开始熔化。很显然，只有相当于 α_1 点成分的合金在加热到 t_1 时才开始熔化。所以在 t_1 温度时，与成分为 L_1 的液相合金处于平衡状态的 α 固溶体的成分一定是 α_1。同理，在 t_2 温度，液、固两相的成分在通过原子扩散（因冷却速度极慢而具备充分扩散的条件）而达到平衡状态时，应分别为 L_2 点和 α_2 点在成分坐标轴上的投影；在 t_3 温度时，合金结晶终了，经过原子充分扩散后，最终获得与合金平均成分一致的（即 α_3 点在成分坐标轴上的投影——x% Ni + 余量 Cu）单相 α 固溶体。其他成分的合金平衡结晶过程均与上述合金相似。

总之，在匀晶转变过程中，合金结晶的特点是：在一定温度范围内进行结晶，已结晶的固溶体成分不断沿固相线变化，由 $\alpha_1 \rightarrow \alpha_2 \rightarrow \alpha_3$；剩余液相成分则不断沿液相线变化，由 $L_1 \rightarrow L_2 \rightarrow L_3$。

2. 二元共晶相图

凡二元合金系中的两组元在液态下能无限互溶，而在固态下只能有限互溶或不能互溶的并具有共晶转变过程的相图称为共晶相图。

所谓共晶转变，是指一定成分的液态合金，在一定的温度下同时结晶出两种不同固相的转变。

根据两组元在固态下相互作用的不同，共晶相图可分为简单共晶相图和一般共晶相图。

（1）简单共晶相图　两组元液态时能完全互溶，而固态下完全不能互溶，则其共晶相图为简单共晶相图。图 1-2 所示为 A、B 两组元组成的二元合金的简单共晶相图。

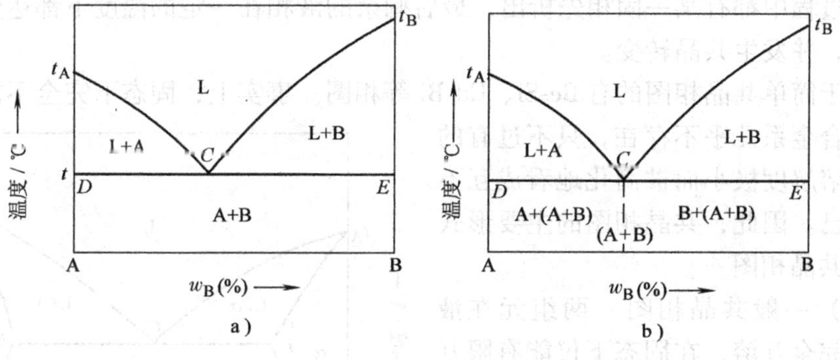

图 1-2　简单共晶相图

a）简单共晶相图　b）按组织组成物填写的简单共晶相图

图 1-2 中的 t_A、t_B 分别为组元 A、B 的熔点。t_AC 线为液相线，合金线与它的交点表示该合金在冷却过程开始结晶出 A 组元的温度。t_BC 线也是液相线，合

金线与它的交点表示该项合金在冷却过程中开始结晶出B组元的温度。

由结晶终了温度连成的水平线 *DCE* 线是固相线。当液相冷却到 *DCE* 线时，由于A组元或B组元固相的先析出，剩余液相的成分相同，就是 *C* 点成分，因此合金都要发生共晶转变。所以水平线 *DCE* 线又称为共晶线。

C 点是液相线 t_AC、t_BC 与固相线 *DCE* 的交点，表示成分为 *C* 的合金冷却到 *t* 温度时，液相将在恒温下同时结晶出固相（A+B）的机械混合物，即发生共晶转变，其反应式为

$$L_C \xrightarrow{t} (A+B) \tag{1-2}$$

由共晶转变所获得的两相机械混合物组织称为共晶组织或共晶体。*C* 点称为共晶点。

液相线 t_AC、t_BC 与固相线 *DCE* 把整个相图分为四个不同的相区。在液相线 t_AC 和 t_BC 以上是单相的液相区，合金处于液体状态，以“L”表示；固相线 *DCE* 以下，因为两组元在固态下互不溶解，所以是A+B两种固相共存的两相区；在液相线与固相线之间是液相+固相的两相共存区，即结晶区，其中 t_ACD 区是液相L与固相A共存的两相区，t_BCE 区是液相L与固相B共存的两相区。在该二元共晶相图中，三相区是一条水平线（即共晶线 *DCE* 线），由液相L+固相A+固相B组成。

进一步分析图1-2可知，*C* 点成分的合金称为共晶合金。共晶合金的特点是冷却到一定温度时能全部发生共晶转变，其固相室温组织全部为共晶体。B组元成分低于 *C* 点（即 *C* 点以左）的合金称为亚共晶合金，B组元成分高于 *C* 点（即 *C* 点以右）的合金称为过共晶合金。亚共晶合金与过共晶合金的共同特点是在结晶过程中都有某一固相先析出，最后剩余的液相在一定的温度下都达到共晶点成分，并发生共晶转变。

属于简单共晶相图的有Be-Si、Cd-Bi等相图。事实上，固态下完全不能互溶的二元合金系几乎不存在，只不过有的仅是因溶解度极小而被简化地看成互不溶解而已。因此，共晶相图的主要形式是一般共晶相图。

（2）一般共晶相图　两组元在液态下能完全互溶，在固态下仅能有限互溶形成有限固溶体，则其共晶相图称为一般共晶相图。图1-3是由A、B两组元组成的二元合金的一般共晶相图。

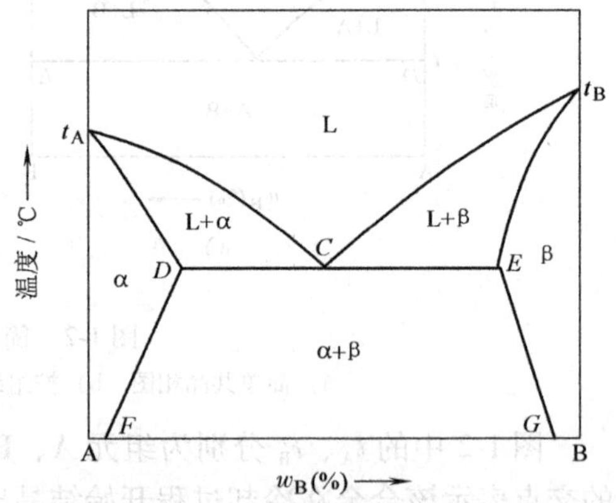

图1-3　一般共晶相图

为了便于分析，可以把图1-3分成

图 1-4 所示的三部分。显然，图1-4 中左右两部分就是部分匀晶相图，中间部分就是一个简单共晶相图。

由于 A、B 两组元都只能有限互溶，因此α和β固溶体的溶解度都是有限的。固溶体在某一温度下的最大含量称为该温度下的固溶度。分析图 1-4 可知，*DF*、*EG* 分别是α和β的固溶度变化曲线。从曲线的变化方向可以看出它们的固溶度都随着温度的降低而减少，随着温度的升高而增大。固溶度变化曲线表示了固溶体的固溶度随着温度变化的规律，简称为固溶线。

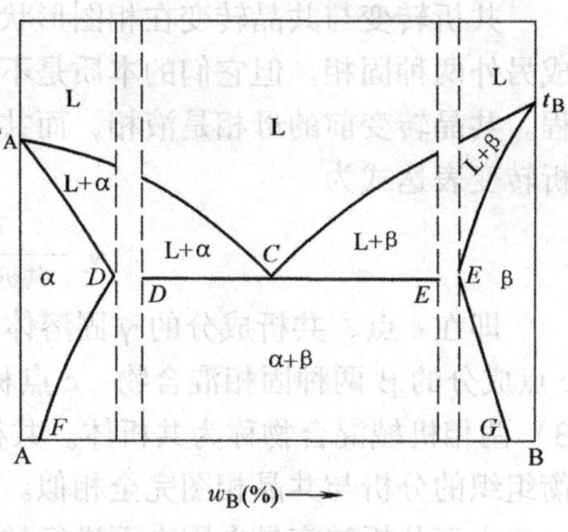

图1-4　一般共晶相图的分析

凡成分超过最大固溶度点的合金，在结晶过程中将发生共晶转变，因此图1-4 的中间部分可看做一个简单共晶相图。它与图 1-2 没有太大差别，只是由于 A、B 两组元在固态能有限互溶，因而其共晶转变产物——共晶体不是由纯组元 A、B 组成的机械混合物，而是由饱和成分的固溶体α和β组成的机械混合物。

综上所述，对照已掌握的匀晶相图与简单共晶相图，就很容易理解一般共晶相图中的点、线和相区。图 1-3 中点 t_A、t_B 分别为纯组元 A 与 B 的熔点；*C* 为共晶点；*D*、*E* 分别为α、β固溶体的最大固溶度点；*F*、*G* 分别为α、β固溶体在室温下的固溶度点。t_ACt_B 为液相线，液态合金极缓慢地冷却到此线时开始结晶出α或β固溶体；t_ADEt_B 线为固相线，其中 t_AD、t_BE 分别是液相合金结晶成α、β固溶体的终了线；*DCE* 线是共晶线，它所包含的合金在该温度下的剩余液相成分均为共晶成分，发生恒温的共晶转变，结晶出（α+β）共晶体；*DF*、*EG* 线分别为α、β固溶体的固溶线。

上述相界线把整个一般共晶相图分成六个不同的相区：三个单相区，分别为液相 L、α固溶体和β固溶体相区；三个两相区，分别为 L+α、L+β 和 α+β；*DCE* 共晶线是 L+α+β 三相平衡的共存线。

属于一般共晶相图的有 Pb-Sn、Pb-Sb、Al-Si 和 Ag-Cu 等二元合金的相图。

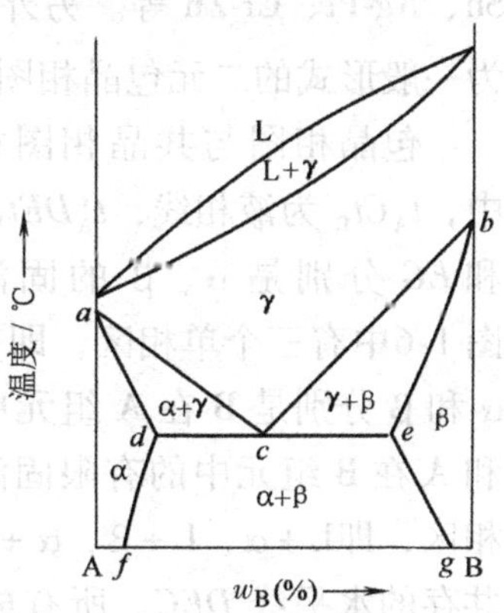

图1-5　具有匀晶转变的共析相图

3. 二元共析相图

由一种成分的固溶体，在一恒定的温度下同时析出两个一定成分的新的不同固相的过程，称为共析转变。图 1-5 所示为具有匀晶转变的共析相图，相图的下半部发生共析转变。

共析转变与共晶转变在相图形状上非常相似，并且都是一种相在恒温下转变成另外两种固相。但它们的本质是不同的。前者是固态下的转变，后者是结晶过程。共晶转变前的母相是液相，而共析转变前的母相为单一固相。图1-5中的共析转变表达式为

$$\gamma_c \xrightarrow[\text{共析转变}]{t_c} (\alpha+\beta) \tag{1-3}$$

即在c点，共析成分的γ固溶体，在共析温度下，同时析出d点成分的α和e点成分的β两种固相混合物。c点称为共析点，dce线称为共析转变线，(α+β)两相机械混合物称为共析体。共析相图中各种成分合金的结晶过程及室温平衡组织的分析与共晶相图完全相似。

由于共析转变是在固态下进行的，因此它与共晶转变有明显的差别：

1）固态下原子扩散比液态困难得多，所以在实际冷却条件下，共析转变很容易过冷，有较大的过冷度。

2）因为共析转变过冷度大，所以共析产物比共晶产物细密得多。

3）共析转变前后，相的晶体构造、晶格的致密度不同，所以转变时伴随着体积的变化，从而引起内应力，有时内应力还比较大。

4. 二元包晶相图

凡二元合金系中两组元在液态时无限互溶，而在固态时只能有限溶解，并在结晶过程中发生包晶转变的相图称为包晶相图。

所谓包晶转变，是指在一定的温度下，已结晶的一定成分的固相与剩余的一定成分的液相一起生成另一新的固相的转变。具有包晶转变的二元合金有Ag-Sn、Ag-Pt、Cr-Zn等。另外，Fe-C合金在低碳范围内就有包晶转变。图1-6所示为一般形式的二元包晶相图。

包晶相图与共晶相图相似。在图1-6中，$t_A Ct_B$为液相线，$t_A DEt_B$为固相线，DF和EG分别是α、β的固溶度变化曲线。图1-6中有三个单相区，即L、α、β，其中α和β分别是B在A组元中的有限固溶体和A在B组元中的有限固溶体；有三个双相区，即L+α、L+β、α+β；有一个三相共存的水平线DEC，所有成分在D点和C点之间的合金冷却到该线都要发生包晶转变。图1-6中的包晶转变表达式为

$$L_C + \alpha_D \xrightarrow[\text{包晶转变}]{t_E} \beta_E \tag{1-4}$$

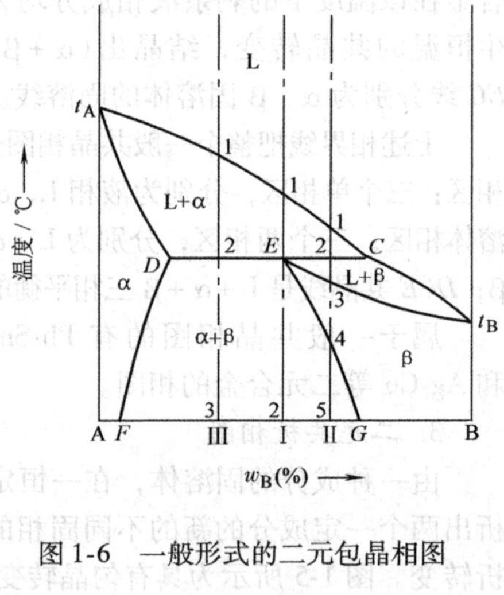

图1-6 一般形式的二元包晶相图

因此 DEC 线称为包晶转变线，E 点称为包晶点。

5. 杠杆定律的应用

我们已经知道，在合金相图中液、固两相并存的两相区内，若已给定某一温度，则能确定在该温度下液、固两相的成分。运用杠杆定律，我们还可以确定该温度下液、固两相的相对质量。下面我们以图 1-7 所示的 Cu-Ni 合金相图为例来证明杠杆定律。

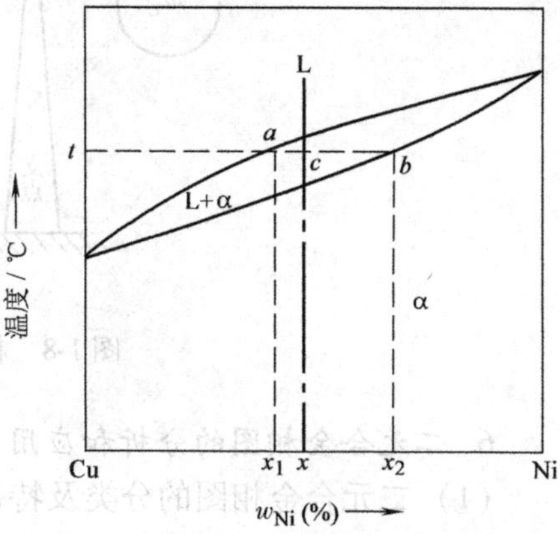

图 1-7　杠杆定律的证明

图 1-7 中 $w_{Ni}=x$ 的 Cu-Ni 合金，在 t 温度时，可分别求得 Ni 的液相成分 $w_{Ni}=x_1$，Ni 的固相成分 $w_{Ni}=x_2$。在此温度下，已结晶出的固相 α 和剩余液相 L 的相对质量可按下述方法求得。

设合金总质量为 m，液相质量为 m_L，固相质量为 m_α，则

$$m_L + m_\alpha = m \tag{1-5}$$

$$m_L x_1 + m_\alpha x_2 = mx \tag{1-6}$$

将式（1-5）代入式（1-6）得

$$m_L x_1 + m_\alpha x_2 = (m_L + m_\alpha)x \tag{1-7}$$

即

$$m_\alpha(x_2 - x) = m_L(x - x_1) \tag{1-8}$$

由图 1-7 可见：

$$x_2 - x = bc \quad x - x_1 = ac \tag{1-9}$$

代入式（1-8）即得

$$m_\alpha \times bc = m_L \times ac \tag{1-10}$$

或

$$\frac{m_\alpha}{m_L} = \frac{ac}{bc} \tag{1-11}$$

对比图 1-8 可见，两相质量之间的相对关系与力学中的杠杆定律十分相似，所以称其为杠杆定律。

值得注意的是，杠杆定律不仅适用于匀晶相图两相区中两平衡相的相对质量计算，对其他类型二元合金相图两相区中两平衡相的相对质量计算也同样适用。在单相区中由于没有两个相，自然也就不能应用杠杆定律了。

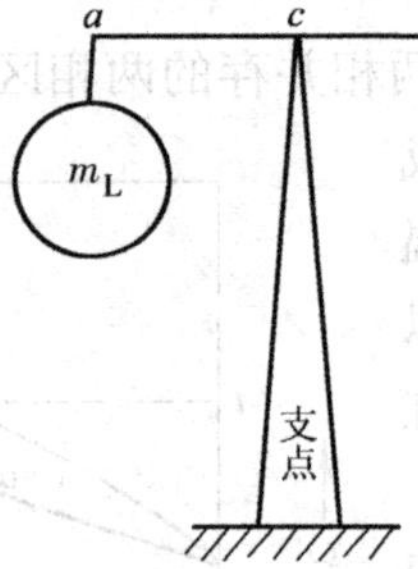

图 1-8　杠杆定律的力学比喻

6. 二元合金相图的分析和应用

（1）二元合金相图的分类及特征　见表 1-1。

（2）二元合金相图遵循的规律

1）在所有二元合金相图中，相邻的相区之间相数差必定为 1（点接触情况除外）。这个规律又称为相区接触法则，可用来检验相区标注是否正确。

2）两个单相区之间必定有一个由这两个相所组成的两相区，如图 1-9 所示。两个单相区只能相交于一点，而不能相交成一条线。

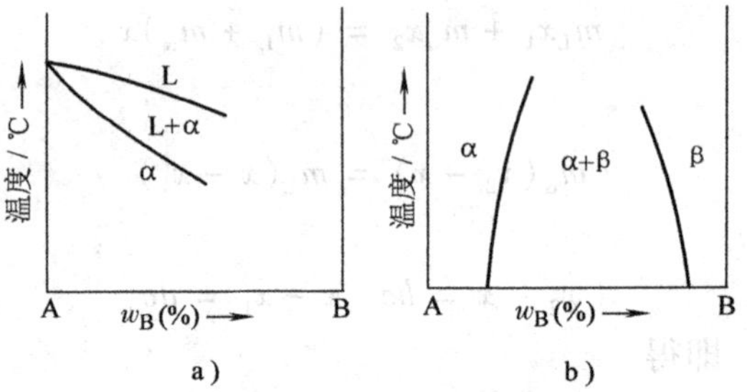

图 1-9　两个单相区之间的两相区

3）在二元合金相图中，三相共存时必定是一条水平线，这条水平线上有三个表示平衡相成分的点，其中两点应在水平线的两端，每条水平线必定和三个两相区相邻，三相共存水平线与单相区只能是点接触，如图 1-10 所示。根据单相区在水平线上、下、左、右的分布状况和相的性质，便可确定水平线所代表的转变类型（见表 1-1）。

表 1-1　二元合金相图的分类及特征

序号	相图类型	图形特征	转变特征	转变名称	相图形式	转变式	说　明
1	匀晶型	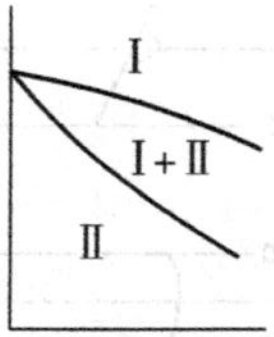	Ⅰ→Ⅰ+Ⅱ→Ⅱ	匀晶转变	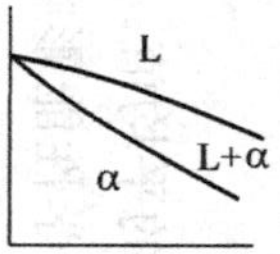	L→α	一个液相 L 经过一个温度范围转变为同成分的固相 α
				固溶体同素异构转变	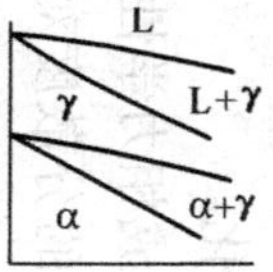	γ→α	一个固相 γ 经过一个温度范围转变为成分相同的另一个固相 α
2	共晶型	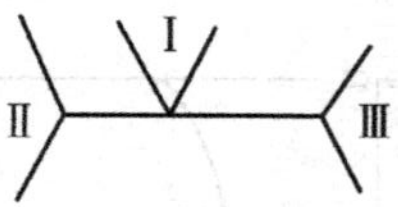	Ⅰ→Ⅱ+Ⅲ	共晶转变	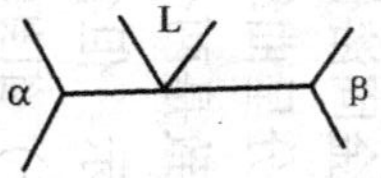	L→（α+β）	恒温下由一个液相 L 同时转变为两个成分不同的固相 α 和 β
				共析转变	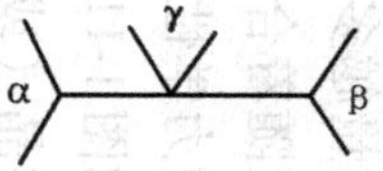	γ→（α+β）	恒温下由一个固相 γ 同时转变为另外两个成分不同的固相 α 和 β
3	包晶型	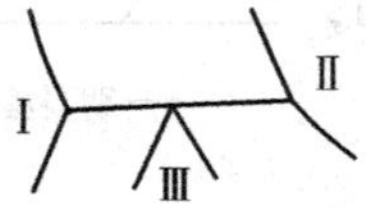	Ⅰ+Ⅱ→Ⅲ	包晶转变	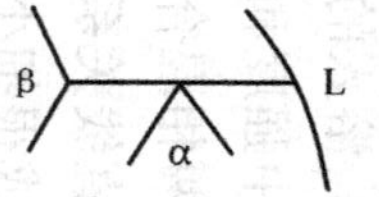	L+β→α	恒温下由液相 L 和一个固相 β 相互作用生成一个新的固相 α

4）如果同一相图中有两个恒温转变水平线，且这两个转变中有相同的相（见图1-10中的 A 和 Fe_3C），则两水平线之间的相区必定由这两相组成（见图 1-10 中的 A + Fe_3C）。

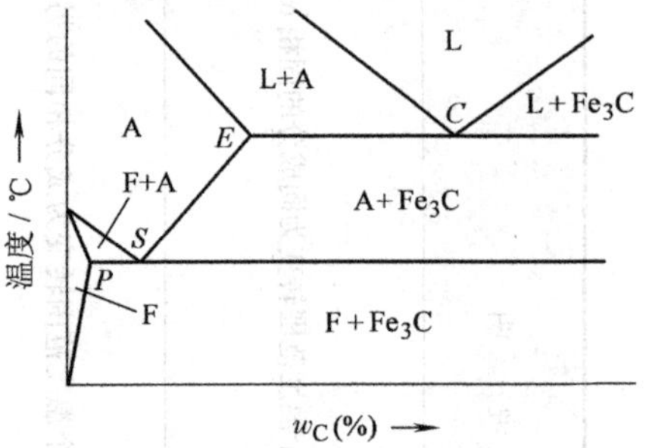

图 1-10 三相水平线及两个水平线之间的两相区

（3）二元合金相图的应用

1）根据相图分析合金热处理的可能性。相图能够表明合金可能进行热处理的种类，并能为制订热处理工艺参数提供参考数据。

2）根据相图判断合金的力学性能。合金的力学性能与其成分和组织密切相关。相图能反映合金平衡组织随着成分变化的规律。因此可根据相图大概估计不同成分合金的力学性能。

二元合金室温平衡组织主要有三大类：合金固溶体、两相混合物及金属化合物。

合金固溶体的性能与组成元素的性质和溶质的溶入量有关，当溶剂和溶质确定时，溶入的溶质量越多，合金固溶体的强度和硬度就越高。图 1-11a 表明匀晶相图中强度和硬度随着合金成分呈曲线变化。

两相混合物的力学性能大致是两个组成相力学性能的平均值，与成分曲线大致呈直线关系，如图 1-11b 所示。但各相的分散度对力学性能影响较大。例如，当形成很细小的共晶（或共析）组织时，合金的强度和硬度将偏离直线出现峰值，见图 1-11b 中的虚线。

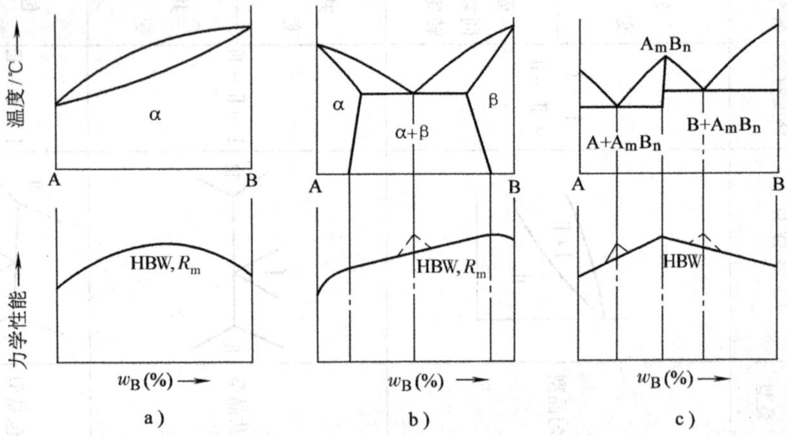

图 1-11 合金力学性能与相图的关系

当形成金属化合物时，金属化合物的硬度在硬度—成分曲线上出现极大值，如图 1-11c 所示。

二、Fe-Fe_3C 相图的运用

1. Fe-Fe_3C 相图的知识

Fe-Fe_3C 相图是判断铁碳合金力学性能，选用钢材及热处理工艺的重要依据。图 1-12 所示为简化后的 Fe-Fe_3C 相图。它是由三类基本相图（包晶相图、共晶相图和共析相图）组成的，左上角的包晶转变与热处理关系不大，一般省略。

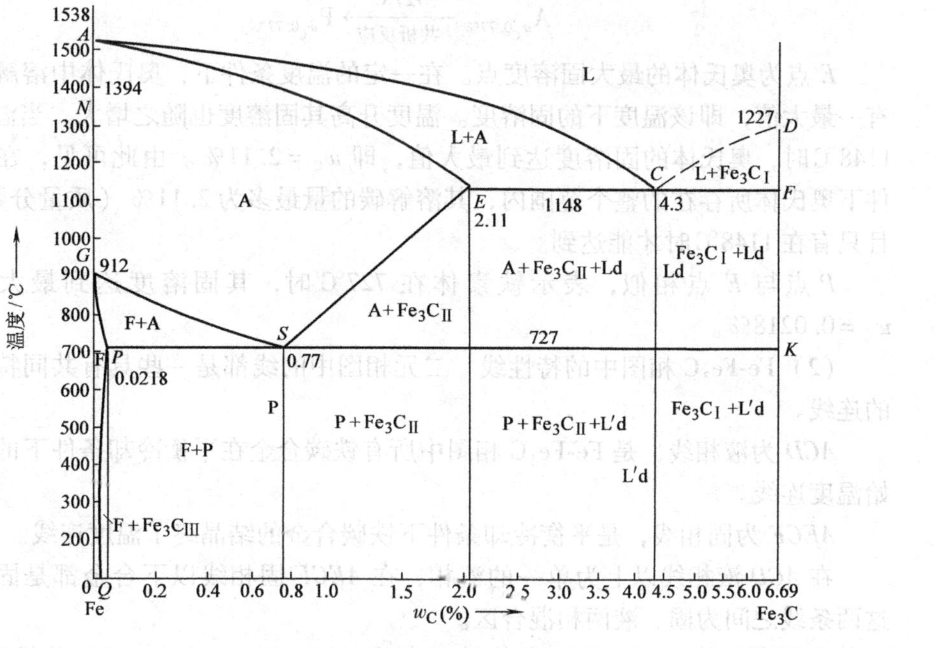

图 1-12 简化后的 Fe-Fe_3C 相图

（1）Fe-Fe_3C 相图中的特性点 *C* 点为共晶点。$w_C=4.3\%$ 的液态铁碳合金，在平衡条件下冷至 1148℃时发生共晶反应，同时结晶出 *E* 点成分（$w_C=2.11\%$）的奥氏体和渗碳体（$w_C=6.69\%$）。共晶反应是在恒温下进行的，反应过程中液相、奥氏体和渗碳体三相共存，直至共晶结束，液相完全变成固相奥氏体和渗碳体的机械混合物——莱氏体。其反应式为

$$L_{w_C4.3\%} \xrightarrow[\text{共晶反应}]{1148℃} Ld_{w_C4.3\%}(A_{w_C2.11\%} + Fe_3C) \quad (1\text{-}12)$$

或

$$L_{w_C4.3\%} \xrightarrow[\text{共晶反应}]{1148℃} Ld_{w_C4.3\%} \quad (1\text{-}13)$$

S 点为共析点，$w_C=0.77\%$ 的奥氏体，在平衡条件下冷至727℃时发生共析反应，由奥氏体中同时析出 *P* 点成分的铁素体（$w_C=0.0218\%$）和渗碳体（$w_C=6.69\%$）。共析反应也是在恒温下进行的，反应过程中奥氏体、铁素体、渗碳体三相共存，直至反应结束，奥氏体完全转变成铁素体和渗碳体的机械混合物——珠光体。其反应式为

$$A_{w_C0.77\%} \xrightarrow[\text{共析反应}]{727℃} P_{w_C0.77\%}(F_{w_C0.0218\%}+Fe_3C) \quad (1\text{-}14)$$

或

$$A_{w_C0.77\%} \xrightarrow[\text{共析反应}]{727℃} P_{w_C0.77\%} \quad (1\text{-}15)$$

E 点为奥氏体的最大固溶度点。在一定的温度条件下，奥氏体中溶解碳的量有一最大值，即该温度下的固溶度。温度升高其固溶度也随之增大，当温度升至1148℃时，奥氏体的固溶度达到最大值，即 $w_C=2.11\%$。由此可见，在平衡条件下奥氏体所存在的整个范围内，其溶解碳的量最多为2.11%（质量分数），并且只有在1148℃时才能达到。

P 点与 *E* 点相似，表示铁素体在727℃时，其固溶度达到最大值，即 $w_C=0.0218\%$。

（2）$Fe\text{-}Fe_3C$ 相图中的特性线　二元相图中的线都是一些具有共同特征的点的连线。

ACD 为液相线，是 $Fe\text{-}Fe_3C$ 相图中所有铁碳合金在平衡冷却条件下的结晶起始温度连线。

AECF 为固相线，是平衡冷却条件下铁碳合金的结晶终了温度连线。

在 *ACD* 液相线以上为单一的液相，在 *AECF* 固相线以下合金都是固相，而这两条线之间为固、液两相混合区。

水平线 *ECF*（1148℃）为共晶反应线，$w_C=2.11\%\sim6.69\%$ 的铁碳合金，在平衡冷却过程中，均在该温度下发生共晶反应。

水平线 *PSK*（727℃）为共析反应线，$w_C=0.0218\%\sim6.69\%$ 的铁碳合金，在平衡冷却过程中，均在该温度下发生共析反应。该线通常也被称为 A_1 线。

GS 线是平衡冷却时从奥氏体中开始析出铁素体的析出线，通常被称为 A_3 线。奥氏体向铁素体转变是铁发生同素异构转变的结果。

ES 线是碳在奥氏体中的固溶度曲线，通常称为 A_{cm} 线。该线反映出奥氏体的固溶度从最大值 *E* 点（1148℃，$w_C=2.11\%$）随着温度降低而逐渐减小，直到 *S* 点（727℃，$w_C=0.77\%$）。因此，$w_C>0.77\%$ 的铁碳合金从1148℃冷至727℃的过程中，都有可能从奥氏体中析出渗碳体，所以 *ES* 线又是奥氏体中开始析出渗碳体的

析出线。

PQ 线是碳在铁素体中的固溶度曲线。该线表示铁素体的固溶度从其最大值 *P* 点（727℃，w_C = 0.0218%）随着温度下降而沿该线变化到 *Q* 点（室温，w_C = 0.0008%），因此 w_C > 0.0008% 的铁碳合金在从 727℃冷至室温的过程中，将从铁素体中析出渗碳体。

综上所述，渗碳体可以有三个来源，从液态合金中直接结晶出、从奥氏体中析出和从铁素体中析出。这三种来源不同的渗碳体在显微组织中的数量、形态和分布是不同的。我们往往把从液态合金中结晶出来的渗碳体称为一次渗碳体，用 Fe_3C_{I} 表示；从奥氏体中析出的渗碳体称为二次渗碳体，用 Fe_3C_{II} 表示；从铁素体中析出的渗碳体称为三次渗碳体，用 Fe_3C_{III} 表示。对于绝大多数铁碳合金，由于 Fe_3C_{III} 数量极少，往往予以忽略。

GP 线是 w_C < 0.0218% 的铁碳合金在奥氏体平衡冷却时完全转变成铁素体的终了温度线。

（3）Fe-Fe_3C 相图中的相区　简化后的 Fe-Fe_3C 相图共有 12 个相区：5 个单相区，5 个两相区，2 个三相区。

相图中两组元的合金线（即两纵坐标轴）分别为纯铁和渗碳体的单相区，由于它们的成分是固定值，所以呈直线。*ECF*、*PSK* 分别是共晶线和共析线，前者是液相、奥氏体和渗碳体三相平衡区，后者是奥氏体、铁素体和渗碳体三相平衡区。此外，相图中的两相区均分别存在于两个单相区之间，见表 1-2。

表 1-2　Fe-Fe_3C 相图中的相区

单相区		两相区		三相区	
相区范围	相组成	相区范围	相组成	相区范围	相组成
ACD 线以上	L	*ACEA*	L + A	*ECF* 线	L + A + Fe_3C
AESGA	A	*CDFC*	L + Fe_3C	*PSK* 线	A + F + Fe_3C
GPQOG	F	*GSPG*	A + F		
DFK 轴线	Fe_3C	*EFKSE*	A + Fe_3C		
ANG 轴线	Fe（纯铁）	*QPSK* 线以下	F + Fe_3C		

2. 铁碳合金的分类

根据 Fe-Fe_3C 相图中铁碳合金中碳的质量分数、组织转变的特点及室温组织，可将铁碳合金分为以下几类：

（1）工业纯铁　w_C ≤ 0.0218% 的铁碳合金称为工业纯铁。

（2）钢　0.0218% < w_C ≤ 2.11% 的铁碳合金称为钢。根据其室温组织和碳的质量分数 w_C 的不同，又可分为：

1）亚共析钢：0.0218% < w_C < 0.77%。

2）共析钢：$w_C=0.77\%$。

3）过共析钢：$0.77\%<w_C<2.11\%$。

（3）白口铸铁　$2.11\%\leqslant w_C<6.69\%$的铁碳合金称为白口铸铁。根据其室温组织和碳的质量分数w_C的不同，又可分为：

1）亚共晶白口铸铁：$2.11\%\leqslant w_C<4.3\%$。

2）共晶白口铸铁：$w_C=4.3\%$。

3）过共晶白口铸铁：$4.3\%<w_C<6.69\%$。

3. 典型铁碳合金的结晶过程

下面以典型铁碳合金（见图1-13）为例，分析它们的结晶过程及组织转变。

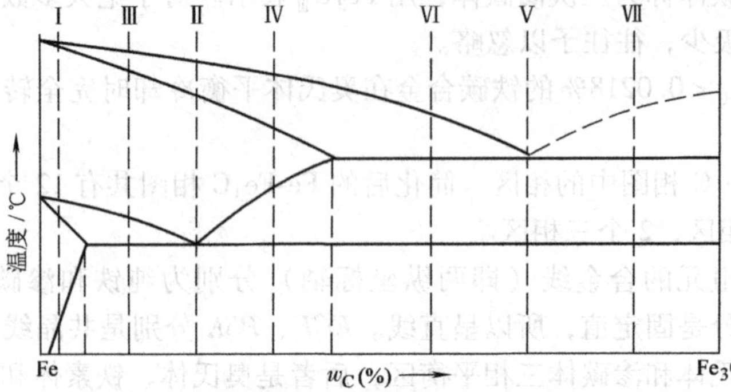

图1-13　典型铁碳合金在$Fe-Fe_3C$相图中的位置

Ⅰ：工业纯铁　Ⅱ：共析钢　Ⅲ：亚共析钢　Ⅳ：过共析钢

Ⅴ：共晶白口铸铁　Ⅵ：亚共晶白口铸铁　Ⅶ：过共晶白口铸铁

（1）共析钢　图1-14中合金Ⅰ即为$w_C=0.77\%$的共析钢。图1-14是其自液态冷至室温的冷却曲线及平衡结晶过程。合金在1点以上温度时是液相，当平衡冷却到和AC线相交的1点时，开始从液相中结晶出奥氏体，当冷却到和AE线相交的2点时结晶结束，合金全部结晶成$w_C=0.77\%$的奥氏体。在2点和S点之间，组织不发生变化。当合金冷却到S点时，$w_C=0.77\%$的奥氏体在727℃发生共析转变，同时析出$w_C=0.0218\%$的铁素体和$w_C=6.69\%$的渗碳体。共析反应将在恒温下进行，直至结束，全部转变成片层相间的铁素体和渗碳体的机械混合物——珠光体。温度再继续下降，组织不再发生变化。共析钢在室温下的组织是珠光体。

（2）亚共析钢　图1-15中合金Ⅱ即为$w_C=0.4\%$的亚共析钢。图1-15是其自液态冷至室温的冷却曲线及平衡结晶过程。其平衡冷却时的结晶过程和共析钢一样，液态合金冷却到1点时开始结晶出奥氏体，到2点结晶完毕，2点到3点间为单相奥氏体组织，当冷却到与GS线相交的3点时，从奥氏体中开始析出铁

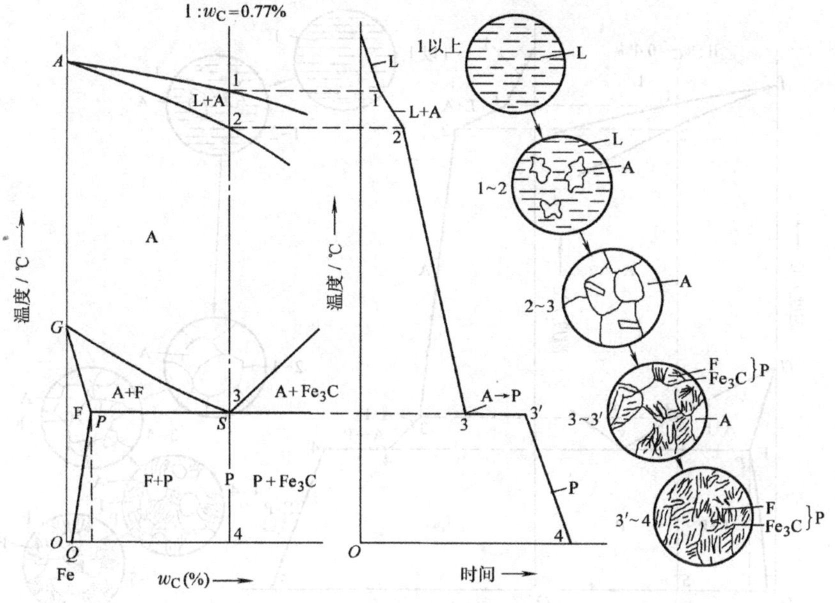

图 1-14　共析钢冷却结晶过程示意图

素体。由于 αFe 只能溶解很少量的碳，所以合金中大部分碳留在奥氏体中而使其 w_C 增加。随着温度下降，析出的铁素体量增多，剩余的奥氏体量减少，而奥氏体的 w_C 沿 *GS* 线增加。当温度降到与 *PSK* 线相交的 4 点时，奥氏体的 w_C 达到 0.77%，此时剩余奥氏体发生共析转变，转变成珠光体。4 点以下至室温，合金组织不再发生变化。当碳的含量不同时，珠光体和铁素体的相对量也不同，碳的含量越多，钢中的珠光体数量越多。

（3）过共析钢　图 1-16 中合金Ⅲ即为 w_C =1.2% 的亚共析钢。图 1-16 是其自液态冷至室温的冷却曲线及平衡结晶过程。液态合金冷却到 1 点时，开始结晶出奥氏体，到 2 点结晶完毕，2 点到 3 点间为单相奥氏体。当合金冷却到与 *ES* 线相交的 3 点时，奥氏体中的碳达到饱和，继续冷却，由于碳在奥氏体中的固溶度减小，过剩的碳以渗碳体的形式从奥氏体中析出，称为二次渗碳体。它沿晶界呈网状分布。继续冷却，析出的二次渗碳体数量增多，剩余奥氏体中 w_C 降低。随着温度下降，奥氏体中 w_C 沿 *ES* 线变化。当温度降至与 *PSK* 线相交的 4 点时，剩余奥氏体中 w_C 达到 0.77%，于是发生共析转变，奥氏体转变成珠光体。从 4 点以下至室温，合金组织不再发生变化，最后得到珠光体和网状渗碳体组织。所有过共析钢的结晶过程都和合金Ⅲ相似，它们的室温组织由于 w_C 不同，组织中的二次渗碳体和珠光体的相对量也不同。钢中 w_C 越大，二次渗碳体也越多。

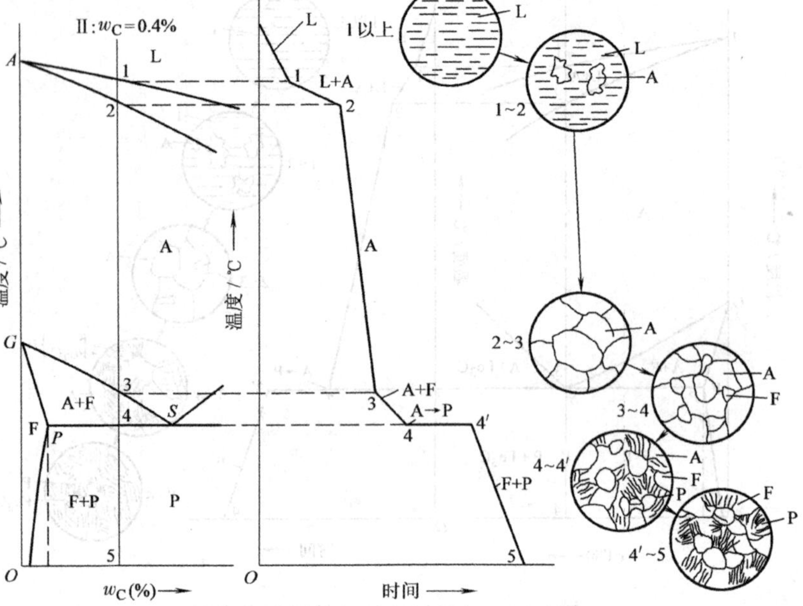

图 1-15 亚共析钢结晶冷却过程示意图

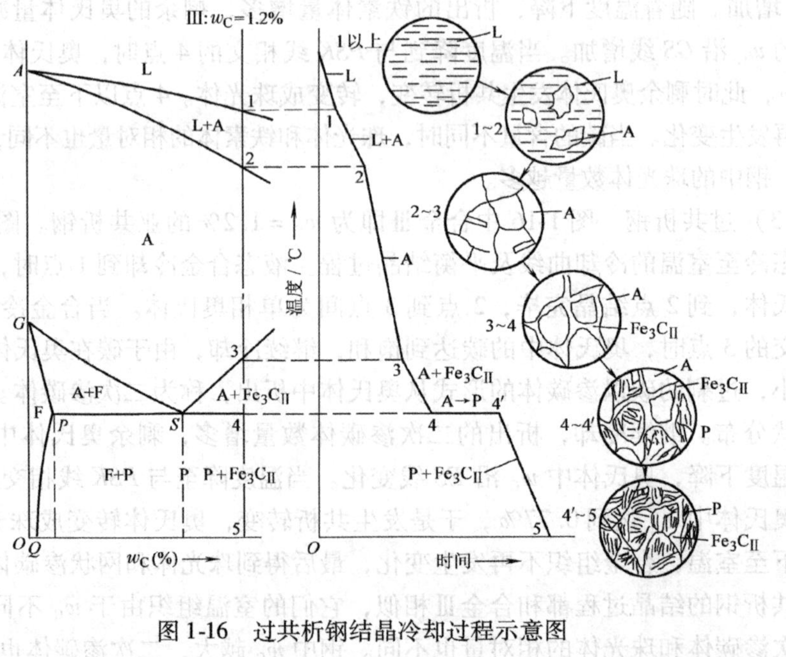

图 1-16 过共析钢结晶冷却过程示意图

4. Fe-Fe_3C 相图的应用

（1）根据 Fe-Fe_3C 相图判断铁碳合金的力学性能　合金的性能取决于组织，而合金的组织又是和成分密切相关的。铁碳合金中 w_C 不同，它们室温下的平衡组织也不同。当 w_C 增大时，组织按 F→F＋P→P→P＋Fe_3C_{II}→P＋Fe_3C_{II}＋L′d→L′d→L′d＋Fe_3C_I→Fe_3C 的顺序变化。为了便于分析，可以把低温莱氏体分解成珠光体和渗碳体两种组织。图 1-17a 是 F-P-Fe_3C 三种基本组织随着 w_C 变化而变化的规律，横坐标表示合金的 w_C（0～6.69%），纵坐标表示合金中三种组织的比例。由图 1-17a 可见，当 w_C＝0 时，几乎百分之百是铁素体；随着 w_C 的增大，铁素体含量逐渐减少，而珠光体的含量逐渐增大，而当 w_C＝0.77%时，则合金完全由珠光体组成；w_C 进一步增大，则珠光体的含量逐渐减小，而渗碳体的含量逐渐增大，直至 w_C＝6.69%时，合金全部由渗碳体组成。其中，F-P-Fe_3C 相对量的变化都呈直线关系。如果将珠光体再分解为铁素体和渗碳体（见图 1-17b），那么问题就更简单了。当 w_C 很少时为百分之百的铁素体；随着 w_C 的增大，铁素体量逐渐减少，而渗碳体量则由零开始相应增加，直至 w_C＝6.69%时为百分之百的渗碳体。同样，两者相对量的变化规律也呈直线关系。

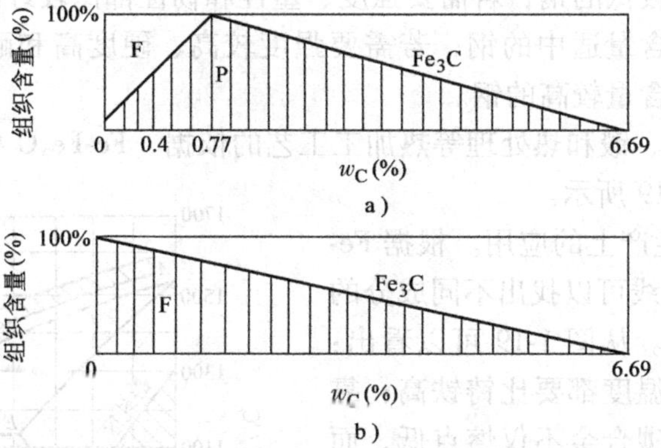

图 1-17　铁碳合金室温平衡组织与 w_C 的关系

下面分析铁碳合金的性能与其组织之间规律性的变化关系。对组成相铁素体和渗碳体变化规律进行讨论：铁素体硬度、强度低，但塑性、韧性好，起基体相作用；渗碳体则很硬很脆，是强化相。因此，随着碳含量的增加，渗碳体量逐渐增多，铁素体量逐渐减少，铁碳合金的硬度越来越高，而塑性、韧性越来越低。图 1-18 所示为试验测得的碳素钢的力学性能与 w_C 的关系。由图 1-18 可见，表示冲击韧度的 a_K 值曲线下降的幅度比塑性指标 A_{xmm} 和 Z 要快，这说明韧性指标对渗碳体量的增加，即 w_C 的增加更敏感。硬度的变化基本上是随着 w_C 的增加呈直线上升的。抗拉强度是一个对组织形态很敏感的力学性能。在亚共析区，因为只有铁素体和渗碳体两种组织的相对量变化，所以抗拉强度基本上随着 w_C 增加而直线上升；当 w_C 超过0.77%而进入过共析区时，其组织为珠光体和渗碳体，由于有游离渗碳体的存在，使强度的增加趋缓。另外，二次渗碳体是在原先奥氏体的晶界处析出的，当 w_C 超过0.9%后，随着 w_C 增加，渗碳体含量增多，逐渐形成网状，大大削弱了晶粒间的结合力，使抗拉强度急剧降低，因此在 w_C = 0.9%处出现最大值，而随着 w_C 继续增大，抗拉强度则不断下降。

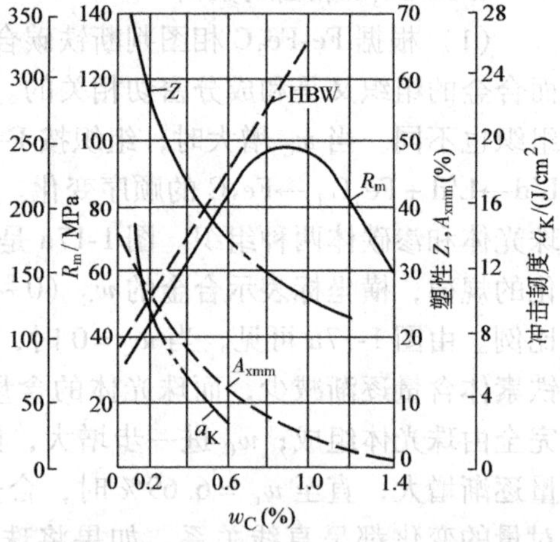

图1-18 碳素钢的力学性能与 w_C 的关系

（2）作为选用钢铁材料的依据 根据 $Fe-Fe_3C$ 相图所表示的成分组织和性能的规律，若需要强度较高，塑性、韧性好，焊接性好的各种金属构件用的钢材，则可选用碳含量较低的钢；若需要强度、塑性和韧性都比较好的各种机器零件用钢，则可选用碳含量适中的钢；若需要强度较高、硬度高和耐磨性好的工具用钢，则可选用碳含量较高的钢。

（3）制订铸、锻和热处理等热加工工艺的依据 $Fe-Fe_3C$ 相图与铸、锻等工艺的关系如图1-19所示。

1）在铸造生产上的应用。根据 $Fe-Fe_3C$ 相图的液相线可以找出不同成分的铁碳合金的熔点。从图1-19可以看出：钢的熔化与浇注温度都要比铸铁高；靠近共晶成分的铁碳合金不仅熔点低，而且凝固温度区间也较小，故具有良好的铸造性能，这类合金适宜于铸造，在铸造生产中获得广泛的应用。

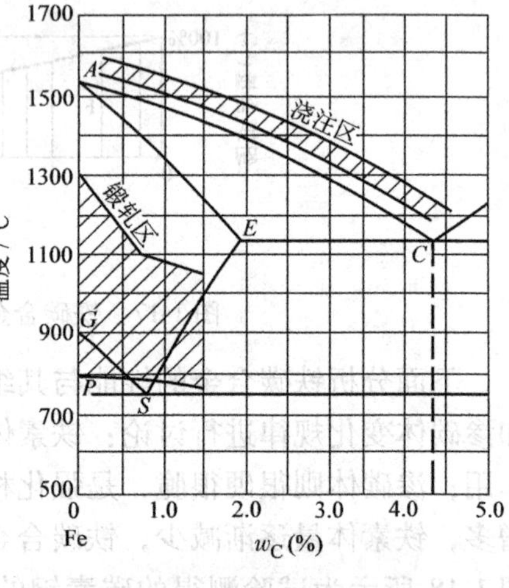

图1-19 $Fe-Fe_3C$ 相图与铸、锻等工艺的关系

2）在锻造工艺上的应用。由于奥氏体组织具有强度低、塑性好、便于塑性变形加工的特点，因此钢材轧制和锻造温度多在单一奥氏体组织温度范围内选择。其选择原则是：开始轧制或锻造的温度不高，以免钢材氧化严重，甚至

发生奥氏体晶界部分熔化而使工件报废；终止温度也不能过低，以免钢材塑性差，在锻造过程中产生裂纹。各种碳素钢合适的轧制或锻造温度范围如图 1-19 所示。

3）在热处理工艺上的应用。根据对工件材料性能要求的不同，各种不同的热处理方法的加热温度都是参考 Fe-Fe_3C 相图选定的，如图 1-20 所示。

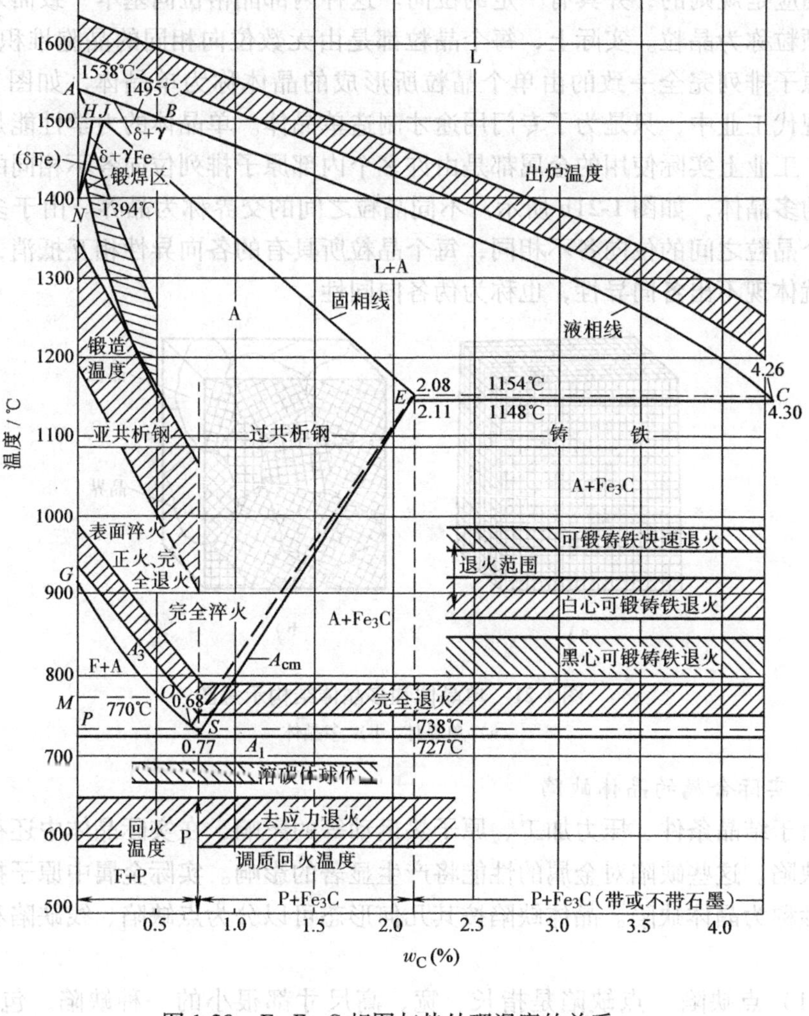

图 1-20　Fe-Fe_3C 相图与热处理温度的关系

三、金属的实际晶体结构

前面讲述的晶体结构是金属原子完全按照严格的规则排列的理想状态，所以也称为理想晶体。理想晶体是研究晶体结构特点的重要依据。但在实际生产中，由于金属材料在不同的条件下冶炼、熔化、浇注以及各种加工因素和杂质的影响，都会使实际晶体结构与理想晶体结构存在差异，即实际晶体中总是有缺陷存在。

1. 单晶体和多晶体

根据前面对结晶过程的分析可知，由一个晶核长大而成的晶体，其内部原子的排列应是规则的，并具有一定的位向。这种内部晶格位向基本一致而外形规则的小颗粒称为晶粒。实际上，每个晶粒都是由无数位向相同的晶胞堆积而成的。内部原子排列完全一致的由单个晶粒所形成的晶体称为单晶体，如图1-21a所示。现代工业中，只是为了专门用途才制造单晶体。单晶体的力学性能是各向异性的。工业上实际使用的金属都是由许多个内部原子排列位向各不相同的晶粒所组成的多晶体，如图1-21b所示。不同晶粒之间的交界称为晶界。由于多晶体内部各个晶粒之间的位向各不相同，每个晶粒所具有的各向异性相互抵消，因此多晶体就体现不出各向异性，也称为伪各向同性。

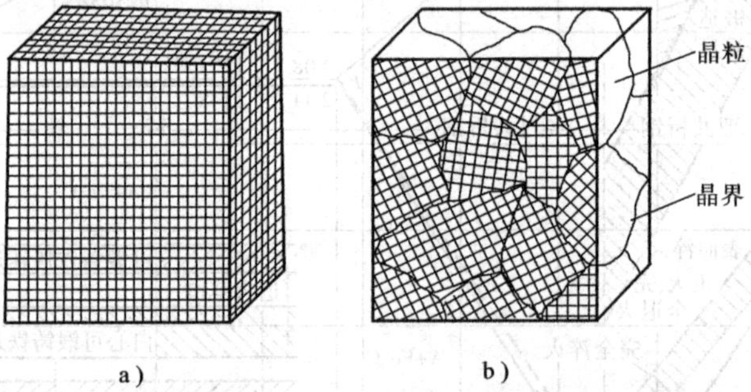

图1-21 单晶体和多晶体结构示意图

a）单晶体 b）多晶体

2. 实际金属的晶体缺陷

由于结晶条件、压力加工、原子热运动等的影响，在实际晶体中还存在着大量的缺陷。这些缺陷对金属的性能将产生显著的影响。实际金属中原子排列的不完整性称为晶体缺陷。晶体缺陷按其几何形态可以分为点缺陷、线缺陷和面缺陷三种。

（1）点缺陷 点缺陷是指长、宽、高尺寸都很小的一种缺陷，包括空位、间隙原子、置换原子和杂质等。

1）空位。在实际晶体中，位于点阵结点上的原子并非是静止不动的，而是以其平衡位置为中心做热振动。当温度一定时，原子振动能量的平均值一定，但是每个原子的振动能量并不完全相等。在某一瞬间，某一个原子的能量可能高于平均能量，当其能量达到足以克服周围原子对它的束缚时，它就可能跳离原来占据的平衡位置，从而在原来的位置上出现了一个空结点。这种晶体中空缺着原子的结点位置，称为空位，如图1-22所示。

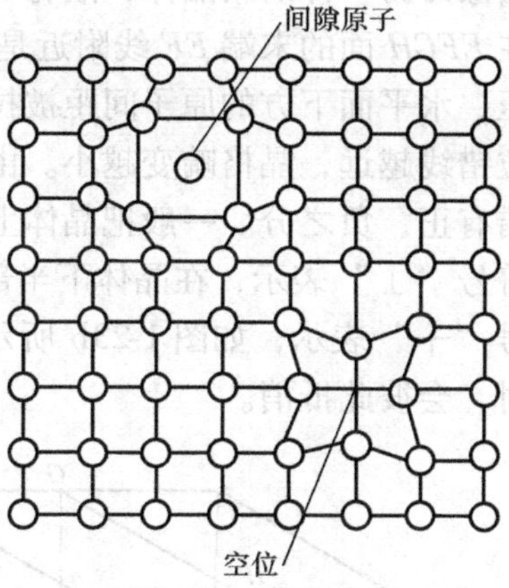

图1-22　空位和间隙原子示意图

2）间隙原子。在形成空位的过程中，离开平衡位置的原子既可能跳到晶体表面上的正常位置（或其他空位上），也可能跳到晶体中原子之间的间隙位置。在后一种情况下，在产生一个空位的同时，也形成一个间隙原子。像这样不占有正常位置而处在晶格空隙间的原子，称为间隙原子，如图1-22所示。间隙原子有两种：一种是同类原子的间隙原子，另一种是异类原子的间隙原子。异类间隙原子大都是原子半径很小的原子，如钢铁中的碳、氢、氮、硼等原子。

试验表明，晶体中的空位和间隙原子的量与温度有关，温度越高，空位和间隙原子的量就越大。因此，若将金属加热到高温后快速冷却，则高温时形成的过量空位便被“冻结”至室温，这将影响金属某些物理性能和力学性能，而且对某些材料随后的相变过程也有重要的影响。

在空位和间隙原子附近，原子间作用力的平衡被破坏，从而使原子发生靠拢和撑开的现象，如图1-22所示。这样就使正常的晶格发生了扭曲，即产生晶格畸变。晶格畸变使得能量上升，金属的强度、硬度和电阻值增加。

值得注意的是，晶体中的空位和间隙原子并不是固定不变的，而是在不断运动和变化的。空位周围的原子有可能跳入这个空位，从而形成一个新空位，这样就发生了空位的位移。间隙原子也可能跳到另一个间隙处。当空位或间隙原子移至晶体表面和晶界或二者相遇时，便随之消失。

空位和间隙原子的运动是金属晶体中原子扩散的主要形式之一。它将影响金属的固态相变过程和化学热处理过程。

（2）线缺陷　所谓线缺陷，就是在晶体的某一平面上，沿着某一方向伸展的线状分布的缺陷。这类缺陷的特征是，在某一个方向上的尺寸很大，而另两个方向的尺寸很短。这类缺陷的主要类型是各种位错。位错就是晶体中常见的一维缺陷（线缺陷），即某处的一列或若干列原子有规律的错排现象。位错有各种类型，但其中最基本的，也是最简单的有两种：刃型位错和螺型位错。

1）刃型位错。如图1-23a所示，在一个完整晶体的某一晶面（*ABCD*）的上方，多出了半个原子面（*EFGH*），它中断于*ABCD*面上的*EF*处。由于这个原子面像刀刃一样切入晶体，故称为刃型位错。产生位错的边缘线 *EF* 称为位错线。在 *EFGH* 面的末端 *EF* 线附近是一个晶格畸变区，即水平面上方的原子间距被挤压，水平面下方的原子间距被拉长。刃型位错造成的晶格畸变是左右对称的。离位错线越远，晶格畸变越小。由于多余半个原子面的相对位置不同，因此刃型位错有正、负之分。一般把晶体上半部多出半个原子面的位错称为正刃型位错，用符号“⊥”表示，在晶体下半部多出半个原子面的位错称为负刃型位错，用符号“⊤”表示，如图 1-23b 所示。当这两种相反的位错受力而发生位移并相遇时，会彼此抵消。

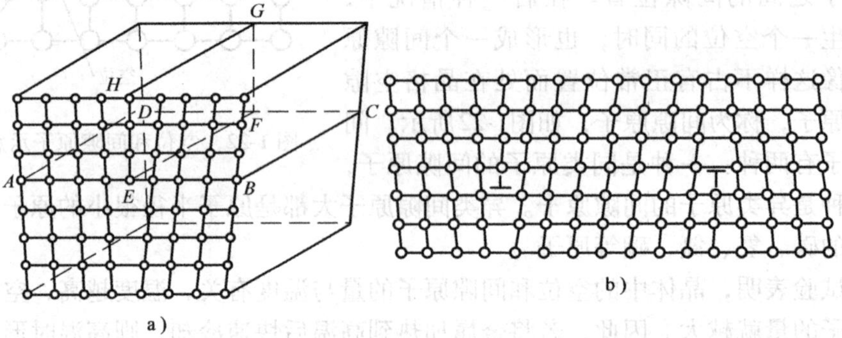

图 1-23 刃型位错示意图

a）立体图 b）平面图

2）螺型位错。如图 1-24b 所示，在 *BC* 右方的晶体，上下两部分（即图 1-24a 中 *ABCD* 晶面的上下两部分）原子发生了错动，*aa′* 右方（即图 1-24a 中 *aed* 右方）的晶体，上部相对于下部错动了一个原子间距，结果在 *BC* 和 *aa′* 之间造成了一个上下原子面不相吻合的过渡地带。在过渡地带中，原子偏离了平衡位置，

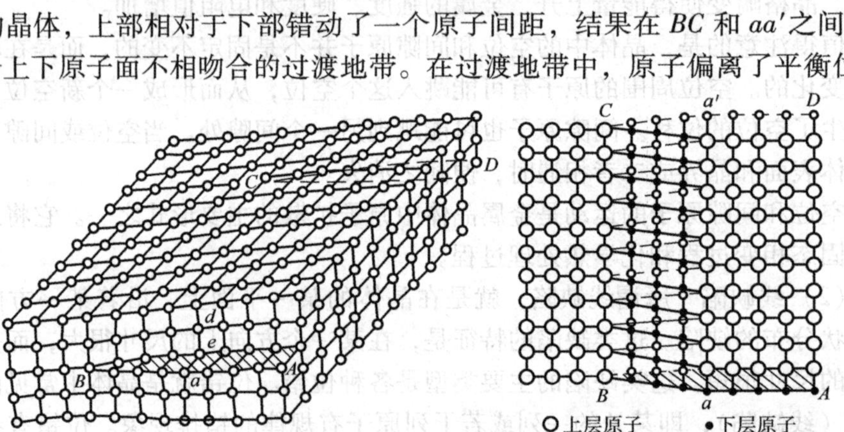

图 1-24 螺型位错示意图

a）立体图 b）平面图

排列呈螺旋线形状，此过渡地带即为螺型位错。螺型位错的中心线称为位错线。图 1-24 为右螺旋位错，反之称为左螺旋位错。在螺型位错附近，由于原子的规则排列发生了变化，同样会引起晶格畸变。

晶体中位错的数量一般用位错密度来表示。位错密度是指单位体积晶体所包含的位错线总长度。经适当退火的多晶体金属中，位错密度很低；经剧烈冷变形的金属，位错密度可大大提高。试验还证明，位错在相应的外部条件下，可在金属晶体中进行不同形式的运动。位错在晶体中的存在和运动以及其密度的变化，对金属的塑性变形、强度及断裂起着重要的作用。此外，位错对原子的扩散及相变等过程也有较大的影响。

（3）面缺陷　面缺陷是指在两个方向上尺寸很大，第三个方向上尺寸很小而呈面状分布的缺陷。面缺陷主要是指金属中的晶界和亚晶界。

1）晶界的结构与特征。实际金属是由许多位向不同的晶粒组成的多晶体，因此在实际金属内有很多晶界。晶界处的原子排列与晶内不同，它们同时受到相邻晶粒不同位向的综合影响，即要同时适应两个晶粒的位向，因而近似地处于两种位向的折中位置，呈无规则排列。晶界是晶体中一种重要的面缺陷。

晶界是一个具有一定厚度、原子作无规则排列的过渡带，其厚度主要受相邻晶粒及金属纯度的影响。试验表明，晶粒的位向差越大，金属的纯度越低，晶界就越宽，反之则越窄。根据相邻晶粒位向差的大小把晶界分为两类：相邻晶粒位向差在 10°以下者，称为小角度晶界（见图 1-25），位向差在 10°以上者则称为大角度晶界。实际金属中存在的晶界绝大多数是大角度晶界。

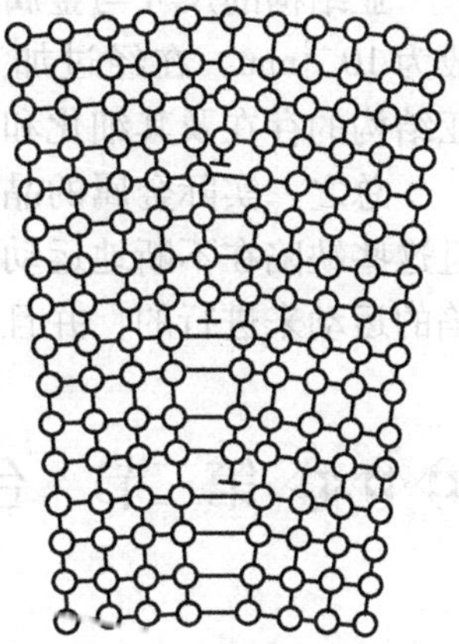
图 1-25　小角度晶界示意图

晶界处由于原子偏离平衡位置，晶格畸变较大，故晶界处原子的平均能量较晶界内高，这部分高出来的能量称为晶界能。晶界的这种不规则排列及较高的能量状态，使其具有一系列不同于晶内的特征，从而影响金属的性能、塑性变形和固态相变过程。

晶界处的主要特征：

① 原子排列不规则，因此对金属的塑性变形起着阻碍作用。晶界越多，其作用越明显。显然，晶粒越细，晶界总面积就越大，金属的强度和硬度也就越高。所以在常温下（高温条件下却不同）使用的金属材料，一般总是力求获得细小的晶粒。

② 晶界处原子具有较高的能量，且杂质较多（往往是一些低熔点的杂质），因此其熔点较低，有时还未加热到金属的熔点，晶界处就已先熔化了。

③ 晶界处原子能量较高，容易满足固态相变所需要的能量起伏，因此新相往往在旧相晶界处形核。晶粒越细小，晶界就越多，新相的形核率也就越高。

④ 晶界处有较多的空位，因此原子沿晶界的扩散速度也快。

⑤ 晶界处电阻较高，且易被腐蚀。

2）亚结构及亚晶界。在金属多晶体中，每一个晶粒内部的原子排列只是大体上整齐有序，并不是绝对完整的。实际上，在每一个晶粒内部还存在着许多尺寸很小、位向差也很小（通常为几十分到2°）的小晶块，它们相互嵌镶而成晶粒。这些小晶块称为亚结构，又称为嵌镶块或亚晶粒，如图1-26所示。在亚结构内部，原子排列位向是一致的。

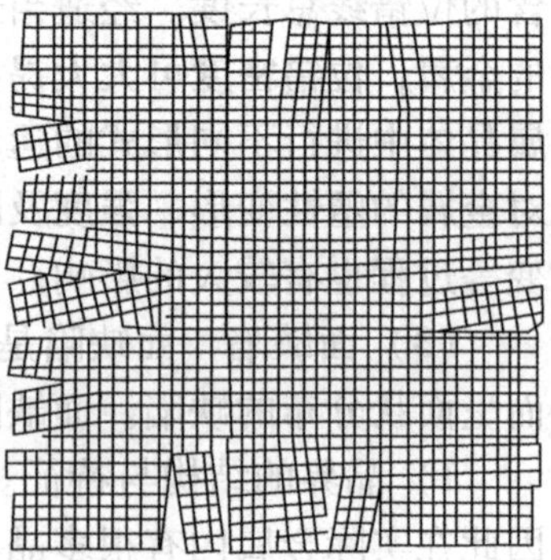

图1-26　亚结构示意图

两相邻亚结构间的边界称为亚晶界。亚晶界也是一种面缺陷，是由一系列刃型位错组成的小角度晶界。因此亚晶界附近原子的排列不规则，并产生晶格畸变。

亚结构的尺寸与金属加工条件有关。在铸态金属中，亚结构较大，其边长一般为10^{-2}mm，在经过加工变形或热处理后，亚结构则细化为$10^{-4}\sim10^{-6}$mm。亚结构的存在及其细化和亚结构间位向差的增大，都会提高金属的强度。

总之，实际金属的晶体结构不是理想完整的，而是存在着各种晶体缺陷，并且这些缺陷在不断地运动变化着。金属中的许多重要变化过程，都是依靠晶体缺陷的运动来进行的，并且金属的许多性能也都与晶体缺陷密切相关。

第二节　合金钢和铸铁的牌号、性能及用途

一、合金钢

所谓的合金钢，就是在碳素钢的基础上，为获得或提高某些性能，在冶炼时特意加入一些其他元素的钢。与碳素钢相比，合金钢具有良好的热处理性能，优良的综合力学性能及某些特殊的物理、化学性能。

1. 合金钢的分类及编号

（1）合金钢的分类　合金钢的分类方法很多，最常用的是下面三种分类方法。

1）按用途分类

① 合金结构钢：用于制造各种机械零件和工程结构件的钢。

② 合金工具钢：用于制造各种加工工具的钢。

③ 特殊性能钢：具有特殊物理、化学性能的钢，如不锈钢、耐热钢、耐磨钢等。

2）按合金元素总含量分类

① 低合金钢：合金元素总含量 $w_{Me} \leqslant 5\%$（Me 指合金元素）。

② 中合金钢：合金元素总含量为 $5\% < w_{Me} < 10\%$。

③ 高合金钢：合金元素总含量 $w_{Me} \geqslant 10\%$。

3）按质量分类：和碳素钢一样，合金钢也可根据钢中杂质（主要是硫、磷）的含量，分为优质钢、高级优质钢和特级优质钢。

（2）合金钢的牌号　我国合金钢牌号采用碳的质量分数、合金元素的种类及含量、质量级别来编号。

1）合金结构钢。其牌号采用两位数字 + 元素符号 + 数字来表示。前面两位数字表示钢中平均碳含量的万分之几，元素符号表明钢中含有的主要合金元素，其后的数字则为该元素的平均质量分数。当合金元素的平均质量分数小于 1.5% 时不标数字，如果合金元素的平均质量分数等于或大于 1.5%、2.5%、3.5% 等，在元素后面标注其近似含量，即相应标注 2、3、4 等。例如，12CrNi2 表示 $w_C = 0.12\%$，$w_{Cr} < 1.5\%$，$w_{Ni} \geqslant 1.5\%$ 的合金结构钢。

2）合金工具钢。合金工具钢的牌号和合金结构钢的区别仅在于碳的质量分数的表示方法不同，它用一位数字表示钢中碳含量的千分之几，而当钢中碳的质量分数大于或等于 1.00% 时，则不标碳的质量分数。例如，9SiCr 工具钢表示 $w_C = 0.9\%$，主要合金元素 w_{Si} 和 w_{Cr} 均小于 1.5%；Cr12MoV 工具钢表示 $w_C > 1.00\%$，主要合金元素 $w_{Cr} < 12.5\%$，w_{Mo} 和 w_V 均小于 1.5%。

3）特殊性能钢。这种钢的牌号与合金结构钢的牌号表示方法相同，如不锈钢 30Cr13 表示 $w_C = 0.30\%$，$w_{Cr} < 13.5\%$。

某些特殊用途钢，在钢号前加表示用途的汉字或拼音字首，以示区别。如“Y”表示易切削钢；“H”表示焊条钢等，详见有关标准。对于各种高级优质钢，则在钢号之后加“A”符号。

另外，某些特殊专用钢如滚动轴承钢，其牌号表示为：碳的质量分数不标出，铬含量以千分之几表示，钢号首位以“G”表示滚动轴承钢，例如 GCr15，表示 $w_{Cr} = 1.5\%$。

2. 合金结构钢

合金结构钢一般按用途可以分为低合金结构钢和机械制造用钢两类。

低合金结构钢主要用于各种工程结构，如桥梁、建筑、船舶等；机械制造用钢主要用于制造各种机械零件，一般是优质或高级优质合金结构钢。按照用途及热处理特点，机械制造用钢又可分为渗碳钢、调质钢、弹簧钢和滚动轴承钢等。

（1）低合金结构钢　在碳素结构钢的基础上加入少量合金元素（通常合金元素质量分数的总量小于3%）的工程用钢称为低合金结构钢。按主要性能及使用特性，其又可分为低合金高强度结构钢、低合金耐候钢及低合金专业用钢等。

1）低合金高强度结构钢。这类钢中 w_C 较低（通常在0.10%～0.25%范围内），加入的主要合金元素有Mn、Si、V、Nb和Ti等。Mn和Si主要是对铁素体起固溶强化作用，以提高钢的强度；V、Ti和Nb等元素的主要作用是细化晶粒，提高钢的韧性。由于合金元素的加入，这类钢比相同碳含量的碳素结构钢强度要高得多，且有良好的塑性、韧性、耐蚀性和焊接性，广泛用于制造桥梁、船舶、车辆、锅炉、压力容器、起重机械等钢结构件。它们大多在热轧或正火状态下使用，一般不再进行热处理。常用的低合金高强度结构钢的牌号、力学性能及应用见表1-3。

表1-3　低合金高强度结构钢的牌号、力学性能及应用

牌号	R_{eL}/MPa	R_m/MPa	A(%)	特性及应用举例
Q345	265～345	450～630	≥17	具有良好的综合力学性能，塑性和焊接性良好，冲击韧度较好，一般在热轧或正火状态下使用，适于制作桥梁、船舶、车辆、管道、锅炉、各种容器、油罐、电站、厂房结构、低温压力容器等结构件
Q390	310～390	470～650	≥18	具有良好的综合力学性能，焊接性及冲击韧度较好，一般在热轧状态下使用，适于制作锅炉汽包、中高压石油化工容器、桥梁、船舶、起重机、较高负荷的焊接件、连接构件等
Q420	340～420	500～680	≥18	具有良好的综合力学性能，优良的低温韧性，焊接性好，冷热加工性良好，一般在热轧或正火状态下使用，适于制作高压容器、重型机械、桥梁、船舶、机车车辆、锅炉及其他大型焊接结构件
Q460	380～460	530～720	≥16	
Q500	440～500	540～770	≥17	
Q550	490～550	590～830	≥16	
Q620	570～620	670～880	≥15	
Q690	640～690	730～940	≥14	

2）低合金耐候钢。即耐大气腐蚀钢，是在低碳钢的基础上加入少量Cu、P、Cr、Ni、Mo、Ti、V等合金元素，在其金属表面形成保护层，以提高钢材的耐蚀性。

耐候钢通常分为焊接用耐候结构钢和高耐候性结构钢两类。前一类由于具有良好的焊接性能，主要用于桥梁、建筑等要求耐候性的结构件，其牌号和力学性能见表1-4。后者的耐候性比较好，适用于车辆、建筑、塔架等要求高耐候性的钢结构，其牌号和力学性能见表1-5。

表 1-4 焊接结构用耐候钢的牌号和力学性能

牌　　号	钢材厚度/mm	R_{eL}/MPa（≥）	R_m/MPa	A（%）（≥）
Q235NH	≤16	235	360～510	25
	>16～40	225		25
	>40～60	215		24
Q295NH	≤16	295	430～560	24
	>16～40	285		24
	>40～60	275		23
Q355NH	≤16	355	490～630	22
	>16～40	345		22
	>40～60	335		21
Q460NH	≤16	450	570～730	20
	>16～40	440		20
	>40～60	420		19

表 1-5 高耐候性结构钢的牌号和力学性能

牌　　号	钢材厚度/mm	R_{eL}/MPa	R_m/MPa	A（%）
Q355GNH	≤16	355	490～630	22
	>16～40	345		22
Q295GNH	≤16	295	430～560	24
	>16～40	285		24
Q310GNH	≤16	310	≥450	26
	>16～40	—		—
Q265GNH	≤16	265	≥410	27
	>16～40	—		—

3）低合金专业用钢。它是在低合金高强度结构钢的基础上发展起来的具有专门用途的钢，如低合金钢筋钢、铁道用低合金钢、矿用低合金钢、汽车用低合金钢等，可以根据使用性能要求对各类钢的化学成分作适当调整。

（2）合金渗碳钢　用来制造既有优良的耐磨性、耐疲劳性，又能承受冲击载荷作用的零件，如汽车、拖拉机中的变速齿轮、内燃机中的凸轮和活塞销等。

由于碳素渗碳钢（w_C = 0.10%～0.20%）淬透性差，仅能在表层获得高的硬度，而心部得不到强化，只能用于制造受力较小的渗碳零件。所以一些性能要求高或截面更大的零件，往往需采用合金渗碳钢。

合金渗碳钢 w_C = 0.10%～0.25%，可保证心部有足够的塑性和韧性；加入 Cr、Ni、Mn、Si、B 等合金元素后，提高了钢的淬透性，使零件在热处理后，表层和心部均得到强化；V、Ti 等合金元素的加入则钢是为了防止高温长时间渗碳过程中的晶粒长大。20CrMnTi 钢是最常用的合金渗碳钢，适用于截面径向尺寸小于 30mm

的高强度渗碳零件。常用合金渗碳钢的牌号、力学性能和用途见表1-6。

表1-6　常用合金渗碳钢的牌号、力学性能和用途

牌号	试样毛坯尺寸/mm	力学性能					用途
		R_m/MPa	R_{eL}/MPa	A(%)	Z(%)	a_K/(J/cm^2)	
		不小于					
20Cr	15	835	540	10	40	60	齿轮、齿轮轴、凸轮、活塞销
20MnVB	15	1080	885	10	45	70	重型机床的齿轮和轴、汽车后桥齿轮
20CrMnTi	15	1080	835	10	45	70	汽车、拖拉机上的变速齿轮和传动轴
12CrNi3	15	930	685	11	50	90	重负荷下工作的齿轮、轴、凸轮轴
20Cr2Ni4	15	1175	1080	10	45	80	大型齿轮和轴，也可用作调质件

（3）合金调质钢　用来制造一些受力复杂的重要零件，既要求有很高的强度，又要求有很好的塑性、韧性，即具有良好的综合力学性能。这类钢一般w_C=0.25%～0.50%。碳含量过低，则硬度不足；碳含量过高，则韧性不足。钢中常加入Cr、Mn、Si、Ni、B等合金元素以增加钢的淬透性，并使铁素体强化和提高韧性；加入少量Mo、V、W、Ti等碳化物形成元素，可阻止奥氏体晶粒长大和提高耐回火性；加入Al则可提高渗氮性能。

40Cr钢是最常用的合金调质钢，其强度比40钢提高了20%。与合金调质钢相比，碳素调质钢（40钢、45钢）只适于制造强度不太高、截面尺寸不大的零件。

常用合金调质钢的牌号、热处理工艺、力学性能和用途见表1-7。

（4）合金弹簧钢　弹簧是各种机器和仪表中的重要零件。它利用弹性变形吸收能量以缓和振动和冲击，或依靠弹性储存能量以起驱动作用。因此，制作弹簧的材料应具有高的强度和疲劳极限、足够的塑性和韧性。

碳素弹簧钢的w_C=0.60%～0.90%，但是由于淬透性差，当弹簧线径超过10mm时，一般应采用合金弹簧钢制造。合金弹簧钢的w_C稍低于碳素弹簧钢，在0.45%～0.70%之间，可加入的合金元素有Mn、Si、Cr、V和W等。Si和Mn的主要作用是提高淬透性，同时提高屈强比，其中Si的作用更加突出。Si、Mn元素的不足之处是：Si会促使钢材表面在加热时脱碳，Mn则使钢易于过热。所以，重要用途的弹簧钢必须加入Cr、V、W等元素，它们使钢材不仅有更高的淬透性，不易脱碳和过热，而且有更高的高温强度和韧性。

表1-8列出了常用合金弹簧钢的牌号、化学成分、热处理工艺、力学性能和用途。

表 1-7 常用合金调质钢的牌号、热处理工艺、力学性能和用途

牌号	热处理工艺				力学性能					用途
	淬火		回火		R_m/MPa	R_{eL}/MPa	A（%）	Z（%）	a_K/（J/cm²）	
	温度/℃	介质	温度/℃	介质	不小于					
40Cr	850	油	520	水、油	980	785	9	45	60	齿轮、花键轴、后半轴、连杆、主轴
45Mn2	840	油	520	水、油	885	735	10	45	60	齿轮、齿轮轴、连杆盖、螺栓
35CrMo	880	油	550	水、油	980	835	12	45	80	大电动机轴、锤杆、连杆、轧钢机、曲轴
20CrMnSi	880	油	520	水、油	1080	835	10	45	50	飞机起落架、螺栓
40MnVB	850	油	520	水、油	980	785	10	45	60	汽车和机床上的轴、齿轮
30CrMnTi	880	油	200	水、空气	1470	—	9	40	60	汽车主动锥齿轮、后主齿轮、齿轮轴
38CrMoAlA	940	水、油	640	水、油	980	835	14	50	90	磨床主轴、精密丝杠、量规、样板

注：30CrMnTi 钢淬火前需加热到 880℃进行第一次淬火或正火。

表 1-8 常用合金弹簧钢的牌号、化学成分、热处理工艺、力学性能和用途

牌号	化学成分/（质量分数，%）					热处理工艺		力学性能				用途
	C	Si	Mn	Cr	V	淬火温度/℃	回火温度/℃	R_{eL}/MPa	R_m/MPa	$A_{11.3}$（%）	Z（%）	
								不小于				
60Si2Mn	0.56～0.64	1.50～2.00	0.60～0.90	≤0.35		870（油）	480	1200	1300	5	25	制作 25～30mm 弹簧，可用于 230℃以下温度
50CrVA	0.46～0.54	0.17～0.37	0.50～0.80	0.80～1.10	0.10～0.20	850（油）	500	1150	1300	（A）10	40	制作 30～50mm 弹簧，可用于 210℃以下温度
60Si2CrVA	0.56～0.64	1.40～1.80	0.40～0.70	0.90～1.20	0.10～0.20	850（油）	410	1700	1900	（A）6	20	制作小于 50mm 弹簧，可用于 250℃以下温度

（5）滚动轴承钢 简称轴承钢，主要用来制造各种轴承的滚珠、滚柱和内外套圈，也可用来制造各种工具和耐磨零件。

滚动轴承在工作时，承受着高而集中的交变应力，同时在滚动体和套圈之间还产生强烈的摩擦。因此，滚动轴承钢必须具有高的硬度和耐磨性，高的弹性极限和接触疲劳强度，足够的韧性和一定的耐蚀性。

轴承钢分为铬轴承钢、渗碳轴承钢、不锈轴承钢和高温轴承钢等，其中应用最广的是高碳铬轴承钢。高碳铬轴承钢的 $w_C=0.95\%\sim1.15\%$，$w_{Cr}=0.40\%\sim1.65\%$，加入合金元素是为了提高淬透性，并在热处理后形成细小且均匀分布的碳化物，以提高钢的硬度、接触疲劳强度和耐磨性。在制造大型轴承时，为了进一步提高淬透性，还要加入 Si、Mn 等元素。

滚动轴承钢对有害元素及杂质的限制极高，通常规定 $w_S<0.02\%$，$w_P<0.027\%$。滚动轴承钢中非金属夹杂物（氧化物、硅化物和硅酸盐等）的含量必须很低，否则会降低轴承钢的力学性能，影响轴承的使用寿命。

目前应用最多的滚动轴承钢有：GCr15 钢，主要用于中小型滚动轴承；GCr15SiMn 钢，主要用于较大的滚动轴承。由于滚动轴承钢的化学成分和主要性能与低合金工具钢相近，故也可用于制造刀具、冷冲模具、量具及性能要求与滚动轴承相似的耐磨零件。表1-9列出了常用滚动轴承钢的牌号、化学成分、热处理工艺和用途。

表 1-9 常用滚动轴承钢的牌号、化学成分、热处理工艺和用途

牌号	化学成分（质量分数,%）				热处理工艺		回火后硬度/HRC	用途
	C	Cr	Si	Mn	淬火	回火		
GCr6	1.05~1.15	0.40~0.70	0.15~0.35	0.20~0.40	800~820（水、油）	150~170	62~64	外径小于 ϕ10mm 的滚珠、滚柱及滚针
GCr9	1.00~1.10	0.90~1.20	0.15~0.35	0.20~0.40	800~820（水、油）	150~170	62~66	外径小于 ϕ20mm 的滚珠、滚柱及滚针
GCr9SiMn	1.00~1.10	0.90~1.20	0.40~0.70	0.90~1.20	810~830（水、油）	150~160	62~64	外径为 ϕ25~ϕ50mm 的滚珠，外径小于 ϕ22mm 滚柱
GCr15	0.95~1.05	1.30~1.65	0.15~0.35	0.20~0.40	820~840（油）	150~160	62~64	壁厚小于 12mm、外径小于 ϕ250mm 的套圈
GCr15SiMn	0.95~1.05	1.30~1.65	0.45~0.65	0.90~1.20	810~830（油）	150~200	61~65	外径大于 ϕ50mm 的滚珠，外径大于 ϕ22mm 滚柱 壁厚大于 12mm，外径大于 ϕ250mm 的套圈

3. 合金工具钢

碳素工具钢容易加工，价格便宜，但是淬透性差，容易变形和开裂，而且当切削过程中温度升高时容易软化（热硬性只有200℃）。因此，在制造大尺寸、高精度和形状复杂的模具、量具以及切削速度较高的刀具时，均应采用合金工具钢。

合金工具钢按用途可分为刀具钢、模具钢和量具钢。

（1）合金刀具钢　主要是用来制造车刀、铣刀、钻头等各种金属切削刀具。刀具钢要求高硬度、高耐磨性、高热硬性及足够的强度和韧性等。合金刀具钢分为低合金刀具钢和高速钢两类。

1）低合金刀具钢。它是在碳素钢基础上加入少量合金元素的钢。钢中主要加入Cr、Mn、Si等元素，其目的是提高钢的淬透性及强度；加入W、V等形成强碳化物的元素，是为了提高钢的硬度和耐磨性并防止加热时过热。这类钢的强度和耐磨性高于碳素钢，通常工作温度在300℃以下。

常用低合金刀具钢的牌号、化学成分、热处理工艺和用途见表1-10。其中，9SiCr钢和CrWMn钢是最常用的低合金刀具钢。

2）高速钢。它是一种具有高热硬性、高耐磨性的高合金工具钢。钢中含有较多的碳（$w_C=0.7\%\sim1.50\%$）和大量的W、Cr、V、Mo等形成强碳化物的元素。高的碳含量是为了保证形成足够量的合金碳化物，并使高速钢具有高的硬度和耐磨性；W、Mo是提高钢热硬性的主要元素；Cr主要提高钢的淬透性；V能显著提高钢的硬度、耐磨性和热硬性，并能细化晶粒。高速钢的热硬性可达600℃，切削时能长期保持刀口锋利，故又称为锋钢。

高速钢常用于制造切削速度较高的刀具（如车刀、铣刀、钻头等）和形状复杂、载荷较大的成形刀具（如齿轮铣刀、拉刀等）。此外，高速钢还可用于制造冷冲压模及某些耐磨零件。常用高速钢的牌号及化学成分见表1-11。

（2）合金模具钢　主要用来制造各种金属成形用的模具。按其工作条件，合金模具钢可分为冷作模具钢和热作模具钢。

1）冷作模具钢。它是用于制造使金属在冷态下变形的模具，如冷冲模、冷挤压模、拉丝模等。由于其在工作中要承受很大的压力、弯曲力、冲击载荷和摩擦，所以要求冷作模具钢具有高的硬度和耐磨性、一定的韧性和抗疲劳性，大型模具还要求有良好的淬透性。

小型冷作模具可用碳素工具钢和低合金刀具钢来制造，如T10A钢、T12钢、9SiCr钢、CrWMn钢、9Mn2V钢等。大型冷作模具一般采用Cr12钢、Cr12MoV钢等高碳高铬钢制造。这类钢具有高的硬度、强度和耐磨性。

2）热作模具钢。它是用来制造使金属在高温下成形的模具，如热锻模、热挤压模和压铸模等。热作模具在高温下工作，且承受很大的冲击力，因此要求热作模具钢具有高的热强性和热硬性、高温耐磨性和高的抗氧化性，以及较高的抗热疲劳性和导热性。

表 1-10 常用低合金刀具钢的牌号、化学成分、热处理工艺和用途

牌号	化学成分（质量分数，%）					热处理工艺					用途
						淬火			回火		
	C	Cr	Si	Mn	其他	温度/℃	介质	HRC（不小于）	温度/℃	HRC	
9SiCr	0.85～0.95	0.95～1.25	1.20～1.60	0.30～0.60	—	820～860	油	62	180～200	60～62	冷冲模、板牙、丝锥、钻头、铰刀、拉刀
8MnSi	0.75～0.85	—	0.30～0.60	0.80～1.10	—	800～820	油	60	180～200	58～60	木工錾子、锯条或其他工具
9Mn2V	0.85～0.95	—	≤0.40	1.70～2.00	V0.10～0.25	780～810	油	62	150～200	60～62	量具、量块、精密丝杠、丝锥、板牙
CrWMn	0.90～1.05	0.90～1.20	0.15～0.35	0.80～1.10	W1.20～1.60	800～830	油	62	140～160	62～65	淬火后变形小的刀具，如拉刀、长丝杠及量规；形状复杂的冲模

表 1-11 常用高速钢的牌号及化学成分（质量分数，%）

类别	牌号	C	Si	Mn	Cr	Mo	W	V	CO	Al	其他
钨高速钢	W18Cr4V	0.70～0.80	≤0.40	≤0.40	3.80～4.40	≤0.30	17.50～19.00	1.00～1.40	—	—	—
	9W18Cr4V①	0.90～1.00	≤0.40	≤0.40	3.80～4.40	≤0.30	17.50～19.00	1.00～1.40	—	—	—
	W12Cr4V4Mo①	1.20～1.40	≤0.40	≤0.40	3.80～4.40	0.90～1.20	11.50～13.00	3.80～4.40	—	—	—
	W14Cr4VMnRE①	0.80～0.90	≤0.50	0.35～0.55	3.50～4.00	≤0.30	13.50～15.00	1.40～1.70	—	—	Re0.07

（续）

类别	牌号	C	Si	Mn	Cr	Mo	W	V	CO	Al	其他
钼高速钢	W6Mo5Cr4V2	0.80～0.90	≤0.40	≤0.40	3.80～4.40	4.50～5.50	5.50～6.75	1.75～2.20	—	—	—
	W6Mo5Cr4V3	1.20	≤0.40	≤0.40	4.00	5.00	6.00	3.00	—	—	—
超硬高速钢	W6Mo5Cr4V2Al	1.05～1.20	≤0.60	≤0.40	3.80～4.40	4.50～5.50	5.50～6.75	1.75～2.20	—	0.80～1.20	—
	W6Mo5Cr4V5SiNbAl①	1.55～1.65	1.00～1.40	≤0.40	3.80～4.40	5.00～6.00	5.50～6.50	4.20～5.20	—	0.30～0.70	Nb0.2～0.5
	W10Mo4Cr4V3Al②	1.30～1.45	≤0.50	≤0.50	3.80～4.50	3.50～4.50	9.00～10.50	2.70～3.20	—	0.70～1.20	—
	W12Mo3Cr4V3Co5Si③	1.20～1.30	0.80～1.20	≤0.40	3.80～4.40	2.80～3.40	11.50～13.50	2.80～3.40	4.70～5.10	—	—
	W2Mo9Cr4VCo8	1.05～1.15	≤0.40	≤0.40	3.80～4.40	9.0～10.0	1.00～2.00	0.80～1.50	7.50～8.50	—	—

①、②、③牌号为已废止的 YB12—1977 标准，但目前企业中仍有采用。

热作模具钢一般采用中碳（$w_C=0.3\%\sim0.6\%$）合金钢制造。碳的质量分数过高会使其韧性下降，导热性也差；碳的质量分数太低则不能保证钢的强度和硬度。加入合金元素 Cr、Ni、Mn、Si 等是为了强化钢的基体和提高钢的淬透性；加入 Mo、W、V 等是为了细化晶粒，提高钢的耐回火性和耐磨性。

目前一般采用 5CrMnMo 钢和 5CrNiMo 钢制作热锻模，采用 3Cr2W8V 钢制作热挤压模和压铸模。

（3）合金量具钢 量具是用来测量工件尺寸的工具，如游标卡尺、量规和样板等。它们的工作部分一般要求高硬度、高耐磨性、高尺寸稳定性和足够的韧性。

制造量具没有专用钢种，碳素工具钢、合金工具钢和滚动轴承钢均可用来制造量具。精度要求高的量具一般采用微变形合金工具钢制造，如 CrWMn 钢和 GCr15 钢等。表 1-12 列举了量具钢应用实例。

表 1-12 量具钢应用实例

量具名称	钢号①
平样板、卡板	15，20，50，55，60，60Mn，65Mn
一般量规	T10A，T12A，9SiCr
高精度量规	Cr12，GCr15
高精度、形状复杂的量规	CrWMn

① 15 钢、20 钢需经渗碳淬火后使用。

4. 特殊性能钢

具有特殊物理、化学性能的钢称为特殊性能钢。这类钢种类很多，在机械制造业中常用的有不锈钢、耐热钢和耐磨钢等。

（1）不锈钢 不锈钢是不锈耐酸钢的简称。其中，在空气和弱腐蚀介质中具有耐蚀能力的钢称为不锈钢，而在酸、碱溶液等强腐蚀性介质中具有耐蚀能力的钢则称为耐酸钢。

金属受周围介质作用而引起损坏的过程称为金属的腐蚀。其中，由于金属和周围介质发生化学反应而遭到损坏的现象称为化学腐蚀，如金属与干燥气体 O_2、H_2S、SO_2、Cl_2 等接触时，会在金属表面生成相应的氧化物、硫化物、氯化物等，而使金属表面遭到损坏。金属与电解质溶液构成原电池而引起的腐蚀称为电化学腐蚀，如金属在电解质溶液（酸、碱、盐水溶液）及海水中发生的腐蚀，金属管道与土壤接触的腐蚀，在潮湿空气中的腐蚀等。

一般来说，金属的腐蚀大多数是由电化学腐蚀引起的。电化学腐蚀比化学腐蚀快得多，危害性更大。

为了提高钢的耐蚀性能，必须使铁基固溶体的电极电位提高，使其在氧化介质的作用下，表面形成致密、稳定的钝化膜。实践证明，铬是形成氧化膜最有效的合金元素。钢中只要含有一定量的铬就会在钢表面形成一层致密的 Cr_2O_3 保护膜，保护金属内部不受腐蚀。钢中铬的质量分数越高，耐蚀性能就越好，当 $w_{Cr}=12.5\%$ 时，铁的电极电位由负变正（由 -0.56V 变为 +0.20V），耐蚀性能显著提高，所以不锈钢中 w_{Cr} 一般在13%以上。

此外，镍是扩大奥氏体相区的元素，钢中加入大量镍，可获得单一的奥氏体组织，从而提高不锈钢耐电化学腐蚀的能力。镍对不锈钢的影响，只有在它与铬配合时才能充分地表现出来。

根据需要，有时也在不锈钢中加入钛、铌及钼等合金元素。钛和铌由于与碳的亲和力大于铬，因此能优先与碳结合成稳定的碳化物（碳化钛或碳化铌），而使铬基本上都能溶于固溶体中，这样可避免晶界贫铬，从而减小晶间腐蚀的倾向。钼能增加不锈钢的钝化作用，提高耐蚀性能，特别是在还原介质和存在氯离子的介质中，其作用更为显著。

综上所述，根据金属的腐蚀机理，提高金属的耐蚀性可以采取的措施有：在钢中加入一定量的铬（$w_{Cr}\geqslant 12.5\%$），使钢表面形成一层氧化膜，提高金属抗氧化能力；提高金属电极电位，并尽量使合金在室温下呈单相组织，从而提高其耐电化学腐蚀的能力。不锈钢一般按其组织类型进行分类。根据其正火所得组织，不锈钢可分为以下四类：

1）铁素体型不锈钢。钢中 $w_{Cr}=11\%\sim30\%$ 并含微量碳（$w_{C}\leqslant 0.12\%$），获得均匀铁素体组织的不锈钢，称为铁素体不锈钢。典型的钢种有 10Cr17、008Cr30Mo2、008Cr27Mo 等。

这类钢在强烈的氧化性介质中具有良好的耐蚀能力，还可以抵抗硝酸、热磷酸等强腐蚀液的腐蚀，因此广泛应用于化工工业中。同时，它们由于具有良好的高温抗氧化性能，也可以被用作耐高温材料。这类钢中碳的质量分数很低，而铬的质量分数很高，在加热和冷却过程中组织不发生变化，因此不能通过热处理加以强化，一般在退火状态下使用。此外，这类钢还具有铁磁性。

2）奥氏体型不锈钢。钢中 $w_{Cr}=15\%\sim26\%$，$w_{Ni}=3.5\%\sim22\%$，并且含微量碳（$w_{C}\leqslant 0.15\%$），得到单相奥氏体组织的不锈钢，称为奥氏体型不锈钢。由于这类钢的合金元素以铬、镍为主，所以也称为铬镍不锈钢。由 Fe-Ni-C 三元相图可知，当 $w_{Cr}=18\%$ 时，若要获得奥氏体组织，则 w_{Ni} 必须为9%，这种钢习惯上又称为18—8 型不锈钢。

典型的18—8 型不锈钢有三种类型：一种是简单的18—8 型，有 17Cr18Ni9 钢、Y12Cr18Ni9 钢等；另一种是为了防止晶间腐蚀而添加钛和铌的钢；再一种是为了提高钢的耐点腐蚀能力而添加钼和铜的钢，如 06Cr18Ni9Cu2。

奥氏体不锈钢一般也不能通过热处理强化，只能通过冷变形加工来提高其强度，且只能用于工作温度不高的零件，否则其强度会因温度升高而迅速降低。这类钢具有良好的耐蚀性能、高的塑性和焊接性能，并且没有磁性和冷脆倾向。但它的价格昂贵，容易产生加工硬化，不利于切削加工。此外，它的导热性较差。奥氏体不锈钢广泛用于航空、造船、汽车、化工、医疗器械等行业。由于这类钢无磁性，所以它在仪器仪表工业中应用得也很广泛。

3）马氏体型不锈钢。钢中 $w_{Cr}=11.5\%\sim19\%$，$w_{C}=0.08\%\sim1.2\%$，淬火后可得到马氏体组织的不锈钢称为马氏体型不锈钢。这类钢的典型钢种有12Cr13钢、20Cr13钢、30Cr13钢、32Cr13Mo钢、40Cr13钢和95Cr18钢等。其中，12Cr13钢实际上是半马氏体钢，只有当碳含量偏高，铬含量偏低时，才可能在淬火后不出现游离铁素体而得到单一的马氏体组织。马氏体或半马氏体型不锈钢都具有磁性，它们都可以通过热处理来强化。

这一类不锈钢中碳含量较低的12Cr13钢和20Cr13钢，具有良好的耐大气、海水、蒸汽等介质腐蚀的能力，塑性和韧性很好，适用于制造在腐蚀条件下工作的受冲击载荷的零件，如汽轮机叶片、水压机阀门等；碳含量较高的30Cr13钢、32Cr13Mo钢、40Cr13钢等，经热处理后具备足够的硬度，常用于制造弹簧、轴承、医疗器械及在弱腐蚀条件下工作且要求高强度的零件。

4）奥氏体-铁素体型不锈钢。当钢中稳定奥氏体的元素不足以使钢在常温下获得单一的奥氏体组织时，就可能以奥氏体-铁素体双相组织存在。属于这一类不锈钢的有022Cr19Ni5Mo3Si2N钢、14Cr18Ni11Si4AlTi钢等。这类钢不能通过热处理强化，在常温与低温下具有很高的塑性与韧性，两相组织的存在使钢的点腐蚀倾向较大。

除上面几类不锈钢外，还有一种新型不锈钢叫做沉淀硬化型不锈钢。它通过适当合金化后，利用热处理时奥氏体转变为马氏体及其时效时析出金属化合物而使钢强化，所以也叫奥氏体-马氏体时效不锈钢。这类钢的强度很高（抗拉强度可达1000~1500MPa），高温性能好，易于成形和焊接，主要用于航空工业及火箭、导弹生产方面。常用不锈钢的分类、钢号及化学成分见表1-13。

（2）耐热钢　在高温下具有高的抗氧化性能和较高强度的钢称为耐热钢，通常可分为抗氧化钢与热强钢两类。

1）抗氧化钢。它是指在高温下有较好的抗氧化能力且具有一定强度的钢。这类钢主要用来制造长期在高温下工作但强度要求不高的零件，如各种加热的炉底板、渗碳处理用的渗碳箱等。

抗氧化钢中加入的合金元素为Cr、Si、Al等，它们在钢表面形成致密、高熔点、稳定的氧化膜，牢固地覆盖在钢的表面，使钢与高温氧化性气体隔绝，从而避免了钢的进一步氧化。常用的抗氧化钢有42Cr9Si2等。

2）热强钢。它是指在高温下具有良好抗氧化能力且具有较高的高温强度的钢。为了提高钢的抗氧化能力和高温下的强度，常在钢中加入Cr及W、Mo、Ni、V等合金元素。常用的热强钢有15CrMo钢、42Cr9Si2钢、45Cr14Ni14W2Mo钢等。15CrMo钢是典型的锅炉用钢，可以制造在300~500℃条件下长期工作的

表 1-13 常用不锈钢的分类、钢号及化学成分（质量分数,%）

组织类型	钢号	C	Si	Mn	S	P	Cr	Ni	Ti	Mo	V	N	其他
铁素体型	06Cr13Al	≤0.08	≤1.00	≤1.00	≤0.030	≤0.04	11.50~14.50						Al0.10~0.30
	10Cr17	≤0.12	≤1.00	≤1.00	≤0.030	≤0.04	16~18						
	008Cr27Mo	≤0.010	≤0.40	≤0.40	≤0.020	≤0.030	25~27.5			0.75~1.50			
	10Cr17Mo	≤0.12	≤1.00	≤1.00	≤0.030	≤0.040	16~18			0.75~1.25			
	008Cr30Mo2	≤0.010	≤0.40	≤0.40	≤0.020	≤0.030	28.5~32			1.50~2.50			
马氏体型	12Cr13	0.08~0.15	≤1.00	≤1.00	≤0.030	≤0.040	11.5~13.5						
	20Cr13	0.16~0.24	≤1.00	≤1.00	≤0.030	≤0.040	12~14						
	30Cr13	0.25~0.34	≤1.00	≤1.00	≤0.030	≤0.040	12~14						
	40Cr13	0.35~0.45	≤0.60	≤0.80	≤0.030	≤0.040	12~14						
	95Cr18	0.90~1.00	≤0.80	≤0.80	≤0.030	≤0.040	17~19						
奥氏体型	06Cr19Ni10	≤0.08	≤1.00	≤2.00	≤0.030	≤0.045	18~20	8~11					
	12Cr18Ni9	≤0.15	≤1.00	≤2.00	≤0.030	≤0.045	17~19	8~10					
	10Cr18Ni12	≤0.12	≤1.00	≤2.00	≤0.030	≤0.045	17~19	10.5~13					
	12Cr18Mn9Ni5N	≤0.15	≤1.00	7.5~10	≤0.030	≤0.050	17~19	4~6					N0.15~0.30 Cr18.22
	06Cr17Ni12Mo2Ti	≤0.08	≤1.00	≤2.00	≤0.030	≤0.045	16~18	10~14		2.0~3.0			
	06Cr18Ni12Mo2Cr2	≤0.08	≤1.00	≤2.00	≤0.030	≤0.045	17~19	10~14		1.2~2.75			
奥氏体-铁素体型	022Cr22Ni5Mo3N	≤0.08	≤1.00	≤2.00	≤0.020	≤0.030	21~23	4.5~6.5		2.5~3.5		0.08~0.20	
	022Cr23Ni5Mo3N	≤0.03	≤1.00	≤2.00	≤0.020	≤0.030	22~23	4.5~6.5		3.00~3.50		0.14~0.20	
	022Cr25Ni6Mo2N	≤0.03	≤1.00	≤2.00	≤0.030	≤0.035	24~26	5.5~6.5		1.20~2.50		0.10~0.20	
	14Cr18Ni11Si4AlTi	0.10~0.18	3.40~4.00	≤0.80	≤0.030	≤0.035	17.5~19.5	10~12		—		—	
	022Cr19Ni5Mo3Si2N	≤0.03	1.3~2.0	1.0~2.0	≤0.030	≤0.035	18.0~19.5	4.5~5.5		2.5~3.0		0.05~0.12	

零件。45Cr14Ni14W2Mo 钢可以制造 600℃以下工作的零件，如汽轮机叶片、大型发动机排气阀等。

（3）耐磨钢　主要用于制造承受严重摩擦和强烈冲击的零件，如车辆履带、破碎机颚板、球磨机衬板、挖掘机铲斗和铁道分道岔等。因此，耐磨钢要求具有良好的韧性和耐磨性。

高锰钢是典型的耐磨钢，$w_C=0.7\%\sim1.45\%$，$w_{Mn}=11\%\sim14\%$。其牌号有ZGMn13-1、ZGMn13-2、ZGMn13-3、ZGMn13-4、ZGMn13-5。通常对高锰钢要进行水韧处理才能得到所需性能，即将其加热到1000～1100℃，保温一定时间，使钢中碳化物全部溶解，然后迅速水冷淬火，在室温下获得均匀单一的奥氏体组织。此时钢的硬度不高（180～220HBW），但韧性很好。当工件在工作中受到冲击和压力而变形时，表面会产生强烈的硬化使其硬度显著提高（50HRC以上），从而获得高耐磨性，而心部仍保持高的塑性和韧性。即这种钢只有在受到强大冲击和压力的条件下，才有高的耐磨性，否则并不耐磨。由于高锰钢极易加工硬化，切削加工困难，故高锰钢零件大多采用铸造成型。

二、铸铁

铸铁是 $w_C>2.11\%$ 的铁碳合金。它是以Fe、C、Si为主要组成元素，而Mn、S、P等杂质元素的含量比碳素钢高。有时为了提高铸铁的力学性能或物理、化学性能，在普通铸铁中加入一定量的合金元素，这种铸铁称为合金铸铁。

铸铁化学成分中的碳可以化合态的渗碳体存在，也可以游离态的石墨存在。在机械制造工业用的铸铁中，碳主要以游离态的石墨存在。

铸铁的性能与其化学成分和内部组织密切相关。由于铸铁中的碳含量较高，接近于共晶合金成分，故它的铸造性能很好，并且其生产工艺简单，成本低廉，因此，被广泛应用于机械制造、冶金、矿山、石油化工、交通运输、建筑和国防等工业部门。在各类机械中铸铁件约占机械总量的45%～90%，在机床和重型机械中，则要占机械总量的85%～90%。高强度铸铁和特殊性能铸铁还可以代替部分昂贵的合金钢和非铁材料。

1. 铸铁的分类、牌号及用途

根据碳在结晶过程中的析出状态以及凝固后断口颜色的差异，可将铸铁分为三大类：

白口铸铁——碳绝大多数以渗碳体的形式存在，断口呈银白色。

灰铸铁——碳全部或大部分以游离状态的石墨析出，断口呈暗灰色。

麻口铸铁——碳既以化合态的渗碳体析出，又以游离状态的石墨析出，断口呈黑白相间的麻点。

白口铸铁和麻口铸铁脆而硬，故工业上很少使用。工业上大量使用的是灰铸铁。灰铸铁的性能除了与化学成分、基体组织有关外，还取决于石墨的形状、大小、数量及分布。铸铁按石墨的形态又可分为四类：

（1）灰铸铁 石墨呈片状分布，牌号用“灰铁”二字汉语拼音的第一个大写字母“HT”和代表抗拉强度的数字表示。灰铸铁牌号示例如下：

HT 200

200——抗拉强度 200MPa

HT——灰铸铁代号

灰铸铁在机器零件上的应用很广，HT100 和 HT150 多用于制造汽轮机泵体、轴承座，以及一般机床底座、床身、工作台、手轮及管子和管道的附件等；HT200 用于制造气缸、底架、机体、齿条和中等压力液压筒、液压泵等；HT250 用于制造阀壳、液压缸、机体、联轴器、齿轮箱外壳、飞轮、凸轮和气缸等；HT300、HT350 则用于承受较大工作应力的齿轮、车床卡盘、重载机床床身和高压液压筒、泵等。

（2）可锻铸铁 石墨呈团絮状分布，牌号中用“KTH”代表黑心可锻铸铁，用“KTB”代表白心可锻铸铁，用“KTZ”代表珠光体可锻铸铁。上述字母均为相应字汉语拼音的字首。可锻铸铁牌号的示例如下：

KTH 350-10

10——伸长率 10%

350——抗拉强度 350MPa

KTH——黑心可锻铸铁代号

黑心可锻铸铁和白心可锻铸铁等铁素体可锻铸铁具有高的韧性和一定的强度，适用于制造受冲击、振动及扭转载荷作用下的零件，如汽车底盘部件、纺织机械和管道配件等；珠光体可锻铸铁具有较高的硬度、强度和耐磨性，适用于制造柴油机的曲轴、连杆、活塞、胀圈等高精耐磨件和农业机械上的一些结构件。

（3）球墨铸铁 石墨呈球状分布，牌号用“QT”和两组数字表示。球墨铸铁牌号的示例如下：

QT 400-15

15——伸长率 15%

400——抗拉强度 400MPa

QT——球墨铸铁代号

抗拉强度在 450MPa 以下的铁素体球墨铸铁，由于具有较好的塑性、韧性和一定的强度，但硬度较低，耐磨性也差，所以常用于制造中压阀门、高压缸体和汽车前桥等承受压力和冲击的零部件；抗拉强度在450MPa以上的珠光体球墨铸铁，具有较高的强度、硬度和耐磨性，但塑性和韧性较差，多用于制造柴油机曲轴、凸轮轴、气缸套和机床主轴等易磨损和高应力下工作的零件。

（4）蠕墨铸铁 石墨呈蠕虫状和少量球状分布，牌号用“RuT”和一组数字表示。蠕墨铸铁牌号的示例如下：

RuT 420

——抗拉强度420MPa

——蠕墨铸铁代号

由于蠕墨铸铁兼有球墨铸铁和灰铸铁的性能，因此它具有独特的用途，在钢锭模、汽车发动机、排气管、玻璃模具、柴油机缸盖、制动零件等方面的应用均取得了良好的效果。

2. 铸铁的石墨化及其影响因素

（1）铸铁的石墨化过程 铸铁中的碳以石墨状态析出的过程称为石墨化。碳和硅含量较高的铁液，在缓慢冷却时可从液态中直接结晶出石墨，而不析出渗碳体。渗碳体只是一个亚稳定相，石墨则是一个稳定相。铁碳相图有两种，即铁-石墨相图（虚线表示）和$Fe\text{-}Fe_3C$相图。为了便于比较和应用，习惯上把这两种相图叠加在一起，称为铁碳合金双重相图，如图1-27所示。根据铁碳合金双重相图，铸铁的石墨化过程可分为三个阶段。

第一阶段石墨化：即液相至共晶结晶阶段，包括过共晶成分的液相中直接结晶出一次石墨和共晶转变时形成的共晶石墨，以及一次渗碳体和共晶渗碳体在高温退火时分解析出的石墨。

中间阶段石墨化：即共晶至共析转变之间的阶段，包括从奥氏体中直接析出二次石墨和二次渗碳体在此温度区间内分解析出的石墨。

第二阶段石墨化：即共析转变阶段，包括共析转变时，奥氏体转变为铁素体加石墨和共析渗碳体退火时分解为铁素体和石墨。

（2）影响铸铁石墨化的因素 铸铁石墨化程度受到许多因素的影响，但试验证明，铸铁化学成分和结晶时的冷却速度是影响石墨化的主要因素。

1）化学成分

① 碳和硅。它们都是强烈促进石墨化的元素。铸铁中的碳含量、硅含量越高，石墨化程度越充分。因为随着碳含量的增加，液态铸铁中石墨晶核数量增多，因而促进石墨化；硅与铁原子的结合力较强，硅溶于铁素体中不仅会削弱铁、碳原子间的结合力，而且还会降低共晶点的碳含量，提高共晶转变温度，以利于石墨的析出。实践证明，铸铁中硅含量每增加1%（质量分数），共晶点的

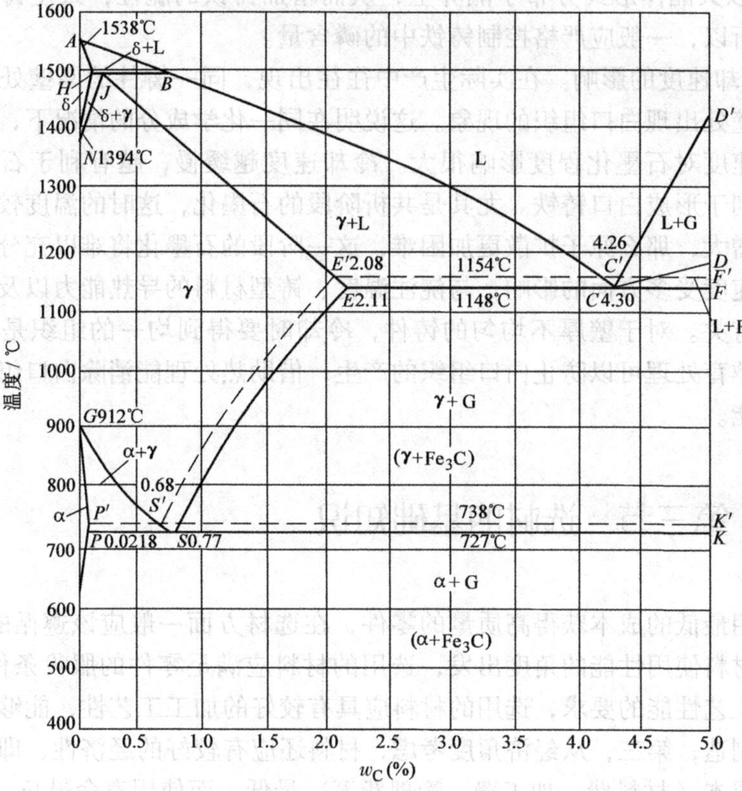

图 1-27　铁碳合金双重相图

w_C 相应降低0.3%。为了综合考虑碳和硅的影响，通常把硅含量折合成相当的碳含量，再与实际碳含量相加，其总和称为碳当量。利用碳当量，可近似估计出铸铁在 $Fe-Fe_3C$ 相图上的实际位置。因此，调整碳当量是控制组织与性能的基本措施之一。

② 锰。锰是阻碍石墨化的元素。锰溶入铁素体或渗碳体中，不仅增加铁、碳原子的结合力，而且还会使共析转变温度降低，这都不利于石墨的析出。但是锰与硫能形成 MnS，能减弱硫对石墨化的阻碍作用，所以它又间接地起着促进石墨化的作用，因而铸件中的锰含量要适当。

③ 硫。硫是强烈阻碍石墨化的元素，因为硫不仅增加铁、碳原子的结合力，而且形成硫化物后常以共晶体形式分布在晶界上，阻碍碳原子的扩散。此外，硫还降低铁液的流动性和促使高温铸件开裂。所以，硫是有害元素，其含量越低越好。

④ 磷。磷是微弱促进石墨化的元素。它能提高铁液的流动性，但形成的

Fe_3P 常常以共晶体形式分布于晶界上，从而增加铸铁的脆性，致使铸件在冷却时开裂。所以，一般应严格控制铸铁中的磷含量。

2）冷却速度的影响。在实际生产中往往出现，同一铸件的厚壁处为灰口组织，而薄壁处出现白口组织的现象。这说明在同一化学成分的情况下，铸铁结晶时的冷却速度对石墨化程度影响很大。冷却速度越缓慢，越有利于石墨化；反之，则有利于形成白口铸铁。尤其是共析阶段的石墨化，这时的温度较低，如果冷却速度增大，那么原子扩散更加困难，这一阶段的石墨化将难以充分进行。

冷却速度受多方面的影响，与浇注温度、铸型材料的导热能力以及铸件的壁厚等因素有关。对于壁厚不均匀的铸件，冷却时要得到均一的组织是比较困难的。通过孕育处理可以防止白口组织的产生；借助热处理能消除白口组织，改善铸铁的性能。

第三节 选材的基础知识

为了用最低的成本获得高质量的零件，在选材方面一般应该遵循的原则为：第一，从材料使用性能的角度出发，选用的材料应满足零件的服役条件；第二，根据材料工艺性能的要求，选用的材料应具有较好的加工工艺性，能够保证零件便于加工制造；第三，从经济角度考虑，材料还应有较好的经济性，即必须保证零件的总成本（材料费、加工费、管理费等）最低，而使用寿命最长。

综上所述，选用材料的三个原则是：使用性能原则、工艺性能原则、经济性原则。

一、使用性能与选材

使用性能是保证零件完成规定功能的必要条件，在大多数情况下是选材首先要考虑的问题。使用性能主要是指零件在使用状态下应具有的力学性能、物理性能和化学性能。力学性能要求一般是在分析零件服役条件和失效形式的基础上提出来的。

1. 满足零件的服役条件

零件服役条件主要包括三个方面的内容：一是零件承受的载荷类型和大小，从受力状态分析，有拉伸、压缩、弯曲和扭转等应力，从载荷性质来看则有静载荷、动载荷及交变载荷等；二是零件的工作温度和周围介质的性质，工作温度有低温、室温和高温，从环境介质来看则有加润滑剂的，有接触酸、碱、盐、海水、粉尘的等；三是某些特殊要求，如导电性、磁性、密度、辐射等。

2. 零件失效形式及原因

根据零件的损坏特点、所受载荷的类型及外在条件，零件的失效形式可归纳为变形、断裂与表面损伤三种，见表1-14。引起失效的具体原因也是多种多样的，大体可分为设计、材料、加工和安装使用等四个方面，见表1-15。

表1-14 零件的失效形式

变形失效	弹性变形失效 塑性变形失效
断裂失效	塑性断裂失效 低应力脆性断裂失效 疲劳断裂失效 蠕变断裂失效
表面损伤失效	磨损失效 表面疲劳失效 腐蚀失效

表1-15 零件失效的主要原因

设计	工况条件估计不确切 结构外形不合理 计算错误
材料	选材不当 材质低劣
加工	毛坯有缺陷 冷加工缺陷 热加工缺陷
安装使用	安装不良 维护不善 过载使用 操作失误

综上所述，通过对零件工作条件和失效形式的分析，确定零件对使用性能的具体要求，再将使用性能具体转化为相应的力学性能指标，根据力学性能指标来选用材料。几种常用零件的工作条件、失效形式及所要求的主要力学性能见表1-16。

表1-16 几种常用零件的工作条件、失效形式及所要求的主要力学性能

零件名称	工作条件			失效形式	要求的主要力学性能
	应力种类	载荷性质	受载状态		
紧固螺栓	拉、切应力	静载	—	过量变形断裂	强度、塑性
传动轴	弯、扭应力	循环、冲击	轴颈摩擦、振动	疲劳断裂、过量变形、轴颈磨损	综合力学性能
传动齿轮	压、弯应力	循环、冲击	摩擦、振动	齿折断、磨损、疲劳断裂、接触疲劳（麻点）	表面高强度及疲劳强度、心部强度、韧性
弹簧	扭、弯应力	交变、冲击	振动	弹性失稳、疲劳破坏	弹性极限、屈强比、疲劳强度
冷作模具	复杂应力	交变、冲击	强烈摩擦	磨损、脆断	硬度、足够的强度、韧性

二、选材与材料工艺性能的关系

在选材时，材料的工艺性能常处于次要地位，但在某些特殊情况下，工艺性能也可成为选材时考虑的主要因素。如在切削加工中，当需要大批量生产时，为保证材料的切削加工性而选用易切削钢就是典型的例子。当某一材料的性能很理想，但极难加工或加工的成本很高时，选用该材料显然是没有意义的。因此，选材时必须考虑材料的工艺性能。

如果金属材料用铸造成型，那么最好选用共晶成分或接近共晶成分的合金。若是锻造成型，则最好选用呈固溶体的合金。如果是焊接成形，那么最适宜的材料是低碳钢或低碳合金钢。为了便于切削加工，一般希望钢铁材料的硬度在170~230HBW之间，以达到改善切削加工的目的。不同材料的热处理工艺是不同的，碳素钢的淬透性差，加热时晶粒容易长大，淬火时容易产生变形甚至开裂，所以当制造高强度、大截面、形状复杂的零件时，需要选用合金钢。

总之，选材时应当尽量使材料与加工方法相适应，选材与选择加工方法应同时进行。

三、经济性与选材

经济性是选材的重要原则之一，一般从材料的直接成本、零件的总成本与国家的资源情况三个方面加以考虑。

1. 材料的直接成本

材料的直接成本在产品总成本中占有较大比重，因此，必须正确地选材和合理地利用材料。一般来说，从单位质量成本来看，普通碳素钢和铸铁的成本较低。此外，用材的相对稳定性、材料在制造过程中的利用率、材料的工艺性及其回用性等都对零件的总成本有影响。

2. 零件的总成本

零件的总成本与其使用寿命、质量、加工费用、开发研究费用、维修费用及材料成本都有关。上述因素对零件总成本的影响是不同的，若能准确地知道它们之间的关系，则可对选材的影响作精确分析。在大多数情况下的做法是利用一切可得资料，对以上因素进行逐项分析，指导选材工作。

3. 国家资源

选材时还应立足我国国情，考虑到我国的生产和供应情况，在同等条件下尽量选用国产材料。另外，同一单位所选材料种类、规格，应尽量少而集中，以便采购和管理，减少不必要的附加费用。选材时还应尽可能选用低能耗材料，降低生产成本。

除了以上原则外，为了人类社会的可持续发展，使我们的子孙后代仍能在地球上生存下去，能源和环保也是选材时必须考虑的两个重要因素。

例如，1973年石油禁运导致的能源危机，迫使美国政府以法律的形式规定了汽车耗油量的上限，这样就促使美国的汽车公司研究强度更高的材料以减轻汽车的质量，这时材料的比强度就成为选材的重要条件之一。

再例如建筑物窗户所用材料，除考虑美观、安全外，节能也是重要的一方面。自古以来都用木窗，考虑到环境保护，20世纪60年代用钢窗代替了木窗，20世纪80年代用铝合金窗代替了钢窗，近年来又有用塑钢窗代替铝合金窗的趋势。在隔热保温方面，塑钢优于铝合金，铝合金又优于钢。窗户的隔热好，就容易做到室内冬暖夏凉，减少对空调、暖器的使用，达到节能的效果。

在材料设计和制造上必须考虑到废弃材料的回收、再生利用。这样一方面可以减轻环境负担，另一方面也可以变废为宝，避免资源枯竭。在材料使用上，也应尽量采用这种可回收利用的材料。目前，在日常生活中，司空见惯的一次性筷子与塑料包装袋的使用就是一个突出的问题。如果每个人在材料使用上都有环境意识，人类社会就会得到可持续发展。另外，从环境保护角度选材还包括材料制造、使用过程中要尽量减少环境污染的问题。

第四节　编制热处理工艺

广义的热处理工艺是指热处理作业的全过程，包括热处理工艺规程的编制、工艺过程的控制与质量保证、工艺管理、工艺工装（设备）以及工艺试验等，而通常所说的编制热处理工艺则是指热处理工艺规程的编制。

热处理工艺规程的编制是工艺工作中最主要、最基本的工作内容。制订正确、合理的热处理工艺必须从企业的实际出发，依据相关技术标准和资料，结合质量保证和检验能力，还要考虑企业从事热处理工作人员的素质、管理水平以及生产条件等各方面的因素，只有这样才能编制出完善、合理的热处理工艺。通过完善合理的热处理工艺不但能优质高效地生产出合格产品，而且能降低生产成本，提高企业的劳动生产率和经济效益。

一、编制热处理工艺的原则

（1）可靠性　所确定的工艺路线、工艺规程应以达到零件技术要求为前提，零件批量生产质量应可靠稳定。

（2）先进性　尽量采用先进技术，特别是应采用行之有效、切合生产实际的新工艺、新设备，力求做到技术先进、可靠。

（3）经济性　在保证产品质量的前提下，工序简单、操作容易、原材料消耗少、生产效率高、生产成本低，并能合理选用设备，充分发挥现有设备的潜力。

(4) 安全无公害　优先选用无公害的热处理工艺，以保证安全生产，改善劳动条件，降低劳动强度，保证操作人员的身体健康。

二、编制热处理工艺的步骤

1. 收集资料及调研分析

(1) 研究图样规定的热处理技术要求的可行性与合理性　合理地确定热处理技术要求是热处理正常生产、保证产品质量、降低生产成本等的前提条件，为此应考虑以下几方面的因素：

1) 根据零件服役条件恰当地提出性能要求，如传动轴主要承受弯曲应力和扭应力的复合作用，因此，对淬火只要求能淬透到零件半径的1/2或1/3即可。

2) 热处理要求只能定在所选钢号淬透性和淬硬性允许范围之内，要求大截面零件获得小尺寸试样的性能指标或者要求低碳钢不经化学热处理达到高硬度等都是不合理的。

3) 热处理要求应该允许有一定的热处理变形。由于零件热处理时受相变应力和热应力作用，因此热处理变形是不可避免的，应根据零件所选的钢号及几何尺寸，给予一定的变形量。这些变形量可通过随后的机加工或调整淬火前的加工尺寸等办法进行修正。

4) 经济性。在提出零件的热处理技术要求时应综合考虑该零件的制造成本、使用寿命等经济因素。

(2) 研究毛坯或材料的供应状态　根据毛坯或材料的供应状态，确定是否要增加预备热处理来满足最终热处理要求以及毛坯尺寸的精密程度要求。

(3) 根据零件制造加工路线确定热处理工序最佳位置　机械零件一般经过毛坯制造、切削加工、热处理工艺来完成。因此，热处理工序与其他加工工序先后次序安排是否合理，将直接影响零件加工及热处理质量。

1) 热处理与切削加工性的关系。钢切削加工性的好坏与其化学成分、金相组织和力学性能有关。不同成分的钢可通过采用不同热处理工艺，获得不同的组织与性能，从而改善钢的切削加工性能。

一般来说，硬度在170～230HBW范围内的钢，其切削加工性能最好。硬度过高，难以加工，且刀具易于磨损；硬度太低，切削时容易“粘刀”，使刀具发热而磨损，且工件的表面不光。因此在切削加工前应安排预备热处理，一般说来低碳钢采用正火，而高碳钢及合金钢正火后硬度太高，必须采用退火。

2) 零件加工工艺路线对热处理的影响。零件加工工艺路线安排是否合理，将直接影响热处理的质量。例如，齿轮、长轴套、垫圈等零件，在情况允许的条件下，先高频感应淬火，再加工齿轮、长轴套的内孔、键槽或垫圈上的孔，这样可以减少变形，保证精度。对于某些精密零件，为了减小因切削加工或磨削加工而造成的应力对尺寸稳定性的影响，一般在工艺路线中可穿插安排去应力退火或时效处理。

2. 确定热处理工艺方案

1）以零件技术要求为依据，提出可能实施的几种热处理工艺方案，并对工艺操作的繁简及质量的可靠性等进行分析比较，再根据生产批量的大小和现有设备及国内外热处理技术的发展趋势，进行综合技术经济分析，从而确定最经济、最完善的工艺方案。

2）新材料零件的热处理方案的确定一般分三个步骤：首先，在实验室对所确定的热处理工艺进行试验，考查是否能达到所需的力学性能指标，以及冷、热加工工艺性能如何；其次，需进行必要的台架试验或装机试验，以考核使用性能；最后，进行小批试验及生产试验，以考核生产条件下的各种工艺性能及质量的可靠性。零件只有达到上述试验要求，才能正式应用在生产中。

3）依据标准或相关技术文件确定工艺参数或通过工艺试验验证调整后的工艺参数。

4）结合工艺、零件特征、能源政策和本企业设备条件选择热处理设备。

5）按工艺方案要求设计工艺工装，按零件要求和工艺实施路线安排辅助工序（清洗、清理、校正、保护等）。

6）确定检验方法及设备，按需要设计检验专用工装。

3. 制订热处理工艺规程

通过参考有关热处理手册、相关材料标准或经工艺试验论证后制订热处理工艺规程时，应按不同工艺方法（淬火、渗碳或碳氮共渗、感应淬火等）填写相应工艺卡。工艺卡是操作工人必须遵守的法规文件，其基本内容如下：

1）零件概况，即零件名称及编号、材料牌号、质量、轮廓尺寸及热处理有关尺寸、工艺路线等。

2）热处理技术要求。热处理工艺卡上的技术要求比图样上提出的热处理技术要求更详细、更具体，如零件化学热处理后还要进行切削加工，热处理工艺卡上的硬化层深度应加上切削量。

3）零件简图。在工艺卡上绘有零件简图，便于识别、核对零件，局部热处理、硬度检查部位等也一目了然。

4）装炉方式及装炉量。

5）设备及工装名称、编号。

6）工艺参数，包括保温时间、冷却方式、冷却介质等，对于化学热处理，还涉及碳势、氮势以及活性介质的流量等。

7）质量检查的内容、检查方法及抽查率。

4. 热处理工艺的会签、批准

编制好的热处理工艺经必要的审核后，由上级技术主管部门批准，在质量保证部门及其他有关部门会签后生效并付诸实施。

第五节 淬火冷却介质

热处理对淬火冷却介质的基本要求是：在钢的 *Ms* 点温度以上冷得适当的快，冷到 *Ms* 点以下后冷得适当的慢。这又常常被简化成“高温能冷得快，低温能冷得慢”。不同的钢种和不同的工件对上述的“快”和“慢”的程度有不同的要求。为适应多种钢种和多种工件的不同要求，淬火冷却介质有多种类型和等级。在热处理行业，淬火量最大的是碳素结构钢和低合金结构钢制的通用零部件，如齿轮、弹簧、轴承和其他结构件。这些零部件用得最多的淬火冷却介质是淬火油、水溶性淬火剂、自来水以及盐水和碱水。

自来水、盐水、碱水以及润滑油通常被称为传统的淬火冷却介质。专门为热处理淬火冷却的需要而开发的各种专用淬火油，与最近几十年开发出的水溶性淬火剂这两种类型的淬火冷却介质，合称为新型淬火冷却介质。

一、传统淬火冷却介质

1. 传统淬火冷却介质的缺点

最具代表性的传统淬火冷却介质是水和润滑油。

（1）水 400～650℃范围内冷却速度较小，不超过200℃/s，但在需要慢冷的马氏体转变温度区，其冷却速度又太大，在340℃时最大冷却速度竟高达775℃/s，很容易引起工件的变形和开裂。此外，水温对水的冷却特性影响很大，水温升高，高温区的冷却速度显著下降，而低温区的冷却速度仍然很高。因此，淬火时水温不应超过30℃。加强水循环和工件的搅拌可以加速工件在高温区的冷却速度。所以一般认为，自来水的主要缺点是低温冷却速度过快，使很多工件在其中淬火时会开裂。用水作淬火冷却介质，除了它的第一大缺点，即低温冷却速度过快以外，还会遇到另外的问题。例如，多个工件采取比较密集的方式同时入水，淬火后会有显著的硬度差异；又如，当工件形状复杂，尤其是有较深的内孔时，在自来水中淬火后，除了有严重的硬度不均现象外，常常伴有很大的淬火变形现象；再如，像大型圆锯片之类的大薄片状工件，在自来水淬火后，往往出现特别大的变形翘曲。同样的情况和工件，在油中淬火时，则不会产生这些问题。引起这些问题的原因是，水的冷却特性对水温变化太敏感。由此可见，水温对冷却特性的影响是很大的。所以自来水的第二大缺点是冷却特性对水温变化太敏感。即使如此，水也适用于尺寸不大、形状简单的碳素钢工件的淬火。

(2) 润滑油　在550～650℃范围内，冷速较慢，不适用于碳素钢，但其在200～300℃范围内冷却速较慢，有利于减少淬火工件的相变应力，降低工件的变形和开裂倾向。与水相反，提高油温可以降低粘度，增加流动性，故可以提高高温区的冷却能力。油温过高易着火，一般应控制在60～80℃。它适用于过冷奥氏体比较稳定的合金钢。润滑油的主要不足是蒸气膜阶段长和冷却速度偏慢，这使淬透性较差或者有效厚度较大的工件淬火后硬度不足且变形较大。

综上所述，水和油作为传统的淬火冷却介质均不属于理想的淬火冷却介质。水的冷却能力很大，但冷却特性不好；油的冷却特性较好，但冷却能力又低。通常有“水淬开裂，油淬不硬”的说法。

2. 提高和改进传统淬火冷却介质的性能

由于传统淬火冷却介质的使用效果多不理想，已越来越难以满足热处理生产的需要，所以有必要对传统的淬火冷却介质进行改进。

(1) 在水中加入无机盐和有机聚合物　这样可以不同程度地降低工件淬火时的低温冷却速度，因而能有效地防止工件淬裂和变形，或者获得更高的淬火硬度和更深的淬硬层深度，从而提高工件的淬火质量。

(2) 在淬火油中加入添加剂　对于淬火油，在保留其原有优点的基础上，提高其冷却速度和改善其某些特性，其仍然是很有前途的淬火冷却介质。例如，在淬火油中添加催冷剂、抗氧化剂、光亮剂等，形成高效、多用、新型淬火油，这样可以获得更强的冷却能力和更合理的冷却速度分布以及更长的使用寿命；或者更能保持工件表面的光亮性，更能降低工件变形和开裂倾向，从而实现一油多用。此外，改进淬火装置，使用物理的方法（搅拌、喷淋、超声波等）来强化冷却，也可以提高淬火油的冷却速度，满足淬火工艺要求。

二、新型淬火冷却介质

新型淬火冷却介质通常是指各种专用淬火油和优质水溶性淬火冷却介质。

1. 专用淬火油

专用淬火油大多是矿物油基的油，其中使用温度在80℃以下的称为冷油，使用温度在80℃以上的称为热油。按使用温度的高低，热油可分成不同的品种或等级。冷油按冷却速度的快慢可分成不同的等级。此外，还有真空淬火油和光亮淬火油等品种。所有淬火油都应当有稳定的冷却特性，并容易清洗。

目前使用的新型淬火油主要有高速淬火油、光亮淬火油和真空淬火油三种。高速淬火油是在高温区冷却速度得到提高的淬火油。获得高速淬火油的基本途径有两种：一种是选取不同类型和不同粘度的矿物油，以适当的配比相互混合，通过提高特性温度来提高高温区冷却能力；另一种是在普通淬火油中加入添加剂（如钡盐、钠盐、钙盐、磷酸盐、硬脂酸盐等），在油中形成粉灰状浮游物。生产实践表明，高速淬火油在过冷奥氏体不稳定区的冷却速度明显高于润滑油，而在低温马氏体转变区的冷速与润滑油接近。这样既可得到较高的淬透性和淬硬性，又可大大减少变形，适用于形状复杂的合金钢工件的淬火。

光亮淬火油能使工件在淬火后保持光亮表面。在矿物油中加入不同性质的高分子添加物，可获得不同冷却速度的光亮淬火油。这些添加物的主要成分是光亮剂，其作用是将不溶解于油的老化产物悬浮起来，防止它们在工件上积聚和沉淀。另外，光亮淬火油添加剂中还含有抗氧化剂、表面活性剂和催冷剂等。

真空淬火油是用于真空热处理淬火的淬火冷却介质。真空淬火油必须具备低的饱和蒸气压、较高而稳定的冷却能力以及良好的光亮性和热稳定性，否则会影响真空热处理的效果。

2. *优质水溶性淬火冷却介质*

新型水溶性淬火冷却介质分为有机聚合物淬火冷却介质及无机物水溶液淬火冷却介质两大类。

(1) 有机聚合物淬火冷却介质　近年来，新型淬火冷却介质最引人注目的进展是有机聚合物淬火冷却介质的研究和应用。有机聚合物在国外已有40多年的发展历史，美国、日本和前苏联等国家都进行了大量深入的研究，并取得了广泛的应用。近年来，我国也开展了试验研究工作，已有多种有机聚合物淬火冷却介质研制成功。这类淬火冷却介质是将有机聚合物溶解于水中，并根据需要调整溶液的浓度和温度，配制而成的冷却性能满足要求的水溶液。它在高温阶段的冷却速度接近于水，在低温阶段的冷却速度接近于油。其优点是无毒、无烟、无臭、无腐蚀、不燃烧、抗老化、使用安全可靠、冷却性能好、冷却速度可以调节、适用范围广、工件淬硬均匀，可明显降低变形和开裂倾向，因此，能提高工件的质量，改善工作环境和劳动条件，给工厂带来节能、环保、技术、经济效益。目前，有机聚合物淬火冷却介质在大批量、单一品种的热处理上用得较多，尤其对于水淬开裂、变形大、油淬不硬的工件，采用有机聚合物淬火冷却介质比淬火油更经济、高效、节能。从提高工件质量，改善劳动条件，避免火灾和节能的角度考虑，有机聚合物淬火冷却介质有逐步取代淬火油的趋势，是淬火冷却介质的主要发展方向。

有机聚合物淬火冷却介质的冷却速度受浓度、使用温度和搅拌程度三个基本参数的影响。一般来说，浓度越高，冷却速度越慢；使用温度越高，冷却速度越慢；搅拌程度越激烈，冷却速度越快。搅拌的作用很重要：使溶液浓度均匀；加强溶液的导热能力从而保证淬火后工件硬度高且分布均匀，减少产生淬火软点和变形，降低开裂的倾向。通过控制上述这些因素，可以调整有机聚合物淬火冷却介质的冷却速度，从而达到理想的淬火效果。一般来说，夏季使用的浓度可低一些，冬季使用的浓度可高一些，而且要有充分的搅拌。有机聚合物淬火冷却介质大多制成含水的溶液，在使用时可根据工件的特点和技术要求，加水稀释成不同的浓度，便可以得到具有多种淬冷烈度的淬火液，以适应不同的淬火需要。

有机聚合物淬火冷却介质因聚合物种类不同而有PAG类、聚乙烯醇类以及聚丙烯酸钠类等种类。它们大多是被加到自来水中配成淬火液来使用。一般来说，水中加入这些淬火冷却介质的主要目的是降低水的低温冷却速度。因此，从应用的角度来说，最重要的是它们能降低水的低温冷却速度的程度，程度不同，应用的范围也不同。除了冷却特性之外，水溶性介质还需要具备另外两个必不可少的特性，一个是冷却特性的稳定性，另一个是所配制的淬火冷却介质的浓度要容易测量和调控，当然，还要求一定的防锈性、抑菌性和不污染环境。因此，优质水溶性淬火冷却介质能不同程度地降低钢件在水中淬火时的低温冷却速度，因而能防止淬裂，或获得更高的淬火硬度和更深的淬硬层深。

不同种类的有机聚合物淬火冷却介质具有显著不同的冷却特性和稳定性，能适合不同淬火工艺需要。目前世界上使用最稳定，应用面最广的有机聚合物淬火冷却介质是聚烷撑二醇（PAG）类淬火冷却介质。这类淬火冷却介质具有逆溶性，可以配成比盐水冷却速度慢而比较接近矿物油的不同淬冷烈度的淬火冷却介质，其浓度易测易控，可减少工件的变形和开裂，避免淬火软点的产生，使用寿命长，适用的淬火钢种范围广，也适合于各类感应淬火和整体淬火。另外，聚丙烯酸盐（ACR类）淬火冷却介质、聚乙烯吡咯烷酮（PVP类）淬火冷却介质和聚乙烯基恶唑啉（PEO类）淬火冷却介质等，也获得一定程度的应用。

下面简单介绍PAG淬火冷却介质的配制和使用控制：

1）在新配淬火冷却介质之前，应将淬火槽和循环冷却系统充分清洗干净。如果原系统用过油，那么必须用工业清洗剂清洗。PAG淬火冷却介质的密度与水非常相近，配制时用体积计和用重量计的结果无大的差别。

2）在使用PAG淬火冷却介质时要注意测量并控制好它的浓度。生产现场一般可用手持式折光仪来测试淬火冷却介质浓度。使用时间较长，污染较严重的淬火冷却介质宜采用其他方法测量浓度。在生产中，宜将淬火冷却介质浓度波动控制在确定值的±0.5%范围内。

3）液温对淬火冷却介质冷却特性有较大影响。这里所说的液温是指工件淬入前淬火冷却介质的平均温度。PAG淬火冷却介质的允许使用温度为0～60℃。为了获得更加均匀的淬火冷却效果，生产中宜将液温控制在较窄的范围，如控制在20～40℃或更窄的范围。

4）工件在淬火冷却介质中搅动或使淬火冷却介质循环流动都可以增大工件和淬火冷却介质之间的流速，从而增大工件的淬火冷却速度。为使工件表面形成的聚合物包膜基本不被冲刷掉，搅动和循环产生的相对流速不宜过大，通常不应超过0.6m/s。

此外，聚乙烯醇合成淬火冷却介质也常在热处理生产上应用。聚乙烯醇常用质量分数为0.1%~0.3%的水溶液，其冷却能力介于水和油之间。当工件淬入该溶液时，工件表面形成一层蒸气膜和一层凝胶薄膜，两层膜使热工件冷却。进入沸腾阶段后，薄膜破裂，工件冷却加快，当达到低温时，聚乙烯醇凝胶膜再次形成，工件冷却速度又下降。所以这种溶液在高、低温区冷却能力低，在中温区冷却能力高，有良好的冷却特性。

（2）无机物水溶液淬火冷却介质　向水中加入适量的某些无机盐、碱或其混合物，形成各种不同的无机物水溶液，可提高工件在高温区的冷却速度，改善冷却均匀性，使工件淬火后获得较高的硬度，减少淬火开裂和变形，且无毒、无污染，工件易清洗，使用管理方便。

常用的无机物水溶液淬火冷却介质有：

1）氯化钠水溶液：常用的是质量分数为10%~15%的氯化钠水溶液，盐水温度为20~40℃。其冷却均匀性好，淬透能力强，淬火硬度高，能减少淬火裂纹、变形和软点的产生，无污染，成本低，广泛用于碳素工具钢及部分结构钢工件的淬火。但盐水对工件有锈蚀作用，所以淬火后要清洗工件。

2）氢氧化钠水溶液：常用的是质量分数分别为10%和50%的氢氧化钠水溶液。质量分数为10%的氢氧化钠水溶液，在高温区的冷却速度比纯水和盐水都高，而在低温区的冷却速度比纯水和盐水稍低，适用于淬透性较低的钢的淬火，可使工件淬火后硬度高且均匀，不易产生裂纹和变形，表面光亮美观；质量分数为50%的氢氧化钠水溶液，在高温区和低温区的冷却速度都显著降低，适用于易产生变形和裂纹的钢的淬火。但氢氧化钠水溶液腐蚀性较强，使用时要注意防护。

3）氯化钙水溶液：可代替水—油双介质淬火，适用于碳素钢和低合金结构钢淬火。

4）氯化镁水溶液：高浓度时，沸点和粘度较高，低温阶段（100~300℃）的冷却速度明显降低，而在高温区（约600℃）保持较高的冷却速度，能使工件淬火后获得较高的硬度，并可减少变形和开裂。

5）过饱和硝盐水溶液：主要是三硝水溶液。三硝水溶液由硝酸钠、亚硝酸钠、硝酸钾和水组成，它们的质量分数分别为25%、20%、20%、35%。在高温（500~650℃）时由于盐晶体析出，破坏了蒸气膜的形成，使其冷却能力接近于水。在低温（200~300℃）时由于浓度极高，流动性差，使其冷却能力接近于油。故其冷却能力较为理想，而且能减少变形和开裂，可代替水—油双介质淬火，适用于碳素钢和低淬透性合金钢的淬火。

6）碳酸钠水溶液：常用的是质量分数为3%～15%的溶液，其冷却能力在同样浓度下比氯化钠水溶液略低一些。

7）水玻璃水溶液：将水玻璃用水稀释，并添加一些盐、碱，可提高其冷却速度，用来代替水—油双介质淬火，也可代替淬火油。

目前，我国已研制成功了一些新品种的无机物水溶液淬火冷却介质，并在热处理生产中获得了一定程度的应用。例如，氯化锌、氯化钙水溶液淬火冷却介质，具有良好的淬硬、淬透冷却能力，工件淬火开裂倾向小，变形小，且无毒无害，可用于45钢、T10钢、40Cr钢、GCr15钢等钢材的淬火，是值得推广的新型无机物水溶液淬火冷却介质。

总之，有机聚合物淬火冷却介质和无机物水溶液淬火冷却介质是我国淬火冷却介质的发展重点，特别是要加强对有机聚合物淬火冷却介质的研究，并扩大其应用。随着研究工作的深入，有机聚合物淬火冷却介质的适用性、稳定性和经济性进一步提高，应用也越来越广泛。大力推广应用新型淬火冷却介质，加强生产现场的使用管理与维护，是用好新型淬火冷却介质的前提。

三、淬火冷却介质的选用原则

1. 依据冷却特性选用淬火冷却介质

（1）依据钢中碳的质量分数　从允许的最低冷却速度分布曲线上看：碳含量低的钢，因有可能析出先共析铁素体，且它的过冷奥氏体最易发生珠光体转变的温度（即所谓“鼻尖”位置的温度）较高，马氏体转变开始点（*Ms*）也较高，为了使这类钢制的工件充分淬硬，所用的淬火冷却介质应当有较短的蒸气膜阶段且出现最高冷却速度的温度应当较高；相反，对碳含量较高的钢，淬火冷却介质的蒸气膜阶段可以更长一些，出现最高冷却速度的温度应当低一些。从允许的最高冷却速度分布曲线上看：碳含量少的钢允许的冷却速度高，碳含量多的钢允许的冷却速度低。

（2）依据钢的淬透性　从允许的最低冷却速度分布曲线看：淬透性差的钢，要求的冷却速度快；淬透性好的钢，要求的冷却速度慢一些。同时，随着淬透性的提高，钢的奥氏体等温转变图会向右下方移动，所以对淬透性差的钢来说，要求淬火冷却介质出现最高冷却速度的温度高一些；而对淬透性好的钢来说，要求淬火冷却介质出现最高冷却速度的温度低一些。有些淬透性好的钢，过冷奥氏体也容易发生贝氏体转变。要避开贝氏体转变，也要求有足够快的低温冷却速度。从允许的最高冷却速度分布曲线上看：淬透性低的钢允许的冷却速度较高，而淬透性高的钢允许的冷却速度较低。

（3）依据工件的有效厚度　当工件表面冷到*Ms*点时，会大大降低淬火冷却介质的冷却速度，则工件内部的热量向淬火冷却介质散失的速度也大大降低，工件表面一定深度以内的过冷奥氏体就很难冷到 Ms 点以下。其结果是，淬火后工件只有很薄的一层马氏体组织。这样，当工件比较厚大时，为得到足够厚的淬硬层深度，所用的淬火冷却介质应当有较快的低温冷却速度。相反，若工件较薄，则可用低温冷却速度较小的淬火冷却介质。从允许的最高冷却速度分布曲线上看：厚大的工件允许的冷却速度高，薄小的工件允许的冷却速度低。

（4）依据工件形状的复杂程度　从允许的最低冷却速度分布曲线上看：对于形状复杂的工件，尤其是有内孔或较深凹面的工件，为减小淬火变形或需要把内孔淬硬时，应当选用蒸气膜阶段较短的淬火冷却介质。一般来说，工件内孔或凹面内部散热速度较其他部位慢，工件其他部位冷得快，最先进入沸腾阶段而获得快冷，而内孔面尚处于蒸气膜阶段，冷却速度很慢。这种冷却上的差异可能引起这类工件较大的淬火变形和内孔或凹面淬火硬度低。解决这类问题的办法是选用蒸气膜阶段较短的淬火冷却介质。另外，适当加大内孔部分淬火冷却介质的流动速度，也有同样的效果。对于形状简单的工件，可以使用蒸气膜阶段稍长的淬火冷却介质。从允许的最高冷却速度分布曲线看：形状复杂的工件允许的冷却速度低，而形状简单的工件允许的冷却速度高。

（5）依据允许的变形程度　若工件要求的变形量小，则应当有窄的冷却速度带；若工件允许的变形量较大，则可以有宽的冷却速度带。对于允许冷却速度带宽的工件，可以采用一般能达到淬火硬度要求的淬火冷却介质。在能缩短工件冷却速度带的方法中，最简单和有效的是等温（或分级）淬火。等温淬火冷却介质应当具有的特性，首先是蒸气膜阶段短和液温变化对冷却速度的影响小；其次，较厚大的工件应当选用冷却速度快的淬火冷却介质，而较薄小的工件则可以选用冷却速度较慢的淬火冷却介质。工件种类繁多，因此对淬火冷却介质的要求是多种多样的。不同工件的要求可能相容，也可能不相容。因此，寻找"一种理想的淬火冷却介质，能同时适用所有不同的工件"的想法，如同寻找一种药物来包治一切疾病一样，是不现实的。

2. 结合新的淬火方法选用新型淬火冷却介质

在条件允许的情况下，应尽量选择冷却特性较好的新型淬火冷却介质，并与新的淬火冷却方法密切配合。为了使工件实现理想的冷却，获得最佳的淬火效果，除根据实际情况选用新型淬火冷却介质外，还需不断改进现有的淬火方法，并采用新的淬火方法，这样才能取得最佳效果。这些新的淬火方法有：

（1）高压气冷淬火法　工件在强惰性气流中快速均匀冷却，可防止工件表面氧化，避免开裂，减少变形，保证达到所要求的硬度，主要用于工模具钢的淬火。这项技术最近进展较快，应用范围也有很大扩展。

（2）强烈淬火法　采用高压喷射淬火冷却介质的方法，使其强烈地喷射在工件表面上，通过控制喷射压力、流量和配比，调整其冷却能力，促进均匀冷却，能获得表面硬度均匀且变形小的优质工件。

（3）水—空气混合剂冷却法　通过调节水和空气的压力以及雾化喷嘴到工件表面之间的距离，可以改变水—空气混合剂的冷却能力，并使冷却均匀。该方法已成功地应用于表面淬火。

（4）沸腾水淬火法　采用100℃的沸腾水作淬火冷却介质，可获得较好的硬化效果，用于钢的淬火。

（5）热油淬火法　采用热的淬火油，使工件在进一步冷却之前的温度等于或接近 *Ms* 点的温度，以便把温度差减至最小，能有效地防止淬火工件的变形和开裂。

（6）冷处理法　将淬火工件由常温继续冷却到更低的温度，使残留奥氏体继续转变为马氏体，其目的是提高钢的硬度和耐磨性，改善工件的组织稳定性和尺寸稳定性，有效地提高工模具的使用寿命。

第六节　热处理操作常识

一、钢材的火花鉴别

火花鉴别法就是运用钢材在磨削过程中所出现火花（或火束）的爆裂形状、流线、色泽、发火点等特征来区别钢铁材料化学成分差异的一种方法。火花鉴别法是热处理生产中经常用来鉴别原材料和工件化学成分的初步方法。它可在热处理生产前核查工件成分是否与图样相符，区别工件材料与工艺是否相符以及工件有无混料等。此外，对于工件渗碳、渗氮处理的质量以及工件表面脱碳程度等都可以做定性和半定量分析。由于这种方法快速简便，适用于在车间现场使用。

1. 火花的组成和名称

（1）火束　工件在砂轮上磨削时发射的全部火花称为火束或花束。它主要由三部分组成，如图1-28所示。

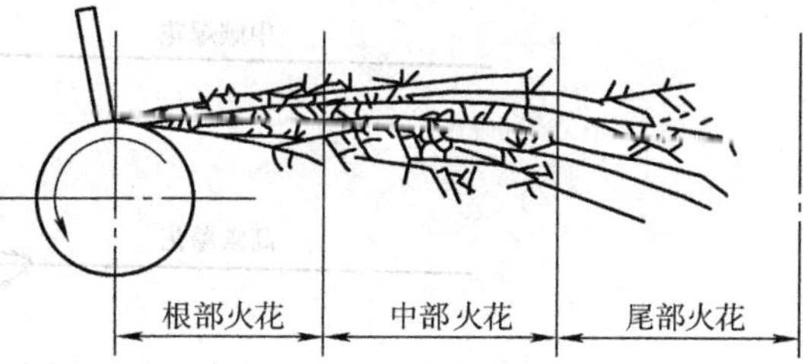

图1-28　火束组成示意图

1）根部火花，又称为根花，是靠近砂轮部位的火束。

2）中部火花，又称为间花，在火束中间位置，是火花最密集的一段，能显示出钢铁材料中碳的含量。

3）尾部火花，又称为尾花，在火束末端接近消失的部位。根据尾部火花的形状可以判断出钢铁材料中的合金元素。常见的尾部火花有枪尖尾花、狐尾尾花和钩状尾花三种，如图1-29所示。尾花的形状常与钢中的合金元素的种类和数量有关。

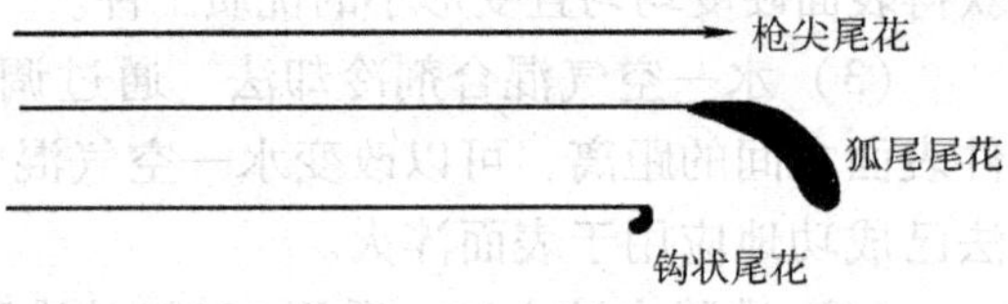

图1-29 尾部火花示意图

（2）流线 从砂轮上直接射出来的好像直线的光亮线条称为流线。流线通常分为三种，即直线状流线、断续状流线和波纹状流线，如图1-30所示。

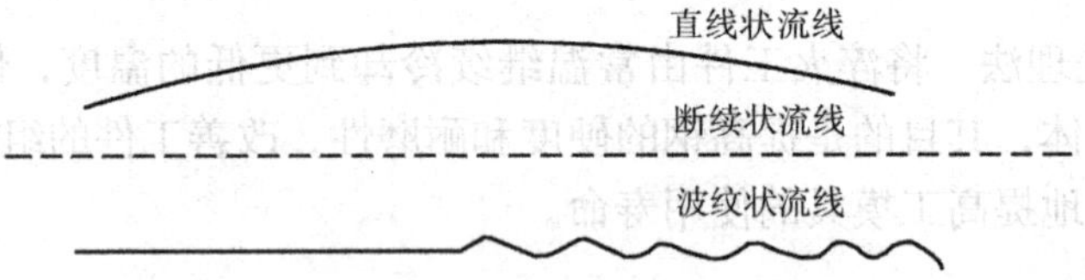

图1-30 流线的种类

每条流线都由节点、爆花、芒线和花粉组成。

1）节点。流线在中途爆裂的明亮点称为节点。

2）爆花。以节点为核心，在节点处爆裂而向外射出的直线流线称为爆花，也称为节花，如图1-31所示。爆花是碳元素专有的火花特征。爆花形式在钢的

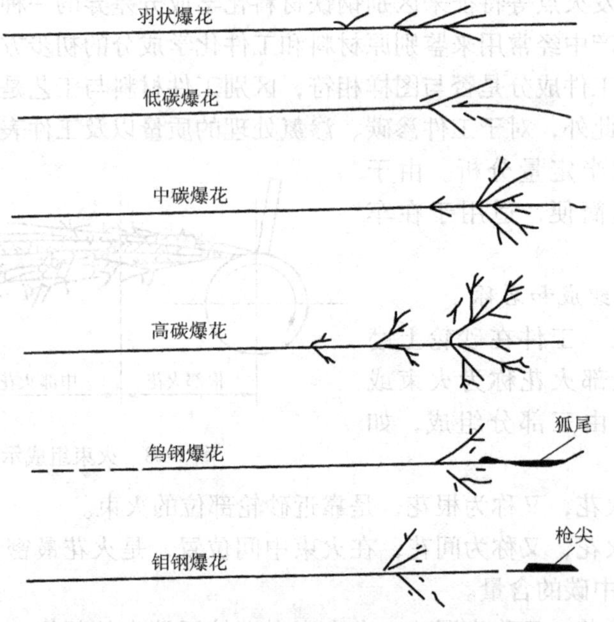

图1-31 爆花的种类

火花鉴别中占有相当重要的地位。

3）芒线。爆花爆裂而产生的若干聚集的短流线称为芒线。只有一次爆裂的芒线称为一次花，在一次花的芒线上再一次发生爆裂时所呈现的爆花为二次花等。因此爆花又分一次花、二次花、三次花和多次花，而芒线的数量又有二根分叉、三根分叉、四根分叉和多根分叉，如图1-32所示。

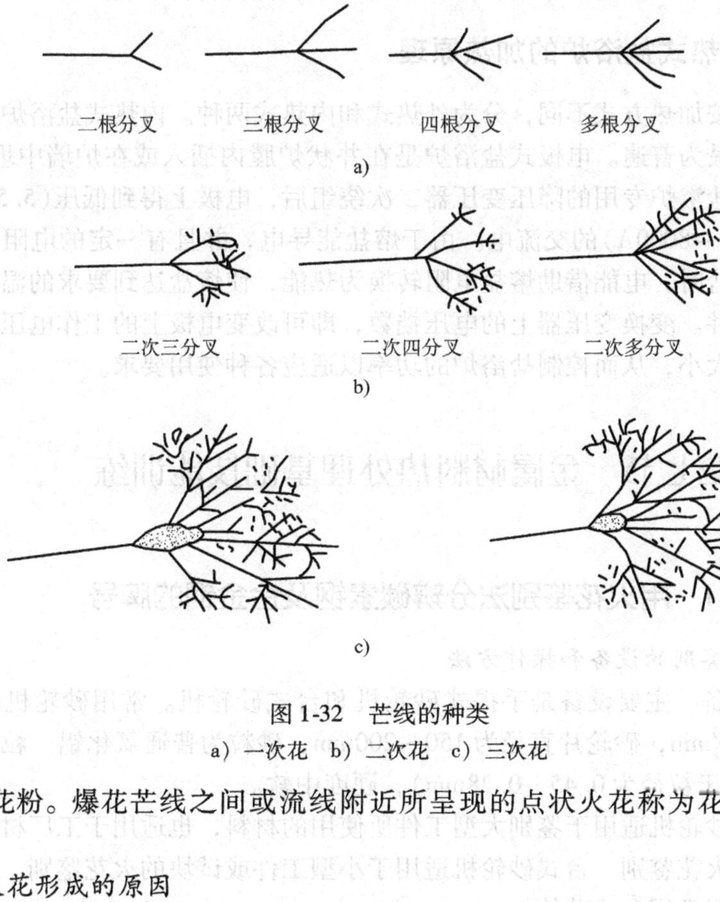

图1-32 芒线的种类

a）一次花 b）二次花 c）三次花

4）花粉。爆花芒线之间或流线附近所呈现的点状火花称为花粉，又称为火星。

2. 火花形成的原因

工件被高速旋转的砂轮磨削后成为屑状颗粒，由于变形热和摩擦热的作用，这些细微的金属颗粒瞬间即达到熔融状态，在离心力的作用下，沿试件与砂轮接触处的切线方向高速抛射出去，形成一条条光亮的流线。这些高速运行的熔融金属颗粒，与空气发生剧烈的氧化作用，在它们的表面上形成一层氧化铁薄膜。钢中的碳元素在高温下极易与氧结合而生成CO，使Fe还原，还原后的Fe再次被空气氧化，然后再次被还原。这种反应多次重复进行，于是熔滴内聚积了大量的

CO气体。当它们的压力大于表面氧化膜的约束时，便爆裂成为火花。钢粒经一次爆裂后，若在碎粒中仍残留着未参加反应的铁和碳的微粒，则将继续发生上述反应而再次爆裂，这就是二次爆花产生的原因。所以钢粒中碳的含量越高，多次爆裂后的间距就越短，火花爆裂的次数和爆花量也就越多。

所以钢铁中的碳是产生火花的基本元素，而铬、镍、硅、锰、钨、钼等合金元素则对线条的颜色、火花的形态产生不同的影响。因此，可以根据火花的形态、流线的形状、颜色的不同特征，鉴定出钢铁材料的化学成分。

二、内热式盐浴炉的加热原理

盐浴炉按加热方式不同，分为外热式和内热式两种。内热式盐浴炉以电极盐浴炉的应用最为普遍。电极式盐浴炉是在井状炉膛内插入或在炉墙中埋入电极。当电极接通盐浴炉专用的降压变压器二次绕组后，电极上得到低压(5.5～35V)、大电流(1000～8000A)的交流电。由于熔盐能导电，并且有一定的电阻，因此当电流通过熔盐时，电能借助熔盐电阻转换为热能，使熔盐达到要求的温度，加热熔盐中的工件。变换变压器上的电压挡数，即可改变电极上的工作电压以及通过熔盐的电流大小，从而控制盐浴炉的功率以适应各种使用要求。

第七节 金属材料热处理基础技能训练

训练1 用火花鉴别法分辨碳素钢及合金钢的牌号

1. 火花鉴别的设备和操作方法

（1）设备 主要设备是手提式砂轮机和台式砂轮机。常用砂轮机的转速为2800～4000r/min，砂轮片直径为150～200mm，砂粒为普通氧化铝，粒度为40～60目（相当于粒径为0.45～0.28mm），硬度中软。

手提式砂轮机适用于鉴别大型工件所使用的材料，也适用于工厂材料库中大批量钢材的火花鉴别。台式砂轮机适用于小型工件或试块的火花鉴别，一般工厂的热处理车间常用台式砂轮机。

（2）操作方法 火花鉴别的工作场地不宜太亮，最好在暗处，避免阳光直射而影响火花的光色和清晰度。当使用手提式砂轮机时，应将工件或钢材排列在地面上，手拿砂轮机，打开开关使砂轮平稳旋转，用砂轮圆周接触钢材进行磨削，用力要适宜，并使火花束大致向略高于水平方向发射，以便于对火花全面观察。当使用台式砂轮机时，打开开关，待砂轮机起动旋转后，手拿工件或试块与砂轮圆周接触进行磨削，并使火花束与视线有一适当角度（60°～80°），以仔细观察火花束长度和特征。

（3）操作注意事项

1）操作时，应带无色平光防护眼镜，以免砂粒飞入眼内。

2）操作时，应站立在砂轮一侧，不得面对砂轮站立。

3）用手拿紧工件并轻压砂轮，用力要适度。成批挑选混料时，用力应一致，不要因用力大小不一而影响判断。

4）判断结论不要草率，初判时防止可能发生的错觉，可与已知化学成分的标准钢样对照鉴别。通过火花鉴定钢种的精确度和操作者的熟练程度有关，所以平时要多做对比练习。

（4）火花鉴别的操作步骤

1）鉴别流线

① 颜色：碳素钢的流线多呈亮白色，合金钢和铸铁的流线呈橙色和红色，高速钢的流线接近暗红色。

② 形状：碳素钢的流线为直线状，高速钢的流线呈断续状或波纹状。

③ 长短：在相同的压力下，碳的质量分数越大，流线越短，高速钢的流线比碳素钢的流线短。

2）鉴别节花

① 碳素钢有节花，随着碳的质量分数增加，节花增多。

② 高速钢一般没有节花，相比之下钼高速钢 W6Mo5Cr4V2 稍有些节花，而钨高速钢 W18Cr4V 不见节花并且流线断续状明显。

3）鉴别尾花：碳的质量分数不同以及合金元素不同，火花的节花及尾花不同。

2. 常用钢的火花特征

（1）20 钢　20 钢火花如图 1-33 所示。

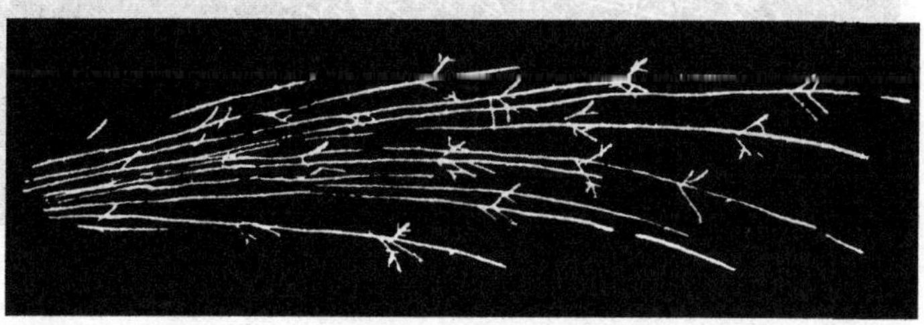

图 1-33　20 钢火花

特征：流线多，带红色；火束长，芒线稍粗，发光适中；火花量稍多，多根分岔爆裂，呈星形，花角狭小。

（2）45 钢　45 钢火花如图 1-34 所示。

图 1-34 45 钢火花

特征：流线多而稍细，火束短，发光大，爆裂为多根分岔；大量三次花，呈火星形，火花盛开，约占总花数的 3/5 以上，有很多的小花及花粉产生。

（3）T7 钢 T7 钢火花如图 1-35 所示。

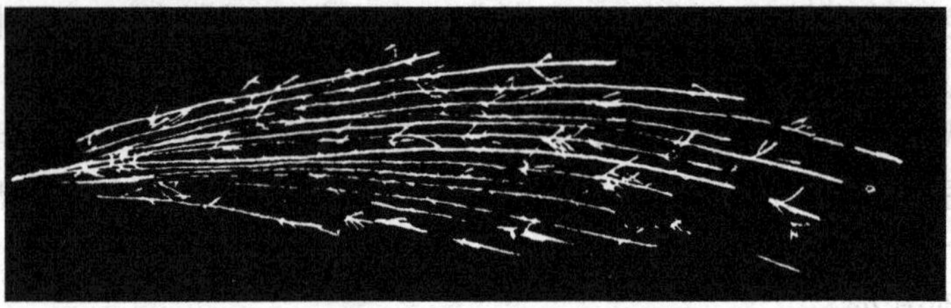

图 1-35 T7 钢火花

特征：流线多而细，由于碳的质量分数高，火束长度渐次缩短而粗，发光渐次减弱；火花稍带红色，爆裂为多根分岔；大量三次花，花形由基本的星形发展为三层叠开，花数增多；研磨时手的感觉稍硬。

（4）T10 钢 T10 钢火花如图 1-36 所示。

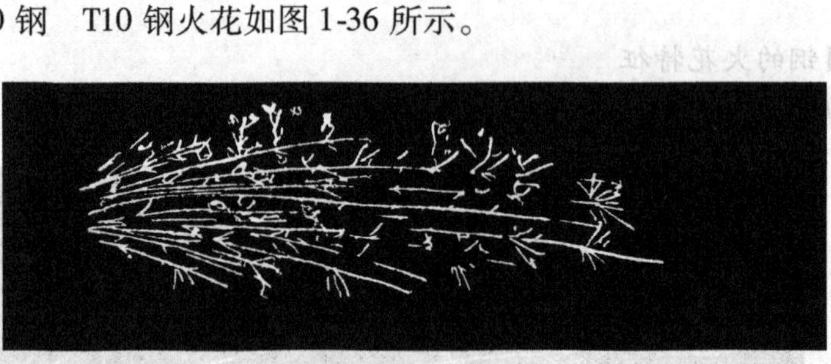

图 1-36 T10 钢火花

特征：流线多而细，火束较前更短而粗，带红色爆裂为多根多岔，少量三次花，小碎花及花粉极多；研磨时手的感觉较硬。

（5）T13 钢 T13 钢火花如图 1-37 所示。

特征：流线多而极细，火束较 T10 钢更短且更粗，发光较弱，带红色爆裂为多根分岔，大量的三次花，三层、四层重叠开花，碎花及花粉极多。

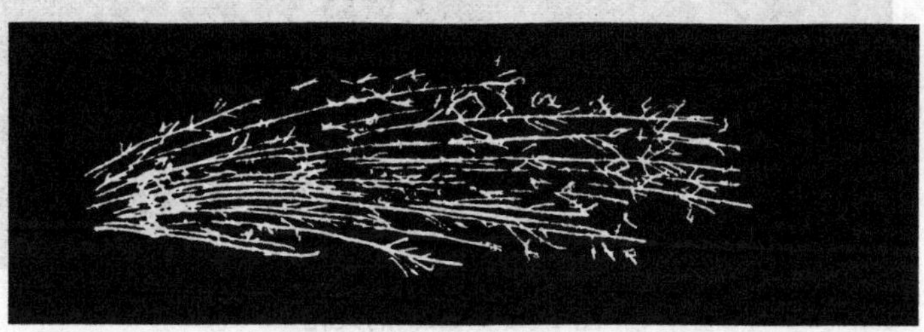

图 1-37 T13 钢火花

（6）CrWMn 钢 CrWMn 钢火花如图 1-38 所示。

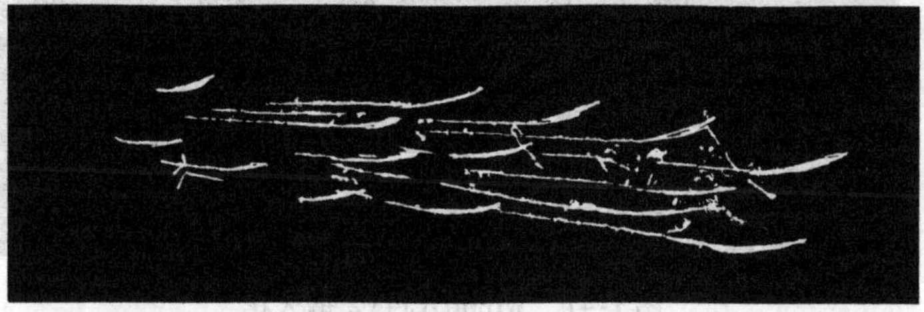

图 1-38 CrWMn 钢火花

特征：火束细而较长，发光稍暗；因受钨、铬、锰的影响，其火花爆裂为稍多量的二次花；流线细而呈暗红色，根部时有断续流线产生，尾部呈狐尾花爆裂；研磨时感觉较硬。

（7）GCr15 钢 GCr15 钢火花如图 1-39 所示。

图 1-39 GCr15 钢火花

特征：火束粗而细短，发光中度，其爆裂为大量较紧密的三次花，花蕊似火团，芒线多而细，附有很多碎花及花粉，全体呈橙黄色。

（8）Cr13 钢 Cr13 钢火花如图 1-40 所示。

特征：火束细而极短，发光较暗，火花爆裂为三次花，十多根分岔，多层复

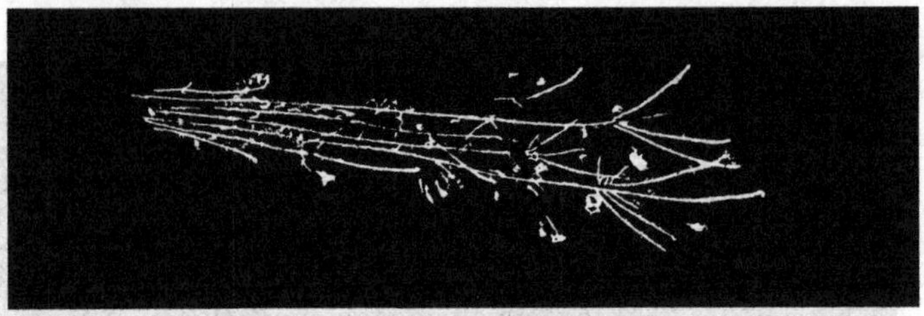

图 1-40 Cr13 钢火花

花形式，呈大星形，附有很多碎花和花粉；爆裂很多，活泼美观；尾部流线略为粗大；研磨时材质较硬。

（9）W6Mo5Cr4V2 钢 W6Mo5Cr4V2 钢火花如图 1-41 所示。

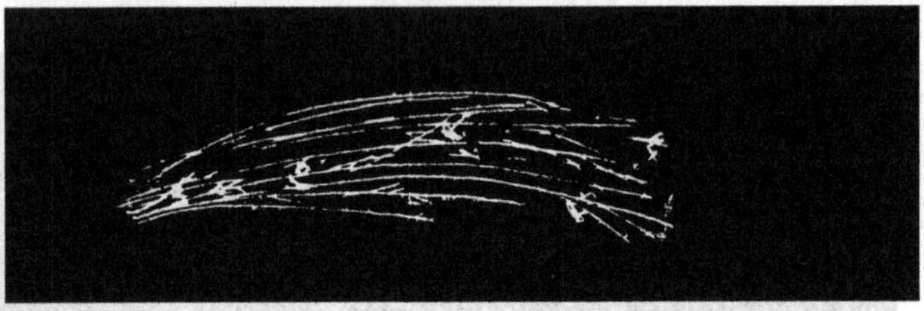

图 1-41 W6Mo5Cr4V2 钢火花

特征：火束短而流线细，发光较弱，对火花爆裂有抑制现象，几乎无爆裂；根部有断续流线，尾部明亮，全体呈暗橙色；研磨时材质较硬。

（10）W18Cr4V 钢 W18Cr4V 钢火花如图 1-42 所示。

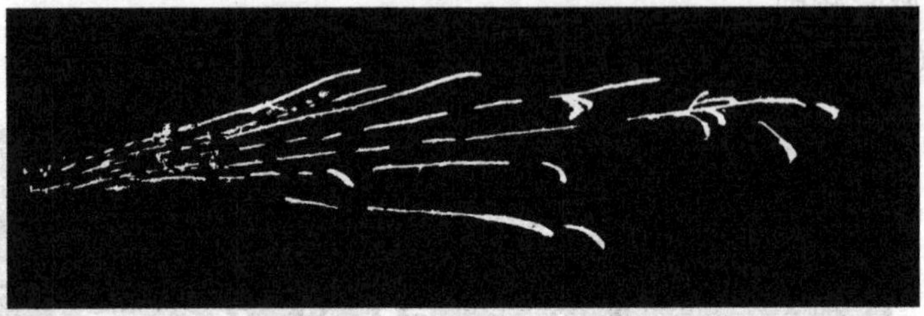

图 1-42 W18Cr4V 钢火花

特征：火束细长，呈赤橙色，发光极暗，由于钨的影响，几乎无火花爆裂；膨胀性小，中部和根部为断续流线，尾部呈点形狐尾花；研磨时材质较硬。

训练 2 配制常用淬火冷却介质

1. 配制淬火用水溶液

常用的淬火用水溶液为盐水和硝盐水，均按质量比配制。盐水是 1000kg 水中加入 10kgNaCl；硝盐水溶液则是 1000kg 水中加入 15kg$NaNO_2$。配制时将 NaCl 和 $NaNO_2$ 加入水槽中，进行搅拌，在 NaCl 和 $NaNO_2$ 溶于水解后即可使用。

2. 配制淬火硝盐

分级淬火用的硝盐是由 KNO_3 和 $NaNO_2$ 组成的。配制时按质量比为 1:1 分别称取 KNO_3 及 $NaNO_2$，混合均匀后，放入硝盐槽中，加热熔化后即可使用。

3. 配制碱浴

常用的淬火冷却用碱浴含有强碱，配制时应特别注意安全，做好防护工作，要戴好橡胶手套和防护面罩，穿好工作服，然后破碎 KOH 和 $NaNO_2$，并分别称取 83 份的 KOH 和 14 份的 $NaNO_2$，放入碱浴槽中加热熔化，待其熔成液态后，混合均匀，降温到接近凝固时，用长管玻璃漏斗将 3 份的水徐徐加入其中，加水时要缓慢，以防碱浴溅出伤人。

• 训练3　设计与制作内热式盐浴炉起动电极

1. 内热式盐浴炉起动电阻的设计与制作

由于固态盐的电阻值很大，不能在工作电压下使其导通。因此，在盐浴炉开始工作时需要先用相应的起动方法使电极间的盐熔化。电极盐浴炉的起动方法很多，这里只介绍传统的起动电阻法。

（1）起动电阻的设计与制作　起动电阻的形状、尺寸对起动时间和起动电阻本身的使用寿命均有直接的影响。

起动电阻通常用低碳钢制造，可为方形、圆形或扁带形。前两种做成螺旋形，第三种弯成波纹形（即之字形）。比较起来，螺旋形的热量集中，强度较高，制作方便。起动电阻的制作方法如下：

1）螺旋形起动电阻：将直径为 15 ~ 20mm，长为 1.5 ~ 3.5m 的低碳钢棒绕制成螺旋形，螺旋体直径为 80 ~ 100mm，圈数为 5 ~ 8 圈，螺旋两端分别焊在两个引出棒上。

2）波纹形起动电阻：将横截面尺寸为（30 ~ 40）mm ×（8 ~ 15）mm 的扁钢做成波纹状。波纹体高度为 100 ~ 200mm，节距为 50 ~ 150mm。波纹体两端也与引出棒相连，引出棒横截面积为起动电阻的两倍。

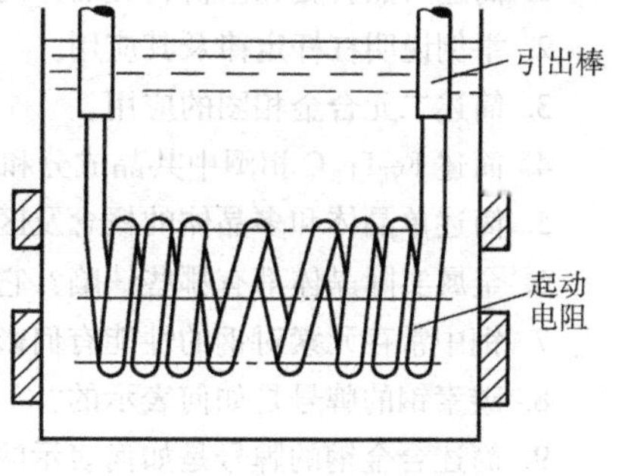

图 1-43　起动电阻体

起动电阻体应放置在电极区，最好做成图 1-43所示的中间螺距较大、两头螺距较小的形式，这样两端热量较集中，电极会被较快地通电加热。

（2）起动电阻的固定方法　起动电阻引出棒的连接处常因接触不良而发热、

打火甚至烧损。为了克服这种现象，可以采用图1-44所示偏心手柄铜排夹紧装置。这种方法可使连接处的接触面积增大，消除上述不良后果，且起动电极装卸方便，能保持电极和坩埚之间的紧密配合。

2. 内热式盐浴炉的起动方法

（1）空炉起动　将起动电阻放在炉膛底的电极区内，加入能将起动电阻盖住的盐，然后将盐炉变压器调到较低挡，通电熔化至接通主电极。在主电极由熔盐接通后，取出起动电阻，同时将变压器调到较高挡，利用主电极熔盐。

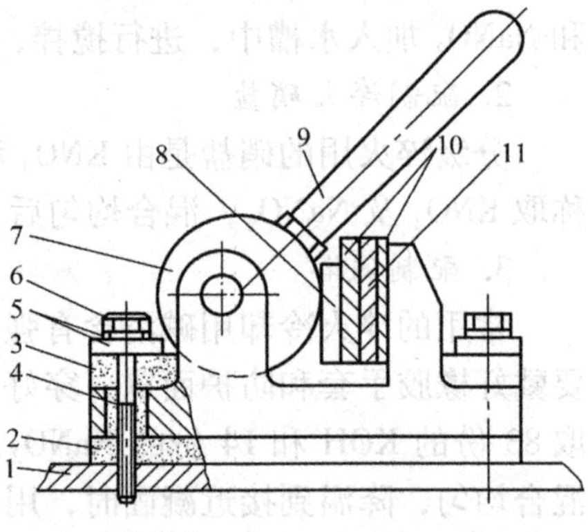

图1-44　偏心手柄铜排夹紧装置

1—炉面板　2、3—石棉板　4—石棉绳　5—垫圈　6—螺钉　7—偏心轮　8—垫铁　9—手柄　10—铜排　11—电极

（2）实炉起动　此种方法的要点是在停炉前熔盐尚没冷凝时就将起动电阻放置在电极之间，两端离电极的工作面要有40~60mm的间隔。在开始起动时，由于起动电阻处于冷态，其电阻值比热态时要小得多，为使起动电流不过载，应用低压挡送电。待盐逐步熔化后，为加快熔化速度，缩短升温时间，可适当调高电压挡次。在固体盐基本熔化后，方可从熔盐中取出起动电阻，并提高电压挡次，升至工作温度。

复习思考题

1. 简述共晶转变和共析转变的异同点。
2. 举例说明杠杆定律及其应用。
3. 简述二元合金相图的应用。
4. 简述Fe-Fe_3C相图中共晶成分和共析成分铁碳合金的结晶过程。
5. 简述单晶体和多晶体的概念及区别。
6. 金属实际晶体都有哪些缺陷？它们有何作用？
7. 钢中常存元素对钢的性能有何影响？
8. 碳素钢的牌号是如何表示的？
9. 简述合金钢的牌号是如何表示的。
10. 铸铁是如何分类的？它们的牌号是如何表示的？
11. 选材一般应遵循哪些原则？
12. 简述铸铁的分类和其牌号的表示方法。
13. 编制热处理工艺的原则是什么？
14. 如何确定热处理工艺方案？

15. 如何制订热处理规程？

16. 什么是传统淬火冷却介质？什么是新型淬火冷却介质？淬火冷却介质的选用原则是什么？

17. 如何进行钢的火花鉴别？

18. 如何设计与制作内热式盐浴炉的起动电极？

第二章

常规热处理

培训学习目标 掌握奥氏体等温转变图和连续冷却转变图在生产上的运用，学会常用钢的热处理工艺方法；懂得合金元素在钢中的作用；了解保护气氛、真空热处理基本知识。

第一节 常规热处理基础知识

一、奥氏体等温转变图和连续冷却转变图在生产上的运用

1. 奥氏体等温转变图在生产上的运用

（1）奥氏体等温转变图的概念　过冷奥氏体在不同温度等温保持时，温度、时间与转变产物所占百分数（转变开始及转变终止）的关系曲线称为奥氏体等温转变图。图 2-1 为共析钢的奥氏体等温转变图。图 2-1 中有两条曲线：左边曲线为过冷奥氏体转变开始线，右边曲线为过冷奥氏体转变终了线。图 2-1 中还有三条水平线：A_1 线——位于奥氏体等温转变图上方，在 A_1 线以上，奥氏体是稳定的，不会发生转变，在 A_1 线以下，过冷奥氏体是不稳定的，要发生转变；*Ms* 线（230℃）——位于奥氏体等温转变图下方，表示过冷奥氏体向马氏体转变开始的温度；*Mf* 线（-50℃）——位于奥氏体

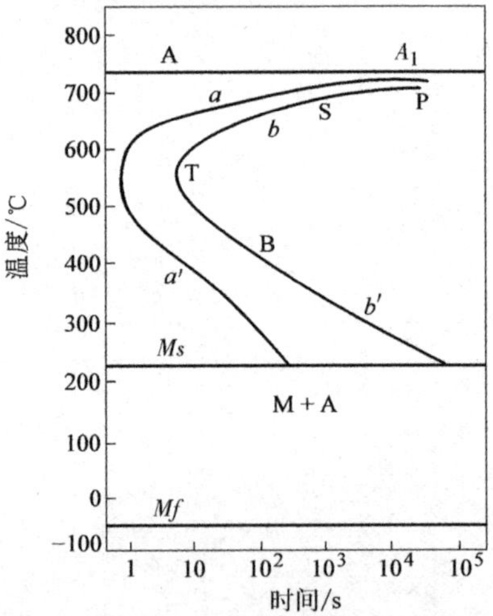

图 2-1　共析钢的奥氏体等温转变图

等温转变图下方，表示过冷奥氏体向马氏体转变终止的温度。上述两条曲线和三条水平线，共五条线将图形分成六个区域：由温度轴、A_1 线、*Ms* 线和过冷奥氏体转变开始线围成的区域为过冷奥氏体区；奥氏体转变终止线以右为过冷奥氏体转变产物区；A_1 线以上为稳定奥氏体区；*Mf* 线以下为马氏体区；*Ms* 线和 *Mf* 线之间为马氏体与过冷奥氏体共存区；而由 A_1 线、*Ms* 线及两条曲线所围成的区域为过冷奥氏体与转变产物共存区。

（2）奥氏体等温转变图的意义　由奥氏体等温转变图可以看出过冷奥氏体的等温转变具有以下基本规律：

1）在等温过程中，过冷奥氏体并不是瞬间发生转变的，而是需要一段准备时间才开始转变，这段准备时间称为孕育期。孕育期的长短可作为过冷奥氏体稳定性大小的标志。

2）孕育期和转变终了所需时间随着转变温度而变化。从 A_1 线开始，孕育期和转变终了所需时间随着温度的降低而缩短，当到达一定温度后，又随着温度的降低而延长，大约在550℃时达到最小值，这时的过冷奥氏体最不稳定，转变速度最快，这里通常被称为奥氏体等温转变图的“鼻子”。

3）根据转变温度和产物的不同，可将奥氏体等温转变图分为三个区域：从 A_1 到鼻子温度（A_1 ~550℃）为高温转变区，转变产物是珠光体，故又称为珠光体转变区；从鼻子温度到 *Ms*（550 ~230℃）为中温转变区，转变产物是贝氏体，故称为贝氏体转变区；从 *Ms* 到 *Mf* 为低温转变区，转变产物是马氏体，故称为马氏体转变区。

4）当温度低于 *Ms*（230℃）时，过冷奥氏体将发生马氏体转变。这种转变没有孕育期，转变速度极快，转变量随着温度的降低而增加，直到 *Mf* 点才停止转变。

（3）奥氏体等温转变图的运用　奥氏体等温转变图反映了过冷奥氏体等温转变的全部过程，是钢热处理的重要理论依据之一。其主要用途如下：

1）用来制订合理的热处理工艺，如选择等温热处理（等温退火、等温淬火及分级淬火）和形变热处理的温度与等温时间。

2）用来分析钢热处理后的组织和性能，以便合理选用钢种。

3）用来估计钢的淬透性和选择适当的淬火冷却介质。

4）用来比较各合金元素对钢淬透层深度和 *Ms* 点的影响。

2. 奥氏体连续冷却转变图在生产上的运用

（1）奥氏体连续冷却转变图与奥氏体等温转变图的比较　奥氏体连续冷却转变图和奥氏体等温转变图都反映了不同过冷度对奥氏体转变的影响，两者在本质上是一致的，因而它们之间具有内在联系，转变过程和转变产物类型基本上也能互相对应，特别是在高温区。但是，由于冷却条件的不同，两者也存在着显著差异，主要有：

1）连续冷却时，过冷奥氏体的转变是在一个温度范围内完成的，故连续冷却得到的组织不均匀，往往是几种组织的混合物，即使能得到同一类型的组织，由于先后转变的温度不同，其弥散度也不相同。

2）共析钢连续冷却时，若冷却速度缓慢，则过冷奥氏体将全部转变成珠光体；若冷却速度过快，则过冷奥氏体在中温区的停留时间尚没达到贝氏体转变所必需的孕育期就已降至 *Ms* 点，开始马氏体转变。所以共析钢连续冷却时没有贝氏体转变，而只有珠光体转变和马氏体转变。

3）奥氏体连续冷却转变图比奥氏体等温转变图向右下方移动，说明转变温度较低，孕育期较长，也说明从奥氏体等温转变图上确定的临界冷却速度比从奥氏体连续冷却转变图上得到的临界冷却速度大，而精确的临界冷却速度只有从奥氏体连续冷却转变图上才能得到。

（2）奥氏体连续冷却转变图的运用　奥氏体连续冷却转变图是钢热处理的重要理论依据之一。奥氏体连续冷却转变图反映了不同冷却条件下，过冷奥氏体的转变过程、产物及硬度，因此，对于制订热处理工艺和合理选用钢种，以及估计各种热加工过程中金相组织的变化，均具有重要的意义。

1）分析热处理及热加工后的组织和性能：根据奥氏体连续冷却转变图和工件尺寸及工件在某一介质中冷却时截面上各部分的冷却速度，可以估计冷却后工件截面上各部分所得到的组织和性能。

2）制订钢的热处理工艺及选择淬火冷却介质：奥氏体连续冷却转变图反映了钢的临界冷却速度大小，根据已知的工件尺寸，就可以通过选择合理的淬火冷却介质，以达到工件的技术要求，对大件热处理特别有用。

3）合理选用钢种：在工件尺寸和技术要求确定后，工件的冷却速度也就随之而定。根据奥氏体连续冷却转变图所提供的临界冷却速度，即可合理地选用钢材。

4）为研究新钢种提供依据：奥氏体连续冷却转变图还反映了不同合金元素对过冷奥氏体转变影响的规律，这就为新钢种的成分设计提供了理论依据。

二、钢的淬火方法

生产实践中应用最广泛的淬火方法是以冷却方式来划分的，主要有单液淬火、双介质淬火、分级淬火和等温淬火等。常用淬火方法冷却曲线示意图如图2-2所示。

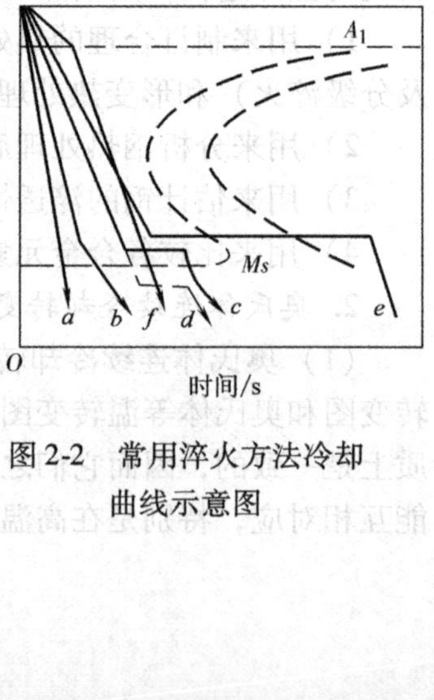

图2-2　常用淬火方法冷却曲线示意图

1. 单液淬火

单液淬火就是将奥氏体化的工件迅速浸入某一种淬火冷却介质中，一直冷到室温的淬火操作方法，见图 2-2 中的曲线 *a*。对于单液淬火，在选择淬火冷却介质时，必须保证工件在该介质中的冷却速度大于此工件钢种的临界冷却速度，并应保证工件不会淬裂。单液淬火冷却介质有水、盐水、碱水、油及一些专门配制的淬火冷却介质。一般情况下碳素钢采用水冷淬火，合金钢采用油冷淬火。

单液淬火操作简单，有利于实现机械化和自动化。其缺点是冷却速度受淬火冷却介质冷却特性的限制，进而影响淬火质量。例如，碳素钢工件淬油会由于冷却速度太慢而淬不硬，淬水或盐水则由于这些淬火冷却介质在 *Ms* 以下冷却速度仍很高，容易导致工件变形和开裂。因此，单液淬火对碳素钢而言只适用于形状较简单的工件。

2. 双介质淬火

双介质淬火就是将工件加热进行奥氏体化后，先浸入一种冷却能力强的淬火冷却介质中，在组织即将发生马氏体转变时，立即转入冷却能力弱的淬火冷却介质中冷却，如先水后油、先水后空气等，见图 2-2 中的曲线 *b*。其典型例子是碳素工具钢的水淬油冷，即将工件先淬入水中避开奥氏体等温转变图的“鼻子”，当冷至 300℃左右即将进行马氏体转变时，再浸入油中缓冷，这样就能有效地减少变形、开裂。

双介质淬火的关键是控制好在第一种淬火冷却介质中的冷却时间，也就是必须让工件冷到高于 *Ms* 一定温度（一般为 300～350℃），立即转入第二种淬火冷却介质。这是双介质淬火保证质量的关键所在。若时间太短，则会发生非马氏体组织转变而淬不硬；若时间太长，则马氏体转变已在快冷过程中开始，这样双介质淬火将失去其意义。因此，在实际操作中必须结合实际经验严格把握。双介质淬火受人为因素影响较大，质量不易控制，使其在应用方面有一定的局限性。

生产中一般靠经验估计来确定工件在第一种淬火冷却介质中的停留时间。下面以水—油双液淬火为例说明工件在水中停留时间的控制方法。

（1）经验公式法　水中冷却时间按 3～5mm/s 计算。中碳钢一般取下限 5mm/s，高碳钢及合金钢则取上限 3mm/s。另外，可根据工件尺寸略作微调，大尺寸的时间略长一些，小尺寸的时间略短一些。

（2）水声判断法　工件淬入水后会发出“丝……丝……”响声，随着工件温度降低，声音逐渐变弱，具体操作时可在声音消失之前瞬间出水入油。

（3）振动判断法　将工件淬入水中，通过淬火的吊挂工具（如拎钩等），手上会感到明显振动，随着温度下降，振动逐渐减弱，到振动大为减弱时，立即出水入油。此方法只适用于静止水槽。

3. 分级淬火

分级淬火就是将工件加热进行奥氏体化后，浸入温度稍高于或稍低于 *Ms* 点的碱浴或盐浴介质中，保持适当时间，使工件的温度达到介质温度后取出空冷，以获得马氏体组织的淬火，有时也称为马氏体分级淬火，见图 2-2 中的曲线 *c* 或 *d*。

采用分级淬火时，由于在分级温度的停留，使截面温度均匀后再空冷，这大大减少了工件内外冷速的差别，从而使马氏体转变的不同时性明显降低，能有效地减少相变应力；同时，由于分级淬火的淬火冷却介质冷速较慢，且分级停留，工件均温后再空冷，其冷速更慢，因此整个淬火过程的热应力也大大减少。综上所述，分级淬火能有效地降低工件淬火的变形、开裂倾向。所以分级淬火适用于变形要求高的合金钢和高合金钢工件，也可用于截面尺寸不大、形状复杂的碳素钢工件。

分级淬火操作方法简便，只需将加热好的工件从加热炉中取出放入分级炉中就行了。其冷却时的主要工艺参数是分级温度和保温时间。分级温度是依据钢的奥氏体等温转变图选择的。对于合金钢和形状复杂、截面尺寸较小的碳素钢，一般选择略高于 *Ms* 点的某一温度作为分级温度；对于淬透性差且尺寸较大的工件，可选用略低于 *Ms* 点的温度来分级。分级保温时间是以工件在分级热浴中内外温度一致为标准的，在成批生产中，常等于工件淬火加热时间。

4. 等温淬火

等温淬火就是将工件加热进行奥氏体化后，使其快冷到贝氏体转变温度区间（260～400℃）等温保持，使奥氏体转变为贝氏体的淬火，有时也称为贝氏体等温淬火，见图 2-2 中的曲线 *e*。等温淬火的特征是过冷奥氏体在下贝氏体转变温区，经长时间等温而进行组织转变，生成下贝氏体。由于工件截面上温度均匀，转变基本上同时进行，且下贝氏体质量和体积比马氏体小、韧性好，因此等温淬火过程中产生的相变应力大大低于常规淬火所产生的相变应力，所处理的工件一般变形小，且不会出现淬火裂纹。

等温淬火的组织主要是下贝氏体，它的硬度较高，且强度、韧性、塑性及疲劳强度等均比相同硬度的马氏体高。所以等温淬火一般适用于变形要求严格和要求具有良好强韧性的精密零件和工模具。等温淬火的缺点是：由于等温盐浴温度较高，冷却能力差，因此只能应用于尺寸不大的工件。

5. 预冷淬火

预冷淬火是为了减小工件淬火残留应力和畸变，将工件加热进行奥氏体化后浸入淬火冷却介质前先在空气中停留适当时间（延迟时间）的淬火，见图 2-2 中曲线 *f*。

工件淬火冷却时，其尖角和薄壁处冷速最快，如果从较高温度直接浸入淬火冷却介质，那么这些部位先于其他部位发生马氏体转变，会产生很大的应力，使这些较薄弱的部位极易产生裂纹。因此采取适当的预冷措施，使尖角和薄壁处因散热快而温度降得比其他部位低，减小淬火时工件（特别是尖角和薄壁处）与介质的温差，使冷速减缓，从而减少淬火应力，有效地避免裂纹的产生。这种淬火方法尤其适用于壁厚相差较大的工件。

6. *局部淬火*

局部淬火就是仅对工件需要硬化的局部进行的淬火。局部淬火的主要形式有两种：局部加热局部冷却法和整体加热局部冷却法。前者适用于盐浴炉加热的工件，后者适用于箱式炉、盐浴炉加热的工件。

7. *冷处理*

冷处理就是将工件淬火冷却到室温后，使其继续在一般制冷设备或低温介质中冷却的工艺。其目的是最大限度地减少残留奥氏体，以进一步提高工件淬火后的硬度和防止工件在使用过程中因残留奥氏体的分解而引起变形。冷处理仅适用于精度要求很高，必须保证尺寸稳定性的工件。

在实际生产中，冷处理温度一般不超过 -80℃，并且在专门的冷冻设备内进行，也可在放有低温介质的保温桶内进行。常用的低温介质是干冰（即固体 CO_2）或干冰加酒精，可以达到 -70 ~ -80℃的低温。冷处理应在淬火后立即进行，否则由于奥氏体的稳定化作用，会削弱处理结果。

8. *淬火操作方法*

工件浸入淬火冷却介质的方法是淬火工艺中极为重要的一环。若浸入方式不当，则会使工件冷却不均匀，不仅会造成较大的内应力，而且会引起变形甚至开裂。不同形状工件的淬火浸入方式如图 2-3 所示。

浸入方式最根本的原则有：

1）淬入时保证工件得到最均匀的冷却。

2）保证工件以最小阻力方向淬入。

3）考虑工件重心的稳定。

由图 2-3 可见，不同形状的工件在淬入时应遵循以下几点：

1）对长轴类（包括丝锥、钻头、铰刀等长形工具）、圆筒类工件，应轴向垂直淬入。淬入后，工件可上、下垂直运动。

2）圆盘形工件应使其轴向与淬火冷却介质液面保持水平淬入。

3）薄刃工件应使其整个刃口同时淬入；薄片件应垂直淬入，使薄片两面同时冷却，大型薄片件应快速垂直淬入，速度越快，变形越小。

4）厚薄不均的工件，应使厚的部分先淬入。截面不均匀的长形工件，可水平快速淬入或倾斜淬入。

5）对有凹面或不通孔的工件，应使凹面和孔朝上淬入，以利排除孔内的气泡。

6）长方形有贯通孔的工件（如冲模），应垂直斜向淬入，以增加孔部的冷却。

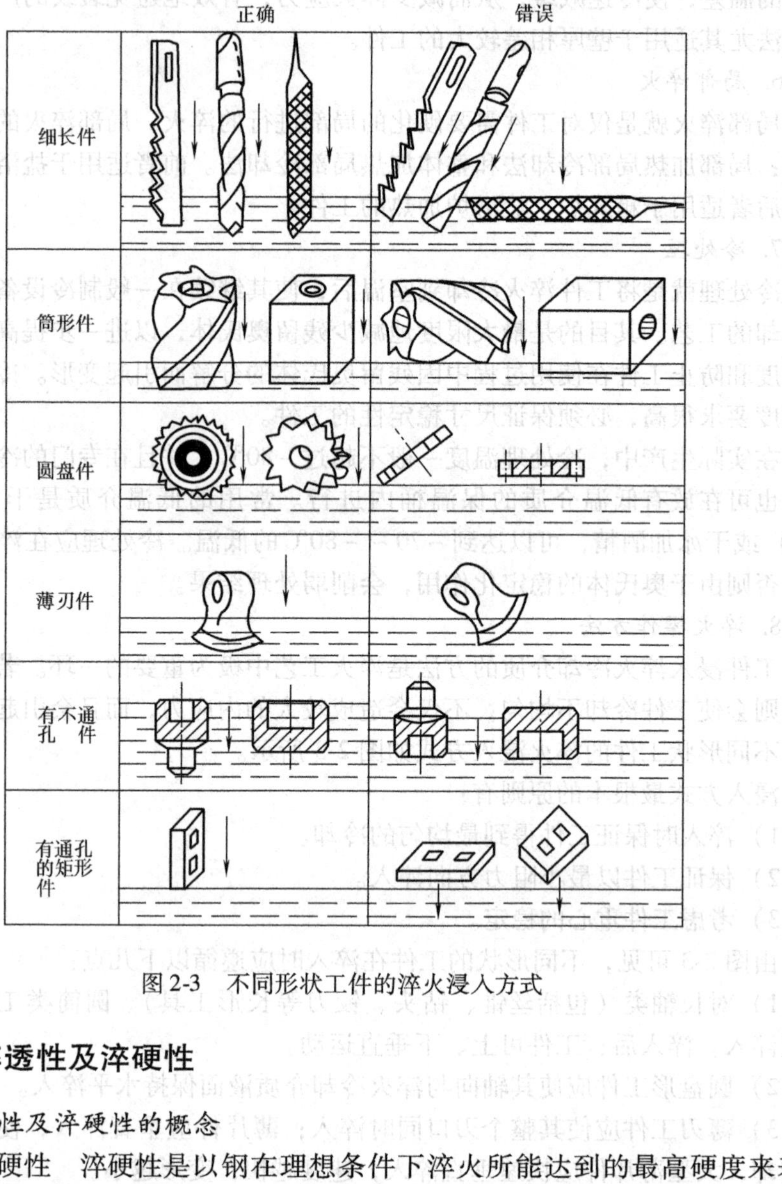

图 2-3　不同形状工件的淬火浸入方式

三、淬透性及淬硬性

1. 淬透性及淬硬性的概念

（1）淬硬性　淬硬性是以钢在理想条件下淬火所能达到的最高硬度来表征的材料特征，是表示钢淬火时获得硬度高低的能力。决定钢淬硬性高低的主要因素是钢中碳的质量分数，更确切地说是淬火加热时固溶在奥氏体中的碳的质量分数。碳的质量分数越高，钢的淬硬性也就越高。钢中合金元素对淬硬性的影响不大，但对钢的淬透性却有重大影响。

（2）淬透性　淬透性是以在规定条件下钢试样淬硬深度和硬度分布表征的材料特性，即钢淬火时得到淬硬层深度大小的能力。它表示钢接受淬火的能力。

淬透性实际上反映了钢在淬火时，奥氏体转变为马氏体的难易程度。

淬火时工件截面上各处的冷却速度是不同的。表面的冷却速度最大，越到中心冷却速度越小，如图 2-4a 所示。若工件表面及中心的冷却速度都大于该钢的临界冷却速度，则沿工件的整个截面都能获得马氏体组织，即钢被完全淬透了。若工件中心部分的冷却速度低于临界冷却速度而表面的冷却速度高于临界冷却速度，则表面得到马氏体，心部获得非马氏体组织（见图 2-4b），表示钢未被淬透。

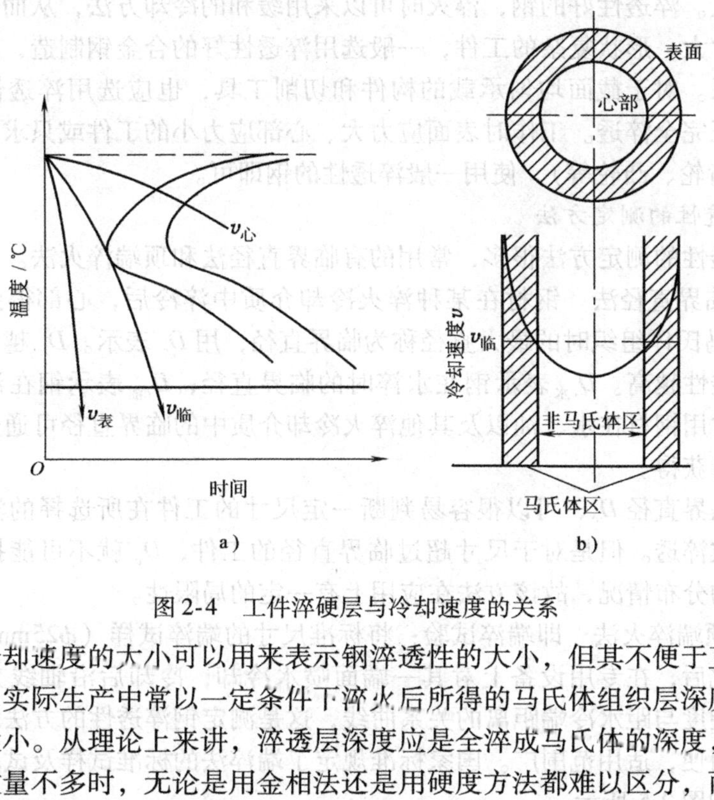

图 2-4 工件淬硬层与冷却速度的关系

临界冷却速度的大小可以用来表示钢淬透性的大小，但其不便于直接用于生产。因此，实际生产中常以一定条件下淬火后所得的马氏体组织层深度来表示其淬透性的大小。从理论上来讲，淬透层深度应是全淬成马氏体的深度，但当非马氏体组织数量不多时，无论是用金相法还是用硬度方法都难以区分，而半马氏体区不仅硬度陡降，其金相组织的特征也较明显。况且对淬火工件断面进行腐蚀后，会有一条较为明显的白亮淬火层与非硬化区的分界线，该处正是半马氏体区。所以一般规定，以工件表面至半马氏体区（马氏体和非马氏体组织各占 50%）的深度作为淬硬层深度。

还应指出：必须把钢的淬透性和钢件在具体淬火条件下的淬硬层深度区分开来。钢的淬透性是钢材本身所固有的属性，它只取决于其本身的内部因素，而与外部因素无关；钢的淬硬层深度除取决于钢材的淬透性外，还与所采用的淬火冷却介质、工件尺寸等外部因素有关。例如，在同样奥氏体化的条件下，同一种钢的淬透性是相同的，但是水淬比油淬的淬硬层深度大，小件比大件的淬硬层深度大。这决不能说水冷淬火比油冷淬火的淬透性高，也不能说小件比大件的淬透性高。可见评价钢的淬透性，必须排除工件形状、尺寸、淬火冷却介质等外部因素的影响。

另外，由于淬透性和淬硬性是两个概念，因此淬火后硬度高的钢，不一定淬透性就高，而硬度低的钢也可能具有很高的淬透性。

由于钢的淬火组织主要取决于它的淬透性，所以淬透性在设计和生产中有着重要的意义。淬透性好的钢，淬火时可以采用缓和的冷却方法，从而减少变形和开裂。尺寸大、形状复杂的工件，一般选用淬透性好的合金钢制造，以获得较好的淬火效果。对于截面均匀承载的构件和切削工具，也应选用淬透性好的合金钢，以保证完全淬透。工作时表面应力大、心部应力小的工件或只求表面硬化的工件（如齿轮、凸轮等），使用一般淬透性的钢即可。

2. *淬透性的测定方法*

钢淬透性的测定方法很多，常用的有临界直径法和顶端淬火法。

（1）临界直径法　钢材在某种淬火冷却介质中淬冷后，心部得到全部马氏体或50%马氏体组织时的最大直径称为临界直径，用 D_c 表示。D_c 越大，表示这种钢的淬透性越高。$D_{c水}$ 表示钢在水淬时的临界直径，$D_{c油}$ 表示钢在油淬时的临界直径。常用钢材在水、油以及其他淬火冷却介质中的临界直径可通过查阅有关热处理手册获得。

利用临界直径 D_c，可以很容易判断一定尺寸的工件在所选择的淬火冷却介质中能否被淬透。但是对于尺寸超过临界直径的工件，D_c 就不可能提供工件截面上硬度的分布情况，故该方法在应用上有一定的局限性。

（2）顶端淬火法　即端淬试验：将标准尺寸的端淬试样（ϕ25mm×100mm）经奥氏体化后，在专用设备上对其一端面喷水冷却，冷却后沿轴线方向测出硬度，得到硬度与距水冷端距离的关系曲线，这是测定钢淬透性的方法之一。其优点是操作简便，适用范围广。国家标准规定了端淬法的标准试样及试验方法，其试验原理如图2-5所示。

试验时，将按规定加热到淬火温度的试样迅速移到端淬装置上，进行喷水冷却。此时，沿试样长度方向上各部位的冷却速度是不一样的，水冷端处冷却速度最快；离水冷端越远，冷却速度越慢。将试样冷透后取下，磨平两侧（深约0.4mm），然后自离水冷端1.5mm处开始，沿长度方向逐点测定硬度，将所测得的数据记录并绘制成图2-6所示的硬度分布曲线。像这样用钢试样进行端淬试验测得的硬度—距水冷端距离关系的曲线称为淬透性曲线。端淬法用淬透性曲线来表示钢的淬透性。由于钢的淬透性受材料化学成分、晶粒度、冶炼情况等很多因素的影响，故实际测得的数值在一定的范围内波动。因此，各种钢的淬透性曲线实际上是一条淬透性带，如图 2-6 所示。各种钢的淬透性曲线可从有关热处理手册中查出。

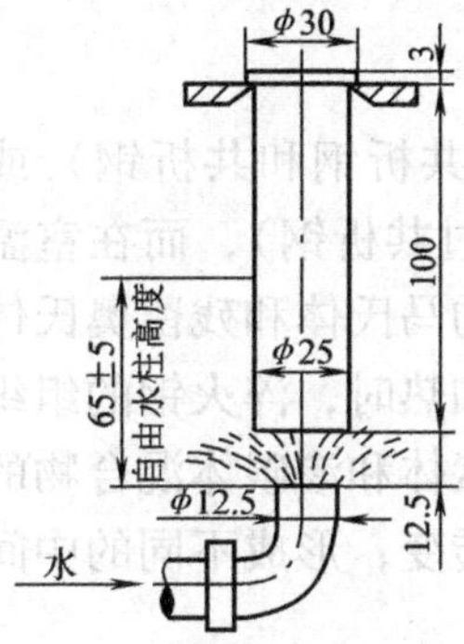

图 2-5 端淬法试验原理图

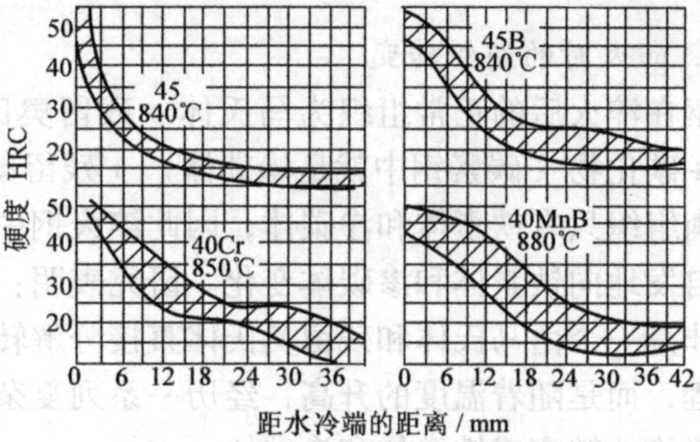

图 2-6 几种钢的淬透性带

3. 各种因素对淬透性的影响

钢的淬透性主要取决于其临界冷却速度，而临界冷却速度则主要取决于过冷奥氏体的稳定性，因此诸如奥氏体的化学成分（碳的质量分数及合金元素的质量分数）、奥氏体的状态（均匀化程度及晶粒大小）、钢中非金属夹杂物等影响过冷奥氏体稳定性的因素，都将影响钢的淬透性。

（1）化学成分的影响　碳的影响是主要的，当钢中 $w_C < 1.2\%$ 时，随奥氏体中碳含量的提高，临界冷却速度显著降低，奥氏体等温转变图右移，钢的淬透性增大；但当 $w_C > 1.2\%$ 时，钢的临界冷却速度反而升高，奥氏体等温转变图左移，淬透性下降。这是因为当钢中 $w_C > 1.2\%$ 时，实际的淬火温度不足以使碳化物完全溶入奥氏体，未溶碳化物在冷却时，成为新相晶核，加速了珠光体转变。其次是合金元素的影响，除钴以外，绝大多数合金元素溶入奥氏体后，均使奥氏体等温转变图右移，降低临界冷却速度，从而显著提高钢的淬透性。

（2）奥氏体晶粒大小的影响　奥氏体的实际晶粒度对钢的淬透性有较大的影响，粗大的奥氏体晶粒能使奥氏体等温转变图右移，降低钢的临界冷却速度，所以粗晶粒的钢具有较高的淬透性。但需要注意的是，晶粒粗大将增加钢的变形、开裂倾向，降低韧性。

（3）奥氏体均匀程度的影响　在相同过冷度条件下，奥氏体成分越均匀，珠光体的形核率就越低，转变的孕育期就会增长，奥氏体等温转变图右移，临界冷却速度减慢，从而使钢的淬透性增高。

（4）钢原始组织的影响　钢中原始组织的粗细和分布对奥氏体的成分将有重大影响。片状碳化物较粒状碳化物易溶解，粗粒状碳化物最难溶解，所以在实际生产中为了提高钢的淬透性，往往在淬火前对钢进行一次预备热处理（退火或正火），使钢原始组织中的碳化物分布均匀而细小，以提高奥氏体化程度。

四、淬火钢回火的金相组织转变对钢性能的影响

1. 回火时的组织转变

钢在淬火后的正常组织为马氏体+残留奥氏体（亚共析钢和共析钢）或马氏体+碳化物（碳素钢中就是渗碳体）+残留奥氏体（过共析钢），而在室温下的平衡组织只有铁素体和渗碳体，因此淬火钢中不稳定的马氏体和残留奥氏体组织会自发地向铁素体和渗碳体变化。研究表明：在回火加热时，淬火钢的组织转变并非是一个由马氏体和残留奥氏体直接分解转变成铁素体和渗碳体混合物的简单过程，而是随着温度的升高，经历一系列复杂的中间转变，形成不同的中间组织，最终才转变成铁素体和渗碳体。

淬火钢回火时的组织转变大致包括以下几个过程：

（1）碳原子的偏聚和聚集　在20～100℃范围内，虽然铁和合金元素原子尚难以扩散，但碳原子已能作短距离的扩散，在转变为稳定组织的自发倾向驱使下，马氏体中过饱和的碳原子会自发地进行偏聚。

在低碳板条马氏体中，碳原子多偏聚在位错附近的间隙位置中。在高碳片状马氏体中，碳原子则多偏聚在晶体中的一定晶面上。

（2）马氏体的分解　所谓马氏体的分解是指在100～250℃时，马氏体内过饱和的碳原子脱溶，沉淀析出亚稳相ε碳化物，使α固溶体趋于平衡成分。

当回火温度超过100℃时，马氏体开始分解，过饱和固溶的碳原子以ε碳化物的形式从马氏体中开始析出。ε碳化物的形式和成分都不同于渗碳体，它是密排六方晶格，其化学式接近于$Fe_{2.4}C$。高碳钢中，ε碳化物总是以条状或薄片形式析出于马氏体的一定晶面上，通常是由马氏体内原先的碳原子偏聚区域长大而成的。对于$w_C<0.3\%$的低碳板条马氏体，在温度低于250℃时，一般不析出ε碳化物，只是碳原子进一步偏聚在位错缺陷处。

在温度不高（<250℃）的情况下，由于碳原子难以作长距离扩散，而ε碳化物的析出必然造成其周围固溶体贫碳，使碳原子来源枯竭，所以ε碳化物的长大是极其有限的。因此在200℃以下回火时，马氏体的分解不是依靠ε碳化物的长大，而主要是依靠ε碳化物的增多。

在150～300℃的温度范围内，碳原子的扩散能力有所提高。此时，既有ε碳化物的继续析出，也有已析出的ε碳化物的稍许长大，故马氏体的分解得以加速进行。

图2-7和图2-8分别表示马氏体的含量与回火温度和回火时间的变化规律。由图2-7可知：提高回火温度，将使马氏体以更大的速度进行分解，而且温度越高，分解后所达到的碳质量分数就会越低。由图2-8也可看出：对应于一定的回

火温度，回火马氏体中碳的质量分数是一定的。温度越高，碳的质量分数就越低。在 300～350℃，马氏体中碳的质量分数降低到 0.1% 左右，此时马氏体分解已近乎完成。至于 α 相真正达到平衡成分，则要 500℃左右的温度。

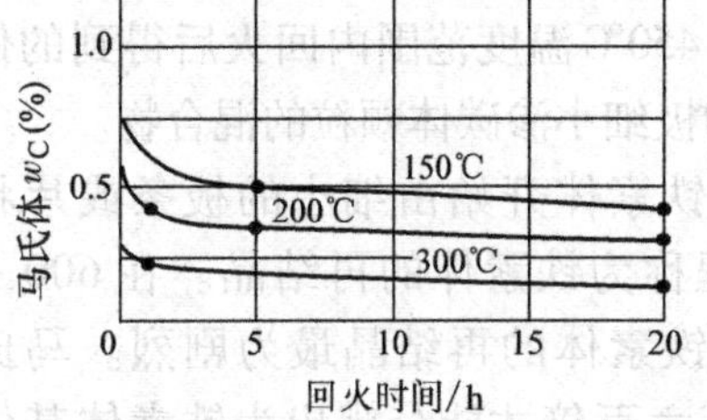

图 2-7 w_C = 1.09% 的钢回火时马氏体的 w_C、回火温度和回火时间的关系

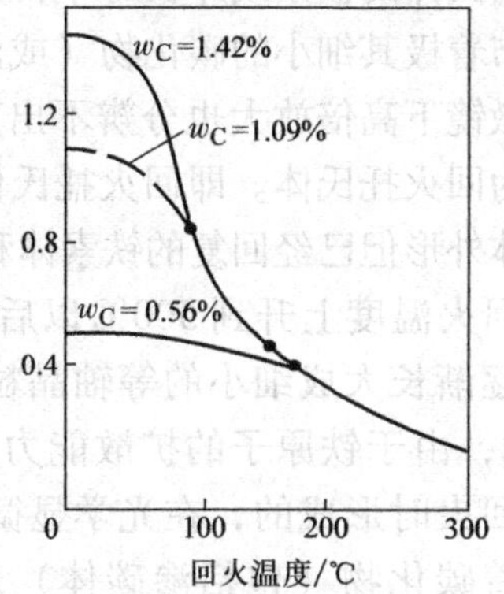

图 2-8 马氏体 w_C 与回火温度的关系

淬火马氏体回火时，碳已经部分地从固溶体中析出并形成了过渡碳化物，此时的基体组织即为回火马氏体，即马氏体分解（<250℃）得到的，分布在过饱和度降低了的 α 固溶体基体上的，高度弥散的 ε 碳化物的混合物。

（3）残留奥氏体的转变 碳素钢残留奥氏体的转变温度在200～300℃之间。一般认为残留奥氏体转变产物与过冷奥氏体在相同温度下的转变产物基本一致，即在较高温度范围内，其转变产物为下贝氏体；在较低温度时的转变产物为马氏体，随后分解成回火马氏体。

（4）碳化物的析出、转化和长大 自马氏体分解开始，ε 碳化物就不断从马氏体中析出。回火温度越高，ε 碳化物的析出量就会越多。当温度升高到 250℃以上时，ε 碳化物开始逐渐向渗碳体转化。开始阶段转化速度较慢，在 350～400℃温度范围内转化最为剧烈，大量的渗碳体都在这时生成。实际上，ε 碳化物并非直接生成渗碳体，而是首先生成其他类型的亚稳定碳化物作为中间相（过渡相），然后再转化成渗碳体。在转化的同时，ε 碳化物仍可继续从马氏体中不断析出。ε 碳化物的最高存在温度可达 350～400℃。

低碳马氏体由于没有析出 ε 碳化物的过程，因此在回火温度高于 200℃时直接析出渗碳体。

渗碳体的形成也经历了形核与长大两个过程。随着回火温度的升高，扩散速度加快，渗碳体的形核与长大过程也加快。渗碳体的初始形态呈极薄的片状，在 400℃以上温度开始显著长大，最终形成粒状渗碳体。随着温度继续升高，粒状渗碳体不断长大。回火温度越高，渗碳体颗粒的尺寸就会越大。

（5）铁素体的回复与再结晶 随着回火温度升高，碳化物不断析出，致使α固溶体中的碳含量接近于平衡，这意味着铁素体是开始回复。回复后的铁素体仍保持着原马氏体的板条或片状的外形。马氏体是于回火时形成的，实际上是铁素体基体内分布着极其细小的碳化物（或渗碳体）球状颗粒，但因其过于细小以至于在光学显微镜下高倍放大也分辨不出其内部构造，只看到其总体是一片黑的复相组织，称为回火托氏体。即回火托氏体是在350～450℃温度范围内回火后得到的保持马氏体外形但已经回复的铁素体和弥散分布的极细小渗碳体颗粒的混合物。

当回火温度上升到500℃以后，回复后的铁素体开始由细小的板条或片状晶粒，逐渐长大成细小的等轴晶粒，这一过程称为铁素体的再结晶。在600～700℃时，由于铁原子的扩散能力显著提高，铁素体的再结晶最为剧烈。马氏体是于回火时形成的，在光学显微镜下放大五六百倍才能分辨出为铁素体基体内分布着碳化物（包括渗碳体）球状的复相组织，被称为回火索氏体。即回火索氏体是在500～650℃之间回火而得到的由细粒状渗碳体和等轴铁素体晶粒组成的混合物。当回火温度在650℃～Ac_1之间，渗碳体颗粒和等轴铁素体晶粒都显著长大时，得到粗的粒状渗碳体和铁素体所组成的混合物，这种组织被称为回火珠光体，其金相组织基本上和球化退火组织相同。

总之，淬火钢的回火转变是以上五个过程综合作用的结果，难以用明确的温度范围将它们截然分开，它们有时互相交错进行，有时同时进行。

2. 回火后的力学性能

淬火钢回火时力学性能总的变化趋势是：随着回火温度的上升，硬度、强度降低，塑性、韧性升高。

（1）回火对淬火钢硬度的影响 当回火温度不超过200～250℃范围时，回火后的组织是回火马氏体，其硬度较淬火马氏体只是稍有下降。高碳钢因弥散状的ε碳化物大量析出，在温度低于100℃时硬度反而略有回升。另外，高碳钢中有较多的残留奥氏体，它们在200～250℃温度区间，将转变成回火马氏体，这会减缓其回火组织硬度下降的速度。对于低碳钢，由于既不存在ε碳化物的析出，残留奥氏体量也极少，故不存在这两个变化。

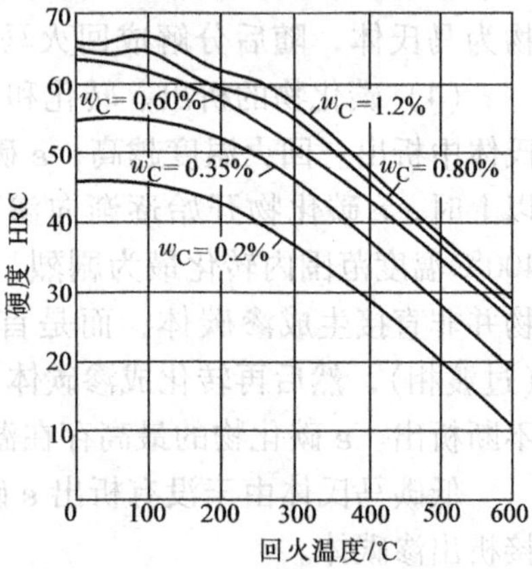

图2-9 不同碳含量的碳素钢回火温度与硬度的关系

在300℃以上回火时，各种碳素钢的硬度都随着回火温度的升高而显著下降。图2-9是不同碳含量的碳素钢回火温度与硬度的关系。

（2）回火对钢强度、塑性和韧性的影响 图 2-10 描述了低碳钢、中碳钢及高碳钢的力学性能与回火温度的关系。由图 2-10 可看出，钢的强度指标（R_m、R_{eL}）与硬度指标的变化类似，随着回火温度的升高而降低。塑性指标（A、Z）恰好与强度、硬度指标相反，随着回火温度的升高而逐渐增大。冲击韧度（a_K）

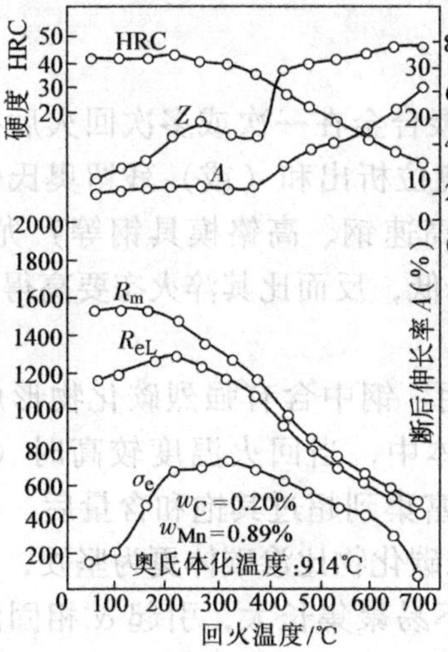

a）

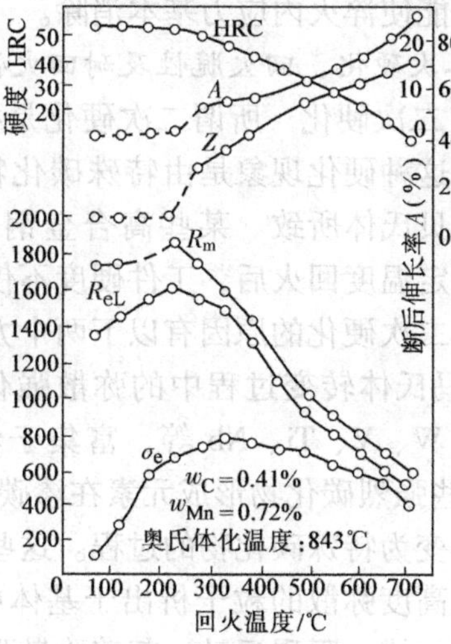

b）

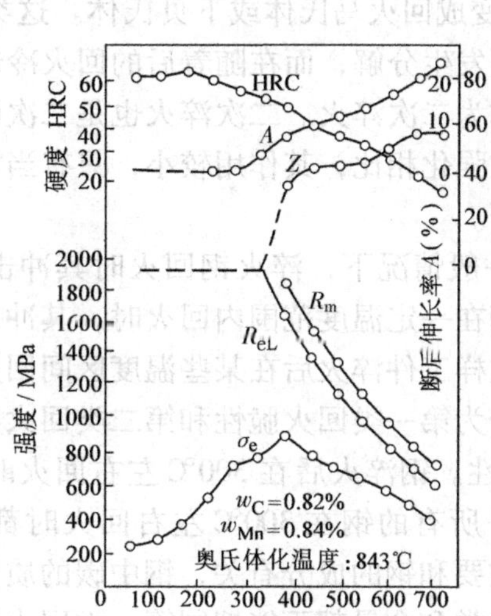

c）

图 2-10 碳素钢的力学性能与回火温度的关系

a）低碳钢（w_C = 0.2%） b）中碳钢（w_C = 0.41%） c）高碳钢（w_C = 0.82%）

也是随着回火温度的升高而增大，在600℃左右回火时达到最大值。弹性极限（σ_e）在300～350℃时出现极大值，这是回火托氏体本身强度较高，以及残留应力大大降低的缘故。

另外，淬火钢回火时的力学性能也与其内应力消除的程度有关，回火温度越高，淬火内应力消除得就越彻底，只有当回火温度高于500℃，并保持足够的回火时间才能使淬火内应力基本消除。

3. 二次硬化、回火脆性及耐回火性

（1）二次硬化　所谓二次硬化是指铁碳合金在一次或多次回火后提高硬度的现象。这种硬化现象是由特殊碳化物的离位析出和（或）残留奥氏体转变为马氏体或贝氏体所致。某些高合金钢（如高速钢、高铬模具钢等）尤为突出，它们在一定温度回火后，工件硬度不仅不降低，反而比其淬火态要高得多。

产生二次硬化的原因有以下两个方面：

1）马氏体转变过程中的弥散强化作用。钢中含有强烈碳化物形成元素如Cr、Mo、W、V、Ti、Nb等，富集于渗碳体中，当回火温度较高时（400℃以上），这些强烈碳化物形成元素在渗碳体中富集到超过其饱和含量后，便发生由渗碳体转变为特殊碳化物的过程。这些特殊碳化物比渗碳体更为坚硬，而且在形成时，以高度弥散的粒子析出于基体中，不易聚集长大，引起α相固溶碳量增大并钉扎位错，阻碍运动，起着弥散强化作用。

2）残留奥氏体转变成回火马氏体或下贝氏体。这类钢中的残留奥氏体在回火加热、保温过程中不发生分解，而在随着后的回火冷却过程中转变为马氏体或下贝氏体，这种现象称为二次淬火。二次淬火也是二次硬化的原因之一，但它与析出特殊碳化物的弥散强化相比，其作用较小，只有当淬火钢中残留奥氏体量很多时，其作用才较显著。

（2）回火脆性　一般情况下，淬火钢回火时其冲击韧度值随着回火温度的升高而增大。但某些钢在一定温度范围内回火时，其冲击韧度比在较低温度回火时反而显著降低。像这样工件淬火后在某些温度区间回火产生的脆性称为回火脆性。回火脆性通常可分为第一类回火脆性和第二类回火脆性两类。

1）第一类回火脆性。钢淬火后在300℃左右回火时所产生的回火脆性称为第一类回火脆性。几乎所有的钢在300℃左右回火时都或多或少地产生这种脆性。第一类回火脆性主要和钢的成分有关，钢中碳的质量分数越高，脆化程度就越严重。合金元素的种类和含量都不能抑制第一类回火脆性，但能将脆性产生推向更高温度。

第一类回火脆性的特点是：只要在此温度范围内回火，其韧性的降低就是无法避免的；具有不可逆性，即将已产生这种脆性的工件在更高温度回火后，其脆性会消失，若在此温度范围内再进行回火，脆性将不会重复出现，因此第一类回火脆性又称为不可逆回火脆性；在脆性出现的同时，不会影响其他力学性能的变化规律。

目前，尚无有效的方法完全消除第一类回火脆性，只有适当缩短回火时间以减轻其影响程度。

2）第二类回火脆性。含有铬、锰、铬-镍等元素的合金钢淬火后，在脆化温度区（450～550℃）回火，或经更高温度回火后缓慢冷却，通过脆化温度区所产生的脆性称为第二类回火脆性。这种回火脆性主要出现在含铬、锰、铬-镍等元素的合金钢中。

第二类回火脆性的主要特点是：

① 它的产生与回火后冷却速度有关。回火后快冷（水冷或油冷），不出现脆性，慢冷（空冷）则出现脆性。

② 具有可逆性，即已经消除了这类回火脆性的钢，再在此温度区回火并慢冷，其脆性又会重复出现。若在同样温度回火并快冷，则又能消除脆性。因此，第二类回火脆性又称为可逆回火脆性。

第二类回火脆性对钢的性能十分有害，生产中一般采用回火后快冷（水冷或油冷）的办法来防止或减少这类回火脆性。

（3）耐回火性　淬火钢在回火时抵抗软化的能力称耐回火性。合金元素对淬火钢在回火时的组织转变起阻碍或延缓作用，推迟马氏体的分解和残留奥氏体的转变，提高铁素体的再结晶温度，使碳化物不易聚集长大而保持较大的弥散度。因此，合金钢的耐回火性较碳素钢好。具有较高耐回火性的钢可采用较高的回火温度，这样淬火应力消除的更彻底一些，其回火后的综合力学性能也要好一些。

第二节　合金元素在钢中的作用

为了使碳素钢获得某些性能或提高碳素钢的某些性能，在冶炼时特意加入到碳素钢中的元素称为合金元素。应当指出，由于碳素钢在冶炼时受所用原料、冶炼方法及工艺操作等因素的影响，钢中总有少量硅、锰、硫、磷等元素残留下来，通常将这些元素看成是杂质元素。硫、磷在大多数情况下对钢的性能产生不利的影响，因此必须严格控制其含量。但有时为了改善钢的某些性能，如耐蚀性、切削加工性等，有意在钢中提高硫、磷的含量，此时可将硫、磷看成是合金元素。

一、合金元素对 $Fe\text{-}Fe_3C$ 相图的影响

1. 合金元素与铁的作用

纯铁在加热和冷却过程中发生同素异构转变，转变在恒温下进行，转变式为

$$\alpha Fe \xrightarrow{912℃} \gamma Fe \xrightarrow{1394℃} \delta Fe \tag{2-1}$$

纯铁中加入合金元素后，上述转变不在恒温下进行，而在一个温度范围内完成。由于 αFe、δFe 与 γFe 的晶体结构不同，所以合金元素在它们中的溶解度也不同。根据合金元素与铁组成的二元相图类型（见图 2-11），可将合金元素分为两大类。

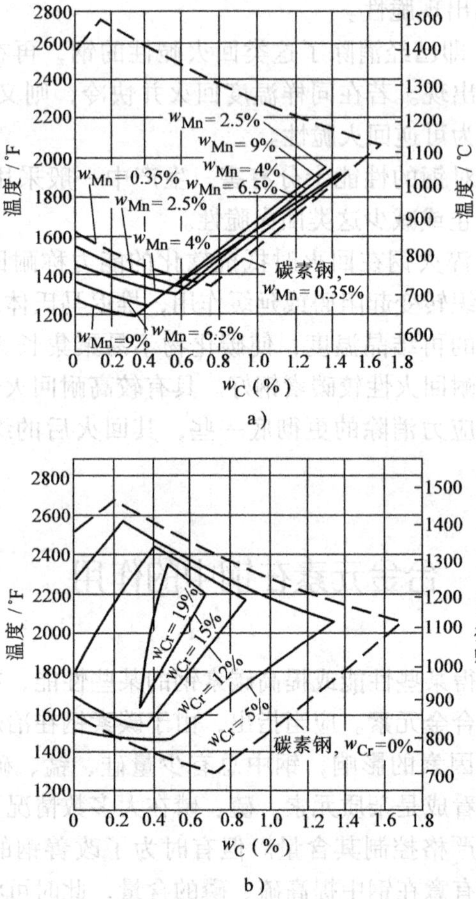

图 2-11 合金元素对 γ 相区的影响

a）扩大 γ 相区类型 b）缩小 γ 相区类型

（1）扩大 γ 相区的元素　Ni、Mn、C、N、Cu 等都是扩大 γ 相区的元素，如图 2-11a 所示。这类元素的特点是使 A_3 点（$Fe\text{-}Fe_3C$ 相图中的 *GS* 线）下降，A_4 点（$Fe\text{-}Fe_3C$ 相图中 *NJ* 线）上升。若钢中含有大量的 Ni、Mn，则其 $Fe\text{-}Fe_3C$ 相图中的 γ 相区一直延伸到室温以下，因而其室温组织将是奥氏体，这类钢被称为奥氏体钢。

（2）缩小 γ 相区的元素　Si、Cr、Mo、W、Al、Ti 等都是缩小 γ 相区的元素，如图 2-11b 所示。这类元素的特点是使 A_3 点上升，A_4 点将下降。如果钢中含有大量的 Cr 和 Mo，那么其 $Fe\text{-}Fe_3C$ 相图中的 γ 相区完全消失，钢凝固后始终呈铁素体组织，这类钢被称为铁素体钢。

无论是奥氏体钢还是铁素体钢，由于这两类钢都没有 $\gamma \rightleftarrows \alpha$ 相变，故不能通过淬火方法强化。

2. 合金元素与碳的作用

钢中合金元素可分为非碳化物形成元素和碳化物形成元素。

（1）非碳化物形成元素　Ni、Si、Co、Al、Cu、N 等元素，它们与碳不形成碳化物，在钢中几乎都溶于铁素体和奥氏体中，少数可形成其他化合物。

（2）碳化物形成元素　按合金元素形成碳化物的稳定程度，将它们由强到弱的顺序排列为：Ti、Zr、Nb、V、Mo、W、Cr、Mn、Fe。其中，Ti、Zr、Nb、V 是强碳化物形成元素，Mo、W、Cr 是中强碳化物形成元素，Mn 和 Fe 属于弱碳化物形成元素。

一般情况下，当弱碳化物形成元素和中强碳化物形成元素数量较少时，它们能部分置换渗碳体中的铁原子，形成合金渗碳体，用 $(Fe, Me)_3C$ 表示（其中 Me 表示合金元素）。合金渗碳体的硬度和稳定性均高于渗碳体，可提高钢的耐磨性，加热时较难溶入奥氏体中。

当强碳化物形成元素和中强碳化物形成元素数量较多时，只要钢中有足够的碳，就倾向于形成特殊碳化物。特殊碳化物按其晶格的形式可分为两类：第一类是具有简单晶格的间隙相碳化物，它们是在合金元素的原子比碳原子大得多的情况下形成的，如 WC、VC、TiC、NbC、ZrC、W_2C 和 Mo_2C 等，这类碳化物的熔点、硬度及稳定性都远高于合金渗碳体，加热时很难溶入奥氏体；第二类是具有复杂晶格的碳化物，它们是在合金元素原子和碳原子大小相差不太大的情况下形成的，如 $Cr_{23}C_6$、Cr_7C_3 和 MnC 等，这类碳化物的熔点和稳定性都比间隙相低，加热时较易溶入奥氏体中。

3. 合金元素对相变点的影响

（1）对共析点 *S* 的影响　一般情况下，所有合金元素溶入奥氏体中都能使共析碳的质量分数下降，即 *S* 点左移。但是一些强碳化物形成元素如 Ti、Zr、Nb、V 等加入钢后，将形成稳定的特殊碳化物。这些特殊碳化物很难溶入奥氏体，因此，不仅不能使共析成分降低，而会占用钢中的碳，造成奥氏体中实际碳含量低于钢中的平均碳含量，所以使钢中共析碳相应提高，即 S 点右移。

(2) 对共析温度（A_1）的影响 所有扩大 γ 相区的元素均降低 A_1；反之，所有缩小 γ 相区的元素均提高 A_1。合金元素对 A_3 的影响与对 A_1 的影响是一致的。

二、合金元素对钢热处理的影响

大多数合金钢要获得所需要的性能，主要是通过合金元素对钢热处理组织转变过程的作用来实现的。

1. 合金元素对钢加热转变的影响

合金钢在热处理加热时，奥氏体化过程与碳素钢相同，仍然经历奥氏体的形成、残留碳化物的溶解、奥氏体的均匀化和奥氏体晶粒的长大四个阶段。合金元素主要在两个方面对其产生作用，即改变奥氏体的形成速度和影响所获得的奥氏体晶粒的大小。

(1) 合金元素对奥氏体形成速度的影响 合金元素是通过改变碳的扩散速度来影响奥氏体形成速度的。Co、Ni 等合金元素能加快钢中碳原子的扩散速度，进而加速奥氏体的形成；Si、Al、Mn 对奥氏体的形成速度几乎不产生影响；Cr、Mo、W、Ti、V 等碳化物形成元素阻碍碳在钢中的扩散，因此会减慢奥氏体的形成速度。

一般来说，在奥氏体形成后，合金钢中还会有部分碳化物未溶入奥氏体中。每种碳化物的溶解温度及速度因其稳定性不同而异。对于强碳化物形成元素，如 V、Ti、Nb 等形成的碳化物，需在1000℃左右才能溶入奥氏体。因此，为了增加奥氏体中的合金元素含量，充分发挥合金元素的作用，合金钢的淬火加热温度应比碳素钢高，有时淬火加热温度超过临界温度几十度甚至几百度，如高速钢 W18Cr4V的淬火加热温度为 1280 ~ 1300℃，比其临界温度高出 400℃（W18Cr4V 的 Ac_1 为820℃）。

此外，合金钢的奥氏体均匀化需要碳和合金元素的扩散，但合金元素在奥氏体当中的扩散速度极慢，且碳也由于合金元素的加入而使扩散速度变慢，所以合金钢加热保温时间也要比碳素钢长得多，只有这样才能使其奥氏体充分均匀化。

(2) 合金元素对奥氏体晶粒长大的影响

1）强烈阻止奥氏体晶粒长大的元素有 V、Ti、Nb、Zr、Al（少量）等。

2）中等程度阻止奥氏体晶粒长大的元素有 W、Mo、Cr 等。

3）稍许阻止奥氏体晶粒长大的元素有 Si、Co、Ni、Cu 等。

4）促进奥氏体晶粒长大的元素有 P、Mn 等。

除 Mn 钢外，合金钢在加热时一般不易过热，这是合金钢的一个重要优点。

这样既有利于在淬火后获得细小的马氏体组织，又能适当提高加热温度，使奥氏体中溶入更多的合金元素，充分发挥其作用，从而增加钢的淬透性及改善钢的力学性能，同时减少变形与开裂倾向。

2. 合金元素对钢冷却转变的影响

（1）合金元素对过冷奥氏体等温转变的影响　合金元素对过冷奥氏体等温转变的影响，清晰地反映在钢的奥氏体等温转变图上。由于过冷奥氏体向珠光体或贝氏体的转变均属于扩散型相变，而除 Co 以外的合金元素溶入奥氏体后，都能降低原子的扩散速度，使奥氏体的稳定性增加，从而使奥氏体等温转变图右移。

合金元素不仅使奥氏体等温转变图右移，而且对奥氏体等温转变图的形状也有影响。归纳起来，合金钢的奥氏体等温转变图有以下五种类型：

1）含非碳化物形成元素（如 Si、Ni、Cu）及弱碳化物形成元素（如 Mn）的合金钢只使奥氏体等温转变图右移，但不改变奥氏体等温转变图的形状。即这类奥氏体等温转变图只有一个过冷奥氏体最不稳定的“鼻子”，如图 2-12a 所示。

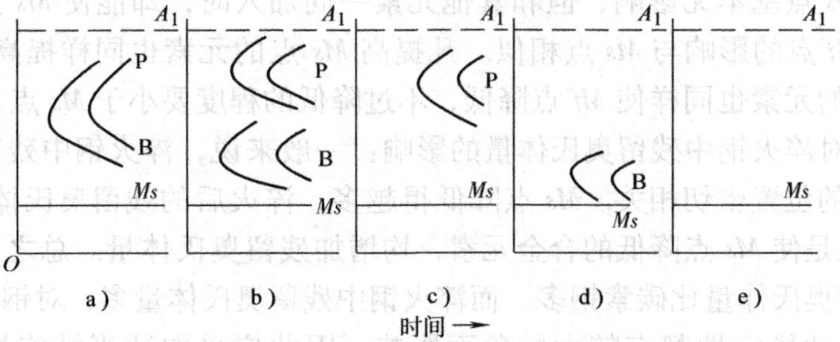

图 2-12　合金钢奥氏体等温转变图的五种类型

2）当合金钢中含一定量碳化物形成元素时，奥氏体等温转变图中同时出现两个“鼻子”，如图 2-12b 所示。奥氏体等温转变图的两个“鼻子”右移的程度和钢中碳含量有关：当钢中碳含量高时，如弹簧钢、合金工具钢和轴承钢等，贝氏体转变的“鼻子”比珠光体右移得多；当钢中碳含量低时，如合金渗碳钢和调质钢等，珠光体转变的“鼻子”比贝氏体转变的“鼻子”右移得多。

3）含 Cr 量高的钢，如 12Cr13 钢、20Cr13 钢等，贝氏体转变被大大推迟或基本被抵制，其奥氏体等温转变图只有珠光体转变区和马氏体转变区，如图 2-12c所示。

4）含 W、Mo 的合金钢与含 Cr 的合金钢相反，它们对珠光体转变的推迟作用比贝氏体转变要更强烈，因此使奥氏体等温转变图上只出现贝氏体转变区和马氏体转变区，如图 2-12d 所示。

5）对于过冷奥氏体稳定性元素含量很高的合金钢，其奥氏体等温转变图没有珠光体和贝氏体转变，只有马氏体转变，如图 2-12e 所示。

(2) 合金元素对马氏体转变的影响　由于马氏体转变是非扩散型的转变，合金元素对其影响主要表现在对马氏体转变温度（*Ms*～*Mf*）的改变，进而影响淬火钢中残留奥氏体的量。

1) 对马氏体转变温度的影响：除 Co、Al 提高马氏体开始转变温度 *Ms* 点以外，其他合金元素均使 *Ms* 点降低。按合金元素对 *Ms* 点影响的程度，由强到弱依次为 Mn、Cr、Ni、Mo、Cu，如图 2-13 所示。

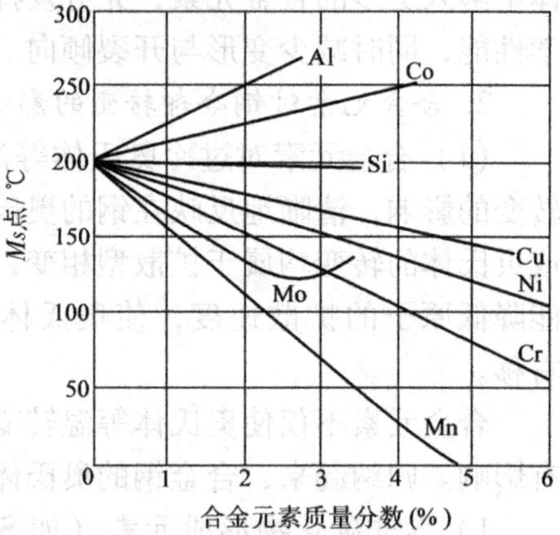

图 2-13　合金元素对 *Ms* 点的影响

钢中若存在两种以上的合金元素，则由于合金元素间的相互作用，对 *Ms* 点的影响更加显著。例如，当 Si 单独加入钢中时，对 *Ms* 点基本无影响，但和其他元素一同加入时，却能使 *Ms* 点降低。合金元素对 *Mf* 点的影响与 *Ms* 点相似。凡提高 *Ms* 点的元素也同样提高 *Mf* 点；凡降低 *Ms* 点的元素也同样使 *Mf* 点降低，不过降低的程度要小于 *Ms* 点。

2）对淬火钢中残留奥氏体量的影响：一般来说，淬火钢中残留奥氏体的量与 *Ms* 点的位置密切相关。*Ms* 点降低得越多，淬火后的残留奥氏体量就会越多。所以，凡是使 *Ms* 点降低的合金元素，均增加残留奥氏体量。总之，合金钢淬火后，残留奥氏体量比碳素钢多。而淬火钢中残留奥氏体量多，对钢的硬度、淬火变形、尺寸稳定性都有较大的负面影响，因此应采取适当措施控制残留奥氏体量。

(3) 合金元素对钢淬透性的影响　合金元素影响钢淬透性的一般规律是：凡使奥氏体等温转变图右移的元素，都能提高过冷奥氏体的稳定性，降低临界冷却速度，提高钢的淬透性；反之则降低钢的淬透性。

1）根据对钢淬透性的影响，合金元素大致可分为三类：

① 提高淬透性元素，作用由强至弱依次为 Mn、Mo、Cr、Si、Cu、P、B、N。微量的 B（w_B = 0.001%～0.005%）即能显著提高钢的淬透性。

② Ti、Nb、V、Zr 等元素，若形成碳化物，则降低钢的淬透性；若溶入奥氏体中，则提高钢的淬透性。

③ Co 降低淬透性，Al 对淬透性的影响尚不清楚。

研究表明，当多种元素同时加入钢中时，对淬透性的影响比各个元素单独加入时更大。因此，目前高淬透性的钢，都采用“多元少量”的合金化原则（如 Cr-Ni、Cr-Mn、Cr-Si 等组合）。

2）合金钢较好的淬透性，对于实际生产具有十分重要的意义。

① 合金钢淬火时大都可使用冷却能力较弱的淬火冷却介质（如油等），或采用分级淬火、等温淬火等方式，这样可大大降低工件变形与开裂倾向。

② 可增加大截面工件的淬透层深度，从而获得较高的沿截面均匀分布的力学性能。

③ 某些合金钢（如高速钢、某些不锈钢）由于含有大量提高淬透性的合金元素，过冷奥氏体极稳定，即使空冷也可获得马氏体，这类马氏体钢退火较困难。

3. 合金元素对淬火钢回火转变的影响

淬火钢的回火转变包括：马氏体的分解，残留奥氏体的转变，碳化物的析出、转变与聚集长大，以及铁素体的回复和再结晶。所有这些转变都属于扩散型相变。合金元素主要在以下几个方面对这些转变起阻碍作用：

（1）高耐回火性　由于合金元素溶入马氏体后，使原子扩散速度减慢，导致马氏体在回火过程中不易分解，进而使碳化物析出困难和难以聚集长大，这样合金钢在相同温度回火后，强度、硬度下降较少，即具有比碳素钢高的耐回火性。

合金钢的耐回火性高，在达到相同硬度的情况下，合金钢的回火温度可高于碳素钢，时间也可延长，因此可进一步消除残留应力，使合金钢回火后在相同硬度条件下比碳素钢的塑性、韧性高，而在同一温度回火时，合金钢则可相对于碳素钢获得较高的强度、硬度。

提高耐回火性，对工具钢而言意味着热硬性的提高，尤其对刀具用钢是十分有益的。

（2）某些高合金钢在回火时产生“二次硬化”　如W18Cr4V钢、Cr12钢等在回火后都有明显的二次硬化现象产生。

（3）某些合金元素使钢在回火时产生第二类回火脆性　合金钢在250～400℃与碳素钢相似，会有第一类回火脆性。但某些合金钢不仅有第一类回火脆性，在450～650℃还会出现第二类回火脆性。

三、合金元素对钢性能的影响

钢的性能取决于钢的组织和成分，合金元素的加入改变了钢的化学成分和组织，所以合金钢在物理、化学、力学及工艺性能方面和碳素钢有显著的差异。

1. 合金元素对钢力学性能的影响

（1）对退火（正火）态钢力学性能的影响　结构钢在退火（或正火）状态下的基本组成相都是铁素体和碳化物。因此，合金元素是通过对铁素体的固溶强化作用和改变碳化物的分布状态及相对含量而影响钢的力学性能的。

所有合金元素溶于铁素体中都能起固溶强化作用，按其强化程度由强至弱依次为P、Si、Ti、Mn、Al、Cu、Ni、Mo、V、W、Co、Cr。不仅如此，合金元素还降低了共析点的碳含量，相对提高了珠光体的数量，使强度提高。同时，由于合金元素能提高过冷奥氏体的稳定性，使奥氏体等温转变图右移，在相同冷却条件下，获得分散度更大的铁素体和碳化物两相混合物，同样也使强度得以提高。

综合起来看，Si、Mn虽然能显著强化铁素体，但是当其含量较高时，如$w_{Si}>0.8\%$，$w_{Mn}>1.8\%$，却使塑性、韧性明显降低；Mo和W无论加入多少都使塑性、韧性降低；Cr、Ni则只要在铁素体中含量适中，即$w_{Cr}\leqslant 2\%$，$w_{Ni}\leqslant 5\%$，不仅能显著强化铁素体，而且能使塑性、韧性保持较高水平。

合金元素对正火态钢力学性能的影响显著增大。其主要原因是除Co以外的合金元素提高了过冷奥氏体的稳定性，使合金钢在空冷后可能得到索氏体、托氏体、贝氏体甚至马氏体。

虽然合金元素可以改善钢在退火、正火状态下的性能，但是与调质相比效果毕竟不大，不能充分发挥合金元素的潜力。因此，一般情况下退火或正火不能作为合金钢的最终热处理。

（2）对淬火、回火态钢力学性能的影响　合金元素对钢最显著的影响，表现在其对淬火、回火态钢力学性能的影响上。

1）对低温回火钢力学性能的影响。合金元素在淬火、低温回火后得到回火马氏体组织。造成强化的主要因素是碳在马氏体中过饱和溶解所形成的固溶强化作用和低温回火时析出的细小碳化物的弥散硬化作用。合金元素对强化的直接作用较小。

因此淬火、低温回火状态下使用的钢，要提高其强度和硬度，不能只依靠增加合金元素的含量，而是要提高其碳含量。

合金元素加入低温回火钢的主要目的是提高其淬透性，使大截面工件淬火后能获得均匀细小的马氏体组织及低温回火后弥散析出细小碳化物。此外，合金元素的加入，一般都能使低温回火钢的塑性、韧性提高，其中以Ni、Cr的效果最为显著。

2）对中温回火钢力学性能的影响。淬火钢中温回火后的组织一般为回火托氏体组织，它由合金铁素体与极细小的合金碳化物组成。合金元素溶于铁素体起固溶强化作用，合金碳化物对基体起弥散强化作用。因此，合金钢淬火后再中温回火，能够具有较高的强度、硬度和弹性极限等，但Cr-Ni、Cr-Mn、Cr-Ni-Si钢等在中温回火的温度范围内，会产生明显的第二类回火脆性。所以，除弹性元件等特殊情况外，合金钢一般不采用中温回火。

3）对高温回火钢力学性能的影响。合金钢经调质处理后，与碳素钢一样为回火索氏体组织。它的性能不仅与淬火有关，而且与回火有很大的关系。合金元素的作用主要表现在以下几个方面：

① 合金元素能提高钢的淬透性，可使大型零件在淬火后沿截面获得较均匀的马氏体组织，经高温回火后可得到比较均匀的回火索氏体组织，从而大大提高大截面零件的综合力学性能。

② 合金元素能阻止钢在高温回火时碳化物的聚集、长大，故能获得高度弥散分布的细小碳化物，从而使调质后合金钢有较高的强度（包括热强性）和韧性。

③ 合金元素能提高铁素体的再结晶温度，因此在高温回火时能得到细小的铁素体晶粒，使调质后的钢具有较高的强度及韧性。

④ 合金元素固溶于铁素体中，能强化调质钢。能细化奥氏体晶粒的合金元素均可增加调质钢的韧性。

综上所述，在合金元素中，强碳化物形成元素能最有效地强化调质钢，弱碳化物形成元素 Mn 和非碳化物形成元素 Si 的效果次之，而 Co 和 Ni 的强化作用较弱。

表 2-1 归纳了合金元素在强化铁素体、形成碳化物、细化晶粒、提高耐回火性及提高淬透性五个方面对钢力学性能的影响。

2. 合金元素对钢工艺性能的影响

合金元素对钢工艺性能的影响同样是一个重要的问题。材料的工艺性能好坏，在实际生产中是必须予以充分考虑的。

（1）合金元素对钢铸造性能的影响　钢中加入合金元素后，特别是加入熔点较高的难熔元素后，在液态时的粘度会增加，使铸造性能变坏。

（2）合金元素对钢可锻性能的影响　大多数合金钢，特别是含有大量碳化物的合金钢，其热塑性明显下降，锻造时易开裂；由于合金钢高温强度远高于碳素钢，因此锻造时需要较大的变形力；合金钢的导热性差，锻造加热必须缓慢，冷却也必须缓慢，以防开裂。所以，大多数合金钢的可锻性能比碳素钢明显下降。

（3）合金元素对钢焊接性能的影响　对焊接性能影响最大的因素是钢中的碳含量，碳含量越低，焊接性能越好。因此，可焊接的钢大都是低碳钢。在相同碳含量的情况下，合金元素含量越高，钢的焊接性能越差。

（4）合金元素对钢切削性能的影响　许多合金钢含有大量硬而脆的碳化物，即使在较适于切削加工的硬度范围内（170～230HBW），其加工性能也比碳素钢差。有的合金钢，如奥氏体不锈钢，加工硬化能力很强，因此其切削加工性能很差。

表2-1 常用合金元素在钢中的作用

合金元素	对淬透性的影响	形成碳化物的倾向	耐回火性	细化晶粒	强化铁素体	其他
Mn	很强	弱	弱	促进晶粒长大	强	可用于制造奥氏体钢
Si	弱	促进石墨化	中等，在25℃以下作用较强	弱或无作用	最强元素之一	1. 可用于电工钢 2. 可用于制造奥氏体钢
Ni	中等	不形成	弱	弱	中等	1. 提高低温韧性 2. 可用于制造奥氏体钢
Cr	强	中强	中等	弱	弱	提高耐蚀性及高温强度
Mo	很强	比Cr强	强，有二次硬化作用	中等	弱	1. 显著提高钢的高温强度 2. 消除回火脆性
W	中等，但加热时含W碳化物很难溶解	比Cr强	强，有二次硬化作用	中等	弱	对高温强度及回火脆性影响与钼相似，但作用不如铜强
V	强，但若未能溶入奥氏体，则无作用	强	有强烈二次硬化作用	强	弱	主要的细化晶粒元素之一
Ti	在钢中一般不溶入奥氏体，故无作用	比V更强	因一般不溶入奥氏体，故无作用	最强	溶入铁素体后作用很强，但影响韧性	主要的细化晶粒元素之一，作用比V更强
Al	很弱	不形成	无	强	含量不高时作用不明显	用于渗氮钢
B	微量时有强烈作用	—	无	略有促进晶粒长大作用	无	—

◇◇◇ 第三节 常用钢的热处理

一、调质钢及其热处理

1. 对调质钢基本性能的要求

调质钢通常是指在淬火、高温回火（调质）后使用的钢，一般为中碳优质碳素钢和合金结构钢，主要用于制造在循环负荷与冲击负荷或各种复合应力下工作的工件。调质钢的合金化及热处理的主要原则是：

（1）良好的综合力学性能　为保证调质工件的使用性能，要求调质钢具有良好的力学性能。综合力学性能是指强度与韧性的配合，以抗拉强度、屈服强度及冲击韧度各项指标作为衡量标准，在保证某一冲击韧度的前提下，使抗拉强度尽可能高。但是，随着对金属材料研究的不断深入，发现上述认识不够完善，在某些特殊情况下，还应考虑使用多冲抗力、断裂韧度和疲劳性能指标。

（2）足够的淬透性　调质钢只有具有足够的淬透性，才能保证工件获得调质后的正常组织（回火索氏体），从而发挥其良好的综合力学性能。因此，淬透性是调质钢性能的一项主要指标。调质工件上马氏体层的厚度，根据其工作时承受的应力类型及大小来确定。例如，汽车上的半轴工作时承受扭转和弯曲应力，表面拉应力最大，越向心部应力越小，所以要求淬火后半轴表面至1/2半径处的范围内能够达到90%以上的马氏体即可。有些重要的螺栓，整个截面在工作时受到大的切应力或拉应力，因此要求零件整个截面均淬成马氏体。

2. 调质钢的化学成分与热处理特点

（1）化学成分特点

1）碳的作用。调质钢的碳含量一般在0.25%～0.50%范围内，以此保证淬透性的要求，并保证有足够体积的碳化物相，使其起到弥散强化的作用。碳含量过低，淬火后硬度低，调质后的强度不足；碳含量过高，回火后韧性下降。碳素调质钢通常选择上述范围的上限；合金调质钢由于合金元素的强化作用，其碳含量选上述范围的下限。碳是不利于调质钢冲击韧度的元素，故在保证硬度的前提下，应该把钢中的碳含量限制在较低的范围内。

2）调质钢中合金元素的作用

① 提高淬透性。在调质钢中加入锰、硅、铬、镍等元素，目的是提高钢的淬透性。锰、铬是提高淬透性最有利的元素，而且价格便宜，所以合金调质钢都以锰、铬为主加元素。镍对淬透性的贡献次之，在含铬的钢中加入镍，可明显增加淬透性。但是由于镍的价格昂贵，所以一般不作为调质钢的主加元

素。研究和实践证明，钢中加入微量的硼（$w_B = 0.001\% \sim 0.005\%$）能显著提高淬透性。

② 提高耐回火。钢经调质后得到回火索氏体组织，这种组织是在再结晶的细晶粒铁素体上分布着弥散的粒状碳化物，它的强度（或硬度）主要取决于铁素体的强度和碳化物的弥散强化作用。因此，凡是提高耐回火性的元素，以及能强化铁素体或能增加碳化物弥散度的元素，均可提高回火后的强度。对铁素体强化效果最佳的元素是硅、锰，其次是镍、钨、钼，再次是铬。

③ 细化奥氏体晶粒。加入调质钢中细化晶粒的元素有钒、钛等。钒在含锰的钢中少部分可溶入奥氏体中，略能提高淬透性，而大部分则以碳化物或氮化物形式存在，从而起到细化晶粒的作用。由于钒的碳化物很难溶于奥氏体中，且达到一定含量时反而会降低淬透性，故应用较少。

④ 抑制第二类回火脆性。铬、锰、镍、硼等元素，会增加钢对第二回火脆性的敏感性，当铬、锰、镍同时存在时，产生的影响更大。要抑制第二类回火脆性，除采用回火后快冷外，还可以在钢中加入适量的钼或钨元素。

合金调质钢中合金元素总的质量分数一般不超过5%，属于低合金钢。钢中的硫、磷杂质应严格控制，优质钢要求 $w_P < 0.035\%$，高级优质钢要求 $w_S \leqslant 0.030\%$、$w_P \leqslant 0.030\%$。

（2）热处理特点　由于调质钢的碳含量均在中碳范围，再加上合金元素的强烈影响，所以许多钢在热加工后组织上会存在较大的差异。合金元素含量较少的钢，正火后的组织多半为珠光体，合金元素含量较多的钢，正火后则为马氏体组织。为便于切削加工和改善钢件因热加工不当造成的粗晶和带状组织，需要先进行预备热处理，然后再进行调质处理。一般工件调质前的原始组织多是珠光体组织。

必须指出，大型工件在调质前一定要经过预备热处理（正火或退火），处理后还要进行探伤检查，只有确保工件内部没有不允许的缺陷（如白点、裂缝等）存在，才可进行最终热处理。

1）淬火。钢件应在 Ac_3 以上30～50℃范围内加热，温度过高，会导致奥氏体晶粒粗大，冷却时加大变形和开裂的倾向；温度过低，奥氏体化不充分，钢的淬透性降低，淬火后组织中会出现游离铁素体，无法达到强度要求。实际淬火加热温度，视具体情况而定，主要取决于化学成分、工件尺寸和形状，以及淬火冷却介质等因素。当工件尺寸较大时，应选上限加热温度，取下限加热保温时间；截面变化大、形状复杂、容易变形的工件，应取较低的淬火加热温度。常用调质钢淬火工艺参数见表2-2。

表 2-2 常用调质钢淬火工艺参数

钢号	淬火温度/℃		淬火冷却介质
	盐炉	空气炉	
45	810 ~ 830	820 ~ 850	盐水，盐水 + 油
60Mn	800 ~ 820	820 ~ 840	油
40Cr	820 ~ 850	840 ~ 860	油
42CrMo	850 ~ 870	860 ~ 880	油、盐水
40CrNiMoA	840 ~ 860	850 ~ 870	油
38CrMoAlA	930 ~ 960	920 ~ 940	油、盐水

加热时间是根据钢材的化学成分、加热设备、加热方式、工件尺寸及装炉量等因素来确定的。合金钢加热时间比碳素钢长，当工件截面小于 50mm，装炉量适中时，盐浴炉按 0.4 ~ 0.6min/mm、气体介质加热炉按 1.5 ~ 1.8min/mm 来估算。

淬火冷却以获得马氏体组织为目的，淬火冷却介质及方式根据材料的淬透性、工件的尺寸及形状来选择。一般合金结构钢工件，皆可在油中淬火，而合金元素含量较高、淬透性很好的钢材，甚至在空气中就能淬火。

2）回火。调质钢一般的回火温度在 500 ~ 650℃之间，具体温度根据调质件的性能确定。合金钢的耐回火性较高，在性能要求相同的情况下，其回火温度略高于碳素钢，时间也略长一些。

对于回火脆性敏感的材料，要采用快冷的方式（用水或油冷），以免产生回火脆性。其他钢材可在空气中冷却。

高淬透性的钢或截面尺寸很大、形状复杂的工件，淬火后必须及时回火，最好在淬火时温度未降至室温时（100℃）就进行回火，以防止变形和开裂。

3. 常用调质钢

调质钢按化学成分可分为碳素调质钢与合金调质钢两大类。

（1）碳素调质钢　一般将优质碳素结构钢中的中碳钢作为调质钢，例如 35 钢、40 钢、45 钢、50 钢或 40Mn 钢等，其中 45 钢应用最广。这类钢生产工艺简单，价格便宜。由于碳素钢的淬透性比较低，所以只适合制造小尺寸的工件。当工件尺寸大于 60mm 时，调质后的性能与正火性能相近；当工件尺寸大于 100mm 时，表面甚至无法得到马氏体组织。所以，此类钢必须在淬火时使用水作为淬火冷却介质，这样势必增加其变形及开裂的倾向。因此，这类钢适宜制造负荷低、尺寸小、形状简单的工件。

（2）合金调质钢　合金元素的加入，极大地提高了这类钢的淬透性以及综合力学性能。按钢的淬透性高低又可将合金调质钢分为低淬透性、中淬透性、高淬透性三类，各类之间没有严格的界限。

1）低淬透性调质钢：这类钢的油冷淬火临界直径为20～40mm，钢中合金元素种类少，质量分数低，一般不大于2.5%，常用于中等截面、力学性能要求比碳素钢高的调质零件。属于这类钢的有铬钢、锰钢、铬硅钢、硅锰钢、锰钒钢和含硼钢等。

2）中淬透性调质钢：这类钢的油冷淬火临界直径为40～60mm，通常含有两种以上合金元素，如铬镍钢、铬锰钢、铬钼钢、铬锰硅钢以及一些含硼钢种。这些钢调质后强度高，可作截面较大、承受较重载荷的调质件。常用的牌号有35CrMo、38CrMoAlA、40CrNi等。

3）高淬透性调质钢：这类钢的油冷淬火临界直径大于或等于60mm，合金元素的总含量比上述钢多，主要钢种有铬镍钼钢、硅锰钼钒硼钢等。这类钢调质后强度高，韧性好，可用于制作大截面重负荷的重要零件。

4. 典型调质零件的热处理及常见缺陷和预防措施

（1）柴油机连杆的选材及热处理

1）连杆的工作条件及性能要求。连杆在工作时，除了受气缸的爆发力作用外，还受往复惯性力和旋转惯性力作用，承受的载荷有：交变拉、压应力，纵向的弯曲应力和冲击应力。其损害形式主要是疲劳断裂。要求其整个截面都具有良好的综合力学性能，较高的抗拉强度和疲劳强度及较高的冲击韧度。为满足技术条件的要求，采用40Cr钢调质处理，以便获得良好的综合力学性能。

2）加工路线。下料→锻造成形→调质→机加工。也可以采用锻造余热淬火的工艺，该工艺加工路线为：下料→锻造成形→余热淬火、回火→机加工。

3）热处理工艺。连杆锻造成形后，除了个别与其他工件配合的部位需要加工外，其余部分的形状都不再改变，因此连杆表面不能有裂纹、折叠、过烧、氧化等缺陷。

① 淬火。为了获得均匀的马氏体组织，按理论计算淬火加热温度应为810～850℃。但是为了增加淬硬层深度，减少游离铁素体的含量，以及考虑到加热炉的特点、测温的情况、连杆出炉后表面降温和淬火冷却介质的选用等一系列因素，生产上将淬火加热温度提高到860℃±10℃。加热时炉内通入保护气氛。

保温时间根据连杆的厚度、装炉量而定，为保证加热时奥氏体化学成分均匀，在气体介质炉中加热时可按1～1.5min/mm估算时间。

根据40Cr钢的淬透性，油中淬火足以保证连杆整个截面都能淬透，因此可选用油作淬火冷却介质。为减小变形，油温最好控制在40～80℃之间。连杆出炉后垂直入油，停留时间约1min，然后取出空冷。

② 回火。回火温度为620～640℃，时间为1～2h，出炉后水冷（温度为20～40℃），以防止回火脆性的产生。回火后硬度在227～255HBW之间。

连杆热处理常见缺陷及预防或补救措施见表2-3。

表2-3 连杆热处理常见缺陷及预防或补救措施

缺陷类型	危害	产生原因	预防或补救措施
脱碳	疲劳强度降低	1. 锻造加热时间过长 2. 盐浴脱氧不彻底 3. 空气炉加热未通保护气体	1. 控制锻造加热时间 2. 盐浴脱氧捞渣 3. 在空气加热炉中通保护气体
未淬透	硬度低	加热温度低或淬火冷却速度慢	重新加热淬火
淬火裂纹	寿命降低	淬火冷却不当	1. 检查材料化学成分 2. 碱浴分级淬火
组织不均匀	组织中出现托氏体或贝氏体，降低韧性	1. 加热温度低 2. 保温时间短 3. 冷却速度慢	1. 正确执行淬火工艺 2. 加强中间检查

（2）机床主轴的热处理

1）机床主轴的工作条件及性能要求。磨床主轴工作时除了承受扭转、弯曲和一些冲击载荷外，轴颈和拆装部分还受到摩擦作用。其损坏形式主要是磨损、咬痕或因变形造成精度丧失而失效，有时也由于疲劳断裂而损坏。所以要求主轴不仅要有较好的综合力学性能，而且还要具有高的硬度和耐磨性。此外，由于主轴对精度的要求很高，所以还要有良好的尺寸稳定性。根据上述性能要求，主轴应选用中碳调质钢38CrMoAlA，并在轴颈和拆装部分进行渗氮处理。

2）机床主轴的加工路线。下料→锻造→退火→粗车→调质处理→精车→去应力处理→粗磨→探伤→渗氮→精磨。

3）机床主轴的热处理工艺

① 退火。锻造后毛坯退火的目的是降低硬度，改善加工性能，消除锻造应力，细化晶粒，并为调质处理做好组织准备。由于38CrMoAlA钢的脱碳倾向较大，因此退火温度不宜太高，生产上采用900～920℃，保温时间为3h，随炉冷却至500℃左右出炉空冷，退火后的硬度为230～280HBW。

② 调质处理

a. 淬火。在井式炉中用夹具吊装加热，加热温度为930℃，保温3～5h。若温度太低，则铁素体不能完全溶入奥氏体中，渗氮时该铁素体处易形成针状氮化物，引起脆性。若温度太高，则加剧脱碳倾向，而且奥氏体晶粒粗大，渗氮后易形成网状氮化物，也会增加脆性。

b. 回火。在井式炉中加热，最好采用悬挂方式，以防止主轴弯曲变形。回火温度为630~670℃，保温时间为4~6h，长时间保温是为了充分消除应力，以减少渗氮时的变形。回火后在空气中冷却。

③ 去应力处理。目的是消除机械加工生产的内应力和回火过程中尚未去除的残留应力，保证在渗氮时组织稳定和轴不变形。去应力处理的温度低于回火温度20~30℃，在630℃左右。保温时间为6~10h，以便充分消除应力，保温后炉冷至350℃时，出炉空冷。

④ 渗氮。渗氮前表面应进行严格清洗，不允许有任何油污和铁锈。非渗氮部位用镀锡或涂料加以保护。渗氮采用冷炉装料，主轴最好垂直悬挂，以防止变形。装炉后要密封。

采用二段渗氮法：第一阶段，加热至500~520℃，保温15h，氮气压力为1000~2000Pa，分解率为15%~25%；第二阶段，升温至510~560℃，保温25h，氮气压力为1000~2000Pa，分解率为40%~60%。在二段强烈渗氮后，为减少主轴表面渗氮层脆性，需要进行一段时间的退氮保温，时间为2h左右。随后炉冷，当炉温降至200℃以下时出炉。

二、弹簧钢及其热处理

1. 弹簧钢的基本性能要求

弹簧这种使用广泛的工件，在工作中主要起储存能量和减轻振动的作用。弹簧钢是用于制造各类弹簧的钢。弹簧根据外形可分为板簧和螺旋弹簧。

板簧除了承受巨大的静负荷外，还要承受因地面不平而引起的冲击负荷和振动，所以受力以反复弯曲为主。其失效方式大多是疲劳破坏，因此要增加板簧的使用寿命，应采取提高其疲劳强度的措施。

螺旋弹簧无论是受拉还是受压，其承受的应力都主要是扭应力，破坏方式主要是疲劳。

弹簧工作条件和破坏形式决定了弹簧钢应具有以下基本性能：

1）应具有高的弹性极限。对减振弹簧，从吸收能量方面考虑，要求有高的弹性极限。为提高强度的利用率，还要求有高的屈强比。

2）应具有高的疲劳极限，以免发生早期疲劳失效。一般来说，钢的疲劳极限和强度之间有一定的比例关系。强度越高，疲劳极限也越高。由于疲劳性能对零件的表面状态很敏感，所以只有弹簧的表面质量优良，其使用寿命才可能大幅度提高。

3）应具有一定的韧性及较好的工艺性能，以保证弹簧工作时安全可靠和制造过程中的加工成形。

4）对于淬火、回火的弹簧，要求不易脱碳，有足够的淬透性，低的过热敏感性。

此外，某些特殊用途的弹簧还要求有好的导电性、耐蚀性和高温下抗松弛性能。

2. 弹簧钢的化学成分与热处理特点

（1）化学成分　弹簧钢分为碳素弹簧钢和合金弹簧钢。为保证弹簧具有高的弹性极限与疲劳强度，碳素弹簧钢中的碳含量一般控制在0.6%～0.9%之间。碳含量过高，不利于加工成形，同时，也因缺口敏感性增大而降低其工作的可靠性；碳含量过低，会使弹簧钢的强度下降。由于碳素弹簧钢的淬透性低，所以只适用于截面直径小于12～15mm 的小弹簧。

大型弹簧和重要弹簧均用合金弹簧钢制造。由于合金元素使共析点左移，故合金弹簧钢中 $w_C = 0.45\% \sim 0.7\%$。弹簧钢中最常加入的合金元素有锰、硅、铬、钒、钼等。锰、铬主要提高钢的淬透性；锰、硅起着强化铁素体的作用，提高钢的屈服强度；铬、钼、钒提高钢的耐回火性；钼、钨还能提高钢的屈服强度；钒和铌是细化晶粒的元素，加入钢中可提高其强度、韧性和疲劳极限。但是硅的加入，使钢在加热时的脱碳倾向增加，从而导致疲劳强度值的降低，因此，在热处理时应当注意防止脱碳。

弹簧钢的冶金质量对疲劳强度有很大影响，所以对磷、硫杂质作了规定：优质钢，$w_P \leqslant 0.035\%$，$w_S \leqslant 0.035\%$；高级优质钢，$w_P \leqslant 0.030\%$，$w_S \leqslant 0.030\%$。

（2）热处理特点　根据制造方法的不同，弹簧可分为热成形弹簧和冷成形弹簧两类。

1）热成形弹簧。线径或厚度在 10mm 以上的螺旋弹簧或板簧都是用热成形方法制造的。板簧多数是将热成形和热处理结合在一起进行加工的，而螺旋弹簧则大多在热成形后再进行热处理。

弹簧的主要性能要求是高的弹性极限和屈服强度，并有一定的韧性，只有回火托氏体组织具有这样的性能，所以弹簧的热处理工艺是淬火加中温回火，硬度一般在 40～45HRC 之间。热处理后的弹簧往往要进行喷丸处理，使表面产生硬化层，并形成残留应力，以提高弹簧的抗疲劳性能，从而提高弹簧的寿命。通过喷丸处理还能消除或减轻弹簧表面的裂纹、划痕、氧化及脱碳等缺陷的影响。

2）冷成形弹簧。一般线径或厚度在 10mm 以下的小型弹簧，采用冷拉弹簧钢丝冷绕成形。由于弹簧丝在生产过程中（冷拉或铅浴淬火）已具备了很好的性能，所以冷绕成形后不再进行淬火，只需进行 250～300℃ 的去应力退火，以消除在冷绕过程中产生的应力，并使弹簧定形。

由此可见，弹簧的热处理主要有两种：一种是淬火、回火处理，另一种是只做 250～300℃低温消除应力处理。采用何种方式，要根据供货状态而定。当弹簧截面尺寸较大时，供货方式为热轧态，用热成形法制造弹簧，随后进行淬火、回火处理。截面较小的弹簧，冷拉后的力学性能基本达到要求，用户只需在冷卷成形后消除冷卷应力即可使用。

对热轧弹簧而言，热处理时为了尽可能地减轻弹簧钢的氧化脱碳程度，淬火温度一般为 Ac_3 或 Ac_{cm} 以上 30～80℃。淬火温度不宜太高，保温时间不宜过长，以钢材温度均匀为原则。淬火冷却介质一般使用油，尺寸较大的钢或淬透性很差的碳素弹簧钢才采用水淬油冷，以减少变形。水淬时间要严格控制，以免零件变形开裂。

弹簧钢一般采用中温回火，以便获得高的抗拉强度、屈服强度和弹性极限以及适当的塑性和冲击韧度。回火温度在 400～500℃ 比较合适，回火时间一般为 30～60min。由于弹簧回火温度在第一类回火脆性区以上温度和第二类回火脆性区下限温度范围内，因此为避免回火脆性，回火后要快冷。

弹簧表面的弯曲和扭转应力最大，所以表面状态非常重要，最忌讳的是表面发生氧化脱碳。加热时一定要严格控制炉气，并尽量缩短加热时间。

弹簧热处理常见缺陷及预防或补救措施见表 2-4。

表 2-4 弹簧热处理常见缺陷及预防或补救措施

缺陷类型	对弹簧性能的影响	产生原因	预防或补救措施
脱碳	疲劳寿命降低	1. 空气炉加热未通保护气体 2. 盐浴脱氧不彻底	1. 控制加热炉气氛 2. 采用快速加热工艺
淬火后硬度不足	产生残余变形，降低使用寿命	1. 非马氏体组织多 2. 心部出现铁素体 3. 淬火加热温度低 4. 淬火冷却介质冷却能力差	1. 选用淬透性好的钢材 2. 提高淬火冷却介质的冷却能力 3. 在 Ac_3 以上进入淬火冷却介质 4. 适当提高淬火加热温度 5. 淬火后对金相组织检验
过热	晶粒粗大，脆性增加	1. 淬火加热温度过高 2. 热成形温度过高	1. 正确选择加热温度 2. 适当降低成形温度 3. 校对仪表，保证测温准确
开裂	脆性增加，严重降低寿命	1. 加热温度高，淬火冷却介质冷却能力太强 2. 表面脱碳 3. 回火不及时	1. 严格控制淬火加热温度 2. 淬火冷却至 250～300℃时，出炉空冷 3. 及时回火

3. 常用弹簧钢

弹簧钢按化学成分主要分为碳素弹簧钢、锰弹簧钢、硅-锰系弹簧钢和铬系弹簧钢四类。

（1）碳素弹簧钢 一般用优质碳素结构钢中的高碳钢，如 60 钢、65 钢、70 钢、75 钢、80 钢、85 钢。碳素弹簧钢热处理后具有一定的强度和适当的韧性。但其淬透性低，所以只适合制造尺寸小、不太重要的弹簧。

（2）锰弹簧钢 主要牌号是 65Mn 钢。钢中加入质量分数为 0.8%～1.2% 的锰，使淬透性有所提高，脱碳倾向减小，但有过热倾向。锰钢价格便宜、资源丰富，可用这类钢制造截面直径为 8～15mm 的小型弹簧。

（3）硅-锰系弹簧钢 最典型的是 60Si2Mn 钢。钢中加入硅、锰元素使铁素体显著强化。硅的加入提高了钢的弹性极限，使屈强比达到 0.8～0.9；硅还可以提高淬透性和耐回火性；同时，疲劳强度也有所提高。但是硅具有增加钢材脱碳倾向的缺点，当硅、碳含量较高时会出现石墨化倾向。

（4）铬系弹簧钢 最常用的钢号是 50CrVA。钢中加入质量分数为 1% 的铬，能提高淬透性、耐回火性。加入钒是为了形成稳定的 VC 化合物，阻止奥氏体晶粒的长大，从而细化晶粒，提高材料的强韧性。这类钢不但具有高的淬透性和强度，而且耐回火性也很好，在 500～550℃ 回火后，仍具有高的强度和屈服极限。所以可用这类钢制造大截面、高负荷的螺旋弹簧，以及工作温度在 300℃ 以下的气阀弹簧等。

4. 典型弹簧工件的热处理

（1）气阀螺旋弹簧的热处理 常用 50CrVA 钢丝制造的内燃机气阀弹簧外形如图 2-14 所示。气阀弹簧的加工路线是：下料→绕簧→去应力→淬火、中温回火→表面强化→压缩→校正→第二次去应力→检查。

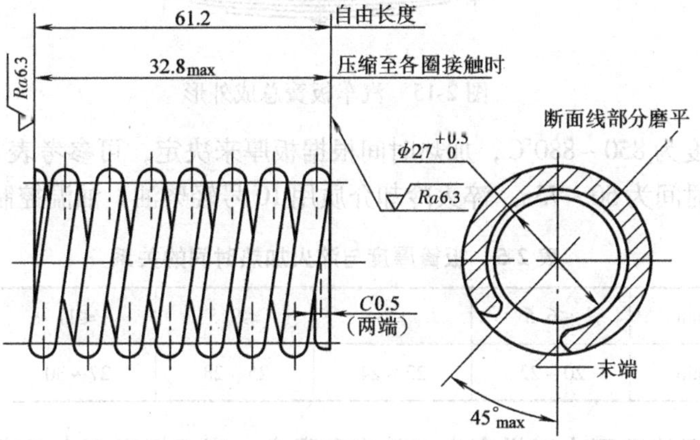

图 2-14 气阀螺旋弹簧

冷卷弹簧成形后，将弹簧加热到400~500℃，消除因塑性变形产生的内应力，确保淬火时弹簧尺寸不发生大的变化。在硝酸钠盐浴中加热，装炉时保证轴心垂直，以免弯曲变形。

在脱氧良好的盐浴炉中淬火加热时，50CrVA钢常用的淬火温度是840~880℃。钢丝较细的弹簧，因为出炉至淬火入油这段时间内温度下降过快，影响淬火效果，所以淬火加热温度取上限，为870~880℃；反之，取下限温度。保温时间按1.2~2min/mm计算。淬火冷却介质用L—AN15或L—AN32全损耗系统用油。最好用淬火机床压住弹簧并定距，然后水平淬入油槽中，以减少变形。如果不具备以上条件，那么淬火时要注意使弹簧轴线水平平稳入油，并水平缓慢摆动。

油冷淬火弹簧应在24h内进行回火，水冷淬火弹簧应在4h内回火，以防止变形开裂。通常气阀弹簧的回火温度为390℃±10℃，时间一般为30~60min。回火后金相组织为托氏体，硬度为45~50HRC。

弹簧经淬火、回火后，若尺寸达不到要求，则必须进行校正。校正产生的局部内应力，通过第二次去应力回火来消除，其温度比前一次回火温度低20~30℃，时间为5~15min。

（2）汽车板簧的热处理　汽车板簧常用60Si2Mn钢制造，外形如图2-15所示。加工路线为：下料→矫直→钻孔→卷耳→淬火、回火→喷丸→装配→预压缩。

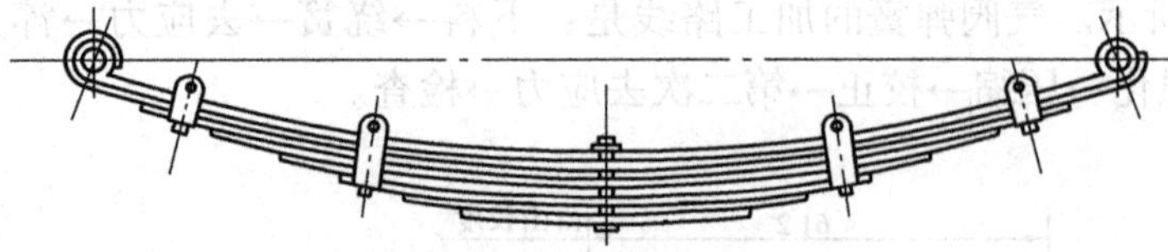

图2-15　汽车板簧总成外形

淬火温度为850~880℃，加热时间根据板厚来决定，可参考表2-5。随后油冷淬火，冷却时间为50~75s。淬火冷却介质用10号轻柴油，油温控制在20~50℃。

表2-5　板簧厚度与淬火加热时间的关系

钢板厚度/mm	≤6.5	≤8	≤9.5	≤11	≤12
加热时间/min	20~22	22~24	25~28	27~30	29~32

采用高温快速回火以提高生产效率和强度。当钢板厚度小于或等于8mm时，回火时间为18min，回火炉后部温度为480℃±20℃，前部温度为680℃±20℃；当钢板厚度大于8mm时，炉子后部温度为460℃±20℃，前部温度为650℃±

20℃，回火时间为30min。

弹簧片装夹好后，根据技术要求，弹簧主片、第二片、第三片的拉伸表面要进行喷丸处理，以便提高疲劳寿命。经喷丸处理的钢板，其疲劳寿命一般可提高5～10倍。

三、滚动轴承钢及其热处理

1. 滚动轴承钢的基本性能

滚动轴承钢（简称为轴承钢）主要用于制造滚动轴承中的滚珠、滚柱、滚针及套圈等。在滚动轴承工作时，一般内套圈常与轴为过盈配合，并随轴一起转动，外套圈则装在轴承上固定不动。轴承内、外套圈及滚动体均在交变的接触疲劳应力下工作。在运转过程中，滚动体与套圈间有相对滑动，产生摩擦，同时上述工作面还受到润滑油的化学腐蚀。此外，在各种车辆、轧钢机上的轴承，工作时要承受很大的冲击和振动负荷。基于轴承的工作条件和破坏形式，对滚动轴承钢的性能提出以下要求：

1）具有高的接触疲劳强度和抗压强度。

2）高的淬硬性和必要的淬透性，以保证在热处理后获得高而且均匀的表面硬度。

3）高的弹性极限，防止在高载荷作用下轴承发生过量的塑性变形。

4）一定的韧性，防止轴承在承受冲击载荷作用时发生破坏。

5）良好的尺寸稳定性，防止轴承在长期存放或使用中因尺寸变化而降低精度。

6）一定的耐蚀性能，在大气和润滑剂中应不易生锈或被腐蚀。

7）良好的工艺性能，如冷、热成形性能，加工性能，热处理性能等，以便适应大批量生产的要求。

2. 滚动轴承钢的化学成分和热处理特点

（1）滚动轴承钢的化学成分

1）高碳。为了轴承在淬火和低温回火后得到高硬度、高耐磨性和高的接触疲劳性能，一般将 w_C 控制在0.70%～0.80%以上。碳含量太低，无法形成足够数量的碳化物；碳含量过高，会增加碳化物分布的不均匀性，容易生成网状碳化物，影响疲劳寿命。故铬轴承钢中 w_C 一般为0.95%～1.15%。

2）主加元素为铬，且 $w_{Cr}<1.65\%$。铬除了可以增加淬透性外，部分溶于渗碳体，形成较稳定的合金渗碳体，热处理后得到的细小均匀的碳化物，对钢的耐磨性，尤其是接触疲劳强度十分有利。铬还能提高马氏体的低温耐回火性，热处理后得到均匀并且较高的硬度，从而有效地提高钢的耐磨性。但若钢中 $w_{Cr}>1.65\%$，则会使淬火后残留奥氏体量增加，使硬度和尺寸稳定性降低。

3）加入Si、Mn元素，进一步提高淬透性，适合制造大型轴承。但是Mn会增加钢的过热倾向，含量过高会引起残留奥氏体量增加。Si元素会增加钢中的氧化夹杂，故需加以限制。一般 w_{Mn} 控制在0.90%～1.2%，w_{Si} 控制在0.40%～0.70%。

4）严格控制有害元素P、S的含量。P在加热时会促使晶粒长大并增加钢的脆性，降低强度，增加淬火开裂倾向。S会增加钢中的硫化夹杂。氧、氢、氮气体对轴承钢也是有害的，应尽量减少。

（2）滚动轴承钢的热处理

1）预备热处理

① 正火。若毛坯锻造工艺不当，则沿奥氏体晶界会析出二次网状碳化物、粗大片状珠光体和条状碳化物组织，它们在随后的球化退火过程中不能完全消除，从而影响零件的使用寿命，应采用正火工艺来消除这些组织。有粗大网状碳化物的GCr15钢应采用900～950℃的加热温度，工件透热后保温30～50min，冷却速度大于或等于40～50℃/min。

② 球化退火。经过锻造的工件，当其显微组织为细片状珠光体时，可直接进行球化退火。其目的是：降低硬度，便于切削加工；获得均匀分布的细颗粒状珠光体，为淬火做好准备；改善热处理的综合力学性能；消除加工硬化，增加塑性。GCr15钢等通常采用等温球化退火，其工艺是将钢材加热到780～810℃，保温1h，然后在700～720℃保温3～4h，以便组织全部球化。790℃被认为是最佳的球化加热温度。因为加热温度过高，大量碳化物溶解，球化结晶核心少，球化后为粗大的球状珠光体或部分片状组织；加热温度偏低，球化退火后组织中仍保留尚没转变的片状珠光体。

2）最终热处理。一般采用淬火和低温回火。淬火和低温回火是决定轴承性能的热处理。以GCr15钢为例，淬火温度为820～840℃，若温度太高，则会出现过热组织，使轴承的韧性和疲劳强度下降；若温度过低，则奥氏体中溶解的Cr、C数量少，影响淬火后的硬度。

轴承淬火组织中的马氏体和残留奥氏体是不稳定相，室温下停留时间过久，将会导致尺寸的变化，使轴承的精度降低。所以，轴承淬火后，应及时进行160℃±5℃的低温回火，回火时间一般为2～4h。

3. 常用滚动轴承钢

高碳铬轴承钢因具有良好的加工性能、稳定的组织和高的硬度、高的耐磨性及接触疲劳强度等优点，故占我国轴承钢使用量的90%以上。尤其是GCr15钢用量最大，GCr15SiMn钢次之，GCr4钢用量较少。常用轴承钢的牌号、化学成分及用途见表2-6。

表 2-6　常用轴承钢的牌号、化学成分及用途

钢号	化学成分（质量分数，%）				用途举例
	C	Mn	Si	Cr	
GCr4	0.95 ~ 1.05	0.15 ~ 0.30	0.15 ~ 0.30	0.35 ~ 0.50	$\phi \leqslant 1.35$mm 的滚珠，$\phi \leqslant 9.4$mm 的滚柱
GCr15	0.95 ~ 1.05	0.25 ~ 0.45	0.15 ~ 0.35	1.40 ~ 1.65	$\phi 25.4 \sim \phi 50.8$mm 的滚珠，$\phi < 28$mm 的滚柱
GCr15SiMn	0.95 ~ 1.05	0.95 ~ 1.25	0.45 ~ 0.75	1.40 ~ 1.65	大型套圈、滚珠及滚柱

4. 典型滚动轴承钢的热处理

（1）GCr15 轴承钢工件的加工路线

1）套圈：锻造→球化退火→机械加工→淬火、回火→磨削加工至尺寸要求。

2）滚珠：冷镦→淬火、低温回火。

（2）GCr15 轴承钢的热处理

1）球化退火：常用的球化退火工艺有一般球化退火和等温球化退火两种，如图 2-16a 和图 2-16b 所示。

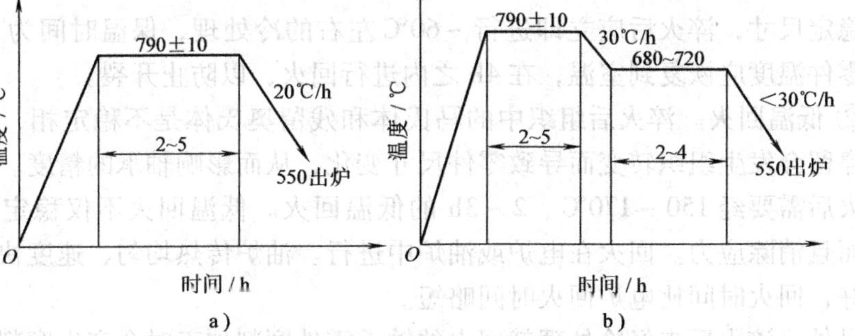

图 2-16　GCr15 球化退火工艺
a）一般球化退火　b）等温球化退火

① 加热温度。球化退火温度一般采用 $Ac_1 + 20 \sim 50$℃。当加热温度过高时，由于碳化物大量溶解和奥氏体成分趋于均匀，将导致片状珠光体的形成，无法达到降低硬度的目的。若温度过低，则片状珠光体溶解不充分，奥氏体成分不均匀，碳化物在冷却时沿原来的片层析出，或呈细小的链状，从而造成硬度值的偏高。

② 保温时间。锻造组织正常的GCr15钢，在780℃时，珠光体转变需要40～100min；若锻造组织中有细网状碳化物存在，则在800℃保温30～110min。保温时间由工件的大小、装炉方式、装炉量决定。

③ 冷却速度。退火冷却速度决定了碳化物的弥散度。冷却速度过快（100～300℃/h），将形成极细密的碳化物，使钢的硬度偏高。生产上冷却速度一般控制在10～30℃/h范围内，冷至550℃出炉空冷，硬度低于210HBW。采用等温球化退火工艺可缩短退火时间：将工件加热到790℃左右，保温一定时间后，缓冷至720℃左右等温，保温2～4h后缓冷至550℃左右出炉即可。

2）淬火和低温回火

① 淬火。GCr15钢的淬火温度在840℃左右。淬火温度偏低，会使奥氏体中碳含量、铬含量不足，淬透性和淬硬性低；淬火温度过高，会使碳化物溶解过多，进而引起过热，奥氏体晶粒粗大，淬火后马氏体针粗大，综合力学性能降低，还会使奥氏体含量增多，变形及氧化脱碳加重。淬火温度视工件尺寸、淬火冷却介质而定。尺寸较大的零件采用较高的淬火温度，以提高淬透性，获得较深的淬透深度和较高的硬度。同一规格的轴承零件，在箱式电炉中加热比在盐炉中加热稍高5℃左右，淬油比淬水的工件加热温度高5～10℃。

为保证轴承硬度和组织的均匀性，冷却时注意搅拌冷却液，可使用滚筒、摇筐、振动淬火机，以保证工件冷却均匀。

应当注意的是：对于精密轴承零件，为减少淬火后组织中的残留奥氏体含量，稳定尺寸，淬火后应立即进行－60℃左右的冷处理，保温时间为1h。冷处理后零件温度应恢复到室温，在4h之内进行回火，以防止开裂。

② 低温回火。淬火后组织中的马氏体和残留奥氏体是不稳定相，在室温下长期停留会发生组织转变而导致零件尺寸变化，从而影响轴承的精度。因此，零件淬火后需要经150～170℃、2～3h的低温回火。低温回火不仅稳定零件的尺寸，而且消除应力。回火在电炉或油炉中进行。油炉传热均匀、速度快，回火质量较好，回火时间比电炉回火时间略短。

另外，淬火后未经冷处理就回火的轴承零件磨削加工时会产生磨削应力，低温回火时未能完全消除的残留应力在磨削加工后会重新分布。这两种应力会导致零件尺寸变化，甚至会产生表面龟裂。为此，应再进行一次补充回火，回火温度为120～150℃，保温时间为5～10h或更长。这样可以及时消除其内应力，进一步稳定组织，提高零件的尺寸稳定性。

套圈、滚子回火后硬度为61～65HRC，金相组织为回火马氏体及均匀分布的细颗粒碳化物残留奥氏体。

轴承钢淬火缺陷及预防措施见表2-7。

表 2-7 轴承钢淬火缺陷及预防措施

缺陷类型	产生原因	预防措施
过热针状马氏体	淬火温度高或保温时间长，原材料带状严重，退火组织不良	降低淬火温度，严格控制碳化物不均匀性，提高退火质量
出现托氏体组织	淬火温度偏低或保温时间短，冷却速度太慢，原材料碳化物不均匀，退火组织不佳	提高淬火加热温度和延长保温时间，增强冷却能力，控制碳化物不均匀程度，提高退火质量
碳化物网大于三级	原材料碳化物网超过三级；停锻温度高，退火温度高，冷却慢	930～950℃正火，然后低温退火，再进行淬火、回火
残留碳化物粗大，直径大于4.2μm	反复退火，原材料碳化物不均匀	尽量避免反复退火，加强原材料控制
组织合格，但硬度低	淬火温度低、时间短；表面脱碳；冷却速度慢，出油温度高	提高淬火温度，延长保温时间；加强防脱碳措施；加快冷却速度
表面氧化脱碳、腐蚀	炉子密封不良；工件表面不净，淬火温度高，时间长；锻件脱碳严重	改进炉子密封性，淬火前清洗工件，炉中通保护气体

四、刀具钢及其热处理

1. 刀具钢的基本性能要求

刀具的种类繁多，以常见的车刀为例。车刀工作时主要是承受压应力和弯曲应力，并受较大的机械摩擦作用，另外，除了机床主轴的振动外，很少受冲击作用。由于车刀形状简单，工作时连续切削，速度高，故刃部温度较高。其正常的破坏形式是刃部磨钝，而不是发生折断、崩刃和塑性变形。因而在低速切削时，要求刀具钢具有高的硬度、耐磨性和适当的抗弯强度。在高速切削时，除以上要求外，刀具钢在高温下还应有高的热稳定性。

不同的刀具虽然工作条件有所差异，但是均受到复杂的切削力作用。因此，对刀具钢的基本性能提出以下要求：

（1）高的硬度和耐磨性　刃部的硬度只有高于被加工材料的硬度才能进行切削。通常硬度越高，耐磨性越好。

（2）高的热稳定性　即高温下保持高硬度的能力（≥60HRC），与钢的耐回火性有关。

(3) 足够的强度与韧性　保证刀具在复杂切削力的作用下及冲击振动时不发生脆性断裂或崩刃。

2. 碳素刀具钢及低合金刀具钢

(1) 碳素刀具钢

1) 成分。$w_C=0.65\%\sim1.35\%$。碳含量越高，钢的耐磨性越好，而韧性越差。由于Si、Mn元素稍有增加就会增大淬火时的开裂倾向，所以碳素刀具钢中对Si、Mn的含量规定较严格，即$w_{Si}<0.35\%$，$w_{Mn}<0.40\%$。只有在T8Mn钢中，为提高淬透性，才将Mn含量提高到0.4%～0.6%（质量分数）。为提高碳素刀具钢的可锻性，减少其淬裂倾向，应严格控制S、P含量。在优质碳素刀具钢中，$w_S\leqslant0.030\%$，$w_P\leqslant0.035\%$；在高级优质碳素刀具钢中，$w_S\leqslant0.020\%$，$w_P\leqslant0.030\%$。

2) 特点。碳素刀具钢的优点是容易锻造及切削加工，而且价格低，生产量约占全部工具钢的60%；缺点是淬透性低，需要用水作淬火冷却介质（水淬时可淬透直径为15～18mm，油淬时可淬透直径仅为5～7mm），容易产生变形和淬裂，特别是形状复杂的工具。其次，这种钢的耐回火性差，即温度升高时容易软化。

3) 热处理工艺特点

① 锻造。碳素刀具钢虽然可锻性能较好，但是在锻造过程中有表面脱碳现象，所以加热时间应尽量缩短。其次，要严格控制锻压比，一般要大于4。锻造后，在空气中冷却。

② 球化退火。其目的是改善切削性能，并为最终淬火做组织准备。加热温度一般在730～800℃。加热时一部分渗碳体溶于奥氏体，残留的渗碳体自发地趋于球形以减少表面能，在随后的缓慢冷却过程中，获得细而均匀分布的球状珠光体。硬度一般低于217HBW。

③ 淬火。碳素刀具钢对过热较敏感，晶粒容易长大，故选淬火加热温度（760～800℃）的下限温度，以防止过热。保温时间按刀具的有效厚度计算，在盐炉中加热时间按20～25s/mm计算。因为碳素刀具钢淬透性低，除了形状复杂、有效厚度小于5mm的小刀具采用油冷外，一般都选用冷却能力较强的淬火冷却介质。为避免变形和淬裂，应保证冷却均匀。

④ 回火。淬火后应立即回火，以消除淬火应力。通常选择的回火温度是180～210℃。回火温度根据工具的种类和用途而定。

(2) 低合金刀具钢　低合金刀具钢适合制造截面较大、淬火变形要求小、形状复杂、有较高强度和耐磨性、受力大的刀具。

1) 化学成分。$w_C=0.75\%\sim1.5\%$，高的碳含量是为了保证淬火后具有高强度，并形成适当数量的合金碳化物，以增加耐磨性。

低合金刀具钢中通常加入的合金元素有 Cr、Si、Mn、W、V 等，总质量分数不大于4%。各种元素在钢中的作用如下：

① Cr：提高钢的淬透性和耐回火性，与 Mn 一样还能防止 Si 的石墨化倾向。若 Cr 的质量分数过高，则 Ms 点降低，淬火后残留奥氏体量增多，因而 w_{Cr} 一般控制在1%左右。

② Si：提高钢的淬透性和耐回火性，但 Si 是石墨化元素，在高碳、高温加热时易使钢发生脱碳和石墨化。因此，必须同时加入 W、Cr、Mn，以减少脱碳倾向。

③ Mn：提高钢的淬透性。淬火后组织中残留奥氏体含量较多，可减少钢的变形量，但是 Mn 会增加钢的过热倾向。

④ W：与碳结合形成较稳定的碳化物，细化晶粒，阻止钢的过热。此外，碳化物的存在也有利于提高耐磨性。

⑤ V：加入少量的 V，可形成细小的 VC，这种碳化物在高温下不容易溶解，可有效地阻止奥氏体晶粒的长大，从而降低过热敏感性。

2）热处理工艺特点。低合金工具钢的热处理与碳素工具钢基本相同。刀具经毛坯锻造后，需经球化退火预处理和机械加工，然后进行淬火和低温回火。

① 锻造：由于这类钢中碳含量高，碳化物较多而且分布不均匀，特别是大规格的钢材，这种现象更加严重，所以需要反复锻造。

② 球化退火：具体工艺参数根据毛坯尺寸、装炉量及炉子类型确定。若退火温度过高，则会增加氧化脱碳的程度；若退火温度太低，则碳化物太细，硬度会增高，而且碳化物网不容易消除。如果钢中存在严重的网状碳化物，那么采用退火处理无法使之完全球化，要消除碳化物网，可先进行正火处理，然后再退火。

③ 淬火：由于合金钢的导热性差，所以对形状复杂或截面尺寸较大的刀具，淬火前要先进行一次预热，温度为 600 ~ 650℃。为便于合金碳化物的溶解，淬火加热温度和保温时间均大于碳素钢的淬火工艺参数。对于形状复杂的工具，加热温度取下限；尺寸大而且形状简单的工具，采用上限温度。

低淬透性的钢，当直径在 10mm 以上时，常采用水淬；高淬透性的钢，一般选用油淬；形状复杂、容易变形的钢，应采用分级淬火或等温淬火。

④ 回火：回火组织为细针回火马氏体及粒状合金碳化物和少量残留奥氏体，硬度一般为 60 ~ 65HRC。经 2h 回火处理后，钢中的内应力降低，塑性、韧性提高。

3. 高速钢

高速钢是热硬性（热稳定性）、耐磨性很好的高合金工具钢。它的热硬性可达到 600℃，切削时能长期保持刃口锋利，故又称为锋钢。

（1）高速钢中合金元素的作用

1）C：高速钢中 w_C =0.7%～1.65%。高碳的目的是与碳化物形成元素的含量保持一定的比例，以便形成足够数量的合金碳化物和保证马氏体中的碳含量。但是，碳含量太高，将加大碳化物的不均匀性，使塑性降低、残留奥氏体含量增加，给锻造、轧制及热处理带来问题。从工艺和韧性角度考虑，希望碳含量低一些，但从提高耐磨性考虑，又希望碳含量高一些。所以，碳含量的选择需要综合考虑。

2）W：提高高速钢热硬性的主要元素之一。在马氏体中，W原子与C原子的结合力很强，能够形成稳定的碳化物 Fe_4W_2C。淬火加热时碳化物一部分溶入奥氏体中，淬火后形成含W的马氏体，这种合金马氏体具有较高的耐回火性，并在560℃左右析出弥散的特殊碳化物 W_2C，产生二次硬化，使高速钢具有高的热硬性和耐磨性，而未溶的碳化物可以起到阻止晶粒长大的作用。

3）V：强碳化物形成元素，在淬火加热时，部分溶入奥氏体，并在淬火后存在于马氏体中，从而增加马氏体的耐回火性。在回火过程中，VC以弥散质点分布于马氏体基体上，产生二次硬化。另外，钒还能细化晶粒，降低钢的过热敏感性。但如果钒的含量太高，会使高速钢的可锻性能降低，热处理后不易磨削。

4）Cr：在高速钢中 w_{Cr} =4%左右，加热时完全溶入奥氏体中，从而提高钢的淬透性。Cr可以与C、W、Mo一起形成碳化物，并在较低温度下大量溶入奥氏体中，使钢的热硬性和淬透性提高。Cr还能阻止高温下碳化物的聚集，对抑制晶粒长大有一定的作用。但铬强烈地降低 *Ms* 点，因而增加淬火组织中残留奥氏体的数量，使回火次数增加。

5）Mo：Mo的作用与W相似，一般以质量分数为1%的Mo代替质量分数为2%的W。含Mo高速钢中，因为合金元素的减少，碳化物数量减少，不均匀性也减小，故钼高速钢比钨高速钢具有较高的塑性。但含Mo的高速钢加热时氧化倾向严重，容易脱碳与过热。

6）Co：高速钢中加入质量分数为5%～10%的Co，可以极大地提高钢的硬度和热硬性，显著提高其切削性能。Co的缺点是降低高速钢的韧性，并且增加钢的脱碳倾向。

（2）高速钢的热处理

1）退火。高速钢锻轧后需要经过退火来消除内应力，降低硬度，以便切削加工，并为淬火做组织准备。退火温度一般为870～880℃，保温后以小于或等于30℃/h的冷却速度冷至600℃，然后出炉空冷。为缩短退火时间，也可以在720～750℃等温一定时间后，再以小于或等于30℃/h的冷却速度冷至600℃，然后出炉空冷。

2）淬火前预热。由于高速钢导热性差，为防止加热时工件变形、开裂和缩短高温加热时间以减少脱碳，可采用一次或二次分级预热。形状简单的刀具，预热温度为850～880℃；成形刀具、大型刀具、细长薄片形刀具，预热温度为800～820℃；局部淬火的刀具，预热温度为820～840℃；钴高速钢刀具推荐950℃预热。预热时间应比淬火加热时间长1倍。待工件表里温度均匀后，再送入高温炉中加热。

3）淬火。淬火温度根据钢的成分、工具的尺寸、工作条件来确定。淬火温度越高，合金元素溶入奥氏体中的数量越多，淬火后马氏体的合金含量也越高，回火时高合金含量的马氏体才具有高的热硬性。所以，在不发生过热的前提下，应尽量提高淬火加热温度。高速钢常用淬火温度见表2-8。淬火加热时间，在盐炉中按8～15s/mm计算。通常采用箱式炉加热，其时间是盐炉加热时间的两倍。

表2-8 高速钢常用淬火温度

钢　号	W18Cr4V	W12Cr4V4Mo①	W9Mo3Cr4V	W6Mo5Cr4V2
淬火温度范围/℃	1260～1310	1220～1260	1220～1250	1200～1240
常用淬火温度/℃	1280	1250	1240	1220

①旧牌号，在新的国家标准中已废除。

高速钢淬火时，只有加热到接近熔化的温度才能使足够的合金碳化物溶入到奥氏体中，从而保证淬火质量（高的硬度、耐磨性及热硬性）。值得注意的是，高速钢的正常淬火加热温度与产生过热和过烧温度十分接近，所以务必正确选择和严格控制，只有做到这点，才能保证高速钢热处理后的使用性能。

对于容易产生变形和开裂的成形刀具，最好采用分级淬火和等温淬火。分级温度一般为550～620℃，保温20min后空冷。对变形要求严格的刀具，可用两次或多次分级，分级温度依次为800～820℃、550～620℃、350～400℃。对大型复杂刀具，应采用等温淬火，以减少变形，提高韧性。一般工艺为：在240～280℃时等温2～4h，然后空冷至100℃时及时回火。等温淬火后得到下贝氏体和残留奥氏体。为了消除大量的残留奥氏体，要进行3～4次回火。

4）回火。目的是消除应力、稳定组织、减少残留奥氏体、提高力学性能。图2-17所示为W18Cr4V钢回火温度与硬度的关系。图2-17中显示W18Cr4V钢在550～570℃回火时，可以获得最高硬度。因为此时各类合金碳化物以细小弥散状态析出，从而提高了钢的硬度，这一现象称为弥散硬化。此外，这时的残留奥氏体在回火冷却中发生的马氏

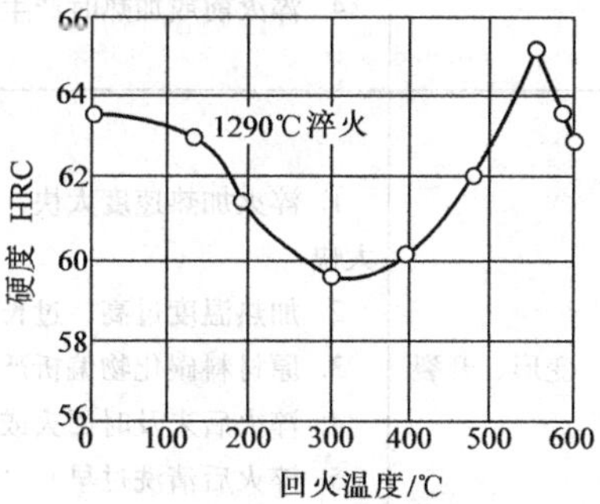

图2-17 W18Cr4V钢回火温度与硬度的关系

体转变，也会使钢的硬度升高。基于以上两个原因，高速钢这时出现了二次硬化现象。

生产中高速钢的回火温度与二次硬化的峰值温度范围一致，均在540～580℃区间，含钴高速钢取上限温度，钨系高速钢取中限温度，钨-钼系高速钢取下限温度。

高速钢淬火后若不及时回火，则在高温下长期停留或回火冷却速度很慢，会影响残留奥氏体向马氏体的转变，使奥氏体稳定化，即发生“陈化稳定”现象，不利于消除残留奥氏体。

为保证回火充分，生产上每次回火保温时间均采用1h，大型刀具可延长到1.5h。每次回火必须冷却到室温，以保证残留奥氏体转变为马氏体。回火次数一般为三次，对于直径大于80mm和经等温淬火的高速钢刀具，回火次数还应增加。之所以要多次回火，就是因为淬火状态高速钢的残留奥氏体量较多（占20%～30%），一次回火难以使其充分转变，经三次（或三次以上）回火后，即可使残留奥氏体大为减少。每次回火后残留奥氏体量大致如下：一次回火后约剩10%；第二次回火后还有4%～5%；第三次回火后只剩1%～3%。同时，后一次回火还可以使前一次回火冷却时形成的马氏体转变成回火马氏体组织并消除形成马氏体时所产生的内应力。为减少回火次数，也可在淬火后立即进行－70～－80℃的低温处理，然后再回火。

5）高速钢热处理缺陷及预防措施见表2-9。

表2-9 高速钢热处理缺陷及预防措施

缺陷类型	产生原因	预防措施
过热、过烧	1. 淬火温度高、时间长、控温不准 2. 碳化物偏析严重，局部区域碳含量过高 3. 刀具在盐炉中加热时靠近或接触电极 4. 淬火前或加热时产生脱碳或增碳现象	1. 严控加热温度和时间 2. 加强金相检查 3. 过热件返修，过烧件报废
变形、开裂	1. 淬火加热速度太快，加热不均匀，冷却速度太快 2. 加热温度过高、过长 3. 原材料碳化物偏析严重，夹杂物超标 4. 淬火后未及时回火或回火不均匀 5. 淬火后清洗过早 6. 表面脱碳或磨削加工冷却不当	1. 正确选择加热温度、时间和淬火冷却介质 2. 加强原材料检查 3. 正确执行各工艺流程

（续）

缺陷类型	产生原因	预防措施
硬度不足	1. 淬火温度低或加热时间短 2. 分级温度过高、时间过长 3. 回火温度低或时间短、次数少 4. 回火冷却不当（未冷至室温） 5. 表面氧化、脱碳	返修，退火后重新淬火、回火
淬火脱碳	1. 盐浴脱碳不良，捞渣不彻底 2. 将工件表面氧化皮带入炉内	经常进行盐炉脱氧和捞渣，保证工件表面清洁
萘状断口	1. 热加工时停锻或停轧温度太高，变形接近临界变形度 2. 重新淬火前未进行退火	1. 严格控制变形种类、温度和最后变形度 2. 重新淬火件必须先进行退火
腐蚀	1. 刀具局部加热时，在盐浴与空气介质的交界处产生热线麻点 2. 盐液中有夹杂存在 3. 工件表面不净	淬火、回火后将工件及时在沸水中清洗干净

4. 典型刀具的热处理

图 2-18 是 M12 圆板牙的结构示意图。圆板牙是内部有刃、纵向有沟槽，用于切削外螺纹的环形刀具。

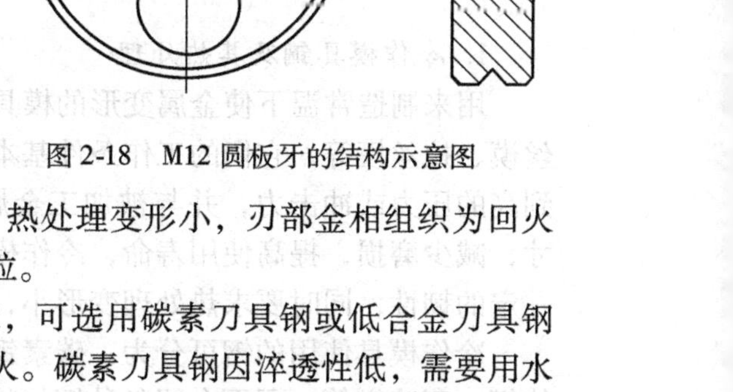

图 2-18 M12 圆板牙的结构示意图

（1）工作条件及技术要求 工作时圆板牙的刃部受到弯曲、挤压和摩擦应力的作用，所以要求刃部具有高的强度、硬度和耐磨性，并有足够的韧性。因其切削速度不高，故对其热硬性没有太高的要求。综上所述，圆板牙的技术要求为：刃部硬度在 60～63HRC 范围内，热处理变形小，刃部金相组织为回火马氏体（＜3 级）及细小均匀的碳化物颗粒。

（2）选材 根据技术要求与性能要求，可选用碳素刀具钢或低合金刀具钢制造圆板牙，热处理工艺为淬火＋低温回火。碳素刀具钢因淬透性低，需要用水作淬火冷却介质，这势必会带来变形量大、容易开裂的问题，而且还存在组织粗、韧性差、工作时容易发生崩刃的问题。所以选用高强度、高淬透性的低合金刀具钢9SiCr或CrWMn制作圆板牙比较合适。圆板牙的刀刃较薄而且靠近钢材心部，对心部碳化物偏析、疏松要求较高。9SiCr钢具有碳化物细、分布均匀、热处理变形小的特点，这种材料因含Si元素，耐回火性优良，故最后选择用9SiCr钢制造圆板牙。

（3）生产工艺路线　进厂检查→锻造→球化退火→机械加工→淬火、回火→发黑处理→检查。

（4）锻造　目的是使零件成形和改善钢中碳化物的分布状况，减少淬火变形和开裂，防止圆板牙在使用时崩刃。

（5）球化退火　锻造后圆板牙的金相组织为片状珠光体，这种组织硬度高，不容易切削加工，而且在淬火时容易变形和开裂，所以进行球化退火以消除上述弊病。一般采用等温球化退火，加热温度为800～820℃，经4h保温后，炉冷至700～720℃等温6～8h。为防止脱碳，可在箱式炉中加入木炭或铁屑。

（6）淬火　淬火加热温度的选择根据未溶碳化物的数量、原材料的球化级别、工具的尺寸来确定。生产上M10的圆板牙用860～870℃的淬火温度；大尺寸的圆板牙采用较低的淬火温度；圆板牙在尺寸大于M12时，采用850～880℃的淬火温度。加热设备最好使用盐炉，先经过600～650℃预热，再加热至淬火温度。也可以将圆板牙反复浸入淬火加热盐炉中，以减缓加热速度，防止圆板牙变形和开裂。加热时间以厚度计算，在盐炉中按30～45s/mm估算。

冷却时采用分级或等温淬火工艺，以减少变形。实际生产中采用180～200℃等温，保温30～45min，然后空冷。等温淬火后的组织为马氏体（≤3级）+下贝氏体+残留碳化物，硬度为62HRC。

（7）回火　淬火后应立即回火，以避免圆板牙开裂。回火温度为170～190℃，保温1～5h。

五、模具钢及其热处理

1. 冷作模具钢及其热处理

用来制造常温下使金属变形的模具的钢叫冷作模具钢。冷冲模、冷镦模、搓丝模、拉丝模等，它们的工作条件基本相同，使用温度都不高，但是工作时均受到高的压力或冲击力，并与被加工金属之间发生强烈的摩擦。为了保证几何尺寸，减少磨损，提高使用寿命，冷作模具钢应具有高强度、高耐磨性、高硬度和一定的韧性，同时要求热处理变形小，淬透性高。

冷作模具使用的钢可分为：碳素钢和低合金工具钢、高铬及中铬模具钢、基体钢、高速钢等。下面介绍各种钢的特点、用途及热处理工艺。

（1）碳素钢和低合金工具钢　用于冷作模具的碳素工具钢主要有T7A钢、

T10A 钢、T11A 钢等几种。这类钢的优点主要是可加工性好，价格便宜。但其淬透性差，热处理变形大，耐磨性差，寿命低，因此只能用来制造尺寸小、形状简单、负荷不大的小冲头、剪刀等模具。对于精度要求高、形状复杂、尺寸较大、热处理变形小的模具，可用低合金工具钢 9Mn2V、CrWMn、GCr15、9SiCr 等钢制造。这类钢具有淬透性高、耐磨性好的特点。

用碳素钢和低合金工具钢制造的冷作模具，其热处理工艺主要包括球化退火、淬火与低温回火，热处理特点与刀具钢基本相同。由于模具尺寸大、精度要求高，为增加淬透层深度，可适当提高淬火温度，延长保温时间；采用缓慢升温或分级预热，以防变形；回火温度一般为 100 ~ 200℃，回火时注意避开回火脆性温度。

（2）高铬和中铬模具钢　这类钢具有淬火变形小、淬透性好、耐磨性要求高等特点，被广泛地用来制造承受负荷大、生产批量多、耐磨性要求高、热处理变形量小、形状复杂的模具。

1）高碳高铬模具钢。高碳高铬模具钢又称为 Cr12 型模具钢，这类钢的典型钢号有 Cr12 和 Cr12MoV，$w_C=1.2\%\sim1.3\%$，$w_{Cr}\approx12\%$。Cr12 型模具钢中存在大量的 $(Cr, Fe)_7C_3$ 型碳化物，其硬度比渗碳体和 M_6C 型碳化物高，因而具有高的耐磨性。由于碳化物数量多，而且分布均匀性差，所以 Cr12 型模具钢的强度和韧性较低，主要用于制造一些耐磨的冷冲模。

值得注意的是，由于 Cr12 型模具钢中碳、铬的含量较高，并含有大量分布不均匀的初生碳化物，仅通过热处理无法改变这些碳化物的分布状况，所以在热处理前必须先进行反复锻造，把大块碳化物打碎，使其呈细小颗粒状，均匀分布，以防止淬火时变形、开裂和产生软点。

Cr12MoV 钢使用得比较广泛，比 Cr12 钢中碳的质量分数低，碳化物分布也比较均匀，强度、韧性高，而且耐磨性也很好，加入 Mo、V 后，可进一步提高其淬透性和耐磨性，主要用于制造冷冲模、挤压模、复杂模具上的镶块、螺纹滚丝模、冷切剪刀等。

Cr12 型模具钢根据使用情况，可进行低温淬火、低温回火的一次硬化法和高温淬火、高温回火的二次硬化法这两种热处理工艺。

①一次硬化法。这种方式采用较低的淬火温度淬火，然后低温回火。Cr12MoV 钢因导热性差，在淬火前通常进行两次预热，第一次预热温度为 400 ~ 500℃，第二次预热温度为 800 ~ 850℃，并选用 980 ~ 1030℃ 的淬火加热温度。如果希望获得高的硬度，可取淬火温度上限，低温回火温度为 160 ~ 260℃，保温时间为 2 ~ 3h。Cr12 钢只采用一次硬化法，淬火温度为 950 ~ 980℃，回火温度为 180 ~ 200℃，保温时间为 2 ~ 3h。

一次硬化处理能使钢具有高的硬度和耐磨性，较小的热处理变形，故适用于变形量要求较小、形状较复杂、抗弯强度和韧性要求较高，而热硬性要求不高的冷作模具。大多数 Cr12 型模具钢制冷作模具均使用此工艺。

② 二次硬化法。这种工艺方式是在高的温度淬火，然后进行多次高温回火，使残留奥氏体在回火时转变为马氏体，以达到二次硬化的目的。Cr12MoV 钢的淬火温度为1080～1120℃；回火温度为500～520℃，回火次数为3～4次，每次进行1h。这种方法可以获得高的硬度和高的热硬性，但韧性降低，工具尺寸会涨大。

采用这一工艺处理的模具适用于形状简单、受冲击力不大的模具，如拉丝模等。由于大多数冷作模具不要求热硬性，故此工艺在生产中使用得不多。

2）高碳中铬模具钢。这种钢中 $w_C=1\%$，$w_{Cr}=5\%\sim7\%$，碳化物分布比较均匀，主要钢号有 Cr6WV 和国外使用较广的 Cr5MoV。

Cr6WV 钢的淬火温度为960～980℃，热油淬火。由于这种钢的淬火开裂倾向比高碳高铬模具钢大，所以在热处理时应注意预热和采用热介质淬火，并及时回火。回火温度为160～200℃，保温时间为1.5～3h。常用此钢代替高碳高铬模具钢制造冷冲模、挤压模、冷镦模和搓丝模。它的耐磨性稍低于高碳高铬模具钢。

（3）基体钢　基体钢是指成分与高速钢的淬火基体组织化学成分相同的钢。基体钢目前还没有非常明确的定义，凡是在高速钢基体成分上添加少量其他元素，适当增减碳含量，以改善钢的性能，适应某些用途的钢种，目前均称为基体钢。它具有高速钢高强度、高硬度的特点，又因为不存在大量的碳化物，所以其韧性和疲劳强度均得到改善。这种钢的碳化物细小、分布均匀，热处理变形小，适合制造形状复杂、冲击负荷较大或尺寸大的冷作模具。

我国研制和使用的基体钢的化学成分见表2-10。这两种钢都是在 W6Mo5Cr4V2 钢淬火基体成分的基础上，适当提高碳的质量分数，并加入少量的铌或适当的镍，以改善韧性、塑性和疲劳强度。

表2-10　我国研制和使用的基体钢的化学成分

钢号	化学成分（质量分数,%）							
	C	Cr	W	Mo	V	Nb	Si	Mn
65Cr4W3Mo2VNb	0.60～0.70	3.8～4.4	2.5～3.0	2.0～2.5	0.8～1.1	0.2～0.35	≤0.35	≤0.4
60Cr4Mo3Ni2WV	0.55～0.64	3.8～4.4	0.9～1.2	2.8～3.3	0.9～1.2	Ni1.9～2.2	≤0.4	≤0.4

65Cr4W3Mo2VNb 钢容易锻造，加热温度为 1120 ~ 1150℃，始锻温度为 1100℃，终锻温度为 850 ~ 900℃，锻造后空冷。退火温度采用 860℃ ±10℃，加热 2 ~ 3h，740℃ ±10℃等温 5 ~ 6h。淬火加热温度为 1080 ~ 1180℃，回火温度为 540 ~ 610℃。

60Cr4Mo3Ni2WV 钢的热处理工艺为：450℃及 850℃两次预热，然后在 1120℃加热，油冷淬火，再经两次 520 ~ 560℃回火，时间均为 2h。

（4）高速钢　加工钢铁材料的冷挤压模具，其受力剧烈，服役条件十分严峻，对模具材料要求较高，Cr12 钢已不能满足其使用要求，故采用强韧性较好的 W6Mo5Cr4V2 钢和 W18Cr4V 钢。与高速钢刀具相比，冷挤压模对热硬性并没有很高的要求，而是要求有高的强度和韧性。因此用于制造冷作模具的高速钢淬火温度比刀具钢的淬火温度低，采用“低淬、高回火”工艺。W18Cr4V 钢淬火温度为 1240 ~ 1250℃；W6Mo5Cr4V2 钢采用 1180 ~ 1200℃温度淬火，然后在 560℃回火 3 ~4 次。使用结果表明，这两种钢会因韧性差而发生脆断和胀裂。

为了改善高速钢的韧性，我国研制了 6W6Mo5Cr4V 钢。它是一种低碳高速钢。其淬火工艺与高速钢相似。淬火前进行一次或两次预热，1180 ~ 1200℃温度淬火，保温时间按 8 ~ 12s/mm（盐炉）计算，回火温度为 560 ~ 580℃，时间为 60 ~ 90min，重复三次。

2. 典型冷作模具的热处理

下面以冲制硅钢片的凹模为例，介绍如何选用冷作模具材料，并对其热处理生产工艺进行分析。

（1）选材　图 2-19 为冲制硅钢片的凹模外形图。工作时，凹模要承受强大的剪切力、压力、冲击力及摩擦力，所以其表面应有高硬度、高耐磨性、良好的疲劳强度和足够的韧性。另外，为保证凹、凸模的刃口部分配合精确，热处理变形要小。碳素钢的耐磨性及热处理变形性能都无法满足上述要求。低合金钢虽然能满足变形小的要求，但是耐磨性有欠缺。高碳高铬工具钢 Cr12MoV 具有耐磨性高、热处理变形小的特点，故选择用这种钢制造凹模。

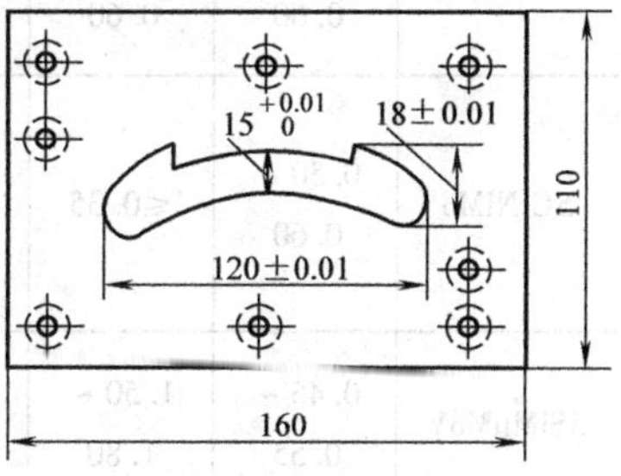

图 2-19　冲制硅钢片的凹模的外形图

（2）加工路线　锻造→球化退火→粗加工→淬火、回火→电加工成形。锻造时应注意选择合适的锻造比，以保证碳化物分布均匀。

（3）预热　为缩短高温淬火加热时间，减少变形，进行两次预热。第一次预热温度为 650 ~ 680℃，时间为 1.5 ~ 2h，然后空冷；第二次预热温度为 500 ~ 550℃，时间为 1h，随后入炉淬火加热。

（4）淬火　加热温度为1020～1040℃，按加热系数0.5min/mm计算，保温10min，出炉预冷片刻，淬入140～150℃热油中，冷至300℃时，出油空冷。

（5）回火　在200～220℃回火两次，每次2h。

3. 热作模具钢及其热处理

热作模具钢是用来制造使加热的固态或液态金属在压力下成形的模具。前者称为热锻模（包括锤锻模、热镦模等），后者称为压铸模。虽然它们的工作条件不完全相同，但是对钢的基本性能要求却是相似的。下面分别介绍热锻模具钢和压铸模具钢及它们的热处理。

（1）热锻模具钢及其热处理　使炽热金属在高温下经冲击加压成形的工具称为热锻模。它在工作时承受很大的冲击力、拉力、压力和弯曲力，同时还有金属在模腔中流动产生的强烈摩擦力，所以要求热锻模具钢应具有高的淬透性和硬度，足够的韧性和良好的工艺性能。模腔在工作时温度一般为300～400℃，工作期间经常受到喷入型腔的冷却剂的急冷作用。由于温度的周期变化容易使其产生热疲劳裂纹，因此要求热锻模具钢具有高的热强度、疲劳强度和抗氧化性能。

1）常用的热锻模具钢。我国主要热锻模具钢的化学成分及用途见表2-11。

表2-11　我国主要热锻模具钢的化学成分及用途

钢号	化学成分（质量分数,%）						用途
	C	Si	Mn	Cr	Mo	V	
5CrMnMo	0.50～0.60	0.25～0.60	1.20～1.60	0.60～0.90	0.15～0.30	—	中小型锻模、热压模、小型压铸模
5CrNiMo	0.50～0.60	≤0.35	0.50～0.80	0.50～0.80	0.15～0.30	Ni 1.40～1.80	大型锻模、热压模、小型压铸模
5SiMnMoV	0.45～0.55	1.50～1.80	0.50～0.70	—	0.30～0.50	0.20～0.30	可代替5CrMnMo制作中小型锻模
5CrMnSiMoV	0.45～0.55	0.80～1.00	0.80～1.10	1.30～1.60	0.20～0.40	0.20～0.30	可代替5CrNiMo制作大型锻模
4Cr5MoVSi	0.32～0.42	0.80～1.20	≤0.40	4.5～5.5	1.00～1.50	0.30～0.50	
4Cr5W2VSi	0.35～0.45	0.80～1.20	0.15～0.40	4.5～5.5	W 1.60～2.40	0.60～1.00	

由表2-11可以看出热锻模具钢的化学成分特点是：为保证足够的韧性采用中碳，加入提高淬透性的元素Cr、Ni、Mn等，添加抑制回火脆性的元素Mo。

5CrNiMo钢和5CrMnMo钢在我国应用得最广泛。5CrNiMo钢具有高的淬透性和良好的综合力学性能，适合制造形状复杂、冲击负荷大、大型及特大型锻模和热压模。

5CrMnMo钢以Mn代Ni，强度虽然没有降低，但是室温和高温下的塑性、韧性降低，而且淬透性比5CrNiMo钢低，过热敏感性稍大。因此，5CrMnMo钢适合制造中、小型锻模，热压模。

5CrMnSiMoV钢和5SiMnMoV钢属于硅锰钢，由于硅、锰元素的作用，钢的疲劳强度和耐回火性有所提高，综合力学性能良好。实际生产证明，它们可以代替5CrNiMo钢，用于制造中型热锻模。

表2-11中后三种钢分别是仿制美国H11、H13和前苏联эи的钢种。它们均属于空冷硬化的热作模具钢，在中温下具有较好的热强性、高的韧性和耐磨性以及热疲劳性能，用于制造热锻模、热挤压模，以及挤铝、锌、铜等非铁金属材料的压铸模。

2）热锻模具钢的热处理。热锻模具的制造工艺路线一般为：锻造→退火或高温回火→加工成形→淬火、回火。小锻模因形状简单冷却快、硬度高而不容易加工，所以先加工再淬火、回火。大、中型锻模先粗加工，再淬火、回火及精加工。

① 锻造。为消除轧材组织的方向性，使其性能尽可能均匀，模具坯料要进行至少2～3次的拉拔和镦粗。5CrNiMo钢和5CrMnMo钢的锻造加热温度为1150～1180℃，终锻温度为850～880℃。锻造后缓冷，以防产生白点和形成马氏体。大型模具应放入600℃炉内，等温均匀后，再冷至150～200℃，然后空冷。

② 退火或高温回火。为细化组织，消除锻造应力，降低硬度，便于加工，可进行退火或高温回火处理，其工艺参数见表2-12。

③ 淬火。淬火前需要做以下准备工作：用石棉堵塞或用铁皮包裹模具的孔、薄边和棱角部位，以降低该处的冷却速度，防止开裂。在箱式炉中加热，使用95%（质量分数）干燥铸铁屑+5%（质量分数）木炭或旧渗碳剂制成的保护剂，以防氧化脱碳。使用专用铁盘，盘底铺30～40mm厚的保护剂，将锻模放入其中，四周用保护剂填充，并用耐火泥密封。小型锻模可在脱氧良好的盐炉中加热，为减小截面的温差和热应力，锻模一般均需预热，预热温度为550～600℃，时间为6min/mm。

表 2-12 热锻模钢坯的退火和高温回火工艺

钢号	退火					高温回火		
	加热温度/℃	保温时间/h	等温温度/℃	等温时间/h	硬度 HBW	加热温度/℃	保温时间系数	冷却方式
5CrMnMo	830 ~ 850	4 ~ 6	—	—	197	650 ~ 680	1.5 ~ 2min/mm	空冷
5CrNiMo	830 ~ 850	4 ~ 6	—	—	197 ~ 241	650 ~ 680	1.5 ~ 2min/mm	
5CrMnMoV	760 ~ 780	4 ~ 6	—	—	—	—	—	
5CrMnSiMoV	870 ~ 890	4 ~ 6	730	4 ~ 5	≤241	—	—	
4Cr5MoVSi	860 ~ 870	2 ~ 4	—	—	≤229	—	—	—
4Cr5W2VSi	870	3 ~ 4	—	—	207 ~ 261	—	—	—

5CrNiMo 钢的常用淬火温度是 840 ~ 860℃，5CrMnMo 钢的淬火温度是 830 ~ 850℃，加热时间按锻模的高度计算。在箱式炉中预热的锻模，加热时间按0.8 ~ 1min/mm 计算（当模具加热颜色与炉膛颜色一致时开始计算）。在盐炉中加热时，加热时间按 0.4 ~ 0.6 min/mm 计算（待炉温升至淬火温度后开始计算）。

由于热锻模具钢淬透性好，可采用油冷、硝盐分级或等温淬火，最常用的是油冷。为减少淬火内应力和变形，锻模自炉内取出后，在空气中预冷至 750 ~ 780℃，然后油冷淬火。中、小型模具预冷5 ~ 15min，大型锻模预冷 17 ~ 40min。为保证淬火质量，淬火油采用循环冷却，油温不大于 70℃，冷至 150 ~ 200℃时，立即回火，绝不允许冷至室温。小型锻模油冷时间为 15 ~ 25min，中型锻模油冷时间为 25 ~ 45min，大型锻模油冷时间为 45 ~ 60min。出油温度是否合适，其判断原则是模具表面出油时只冒青烟而无着火现象（此时相当于发生 200℃左右）。

④ 回火。热锻模具的模面回火温度根据其性能要求来确定。锻模淬火后的应力很大，若直接装入回火炉加热，则容易引起开裂，所以经常先在 350 ~ 400℃加热后，再缓慢升温到回火温度。回火时间按 1.5 ~ 2min/mm 计算，一般不小于 2h。

燕尾可采用单独加热回火和自回火方法。前者是在保证模面硬度后，再用专用炉加热回火；后者是油冷 3 ~ 5min 后，把尾部提出油面，使其温度回升，然后再淬油，反复多次，以达到硬度要求。

（2）压铸模具钢及其热处理

1）压铸模具钢。压铸模是在高温下使熔融金属挤满型腔、压铸成形的模具。由于工作过程中模具与炽热金属反复接触，因此要求压铸模具钢要具有良好的导热性、热疲劳性能和高温性能，并具有高的耐磨性、耐蚀性以及良好的工艺性能。根据压铸金属的温度和种类，可将压铸模具钢分为以下两类：

① 压铸较低熔点金属的模具钢。锌合金压铸模可选用30CrMnSi钢、40Cr钢、50CrMnMo钢等低合金钢制造。铝、镁合金的压铸模常用3Cr2W8V钢制造。

② 压铸高熔点金属的模具钢。铜合金、钢铁材料的压铸模具常用3Cr2W8V钢和$w_{Cr}=5\%$的热作模具钢制造。

2）压铸模具钢的热处理。3Cr2W8V钢是压铸模具中应用最广泛的材料，常用于制造压铸铝合金和铜合金的压铸模，也可用于制造热顶锻模和热挤压模。这种钢中碳的质量分数不高，所以导热性好、韧性高。钨的加入可以提高耐回火性，使钢具有较高的热硬性和热强性。铬可以提高淬透性和抗氧化性。钒细化晶粒、改善韧性，增强二次硬化的效果。下面介绍3Cr2W8V钢的热处理。

① 预备热处理。3Cr2W8V钢锻造后常采用等温退火，加热温度为830～850℃，保温后冷至720～740℃，等温3～4h，然后冷至550℃出炉。

为消除机械加工应力，减小淬火变形，可采用高温回火，其工艺是650～680℃时保温3～5h，随炉冷至400℃出炉空冷。

对于形状复杂、变形不容易控制的压铸模，在粗加工后、精加工前要进行调质处理，以达到细化晶粒、改善性能、为最终热处理做准备的目的。

② 最终热处理。生产中常采用1050～1100℃的淬火加热温度，用于压铸高熔点的模具可以选用1100～1150℃。3Cr2W8V钢淬透性好，所以可采用多种方式冷却，一般用油冷。对于形状复杂的模具，必须采用分级冷却。

淬火后要及时回火，这种钢有明显的回火脆性。回火时应注意，回火温度的选择可根据硬度要求来确定，见表2-13。回火保温时间为2～3h，回火次数为2～3次。

表2-13　3Cr2W8V钢淬火、回火温度与硬度的关系

淬火温度/℃	淬火后的硬度 HRC	不同回火温度后的硬度　HRC					
		500℃	550℃	600℃	625℃	650℃	700℃
1050	49	46	47	43	40	36	27
1075	50	47	48	44	41	37	30
1100	52	48	49	45	42	40	32
1150	55	49	53	50	47	45	34

4. 减少模具热处理变形及提高模具寿命的方法

（1）减少模具热处理变形的措施　模具热处理变形与化学成分、机加工状况、模具几何形状及设计、热处理前的组织和热处理工艺的制订等因素有关。为减少模具的变形，在制订热处理工艺时应注意以下几点：

1）正确选择淬火加热温度。

2）淬火加热前进行预热。模具钢因含有大量的合金元素，导热性较差，在加热时容易产生内外温差，从而引起变形，所以应采取缓慢加热的方式升温，最好进行预热。

3）选择合适的淬火冷却介质，采用缓冷方式，减少淬火变形。

4）及时回火，消除淬火后的内应力。

（2）提高模具使用寿命的方法　模具的使用寿命与设计、材料、工艺和使用方法等有着密切的关系。对于热作模具钢而言，使用时应注意以下几点：

1）在使用前应先进行200～350℃预热，因为在100～300℃范围内热膨胀系数变化很大，预热可以减小热疲劳倾向，并且300℃时钢的韧性也有所提高。

2）在使用过程中进行冷却。在工作过程中对模具进行适当的冷却，可提高其寿命。

3）保证模具表面的良好状态。若模具表面有刻痕、细小裂纹等缺陷，则会阻碍变形金属的流动，使之黏附，从而影响模具的寿命，故模具工作表面应光滑，并经常加以润滑。

4）使用期间进行去应力处理。热作模具在使用一段时间后，表面层会产生内应力，该区域最有可能成为裂纹的发源地，所以热作模具在使用一段时间后，应进行中间回火，消除内应力，以达到延长模具使用寿命的目的。

5）被加工件表面清洁。应将锻件表面的氧化皮去除，否则硬的氧化皮会损伤模具。

6）设计模具时应减少尖角和楞边，以免引起应力集中。

7）形状复杂的零件在最易磨损处应使用镶嵌模块。

六、量具钢及其热处理

1. 量具钢的基本性能要求

量具钢是用来制造测量工件尺寸的量具，如大量使用的卡尺、千分尺、量块、塞规、样板等。为保证量具的使用要求，提高其使用寿命，量具钢必须具备以下条件：

（1）高的耐磨性和硬度　保证量具在使用时不因磨损而发生尺寸的改变。量具表面的硬度应为58～64HRC，所以量块和许多过共析钢制造的量具要求硬度为58～64HRC。

（2）高的尺寸稳定性　为了使量具具有高的尺寸稳定性，应尽量减少残留奥氏体量，稳定马氏体并消除内应力，从而减少量具在自然时效过程中的变形量。尺寸稳定性是量具最基本的性能要求，特别是对精密量具来说更为重要。

（3）低的表面粗糙度值和好的耐蚀性　低的表面粗糙度值可以保证量具与被测工件表面的紧密接触，而耐蚀性是某些特殊环境下使用的量具应具备的性能。

此外，量具钢还应具有适当的热膨胀系数、一定的淬透性、小的淬火变形性能和足够的韧性。

2. 常用量具钢

（1）碳素工具钢和低合金工具钢　这类钢用于制造一般等级的量具。碳素工具钢因淬透性差，水淬时容易引起较大的变形和应力，故仅适用于制造尺寸小、形状简单、精度低的样板、塞规等容易加工的量具。

使用最广泛的是低合金工具钢，如 GCr15 钢、CrWMn 钢。加入合金元素提高了这类钢的淬透性，减小了淬火变形和自然时效时尺寸的变化，尤其是 GCr15 钢常用来制造精度高、尺寸要求稳定的量具，如量块、螺纹塞头、千分尺等量具。

（2）高合金工具钢　高 Cr 钢如 Cr12MoV 钢、Cr12 钢的耐磨性高、淬透性好、热处理变形小，适合于制造使用频率高的量具或量块等基准量具，以及形状复杂、尺寸大的量具。这类钢的缺点是大尺寸的碳化物分布不均匀，不容易进行抛光操作，残留奥氏体量多，为稳定尺寸所进行的热处理比较复杂。

（3）不锈钢　对于在某些特定环境下使用的量具，为保证其耐蚀性能，可以使用 95Cr18 不锈钢。

（4）表面硬化钢　卡板、卡规、光滑塞规这些形状简单、要求不高的量具，可用低碳钢（20 钢、20Cr 钢）渗碳和中碳钢（55 钢、65 钢）高频感应淬火方法制造。渗氮用钢 38CrMoAl 钢可制造环规之类的形状复杂的量具。

3. 量具钢的成分及热处理

（1）量具钢的成分　为保证高硬度和高耐磨性的要求，量具钢中碳的质量分数一般为 0.9% ~1.5%。加入铬、钨、锰等合金元素，形成合金碳化物，可进一步提高量具钢的耐磨性。同时，这些元素可以提高钢的淬透性，使量具在淬火时可采用缓冷方式，以减少淬火变形和应力。

（2）量具钢的热处理特点　量具进行热处理的目的就是提高硬度、耐磨性和尺寸稳定性。量具淬火、回火后的组织为回火马氏体 + 均匀分布的碳化物 + 残留奥氏体，处于非平衡状态。随着时间的延长，残留奥氏体向马氏体转变，使体积增大。同时，马氏体发生分解，析出细小的碳化物，使正方度降低，体积缩小。残留应力的减少和重新分布往往会使量具尺寸发生变化。特别是过共析碳钢和低合金钢量具，尺寸更容易变化。经表面处理和渗碳的量具，由于仅在薄薄的表层中具有不平衡组织，所以尺寸的变化不大。下面介绍这两类钢的热处理。

1）过共析钢量具的热处理

① 调质处理（或球化退火）。其目的是获得回火索氏体组织，这种组织与马氏体的比体积差别较小，可以减少淬火变形。调质规范是：碳素钢水冷，合金钢油冷，然后在650～700℃保温2～3h进行高温回火。

② 淬火前预热。其目的是减少温差，降低内应力，降低淬火加热温度。

③ 淬火。采用低的淬火温度，以减少淬火后残留奥氏体的数量；不采用分级淬火或等温淬火；淬火冷却介质温度不宜过高，一般为室温，工件要冷透。精密量具淬火后，需进行－70～－80℃的冷处理。为避免残留奥氏体的稳定化，淬火与冷处理之间的间隔不超过1h。

④ 回火。为保证量具高的硬度和耐磨性，一般采用150～160℃低温回火。为提高尺寸稳定性，可适当增加回火时间。

⑤ 时效处理。精密量具经过上述处理后，在长期使用过程中还会发生尺寸变化。其原因是数次回火后，仍存在少量残留奥氏体；如果回火不充分，在常温下马氏体也会发生分解。为保证尺寸进一步稳定，粗磨后产生的应力需通过再回火来消除。精磨后与研磨前，需要进行120～150℃、6～36h的时效处理。

2）低碳钢和中碳钢量具的热处理。用低碳钢制作的量具在渗碳后于760～780℃加热，淬水，随后进行低温回火，中碳钢制作的量具采用高频感应淬火，然后进行低温回火，回火温度均为150～170℃，时间为2～3h。

4. 典型量具的热处理

下面介绍量块的热处理工艺。制造量块所用的材料是GCr15钢，要求硬度大于64HRC，尺寸稳定性为小于或等于1.5μm/（m·年）。生产工艺路线为：球化退火→机械加工→预热→淬火→冷水冲洗→冷处理→回火→清洗→检验→磨削加工→时效处理→清洗→研磨。

（1）球化退火　为减少淬火变形，获得理想的加工组织，退火加热温度为790～810℃，保温2～4h，炉冷至球化温度710～720℃，球化时间为5～6h，然后炉冷至550℃出炉空冷。

（2）预热　为消除机加工应力，减少量块的内外温差，量块淬火前在盐炉中先进行550～600℃的预热。

（3）淬火　预热后的量块转入830～850℃盐炉中加热，保温时间按0.5～0.7min/mm计算，然后淬入50～60℃的热油中冷却，最后用冷水冲洗透。

（4）冷处理　为尽可能地减少奥氏体的数量，淬火后的量块应立即进行－78℃的冷处理，时间为0.5～1h。

（5）低温回火　将冷处理至室温的量块，进行120～140℃的回火，保温时间为 2 ~4h，回火硬度为 65 ~66HRC。

（6）时效处理　为消除磨削应力，使尺寸进一步稳定，在磨削加工后，应在 120℃ 热油中进行 36h 的时效处理。

◇◇◇ 第四节　保护气氛热处理及真空热处理

一、保护气氛热处理

在一般热处理时，金属工件是在空气中加热的。空气中的氧气、二氧化碳和水蒸气会使工件表面产生氧化、脱碳现象，引起金属烧损，增加加工工序，使工件力学性能下降、使用寿命降低、成本提高。在保护气氛中加热，就可避免这种现象。

所谓保护气氛热处理，是指在充满防止工件表面发生化学反应的可控气氛或单一惰性气体的炉内进行的热处理。采用保护气氛热处理，可以实现少氧化、无氧化和无增碳、脱碳加热，使工件表面光洁，无化学成分变化，并且便于实现热处理过程的机械化和自动化。因此，保护气氛热处理是我国要重点发展的先进热处理工艺。

根据保护气氛的制备原理，我国目前应用的保护气氛有放热式气氛、吸热式气氛、氨分解气氛、滴注式气氛和氮基气氛等。

1. 吸热式气氛

吸热式气氛是将原料气与较少量的空气混合，在高温催化剂的作用下，经不完全燃烧反应而生成的气氛。制取这类气氛的目的是借降低空气与原料气的混合比来减少二氧化碳和水的含量。但当混合比降到 1:10 时（以 C_3H_8 为例），燃烧反应就难以进行，必须依靠外部供热才能使混合气在反应罐中继续进行分解反应。因此，我们将这种需要外部加热才能生成的保护气氛称为吸热式气氛。

（1）制备原理　制备吸热式气氛的原料气有天然气（甲烷的体积分数在 90% 以上）、丙烷、液化石油气（主要是丙烷、丁烷）、城市煤气等。原料气与空气的混合气体经鼓风机抽取并加压后送入发生炉的反应罐内，加热到 960 ~ 1040℃，在催化剂作用下进行化学反应，然后急速冷却即获得吸热式保护气氛。其制备原理如图 2-20 所示。

原料气与空气的混合气体在反应罐内的化学反应有两个基本过程。第一个过程是原料气丙烷和空气中的氧进行燃烧，使碳和氢完全氧化，生成二氧化碳和水。第二个过程是剩余的丙烷与燃烧产物二氧化碳和水继续进行化学反应，二氧化碳、水被还原成一氧化碳和氢气。

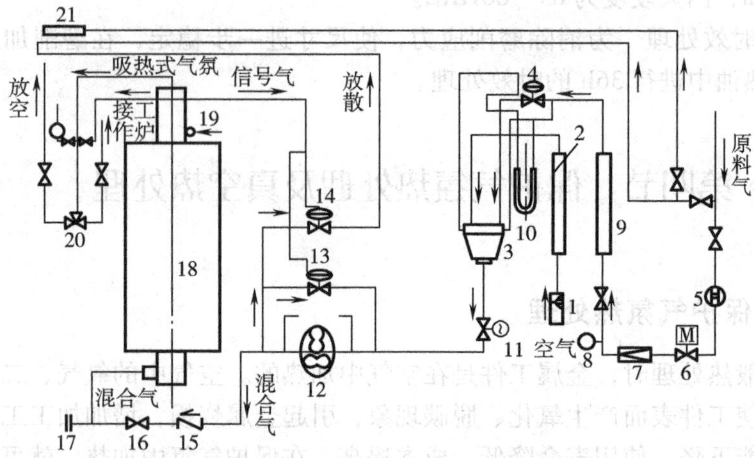

图 2-20　吸热式可控气氛制备方法简图

1—空气过滤器　2—空气流量计　3—混合器　4—零压阀　5—原料气过滤器
6—电磁阀　7—减压阀　8—压力计　9—原料气流量计　10—U 形压差计
11—二次空气电动阀　12—罗茨鼓风机　13—循环阀　14—放散阀
15—止回阀　16—防回火截止阀　17—防爆头　18—反应罐
19—冷却器　20—三通阀　21—引燃嘴

上述反应总的来说还是放热的，但是放出的热量很少，不足以补偿热损失、保持反应温度和维持反应的继续进行，因此需要外部供热。

（2）特点与应用　吸热式气氛是应用最多的一种保护气氛，它可用作中碳钢加热时防止氧化脱碳的保护气体，可实现工件的光亮淬火加热、高碳钢工件的无脱碳加热及高速钢的淬火加热。由于吸热式气氛是外供热源，可以通过调节其混合比控制气氛的碳势，所以它的另一个显著优点是可以作为可控气氛用于渗碳和碳氮共渗。

吸热式气氛的缺点是：成本高，与空气接触易爆炸，并且当炉温较低时，易产生炭黑。另外，由于这种气氛中一氧化碳及甲烷的含量较高，易与铬反应，形成铬的氧化膜和铬的碳化物，因此大多数不锈钢都不能用一般的吸热式气氛进行保护加热，这就使其应用受到一定的限制。

为了扩大吸热式气氛的应用范围，可对吸热式气氛进行净化处理。其方法是将吸热式气氛与水蒸气混合，在催化剂的作用下，将水蒸气与一氧化碳转化成氢气和二氧化碳，然后用化学法或分子筛除去二氧化碳，用硅胶和分子筛或冷冻干燥法除去水。用这种方法制备的气氛称为再处理吸热式气氛，其主要成分是氢气和氮气，并含有微量二氧化碳和一氧化碳气体。这种经净化的吸热式气氛可用于各种金属氧化物的还原处理，以及不锈钢、硅钢片、高铬镍合金钢等的光亮加热。

2. 放热式气氛

放热式气氛是由可燃气体或液体与空气按一定比例混合后，通入发生器的燃烧室进行不完全燃烧而制得的气氛。由于燃烧释放的热量足以维持反应的进行，无需另外供热，所以称其为放热式气氛。其主要成分有氮气、氢气、二氧化碳、水和一氧化碳，有时还有微量的碳氢化合物。

目前，制备放热式气氛常用的原料有液化石油气、天然气、城市煤气、发生炉煤气、轻柴油和酒精等。

在制备放热式气氛时，空气与原料气的混合比（体积比）很大，以丙烷为例，空气与丙烷的混合比为12:1～24:1。反应气的组成随着混合比的不同而变化。若空气与原料气的混合比较小（即原料气含量较多），则制出的气氛中一氧化碳和氢气的含量较高，二氧化碳和水的含量较少，称为浓型放热式气氛（即富气），反之则称为淡型放热式气氛（贫气）。

（1）制备原理　将空气与原料气按一定比例混合后，由鼓风机送入燃烧室内通过烧嘴进行不完全燃烧，将反应制取的气体通入冷却器中迅速冷却，使其中的水蒸气冷凝成水而将其排除，所放出的气体就是可应用的放热式气氛。其混合形式可分为预先混合式与烧嘴混合式两种。放热式气氛发生炉生产流程如图2-21所示。

（2）特点与应用　放热式气氛是制备的保护气氛中成本最低的一种。其发生器结构简单，不需要外部供热，产气量大，原料气消耗量较小，且操作维护都十分简单方便，因此应用较为广泛。

由于放热式气氛中的二氧化碳和水的含量较高，加热过程中工件有脱碳现象，因此只适用于防止工件加热过程中的氧化。一般说来，浓型放热式气氛用于对脱碳要求不很严格的工件进行光亮热处理加热保护，例如低碳钢工件的光亮退火、正火、回火等；淡型放热式气氛则用于铜及铜合金、铝及其他非铁金属的保护加热。

为了进一步扩大放热式气氛的应用范围，可通过净化处理的方法将其中的二氧化碳和水除去，使其仅以微量存在。

传统的净化处理方法有两种：一种是化学法，即通过质量分数为10%的NaOH水溶液或乙醇胺吸收气氛中的二氧化碳；另一种是硅胶或冷冻法，可除去水。此外，近年来还开始采用分子筛或者硅胶与分子筛并用的净化装置来吸附二氧化碳和水。分子筛是具有微细孔隙的硅铝酸盐制品。

经净化处理的放热式气氛称为再处理放热式气氛，不易燃烧，在高温下对大多数金属呈惰性和还原性，因此其应用范围进一步扩大，可用于各类碳素钢热处

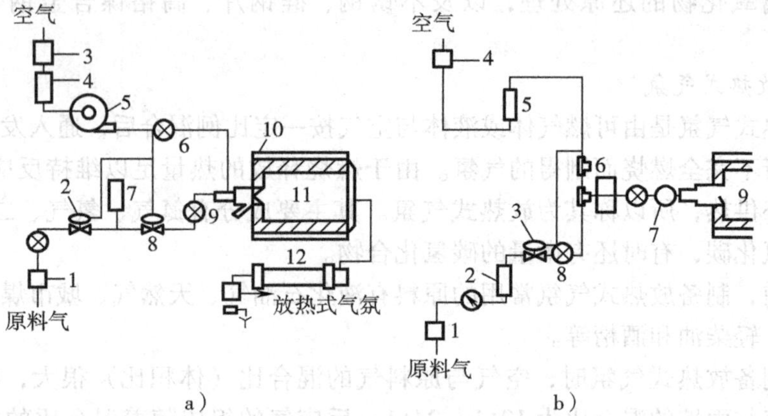

图 2-21 放热式气氛发生炉生产流程

a) 预先混合式

1—安全切断阀 2—调节阀 3—空气过滤器 4、7—流量计 5—鼓风机 6—流量控制阀 8—调压阀 9—比例控制阀 10—水冷套 11—燃烧室 12—冷却器

b) 烧嘴混合式

1—安全切断阀 2、5—流量计 3—调压阀 4—空气过滤器 6—压缩机 7—单向阀 8—比例控制阀 9—燃烧室

理的保护气氛及各种金属的光亮退火和回火，还可用于不锈钢、高铬合金钢的光亮淬火及粉末冶金的烧结等。此外，它还可作为可控气氛用于渗碳和碳氮共渗。

3. 氨分解气氛

吸热式气氛和放热式气氛由于都含有一氧化碳，不能防止铬的氧化，因此在加热含铬较高的钢时，生产上经常采用分解氨或氮基气氛。

（1）制备原理　以液氨为原料，经加热分解或燃烧后制得的气氛称为氨分解气氛。液态氨汽化后，在一定的温度下，通过催化剂的作用将发生如下反应：

$$2NH_3 \xrightleftharpoons{Fe和Ni} 3H_2 + N_2 \qquad (2\text{-}2)$$

由此可见，氨分解反应的产物是 H_2 和 N_2，其中 H_2 占 75%（体积分数），N_2 占 25%（体积分数）。在 20℃ 和一个标准大气压（101.325kPa）下，1kg 液态氨可汽化成 1.39m^3 氨气，分解后可获得 2.78m^3 的氨分解气。

氨分解反应是可逆反应，为加速氨的分解并促使其分解完全，必须采用合适的温度和催化剂。氨在 320℃ 即开始分解，但此时的分解速度很慢，温度越高，分解速度越快，分解越完全，氨分解温度一般控制在 700～980℃ 为宜；催化剂一般采用铁镍型、镍型。

分解氨的制备流程较简单，如图 2-22 所示。液态氨由氨瓶流出，先进入汽化器 3 中被加热汽化，然后在反应罐 2 中借助高温和催化剂的作用进行分解，分解产物从反应罐 2 中再返回汽化器 3，利用分解气的余热加热汽化器 3 中的液态氨，同时自身被冷却，冷却后分解产物再经过净化装置 1 除去其中的残留氨及水蒸气（净化分解氨），即可输入炉内使用。

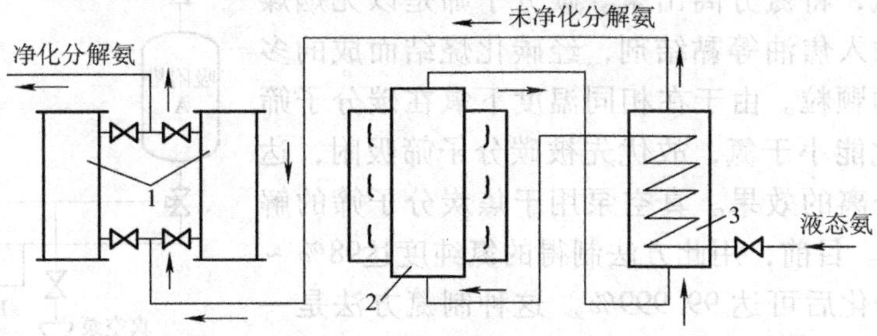

图 2-22 分解氨的制备流程图示意图
1—净化装置 2—反应罐 3—汽化器

（2）特点及应用 氨分解气氛的制备过程简单，容易获得纯而稳定的气氛，可用于各种金属的光亮加热，尤其适用于高铬镍合金钢、不锈钢以及硅钢片等光亮淬火和光亮退火。此外，粉末冶金的烧结也常用分解氨。

氨分解气氛的缺点是制备时液态氨消耗量大且价格较贵。另外，氨分解气氛中可燃气体 H_2 所占的比例高达 75%（体积分数），与空气混合后有产生爆炸的危险，因此在使用过程中要严格按操作规程进行操作。

4. 氮基气氛

吸热式气氛和放热式气氛常由于液化石油气的来源而在生产上受到一定的限制，而氨分解气氛耗氨量巨大，成本较高，因而氮基气氛作为一种新型热处理炉气氛便在 20 世纪 70 年代伴随国际能源危机而迅速发展起来。所谓氮基气氛，是以纯氮（氮体积分数在 99.99% 以上）或工业氮（氧体积分数为 2% ~5% 的工业氮）为基本原料气，再根据气氛的制备方法和用途，加入适量的碳氢化合物，如天然气、丙烷等，制成的以氮为主要成分的保护气氛。

氮气中氧的含量超过 0.001%（体积分数）就会使钢产生氧化、脱碳。氮是中性气体，本身没有还原能力。工作炉易被进入炉膛的空气及工件带入的氧气和水分污染，所以单一的纯氮并不是一种理想的保护气。实用的氮保护气氛应含有少量的还原性气体，如一氧化碳、氢气等，它们可以防止微量氧的作用。

（1）制备原理 氮气来自空气，获取氮气的方法一般有四种：工业制氮（通常是制氧站的副产品）、分子筛吸附法制氮、净化放热式气氛、氨燃烧气氛。由于后两种方法前文已有述及，这里着重介绍前两种氮基气氛的制备原理。

1）工业氮的制备。工业氮的制备常常在气体厂进行，先把空气液化，利用氧、氮沸点不同分馏制氮。目前，其主要是制氧厂的副产品。工业氮的纯度一般为99.2% ~99.5%，高纯度的可达99.95%。

2）分子筛制氮。如图2-23所示，利用空气压缩机将压缩空气压入吸附塔中，由碳分子筛优先吸附空气中的氧，将氮分离出来。碳分子筛是以无烟煤作原料，加入焦油等黏结剂，经碳化烧结而成的多孔微晶结构颗粒。由于在相同温度下氧在碳分子筛表面的活化能小于氮，故优先被碳分子筛吸附，达到氧、氮分离的效果。真空泵用于焦炭分子筛的解析（再生）。目前，用此方法制得的氮纯度达98% ~99.5%，净化后可达99.999%。这种制氮方法是一种经济实用的方法。

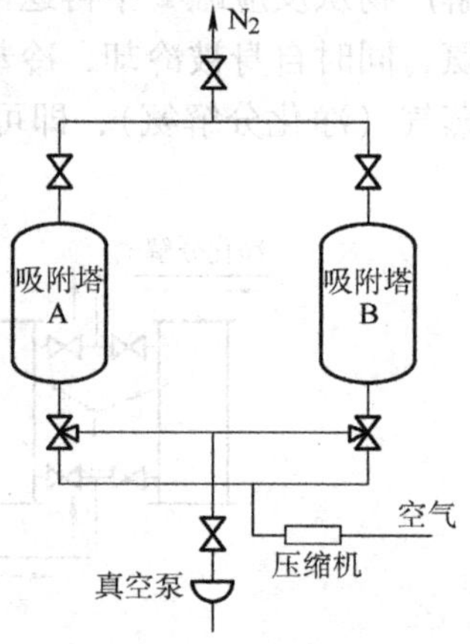

图2-23 分子筛制氮示意图

3）氮气的净化。无论是工业氮还是分子筛制得的氮气，都含有一定量的氧气，必须经过净化处理才能作为热处理气氛使用。除氧净化的方法有以下几种：

① 加天然气净化：在工业氮中加入适量的天然气，使甲烷与其中的氧进行不完全燃烧反应，反应式为

$$2CH_4 + O_2 = 2CO + 4H_2 \tag{2-3}$$

再加入水蒸气即可除去CO，最后用分子筛除掉生成的CO_2，即可获得$N_2 + H_2$型的氮基气氛。

② 利用木炭炉除氧：将工业氮通入用电阻炉加热的木炭反应罐中，温度为920℃。当工业氮通过炽热的木炭层时，将发生氧化反应，反应式为

$$C + O_2 = CO_2 \tag{2-4}$$

$$CO_2 + C = 2CO \tag{2-5}$$

这时氧即被除去。

③ 加氢催化除氧：在工业氮中通入氢气，经过装有催化剂的反应罐，发生氧化反应，反应式为

$$2H_2 + O_2 \xrightarrow{\text{催化}} 2H_2O \tag{2-6}$$

由此除去工业氮中的氧。加氢可以有两种途径，一是直接加入适量的工业氢，另一种是导入氨分解产物。常用的催化剂是活性氧化铜、镍铬等。转化反应后先经冷凝初步除水，再经过硅胶及分子筛吸附二次除水后，氮气即可通入热处理炉中使用。

（2）特点及应用　氮基气氛热处理本身所具有的优点，正是当前世界各国重视和发展氮基气氛及其应用的重要原因。实践表明，氮基气氛热处理有以下优点。

1）节能。与吸热式气氛相比较，使用氮基气氛可节约有机化合物原料25% ~85%。吸热式气氛中氢气的含量为40%（体积分数）左右，而氢气的热导率约为空气的7倍。在氮基气氛热处理炉中，其炉衬主要被氮气所饱和，故可减少炉衬的传热损失，从而降低10%~20%的能量消耗。

2）气源丰富。大气是最大的制氮原料气储藏库，取之不尽，用之不竭，只要采用适当的分离方法，便可实现氧氮分离，从而制得氮气。

3）安全经济。氮气是一种惰性气体，无毒，不污染环境，没有燃烧和爆炸的危险，便于运输、管理和使用。

生产实践表明，采用氮基气氛的运转成本为吸热式气氛的50%左右，经济效益比较显著。

4）适应性广。氮气是中性气体，易与其他气体搭配，可组成满足各种钢材和工艺要求的热处理气氛。它的适用范围很宽，不但可作为保护气氛用于各种热处理的加热，而且可作为可控气氛用于渗碳和碳氮共渗。

① 用于光亮淬火：使用碳分子筛制取的氮经净化获得99.999%高纯氮气氛，用于高碳钢、合金钢等光亮淬火。T10钢卷笔刀片光亮淬火所使用的氮基气氛是用氮气加乙醇制备的，35CrMo钢标准件光亮淬火用氮气添加2%丙烷来制备氮基气氛。

② 用于渗碳：氮基渗碳气氛目前已进入商品化阶段，有许多应用实例都说明氮基气氛代替Rx吸热式气氛进行低碳钢渗碳，不但在技术上可行，而且在经济上合理。

③ 用于碳氮共渗：在将煤油与甲醇滴注入炉的同时，通入氨与空气的燃烧气加氨气，实现纺织机零件氮基气氛碳氮共渗。

总之，氮基气氛用于保护热处理，可以实现少氧化、无氧化脱碳和光亮热处理。氮基气氛化学热处理可以提高化学热处理质量，减少热处理缺陷。氮基气氛在热处理生产中发展很快，应用也越来越广。

5. *滴注式气氛*

滴注式气氛是将有机液体直接滴入热处理炉内产生的裂解气氛。我国近年来应用的滴控箱式炉热处理是当前值得重视的一种无氧化、无脱碳的热处理方式。

（1）制备原理 一般把制作滴注式气氛的液体原料称为滴注液。目前，滴注液都是有机液体，如甲醇（CH_3OH）、乙醇（C_2H_5OH）、异丙醇（C_3H_7OH）、丙酮（CH_3COCH_3）、乙酸乙酯($CH_3COOC_2H_5$)等。它们均是由C、H、O三种元素所组成的碳氢化合物的含氧衍生物，分子结构很简单，在高温下容易裂解生成H_2、CO和少量的CO_2、H_2O、CH_4等气体。它们裂解后生成的过剩碳较少，因而不易产生炭黑和焦油。这类气氛的性质主要取决于有机液体分子式中C和O个数的比值，当该值大于1时，生成的气氛就是还原性和渗碳性的。但由于丙酮、乙酸乙酯等价格较高，近年来热处理工作者正在研究采用煤油、乙醇和苯作滴注液，并已取得一定的进展。

(2) 特点及应用　滴注式气氛热处理是一项简便易行的保护气氛热处理，不需要单独的发生装置，可直接滴入原有的井式气体渗碳炉或经改造的箱式炉，具有投资少、建造快、操作方便的优点。其主要的缺点是产气量较小，滴注液的成本较高，气氛成分控制精度不高。

滴注式气氛适用于小批量、多品种的情况下进行光亮热处理、渗碳和碳氮共渗等。

二、真空热处理

1. 真空在热处理中的作用

将金属工件在 1.01×10^5Pa 以下（即负压下）加热的金属热处理工艺称为真空热处理。20 世纪 20 年代末，随着电真空技术的发展，出现了真空热处理工艺，当时还仅用于退火和脱气。由于设备的限制，这种工艺较长时间未能获得大的进展。20 世纪六七十年代，陆续研制成功了气冷式真空热处理炉、冷壁真空油淬炉和真空加热高压气淬炉等，使真空热处理工艺得到了发展。在真空中进行渗碳，以及在真空中等离子场的作用下进行渗碳、渗氮或渗其他元素的技术，又使真空热处理进一步扩大了应用范围。

研究表明，真空在热处理中具有以下作用：

(1) 脱脂　黏附在金属表面的油脂、润滑剂等蒸气压较高，在真空加热时，自行挥发或分解成水、氢气和二氧化碳等气体，并被真空泵抽走，与不同金属表面产生化学反应，得到无氧化、无腐蚀的非常光洁的表面。

(2) 除气　在熔炼时，液态金属要吸收氢气、氧气、氮气、一氧化碳等气体，由于冷却速度太快，这些气体留在固体金属中，形成气孔及白点等各种冶金缺陷，使材料的电阻、磁导率、硬度、强度、塑性及韧性等性能受到影响。根据气体在金属中的溶解度与周围环境的分压平方根成正比的关系，分压越小真空度越高，越可减少气体在金属中的溶解度，释放出来的气体则被真空泵抽走。

(3) 氧化物分解　金属表面的氧化膜、锈蚀、氧化物及氢化物在真空加热时被还原、分解或挥发而消失，使金属表面光洁。钢件在真空度为 0.133～13.3Pa 时即可达到净化效果。金属表面净化后，活性增强，有利于碳、氮、硼等原子吸附，使得化学热处理速度增快和均匀。

(4) 保护作用　真空热处理实质上是在极稀薄的气氛中进行的，炉内残存的微量气体不足以使被处理的金属材料产生氧化、脱碳、增碳等作用，从而使金属材料表面的化学成分和原来表面的光亮度保持不变。

(5) 合金元素的蒸发　各种金属在不同温度下有不同的蒸气压，当真空度提高时，蒸气压高的金属如锰、铬等容易蒸发，并污染其他金属表面，使工件之间或工件与料筐之间黏结，造成电器短路、材质改性等缺陷。所以，工件在高真空度下加热至800℃以上时应通以惰性气体。

2. 真空热处理的种类

真空热处理可用于退火、脱气、固溶处理、淬火、回火和沉淀硬化等工艺，在通入适当介质后，也可用于化学热处理。

真空中的退火、脱气、固溶处理主要用于纯净程度或表面质量要求高的工件，如难熔金属的软化和去应力、不锈钢和镍基合金的固溶处理、钛和钛合金的脱气处理、软磁合金改善磁导率和矫顽力的退火，以及要求光亮的碳素钢、低合金钢和铜等的光亮退火。真空中的淬火有气淬和液淬两种。气淬是指将工件在真空中加热后向冷却室中充以高纯度中性气体（如氮）进行冷却。适用于气淬的有高速钢和高碳高铬钢等马氏体临界冷却速度较低的材料。液淬是将工件在加热室中加热后，移至冷却室中充入高纯氮气并立即送入淬火油槽，快速冷却。如果需要高的表面质量，那么工件真空淬火和固溶热处理后的回火和沉淀硬化仍应在真空炉中进行。

真空渗碳是将工件装入真空炉中，抽真空并加热，使炉内净化，达到渗碳温度后通入碳氢化合物（如丙烷）进行渗碳，经过一定时间后切断渗碳剂，再抽真空进行扩散。这种方法可实现高温（1040℃）渗碳，缩短渗碳时间，使渗层中不出现内氧化，也不存在渗碳层表面碳的质量分数低于次层的问题，并可通过脉冲方式真空渗碳，使不通孔和小孔获得均匀的渗碳层。

3. 真空热处理的发展

真空热处理特别是真空淬火是随着航天技术的发展而迅速发展起来的新技术，具有无污染、无氧化脱碳、质量高、节约能源、变形小等一系列优点。由于在真空中加热，可将工件中存在的有害物质、气体等除去，因此提高了工件的性能和使用寿命。如美国AISI430不锈钢螺栓，真空加热比氢气保护气氛下加热强度提高25%，模具的寿命可提高40%。真空渗碳温度可达1000℃，其扩散期只需一般气体渗碳的1/5，所以可将整个渗碳时间显著缩短，使渗层均匀，有效层厚，对于形状复杂、小孔多的工件，渗碳效果更为显著，并可节约大量宝贵的能源。另外，由于真空热处理加热均匀、升温缓慢，其加工余量减小，变形仅为盐浴加热的1/10～1/5。

目前，我国大部分省市均已不同程度地推广应用真空热处理工艺，处理的钢种涉及高速工具钢、模具钢、弹簧钢、滚动轴承钢及各种结构钢工件、非铁金属及其合金等。自20世纪70年代初我国研制成大型真空油淬炉以来，真空热处理炉的制造已由仿制发展到适合国情的创新，从品种单一到多样化，从简单手动到复杂程序控制，从数量少到数量多，达到了较高水平，具有相当的先进性和可靠性。

◈◈◈ 第五节 常规热处理技能训练

• 训练1 按工艺对高合金钢进行不完全退火操作

1. 工件情况及技术要求

工件名称：高压缸锻造毛坯。

材料：13Cr11Ni2W2MoV。

工件尺寸：ϕ85mm×232mm。

技术要求：锻造后退火，硬度为197～269HBW。

2. 分析技术要求，确定热处理工艺

13Cr11Ni2W2MoV 钢是一种马氏体不锈钢，合金元素含量较高，锻件硬度较高，内应力大，采用不完全退火可以降低硬度，改善切削加工性能，消除内应力。

根据工件技术要求，编制热处理工艺。

（1）工艺曲线 13Cr11Ni2W2MoV 钢不完全退火工艺曲线如图2-24所示。

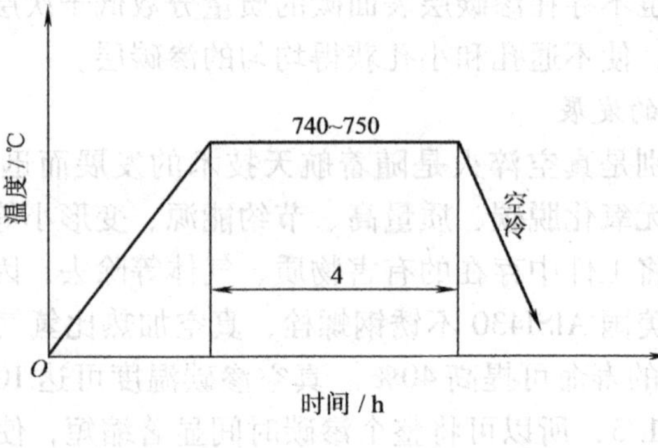

图2-24 13Cr11Ni2W2MoV 钢不完全退火工艺曲线

（2）准备工作

1）检查工件外形尺寸、数量、钢材牌号是否与工艺卡相符。

2）检查工件外观，不允许有裂纹、折叠、夹渣等缺陷。

（3）装炉及操作过程

1）检查加热设备的机械、电气部件是否正常工作，控温仪表是否正常运行。

2）打开炉门，开出台车，将工件装炉，注意将工件放置于有效加热区内，工件间及工件与炉底板间的距离应符合要求。

3）开进台车，关闭炉门，将控温开关拨到“自动”挡，接通电源加热，调整控温仪表至工艺温度。

4）出炉：当工件在工艺温度保温4h后，关闭电源开关，打开炉门，开出台车，将工件出炉置于空气中冷却。

5）检查：取冷却至室温的工件用布氏硬度计检测其硬度。

• 训练2　对球墨铸铁工件进行退火、正火操作

1. 拖拉机减速器壳体退火

（1）核对工件的工艺卡、材料、数量

工件名称：拖拉机减速器壳体。

材料：QT400-18。

技术要求：退火处理。

工件尺寸：450mm（长）×250mm（宽）×300mm（高）。

（2）分析工件技术要求和使用性能　拖拉机减速器壳体在工作中承受一定的冲击，需具有较好的塑性、韧性和耐冲击性，采用球墨铸铁制造可较好地满足要求。QT400-18是一种铁素体基体型球墨铸铁，可满足这一要求。为消除工件在铸造过程中可能产生的白口组织，便于机械加工，对其采用高温石墨化退火，消除白口组织，改善力学性能。

（3）选用工艺方法和设备　在球墨铸铁高温石墨化退火过程中，通过控制其共析转变阶段的温度可获得珠光体+铁素体组织或完全铁素体组织。根据本工件的性能要求，退火后的组织应为铁素体（90%以上）+石墨，以获得较好的韧性和耐冲击性，其工艺曲线如图2-25所示。

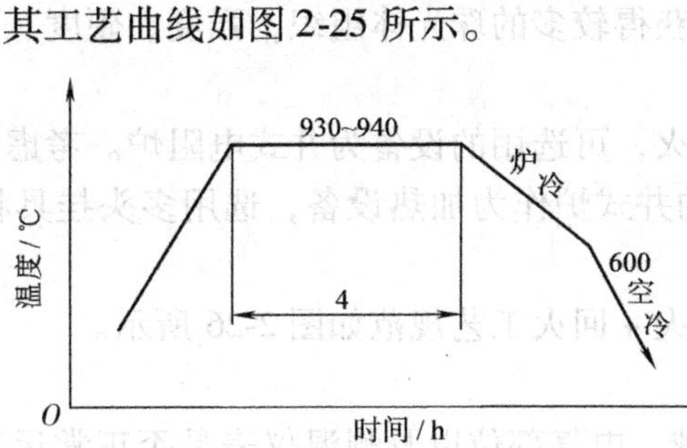

图2-25　球墨铸铁高温石墨化退火工艺规范

由于工件为铸造毛坯件，加工余量较大，因此对工件退火的设备，根据工件尺寸和其工艺规范，可选用箱式电阻炉或台车电阻炉进行批量生产。

（4）退火操作过程

1）检查所用设备的电气元器件、接头与测温仪表是否正常运行。

2）室温或低温（200～300℃）装炉，工件之间以及工件与炉底板之间保持50～100mm的间隔，以保证工件均匀加热。

3）关闭炉门，接通电源升温，调整控温仪表至工艺温度，将电源开关打至“自动控温”挡。

4）在炉温到达设定工艺温度后记录保温时间，在工件保温充足后关闭电源开关，让工件随炉降温。

5）当炉温降至600℃以下时，打开炉门，将工件出炉空炉，以避免脆性的出现。

6）在工件冷至室温后，取一件做金相检查，高温石墨化退火后的组织应为铁素体＋石墨。

2. 球墨铸铁连杆正火

（1）核对工件的工艺卡、材料及数量

工件名称：球墨铸铁连杆。

材料：QT700-2。

技术要求：正火处理，硬度大于或等于250HBW。

工件外形尺寸：ϕ60mm×800mm。

（2）分析工件使用性能和技术要求　连杆作为汽车传动部件，必须具有一定的强度、韧性和耐磨性。球墨铸铁正火后，可以获得比碳素钢更细的珠光体组织，抗拉强度可达700～800MPa，硬度可达200～300HBW，能满足工件性能要求。

（3）选择工艺方法和设备　球墨铸铁正火可分为高温正火和低温正火。高温正火后的球墨铸铁可获得较多的珠光体组织，强度、硬度、耐磨性较好，是本工件选择的正火方法。

对球墨铸铁连杆正火，可选用的设备为井式电阻炉。考虑到批量生产，可选择ϕ900mm×2000mm的井式炉作为加热设备，选用多头挂具将连杆垂直吊挂进行加热正火处理。

球墨铸铁连杆的正火＋回火工艺规范如图2-26所示。

（4）正火操作过程

1）检查设备的机械、电气部位以及测温仪表是否正常运行，检查工装夹具有无异常。

2）工件装炉（≤300℃）：将工件垂直吊挂于吊具上，使其随吊具一起进炉，注意工件间隔不小于50mm，每炉可装20～25件。

3）关闭炉门，将电源开关拨至“自动控温”挡升温，调整仪表至工艺

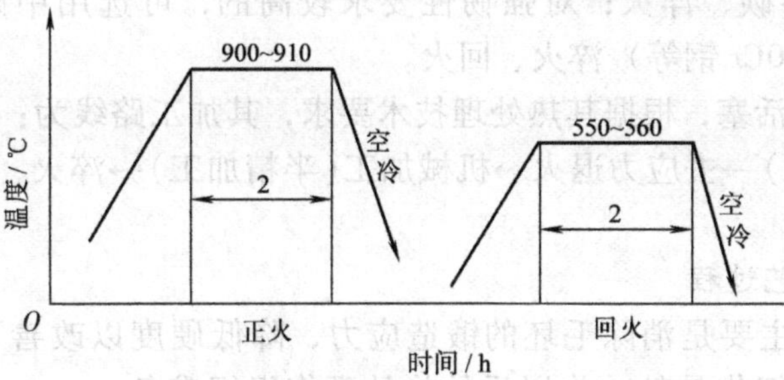

图 2-26 球墨铸铁连杆正火 + 回火工艺规范

温度。

4）工件在工艺温度保温充足后，关闭电源，打开炉门，将工件随挂具垂直出炉并悬挂于空气中自然风冷。注意，不得将工件落地式斜放；在对直径大于 ϕ80mm 的球墨铸铁工件正火时，必须采用筒式风扇鼓风强制风冷以增强冷却能力。

5）由于铸铁件导热性差，正火后存在较大内应力，所以工件在冷到室温后还需进行一道回火去应力处理。具体操作过程同上。

6）对冷却至室温的工件进行硬度检查。

• 训练 3 对合金结构钢进行淬火、回火操作

1. 工件外形尺寸（见图 2-27）

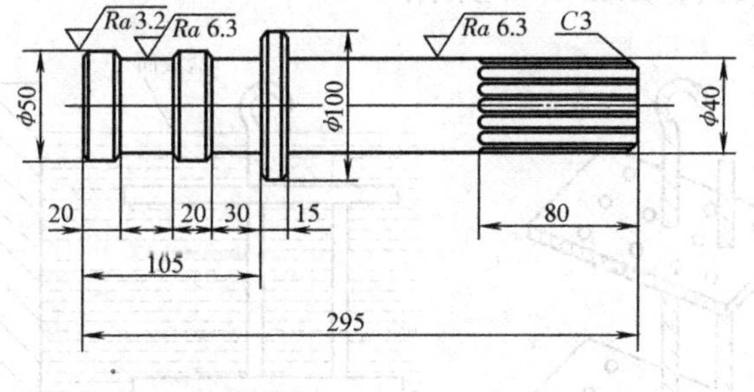

技术要求

1. 淬火、回火后硬度为 40 ~ 45HRC

2. 径向圆跳动量小于或等于 0.1mm

图 2-27 40Cr 钢活塞

2. 工件性能分析

活塞是一种重要工件，在工作时承受冲击和扭转作用，配合面受摩擦作用，失效形式主要为端面凹陷、崩裂，因此要求其具有较高的强度、韧性。根据活塞使用的要求不同，对表面耐磨性能要求高的常选用低碳合金钢（如 20Cr、

20CrMnMo 等）渗碳、淬火；对强韧性要求较高的，可选用中碳合金钢（如45Mn、40MnB、40Cr 钢等）淬火、回火。

选用40Cr 钢活塞，根据其热处理技术要求，其加工路线为：锻造→正火→机械加工(粗加工)→去应力退火→机械加工(半精加工)→淬火、回火→机械加工(精加工)。

3. 热处理工艺过程

（1）正火　主要是消除毛坯的锻造应力，降低硬度以改善可加工性，同时也均匀组织，细化晶粒，为以后的热处理作组织准备。

正火工艺：860℃ ±10℃，保温 2 ~ 3h(批量装炉,根据装炉方式适当调整工艺时间)，空冷。可选用 RX—45—9 型箱式电阻炉批量处理。

（2）去应力退火　主要是消除工件机械加工的内应力，减小后序加工中因残留应力而引起的工件畸变。

去应力退火工艺：560℃ ±10℃，保温 2h，空冷。可选用 RX—45—9 型箱式电阻炉。

（3）淬火、回火　主要是获得活塞所需要的硬度，提高其强度、韧性。

淬火工艺：840 ~ 860℃，保温 18min(批量生产)，油冷。可选用 DM—80—9 型中温盐浴炉。

回火工艺：400℃ ±10℃，保温 2h(批量生产)，油冷。可选用 GY—40—5 型坩埚式硝盐炉。

为满足工件径向圆跳动量及批量生产要求，在工件批量淬火、回火时，必须选用适当的工装夹具，如图 2-28 所示。

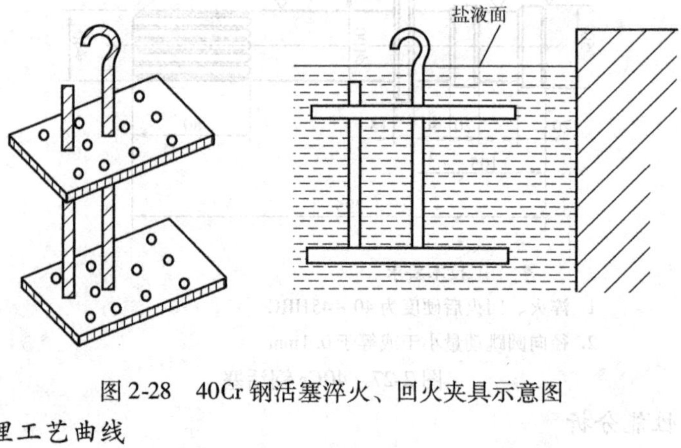

图 2-28　40Cr 钢活塞淬火、回火夹具示意图

4. 热处理工艺曲线

40Cr 钢活塞热处理工艺曲线如图 2-29 所示。

5. 工件质量检查

1）正火后检测工件硬度，应不大于 250HBW。

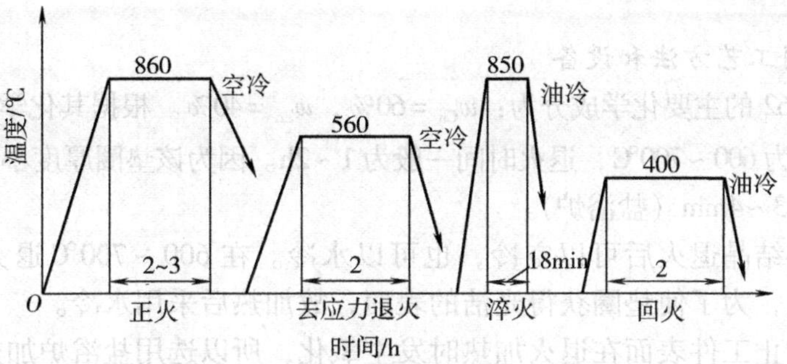

图 2-29 40Cr 钢活塞热处理工艺曲线

2）淬火后检测工件硬度，应不小于 50HRC。

3）回火后检查工件硬度，应为 40～45HRC。

4）精加工后工件径向圆跳动量应不大于 0.1mm。

对工件径向圆跳动量不合格者，可采用 580℃±10℃，保温 2h 回火后矫直，再重新进行淬火、回火，以达到技术要求的规定。

• 训练 4 对拉深、压延后的工件进行再结晶退火操作

1. 工件情况及技术要求

工件名称：垫圈。

材料牌号：H62。

退火目的：消除垫圈冷冲后的加工硬化。

工件尺寸：如图 2-30 所示。

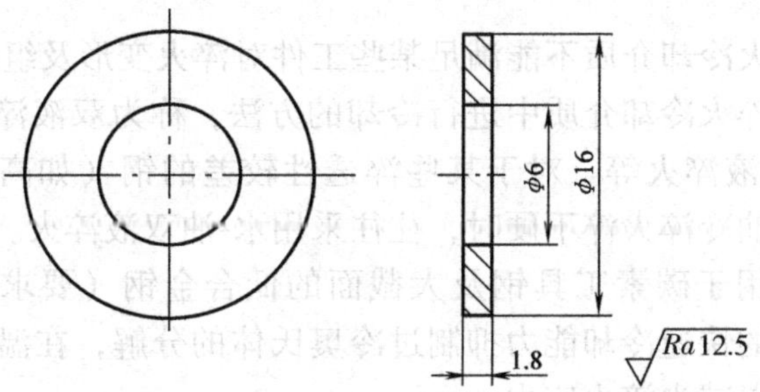

图 2-30 黄铜（H62）垫圈再结晶退火

2. 分析工件性能和使用情况

黄铜件垫圈是紧固件之一，常用于仪表及仪器零件的紧固。该垫圈厚度较薄，由黄铜板料冷冲成形，在冷冲加工时受力较大，由于铜板薄，冷冲时变形又大，故产生冷作加工硬化现象，一般要进行再结晶退火，以消除加工硬化和恢复

塑性。

3. 选用工艺方法和设备

黄铜H62的主要化学成分为：$w_{Cu}=60\%$，$w_{Zn}=40\%$。根据其化学成分查得再结晶退火温度为600～700℃，退火时间一般为1～2h。因为该垫圈厚度小于2mm，所以保温时间为3～4min（盐浴炉）。

黄铜再结晶退火后可以空冷，也可以水冷。在600～700℃退火时，工件将产生氧化色，为了使垫圈获得光洁的表面，故加热后采用水冷。

为了防止工件表面在退火加热时发生氧化，所以选用盐浴炉加热，也可以在真空炉或保护气氛炉内加热。

4. 操作

核对工件的工艺卡、图样和数量。由于该垫圈尺寸不大，故采用以下3种方法装炉加热：

1）先用铁丝将垫圈串起来，再用铁钩一串串地吊进炉内加热。

2）将垫圈装进铁勺内，连同勺子一起进炉加热。

3）先用铁丝网布将垫圈包好，再用铁丝包扎网布，然后连同铁丝网布一起加热。

退火加热后出炉，迅速进入水槽中冷却，冷至室温后将工件进行清洗并吹干。

• 训练5　双液淬火、预冷淬火、局部淬火、分级淬火及等温淬火操作

1. 双液淬火

由于单一淬火冷却介质不能满足某些工件对淬火变形及组织性能的要求，而采用先后在两种淬火冷却介质中进行冷却的方法，称为双液淬火，如水-油、水-空气、油-空气双液淬火等。对于某些淬透性较差的钢（如高碳钢），在用盐水淬容易淬裂，用油冷淬火淬不硬时，往往采用水-油双液淬火。

双液淬火多用于碳素工具钢及大截面的低合金钢（要求淬透较深）工件，在高温区用盐水的快速冷却能力抑制过冷奥氏体的分解，在温度小于400℃时转入油中缓慢冷却以减少淬火应力。

在通常情况下，用工件水冷停留时间来控制工件温度：对碳素工具钢工件，一般以每3mm有效厚度停留1s计算；对形状复杂的工件，以4～5mm有效厚度在水中停留1s计算；对大截面低合金钢工件，可以按每1mm有效厚度停留1.5～3s计算。

例1　对ϕ80mm×2000mm的40Cr钢导柱进行调质处理，要求硬度为240～270HBW，淬硬层深度大于或等于15mm。操作步骤为：

（1）分析工件外形及技术要求　ϕ80mm 的 40Cr 钢工件淬火，若采用油冷淬火，则淬硬层深度较浅，达不到规定要求；若采用水冷淬火，则容易产生裂纹甚至断裂。40Cr 钢的碳含量不高，应采用水-油双液淬火。

（2）水中停留时间的计算　对于圆柱形工件，其有效厚度近似为工件直径的 1/2，所以水中停留时间估算为(80/2)mm×(1.5～3s/mm)＝60～120s。考虑到长轴类工件出水时顶部先出，尾部停留水中会稍长，故生产中常取下限停留时间，即 60～70s。

（3）编制工艺规范及操作注意事项

1）工艺规范

① 淬火。设备选用 RJ—95—9 型（ϕ600mm×3000mm）井式电阻炉，加热温度为 830～840℃，保温时间为 80min，淬火冷却介质为水（60～70s）和油（至室温）。

② 回火。设备选用 RJ—95—9 型（ϕ600mm×3000mm）井式电阻炉，加热温度为 580～590℃，保温时间为 3h，水冷。

2）操作注意事项

① 将工件垂直吊挂加热、冷却，可采用多头挂具悬挂。

② 淬火冷却时，入水、出水操作需迅速。注意水中停留时间：在工件全部入水时开始计算，在顶部出水时停止，确保 60～70s。

③ 工件回火后采用水冷，以防止第二类回火脆性。

2. 预冷淬火

对于某些复杂、截面变化突然的工件，直接淬火时往往在截面突变的接壤区因淬火应力集中而导致开裂。此时可以在淬火温度时将工件取出先冷一段时间，使各个部分温差减小，然后再全部淬火，称为预冷淬火。

对一般碳素钢及低合金钢而言，预冷时间可以估计，公式为

$$t = 12s + RD \tag{2-7}$$

式中　t——工件预冷时间（s）；

D——工件危险截面处厚度（mm），一般指工件最薄处；

R——与工件尺寸有关的系数，一般为 3～4s/mm。

例 2　对 45 钢模板（见图 2-31）进行热处理，要求热处理后硬度为 45～50HRC。操作步骤为：

（1）工件外形及技术要求分析　45 钢模板，要求硬度为 45～50HRC，只有采用盐水作淬火冷却介质才能淬硬，但模板四周的 4 个孔离板边仅 4mm，极易产生应力集中而开裂，所以可以考虑采用预冷淬火法。

（2）预冷时间估算　预冷时间 t＝12s＋（3～4）s/mm×4mm＝24～28s。

（3）工艺规范及操作注意事项

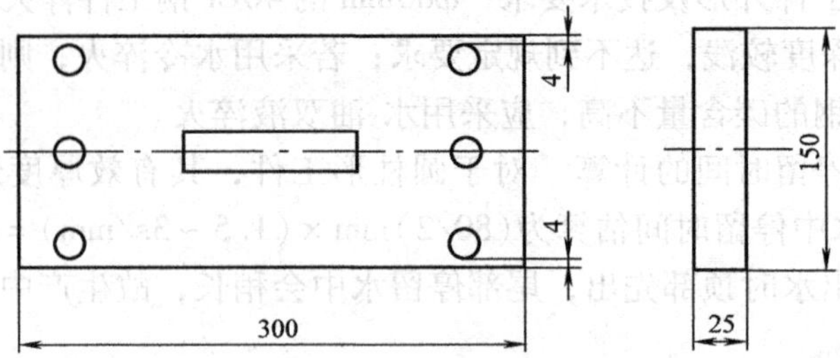

图 2-31 45 钢模板

1）工艺规范

① 淬火。加热设备选用 DM—80—9 型中温盐浴炉，加热温度为820～830℃，保温时间为 12～15min。

淬火冷却介质：空气（预冷 25s），水。

② 回火。加热设备选用 GY85—63 型（ϕ600mm×800mm）硝盐回火炉，加热温度为 320～330℃，保温时间为 60～80min，空冷。

2）操作注意事项

① 工件加热、冷却时注意垂直吊挂，可用铁丝绑扎两端孔。

② 工件出加热炉后开始计算预冷时间，并根据工件孔边缘火色判断温度，注意孔边缘最薄处微微发黑即可下水淬火（可据此适当调整预冷时间）。

③ 为防止工件在水中冷却时因应力集中而开裂，可以在工件温度达 150℃左右时出水（工件出水时的表面水滴，能通过缓慢蒸发而消失）空冷。

3. 局部淬火

对工件进行局部加热、冷却，达到该部位热处理要求的方法称为局部淬火。

例 3 对 T8A 钢錾子（见图 2-32），进行热处理，要求刃部（60±5）mm 淬火，硬度为 58～62HRC。操作步骤为：

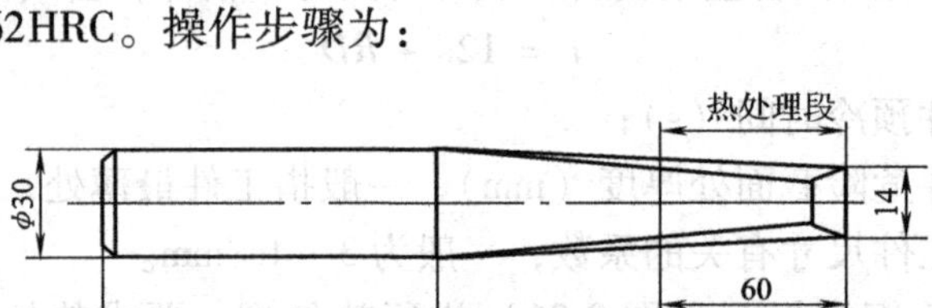

图 2-32 T8A 钢錾子

（1）工件外形及技术要求分析 錾子要求刃部淬火强化，柄部保持韧性。根据其外形及材料可知，感应淬火难以实现，只有用局部淬火，可使其刃部淬火强化，而其余部分仍保持原有状态。

（2）工艺规范

1）淬火：加热设备采用DM—80型中温盐浴炉，加热温度为780～790℃，保温时间为7～8min（注意局部加热保温），淬火冷却介质用水。

2）回火：加热设备为SY—12—3型（600mm×500mm×400mm）油浴回火炉，加热温度对170～180℃，保温时间为4h，空冷。

（3）操作注意事项

1）由于工件细长，因此淬火、回火时均需垂直吊挂进行，以减小工件变形。淬火时可用铁丝单根绑扎并垂直吊挂进炉，回火时可采用回火托架。

2）局部淬火时，注意加热时工件入盐液的尺寸（加热前先在工件上做好标记，依次将工件下到盐浴标记处），如图2-33所示。淬火冷却时需将工件整体垂直入水并上下窜动。回火时也需整体浸入油浴中，以免部分淬火区域未能充分回火。

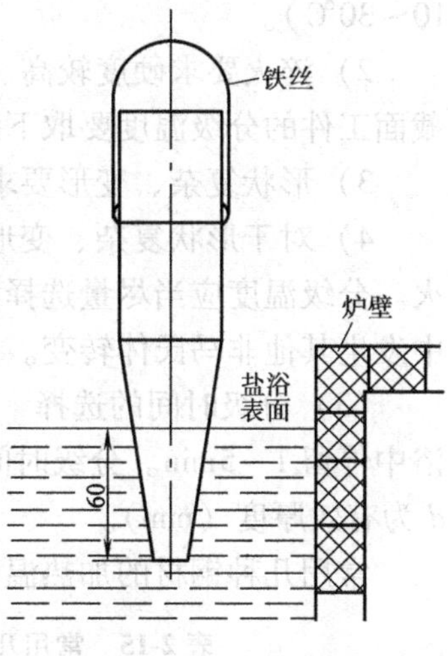

图2-33　錾子局部加热示意图

4. 分级淬火

将奥氏体化的工件淬入温度依次降低的分级盐浴或油中停留一段时间，使工件表面与心部温差减小，再取出空冷，使工件在缓慢冷却下进行马氏体相变的淬火方法称为分级淬火。

分级淬火可以减小淬火应力，从而使工件淬火后变形开裂倾向降低，还可以使高碳工具钢及合金工具钢的韧性显著提高。

分级淬火工艺控制的关键是分级盐浴的冷速一定要大于临界淬火速度，并且使淬火工件保证获得足够的淬硬深度。由于分级淬火时工件的临界直径（钢材采用某种淬火冷却介质能淬透的最大值）比油淬、水淬都要小，因此，大截面碳素钢、低合金钢工件不适宜采用分级淬火。几种钢材在不同淬火冷却介质中淬火时临界直径比较见表2-14。

表2-14　几种钢材在不同淬火冷却介质中淬火时临界直径比较

淬火方法	钢材能淬透的临界直径/mm					
	45	20CrNiMo	45Mn	GCr15	5CrMnMo	5CrNiMo
分级淬火	2.25	7.25	7.25	12.50	22.00	42.50
油冷淬火	7.25	12.50	12.50	19.75	32.25	57.50
水冷淬火	10.00	19.75	19.75	32.25	47.50	86.50

正确地选择淬火温度、分级温度和分级时间。

（1）淬火温度的选择　为提高钢的淬透性，降低临界淬火速度，分级淬火时的淬火加热温度可比普通温度提高10～20℃。例如，45钢、50钢的分级淬火的加热温度为840～850℃；T7钢、T8钢的分级淬火温度为810～830℃；T10钢、T12钢的分级淬火温度为800～820℃。

（2）分级温度的选择　分级温度取决于钢种的淬透性、要求的力学性能以及工件的尺寸、形状、变形等。

1）淬透性较好的钢，可选择比 *Ms* 点稍高的分级温度（比 *Ms* 点高10～30℃）。

2）淬火要求硬度较高、淬硬层较深的工件，应选择较低的分级温度；较大截面工件的分级温度要取下限（比 *Ms* 点低80～100℃）。

3）形状复杂、变形要求较严的小型工件则应取分级温度的上限。

4）对于形状复杂、变形控制严格的高合金钢工模具，可以采用多次分级淬火。分级温度应当尽量选择在过冷奥氏体稳定性较大的温度区域，以防止在分级中发生其他非马氏体转变。

（3）分级时间的选择　分级时间取决于工件尺寸。截面小的工件一般在盐浴中停留1～5min。分级时间（s）可采用经验公式 $t = 30s + 5d$ 进行估算，其中 d 为有效厚度（mm）。

常用几种钢材的加热温度、冷却方式、淬火后硬度见表2-15。

表2-15　常用几种钢材的加热温度、冷却方式、淬火后硬度

钢　号	加热温度/℃	冷却方式	淬火后硬度 HRC	备　注
45	860～870	160℃硝盐或碱浴	>45	有效厚度小于12mm时可淬硝盐，大于12mm、小于30mm时可淬碱浴
40Cr	850～870	油或160℃硝盐	>45	—
65Mn	790～820	油或160℃硝盐	>55	—
T12	780～820	160℃硝盐或碱浴	>60	有效厚度小于12mm时可淬硝盐，大于12mm、小于30mm时可淬碱浴
T7、T8	800～830	160℃硝盐或碱浴	>60	有效厚度小于12mm时可淬硝盐，大于12mm、小于25mm时可淬碱浴
3Cr2W8V	1070～1130	油冷，580～620℃分级	46～55	—
W18Cr4V	1260～1280	油冷，600℃盐浴分级	>62	—

例 4 对 ϕ250mm × ϕ120mm × 2mm（外径 × 内径 × 厚度）W18Cr4V 钢锯片铣刀进行热处理，要求热处理后硬度大于 62HRC，翘曲变形小于 0.5mm。操作步骤为：

1）工件外形及技术要求分析：高速钢制刀具淬火温度较高，内应力较大，极易产生变形。锯片铣刀厚度仅 2mm，采用常规的油冷无法保证其翘曲变形量，故应采用多次分级冷却的方法降低内应力。根据 W18Cr4V 钢等温转变图，可以分别选择温度约为 800℃、600℃、400℃的盐浴进行分级冷却，以减缓工件冷却速度。

2）工艺规范及操作注意事项

① 根据工件外形及技术要求编制工艺规范，如图 2-34 所示。

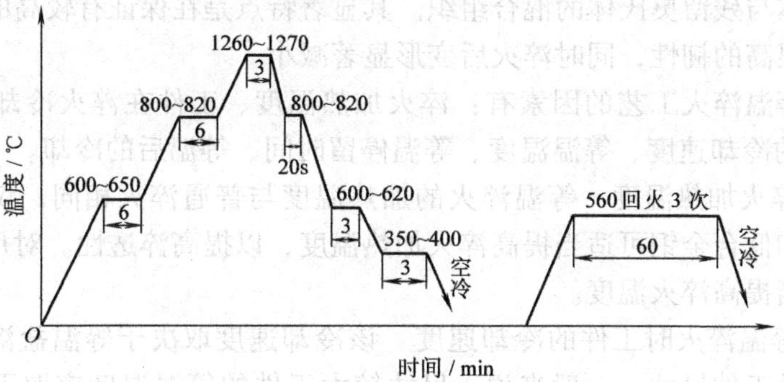

图 2-34　W18Cr4V 锯片铣刀分级淬火工艺曲线

② 选择设备

a. 选择 DM—50—6 型低温盐浴炉进行 600℃左右预热及分级冷却。

b. 选择 DM—80—10 型中温盐浴炉进行 800℃左右预热及分级冷却。

c. 选择 DM—100—13 型高温盐浴炉进行淬火加热。

d. 选择 GY85—63 型硝盐炉进行 400℃左右分级冷却、回火。

③ 选择工装夹具。刀片必须垂直竖立加热、冷却。为便于批量生产，可选用“丁”字架做工装，每边悬挂 4 ~ 5 片刀片（注意工件间隔大于 20mm）。

3）操作注意事项

① 工件装炉前必须认真检查其外表质量及钢材型号，工装夹具应完好，设备、仪表应正常运行。

② 工件入高温盐炉前必须充分预热（工艺曲线所定预热保温时间为单件操作，批量生产时可将时间由 6min 延长至 15 ~ 30min），减小工件因温差较大而产生的变形。

③ 工件在高温盐炉内加热时应到温进炉，减小因盐液升温流动而造成工件变形的概率。

④ 在工件装炉、加热、分级冷却时，均应注意使其垂直上下。

⑤ 在批量生产时，分级冷却时间可适当延长，800℃分级可延长至60s左右，600℃分级可延长至5～6min，400℃分级可延长至10～15min，出炉空冷应保持垂直吊挂。

⑥ 采用三次回火时，每次出炉后必须在空气中冷却至室温再进行下一次回火。

5. 等温淬火

等温淬火是将奥氏体化的工件淬入温度在贝氏体转变温度区间的等温盐浴中（一般在下贝氏体温度范围等温）较长时间保温，使其获得贝氏体组织，然后再空冷的淬火方法。等温淬火后的组织往往是获得以下贝氏体为主兼有相当数量的淬火马氏体与残留奥氏体的混合组织。其显著特点是在保证有较高的硬度的同时还保持有很高的韧性，同时淬火后变形显著减小。

影响等温淬火工艺的因素有：淬火加热温度、工件在淬火冷却介质（等温盐浴）中的冷却速度、等温温度、等温停留时间、等温后的冷却。

（1）淬火加热温度　等温淬火的加热温度与普通淬火相同，仅淬透性较差的碳素钢和低合金钢可适当提高淬火加热温度，以提高淬透性。对尺寸较大的工件也可适当提高淬火温度。

（2）等温淬火时工件的冷却速度　该冷却速度取决于等温盐浴的温度、冷却能力以及工件尺寸。一般来说，尺寸较大工件的等温温度应取下限或采用分级—等温冷却，即先将工件淬入较低温度的分级盐炉中停留较短时间，再将其放入较高温度的等温盐浴中。

（3）等温温度　等温温度主要由钢的等温转变图及工件要求的组织、性能而定。等温温度越低，下贝氏体的硬度就会越高，贝氏体数量也会越多，尺寸变化也会相应增加。一般认为在Ms～（Ms+30℃）等温，可以获得满意的强度和韧性。

（4）等温时间（T）　计算公式为

$$T = t_1 + t_2 + t_3 \tag{2-8}$$

式中　t_1——工件从淬火温度冷却到等温盐浴温度所需时间，该时间与工件尺寸及等温温度有关；

t_2——沿工件截面在等温温度下的均温时间，取决于工件尺寸；

t_3——组织转变所需时间。

（5）等温后的冷却　一般在空气中进行，以减小附加的淬火应力，只有当工件尺寸较大，要求淬硬层较深时可以考虑油淬或喷雾冷却。

另外，等温淬火后的回火温度应低于等温温度，以使残留奥氏体转变为下贝氏体或回火马氏体。

例 5 对 Cr12MoV 钢滚丝模进行热处理。其外形尺寸为 ϕ150mm × ϕ50mm × 100mm（外径 × 内径 × 高度），要求热处理后硬度为 58 ~ 62HRC，尺寸变形量在 −0.2 ~ 0.2mm 范围内。操作步骤为：

1）工件技术要求及材料分析：Cr12MoV 钢属于高合金工具钢，通常采用油淬即可达到 58 ~ 63HRC。作为滚丝模，除了硬度要求外，还必须具备一定的韧性。同时，该工件对尺寸变形量要求较高。根据经验，Cr12MoV 钢制模具淬火后通常出现尺寸缩小现象，因此根据上述原因考虑采用等温淬火法，以减小变形，使工件获得较高的强韧性。

2）工艺规范

① 工艺规范的编制。应根据工件外形及技术要求编制工艺规范，如图 2-35 所示。

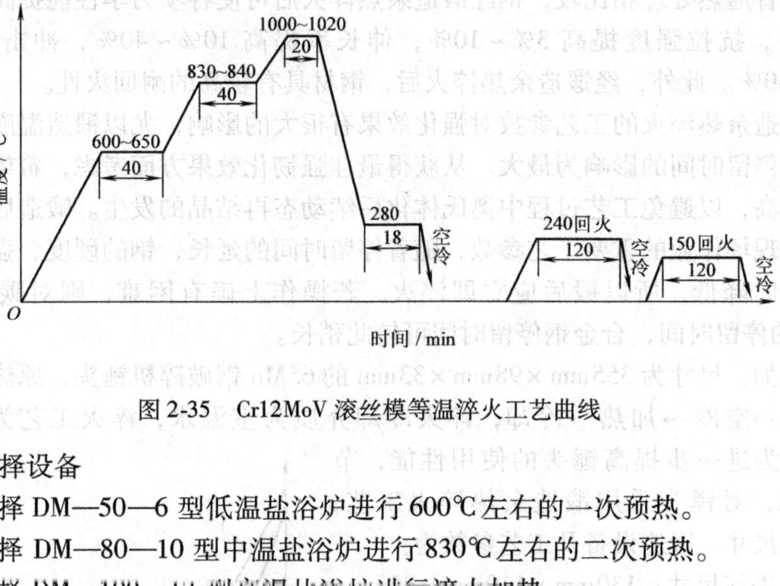

图 2-35 Cr12MoV 滚丝模等温淬火工艺曲线

② 选择设备

a. 选择 DM—50—6 型低温盐浴炉进行 600℃左右的一次预热。

b. 选择 DM—80—10 型中温盐浴炉进行 830℃左右的二次预热。

c. 选择 DM—100—13 型高温盐浴炉进行淬火加热。

d. 选择 GY85—63 型硝盐炉进行 280℃等温淬火，240℃回火。

e. 选择 SY—12—3 型（600mm × 500mm × 400mm）油浴回火炉进行 150℃回火。

③ 选择工装夹具。可选用“十”字形挂钩从滚丝模内径穿挂，保持工件垂直竖立。

3）操作注意事项

① 工件外形尺寸较大，淬火前必须经过很好地锻造—退火预先处理，不得使用铸件直接制作。

② 认真检查工件外观，应无伤痕及裂纹等缺陷。

③ 认真检查各设备运行是否正常，特别是测温仪表的准确性。

④ 工件必须经二次预热，保温时间充分，以减小内外温差造成的变形。

⑤ 在将工件放入硝盐炉进行等温淬火时，必须将其上下窜动 5 ~ 10min，以使工件冷却均匀。

⑥ 采用二次回火，第一次回火结束时必须空冷至室温再进行低温回火，以消除热应力。

• 训练6　对结构钢进行锻造余热淬火操作

锻造余热淬火是工具或毛坯经高温锻造后立即淬火的复合热加工工艺。它实际上是形变温度(一般为1050℃ ~1250℃)较高的高温形变淬火处理。锻造余热淬火可简化工件生产过程中的热加工工艺，节约燃料并具有提高钢的强韧性等特点。与普通热处理相比较，钢经锻造余热淬火后可使各项力学性能提高：硬度提高10%，抗拉强度提高3%~10%，伸长率提高10%~40%，冲击韧度提高20%~30%。此外，经锻造余热淬火后，钢材具有较高的耐回火性。

锻造余热淬火的工艺参数对强化效果有很大的影响，尤以锻造温度和锻造后淬火前停留时间的影响为最大。从获得最佳强韧化效果方面考虑，希望锻造温度不宜过高，以避免工艺过程中奥氏体化后续动态再结晶的发生。锻造后淬火前的时间是现场作业的重要工艺参数，随着停留时间的延长，钢的硬度、强度和冲击韧度同时降低，所以锻后应立即淬火。若操作上确有困难，则对碳素钢可有3 ~5s的停留时间，合金钢停留时间可较此稍长。

例如，尺寸为355mm×98mm×33mm 的65Mn 钢破碎机锤头，原热加工工艺为锻造→空冷→加热→冷却，淬火冷却介质为室温水，淬火工艺为 860℃ × 5min。为进一步提高锤头的使用性能，节约能源，对锤头采用锻造余热淬火工艺，其毛坯尺寸、锻造设备及工艺参数为：

1)毛坯尺寸：130mm×110mm×85mm。

2)锻造设备：250kg 空气锤。

3)始锻温度：1050℃。

4)锻打次数：41 次。

5)终锻温度：820 ~840℃。

6)终锻后淬火前的停留时间：3 ~5s。

7)淬火冷却介质：室温水。

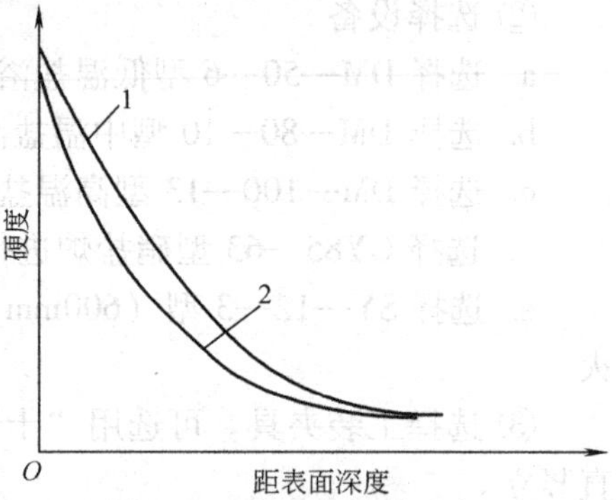

图2-36　锻造余热淬火与锻后加热淬火性能对比

1—锻造余热淬火　2—锻后加热淬火

由图2-36可知，锻造余热淬火可使工件具有更深的硬化层和更高的硬度。

复习思考题

1. 奥氏体等温转变图在生产上有何运用?
2. 简述奥氏体连续冷却转变图在生产上的运用。
3. 简述钢的常用淬火工艺。
4. 说明淬火钢回火组织的转变对钢性能的影响。
5. 说明淬透性及淬硬性的联系及区别。
6. 铸锻件的预备热处理有何作用?
7. 合金元素在钢中有何作用?
8. 调质钢中的合金元素有何作用?
9. 弹簧钢的热处理特点是什么?
10. 高速钢的热处理有何特点?
11. 为什么 Cr12 型模具钢在热处理前要进行反复锻造处理?
12. 说明冷作模具钢热处理方法的种类及特点。
13. 简述量具钢的热处理特点。
14. 什么是保护气氛热处理?保护气氛的类型有哪些?各有什么特点?
15. 什么是真空热处理?它有哪些优点?

第三章

表面淬火处理

培训学习目标 掌握感应淬火工艺参数的选择和感应器的制作方法及安全操作规程，熟悉火焰淬火的方法，了解碳氮共渗及氮碳共渗的基本知识，学会接触电阻加热淬火工艺方法。

第一节 感应淬火工艺参数的选择和感应器的制作方法

一、感应淬火的基本原理和特点

1. 感应淬火的基本原理

所谓感应淬火，就是利用感应电流通过工件时所产生的热量，使工件表层、局部或整体加热至淬火温度，随后进行快速冷却的淬火工艺。淬火时把工件放在铜质的感应器中，接上某一固定频率的交流电以产生电磁感应，其结果会在工件表层产生与感应圈中电流相反的感应电流。这种感应电流沿工件表面形成的封闭回路称为涡流。在涡流及工件本身电阻的作用下，电能便在工件表层转化为热能，使表层很快升温至淬火温度，此后将工件立即进行快速冷却，就达到了表面淬火的目的。

涡流之所以能实现表面加热，是由交变电流在导体中的分布特点决定的，其特点为以下四种效应：

（1）集肤效应　当导体中通过直流电时，导体截面上各处的电流密度是相同的。但当导体中通过交流电时，导体截面上的电流分布是不均匀的，导体表面的电流密度大，中心的电流密度小，电流密度自表面向中心呈指数规律衰减。这种现象就称为交流电的集肤效应。此时，交流电的频率越高，集肤效应就越显著。感应淬火就是利用这一特性而实现的。

（2）邻近效应 当两个相邻的导体中通过电流时，若其电流方向相同，则由于它们所产生的交变磁场的相互作用，使得两个导体相邻一侧的感应反电动势最大，电流被驱向于导体外侧流过；相反，当电流方向相反时，电流被驱向于两导体相邻一侧，即内侧流过。这种现象称为邻近效应。

在感应加热时，工件上的感应电流总是与感应圈中的电流方向相反，所以感应圈上的电流集中于内侧流过，而位于感应圈内被加热工件上的电流则集中于表面，这就是邻近效应与集肤效应相叠加的结果。

在邻近效应的作用下，只有当感应圈与工件之间的间隙相等时，感应电流在工件表面的分布才是均匀的。所以工件在感应加热过程中要不断地进行旋转，以消除或减少因间隙不等而造成的加热不均匀，从而获得均匀的加热层。

另外，由于邻近效应的作用，工件上被加热区的形状总是与感应圈的形状相似。因此在制作感应圈时，必须注意使其形状相似于工件加热区的形状，这样才能取得较好的加热效果。

（3）环流效应 当交变电流通过圆环状或螺旋状导体时，由于交变磁场的作用，使其外表面电流密度因自感反电动势增大而降低，而在圆环内侧的表面上会获得最大的电流密度，这种现象称为环流效应。

环流效应能提高工件外表面的加热效率和加热速度，但对内孔的加热则不利，因为环流效应使感应器上的电流远离工件表面，导致加热效率显著降低，加热速度减慢。因此，要在感应器上安装磁导率很高的导磁体，以提高加热效率。

感应器轴向高度与圆环直径的比值越大，环流效应就越显著，故感应器截面最好做成长方形。长方形截面比正方形截面好，而圆形截面最差，应尽量少用。

（4）尖角效应 在将外形带有尖角、棱边及曲率半径较小的凸出部分的工件置于感应器中加热时，即使感应器与工件之间的间隙相等，但由于在工件的尖角处和突出部分通过的磁力线密度较大，也会使感应电流密度较大，加热速度快，热量集中，这样会使这些部位产生过热，甚至发生烧熔现象，这种现象称为尖角效应。

为了避免尖角效应，在设计时，应将感应器与工件尖角或凸出部分的间隙适当增大，以减少该处磁力线的集中，使工件各处的加热速度和温度尽量保持均匀一致。也可将工件尖角及凸出部分改为圆角或倒角，这样也能得到同样效果。

2. *感应淬火的特点*

（1）加热速度快，热效率和生产效率高 由于感应加热是依靠工件本身发出的热量进行加热的，故其热损失少，热效率在60%以上，这至少是其他加热方式的两倍。与此同时，由于集肤效应和环流效应，工件表层可在极短的

时间里达到 Ac_3（试验测定，感应加热时的加热速度可高达每秒几百度到几千度，而一般热处理加热炉的加热速度最多不过每秒几度到几十度），工件无保温时间，所以生产率很高，也便于实现机械化和自动化，适合于大批量生产形状简单的工件，因此感应淬火在生产中得到了广泛的应用。

（2）加热层深度易控制 感应淬火既可以只对工件表层进行加热淬火，也可以进行穿透加热，所以，可满足多种工件的热处理要求。

（3）热处理质量较好 在感应淬火过程中，升温速度极快，保温时间极短。与一般淬火相比，感应淬火加热温度高，过热度大，奥氏体形核多，且不易长大，因此淬火后，工件表面容易得到细小的隐晶马氏体，淬火后工件的表面硬度也比一般淬火的工件高出 2～3HRC。另外，工件表面氧化、脱碳极少，热处理畸变程度也比常规淬火小得多。

但感应淬火的加热设备费用高，且需要配备专门的淬火机床；加热温度不易测定和控制；设备维护、调整和使用等都要求操作工有较高的技术水平等。

综上所述，感应淬火常应用于中碳碳素钢及中碳合金钢的结构件，也可用于高碳工具钢和低合金工具钢制工件以及铸铁件等。

二、感应淬火工艺参数的选择

感应淬火的工艺参数分为热参数和电参数两种。热参数包括加热温度、加热时间和加热速度等；电参数有设备频率、工件单位表面功率以及决定单位表面功率的阳极电压、阳极电流、槽路电压和栅极电流等。生产上一般通过调整电参数来控制热参数，从而保证感应淬火的质量。

1. 感应淬火方法的选择

感应淬火方法一般有两种，即同时加热淬火法和连续加热淬火法。

（1）同时加热淬火法 将工件上需要加热的表面全部置于感应器内，一次完成加热，然后直接喷水冷却或将工件迅速置于淬火槽中冷却。这种方法适用于小型工件或淬火面积较小而尺寸较大的工件，如曲轴、齿轮等。

（2）连续加热淬火法 即加热和冷却同时进行，前边加热后边冷却。工件不仅转动而且沿轴向移动，对需要淬火部位均匀地进行加热淬火。这种方法适用于轴类等长型工件的表面淬火，如轴、齿条、机床导轨和大型齿轮等。

2. 淬火温度和加热速度的选择

淬火温度是指感应加热时工件表面的加热温度，与钢的化学成分、原始组织及加热速度等因素有关。表 3-1 列出了不同钢种的感应淬火工艺。由于感应加热速度快、时间短，奥氏体晶粒来不及均匀化及长大，故其加热温度较常规热处理要高。此外，其加热温度的测量和控制也较困难，生产上通常凭经验或试淬来加以确定。

表 3-1 感应淬火工艺（喷水冷却）

钢号	原始组织	预备热处理	炉内加热的淬火温度/℃	感应淬火的加热温度/℃		
				Ac_1 以上的加热速度为 30～60℃/s，加热时间为 2～4s	Ac_1 以上的加热速度为 100～200℃/s，加热时间为 1～1.5s	Ac_1 以上的加热速度为 100～500℃/s，加热时间为 0.5～0.8s
35	细片状珠光体+细块铁素体	正火	840～860	880～920	910～950	970～1050
	片状珠光体+铁素体	退火或不处理	840～860	910～950	930～970	980～1070
	索氏体	调质	840～850	860～900	890～930	930～1020
40	细片状珠光体+细块状铁素体	正火	820～850	850～910	890～940	950～1020
	片状珠光体+铁素体	退火或不处理	820～850	890～940	910～960	960～1040
	索氏体	调质	820～860	840～890	870～920	920～1000
45、50	细片状珠光体+细块状铁素体	正火	810～830	850～890	880～920	930～1000
	片状珠光体+铁素体	退火或不处理	810～830	880～920	900～940	950～1020

3. 淬硬层深度的确定

淬硬层深度和硬度值是评定感应淬火质量的两项重要指标。实践证明，当淬硬层深度为工件厚度的 10%～20% 时，可以得到良好的综合力学性能。对于要求以耐磨性为主的工件，其淬硬层可按磨削余量和使用情况控制在 1～7mm，直径小的取下限，直径大的取上限。淬硬层的合理分布对提高工件的强度是非常重要的。轴的硬化层应沿截面圆周均匀分布，轴端应保留 2～8mm 不淬硬区，以免产生轴端裂纹；在同一轴上相邻两淬硬区应保持足够距离，以避免产生交接裂纹。

4. 感应加热设备的选择

应根据工件的具体情况选择电流频率和设备功率。

（1）表面淬火电流频率的选择　为保证工件表面淬火层的质量，应使电流热透入深度$\Delta_{热}$大于所要求的淬硬层深度δ，即采用较低的频率来满足$\delta \leqslant \Delta_{热}$，以使淬火层内同时发热而达到比较均匀的温度。这种加热方式称为透入式加热。经验表明，淬硬层深度δ应不小于电流热透入深度$\Delta_{热}$的1/4，以电流热透入深度$\Delta_{热}$的1/2为最佳。

对于一般碳素钢，电流热透入深度为

$$\Delta_{热} \approx \frac{500}{\sqrt{f}} \tag{3-1}$$

$$f \approx \frac{25 \times 10^4}{\Delta_{热}^2} \tag{3-2}$$

式中　$\Delta_{热}$——电流的热透入深度（mm）；

f——电流频率（Hz）。

根据式（3-2）求得的电流频率见表3-2。表3-2中的最高频率、最低频率和最佳频率分别为$\delta = \Delta_{热}$、$\delta = \Delta_{热}/4$和$\delta = \Delta_{热}/2$时的值。

表3-2　按工件淬硬层深度确定的电流频率

电流频率/Hz	工件的淬硬层深度/mm						
	1.0	1.5	2.0	3.0	4.0	6.0	10.0
最高频率	250000	100000	60000	30000	15000	8000	2500
最低频率	15000	7000	4000	1500	1000	500	150
最佳频率	60000	25000	15000	7000	4000	1500	50

（2）设备输出功率的选择　由于感应加热是利用感应器将电源能量传递给工件，从而使位于感应器内的那段工件加热的，所以在选择设备输出功率时，只需考虑感应器内那段工件的表面积即可，正是这部分表面不断从感应器上吸取能量。可以算出这段工件的表面积，计算公式为

$$S = \pi D h \tag{3-3}$$

式中　D——工件直径（cm）；

h——感应器高度（cm）。

所以加热这段工件所需要的设备功率为

$$P = SP_0 = \pi D h P_0 \tag{3-4}$$

式中　P_0——设备比功率（kW/cm^2），即设备向每平方厘米工件输出的功率；

S——工件的表面积（cm^2）。

在实际选择比功率时，需结合试淬后的组织、硬度和淬硬层深度等情况进行

综合考虑。表3-3给出了不同感应加热设备的比功率和允许的最大加热面积。

表3-3 感应加热设备的比功率和允许的最大加热面积

设备			设备比功率/（kW/cm²）		允许的最大加热面积/cm²	
名称	功率/kW	频率/Hz	同时加热	连续加热	同时加热	连续加热
低频	100	2500 8000	0.8	1.25	128	80
中频	200	2500 8000	0.8	2.0	256	100
高频	60	250000	1.1	2.2	54	27
高频	100	250000	1.1	2.2	90	45

综上所述，每个感应加热设备所能加热的最大面积是有限度的，因此在选用加热设备时需加以注意。

5. *感应加热电参数的确定与调整*

感应加热设备的输出功率取决于其电参数的选择。正确地选择感应加热设备的电参数，并对其进行合理地调整，不仅能使设备输出所需要的功率，而且可使设备处于高效率地工作状态，从而保证感应淬火的质量。

（1）高频感应淬火设备电参数的确定与调整　高频感应淬火设备主要的电参数是阳极电压（$U_{阳}$）、阳极电流（$I_{阳}$）、栅极电流（$I_{栅}$）和槽路电压（$U_{槽}$）。$U_{阳}$ 和 $I_{阳}$ 反映振荡管的输出功率 $P_{输}$，即 $P_{输}=nU_{阳}I_{阳}$，n 为振荡管的个数。一般可通过滑动变压器调节 $U_{阳}$，将其控制在11～13kV，最高可达13.5kV；通过耦合手轮调节 $I_{阳}$，将其控制在1～3A，最高可达3.5A。栅极电流 $I_{栅}$ 是反映振荡管工作特性的，由反馈手轮进行调节，一般为0.2～0.65A，最高可达0.75A。要使高频感应淬火设备处于最佳工作状态，必须使 $I_{阳}$ 和 $I_{栅}$ 的比值保持在5～10。其比值的选定还与设备的功率有关，如GP—60型高频感应淬火设备的 $I_{阳}$ 和 $I_{栅}$ 比值保持在5～6，而GP—100型高频感应淬火设备的 $I_{阳}$ 和 $I_{栅}$ 比值保持在5～8。当高频感应淬火设备的 $I_{阳}$ 和 $I_{栅}$ 比值在规定范围内时，振荡管的输出功率最小，而效率最高。如果比值不对，那么可通过调整耦合手轮和反馈手轮达到要求的比值。此外，$U_{槽}$ 是反映振荡管回路特性的电参数。$U_{槽}$ 的大小与 $I_{阳}$ 和 $I_{栅}$ 的大小及其比值有关。$U_{槽}$ 越高，感应圈上的电流越大，加热就越快。$I_{阳}$ 和 $I_{栅}$ 的最佳比值关系，应该是当 $I_{阳}$ 或 $I_{栅}$ 中任一数值发生变化时都会使 $U_{槽}$ 下降。因此，只有通过各手轮的调节使 $U_{槽}$ 恒定，才能保证感应加热正常进行。合理的电参数要通过试淬后才能确定。试淬的方法是：在工件加热前先将 $U_{阳}$ 调到一定的数值，然后将耦合手轮和反馈手轮调到一定位置，把工件放到感应器中，进行短时间加热。此时，若 $I_{阳}$ 和 $I_{栅}$ 超过最大值，或 $I_{阳}$ 和 $I_{栅}$ 的比值关系不合适，则应调节手轮重试；如果$I_{阳}$和$I_{栅}$比值符合5～10，只是加热速度过大（或过小），那么可以通过减少$U_{阳}$（增大$U_{阳}$）来调整，然后对试淬工件进行质量检验，合格后把以上电参数写入工艺规范即可。

（2）中频感应淬火设备电参数的确定与调整　中频感应淬火设备工作状态的电参数主要有发电机负载电压（$U_{负}$）、负载电流（$I_{负}$）、输出功率（$P_{输}$）和功率因数（$\cos\varphi$）。这些参数均可从仪表中直接读出。它们之间的关系是

$$P_{输} = U_{负} I_{负} \cos\varphi \quad (3\text{-}5)$$

设备输出功率和工作状态的调整，可以通过调节发电机的励磁变压、输出变压器的匝比和附加电容量来进行。其中附加电容量的匹配应保证功率因素在超前0.9到滞后0.95之间变化，并尽量使$\cos\varphi = +0.9$，以提高设备电效率。

当电参数确定和调整之后，往往可采用控制感应加热时间的办法来控制加热温度。因为当比功率一定时，工件的加热温度主要取决于加热时间。对于同时加热，只要调整时间继电器即可控制加热时间；对于连续加热，可通过调整感应器与工件的相对移动速度来控制加热时间。

6. 感应加热后的冷却

感应加热后通常采用的冷却方法有：

（1）喷射冷却　喷射冷却是将淬火冷却介质通过在感应圈或冷却器上许多喷射小孔喷射到工件加热面上进行冷却的方法。淬火冷却介质喷射压力为0.15～0.3MPa。一般冷却器和感应圈分开，但也有感应圈本身兼冷却器的。这种方法适用于连续加热淬火和同时加热淬火。

（2）浸液冷却　浸液冷却是将工件表面同时加热后，立即浸入淬火槽中进行冷却的方法。这种方法适用于同时加热淬火。

（3）埋油冷却　埋油冷却是将感应圈和工件浸没在油中，进行加热和冷却的方法。此方法适用于油冷的合金钢工件。

一般采用水、体积分数为0.1%～0.3%的聚乙烯溶液及油等作为感应淬火冷却介质。由于油容易燃烧并产生大量油烟，影响安全生产，故不能用于喷射冷却，而只能用于合金钢件的埋油冷却。

7. 感应淬火后的回火

感应淬火后的工件应及时回火，以减少内应力，防止变形开裂，并稳定组织以达到所需的力学性能。通常回火方法有以下三种：

（1）炉中回火　经浸液冷却或连续加热淬火的工件以及薄壁工件等，通常在炉中或油浴炉中进行回火。若要求工件表面保持高硬度，则可采用150～170℃低温回火。当回火温度超过200℃时，硬度下降较快。

（2）自回火　自回火是将感应加热好的工件迅速冷却，但不透冷，利用心部余热对淬火表面“自行”加热，达到回火目的。此方法适用于同时加热淬火

表面较大的工件及形状简单、大量生产的工件。自回火可节省电能，减少工件变形开裂倾向，但会有温度和硬度不均匀现象。

（3）感应加热回火　即采用感应加热的方式进行回火的方法，适用于连续加热淬火的长轴、套筒等。为了有效地去除残留应力，工件的加热层深度必须超过淬火层深度，可采用15～20℃/s 的较小加热速度进行回火。

三、感应器的构造与制作方法

感应器是将电流转化为磁场对工件进行感应加热的能量转换器。因此，在感应淬火时，能否充分发挥感应器效用，得到满意的热处理效果和较高的生产效率，感应器的制作是其中关键的环节。

1. 感应器的结构

感应器主要由感应圈、汇流板、连接板、工件及冷却水管组成，如图 3-1 所示。

（1）感应圈　感应圈是感应器的主要部分，通过感应圈的电流所产生的交变磁场，使工件得到加热。

（2）汇流板　其主要作用是连接感应圈和连接板，将电流输入感应圈。

（3）连接板　连接板用于连接汇流板和淬火变压器的输出端接头。

（4）冷却水管　管内通水，用来冷却感应器本身并供应工件淬火冷却水。

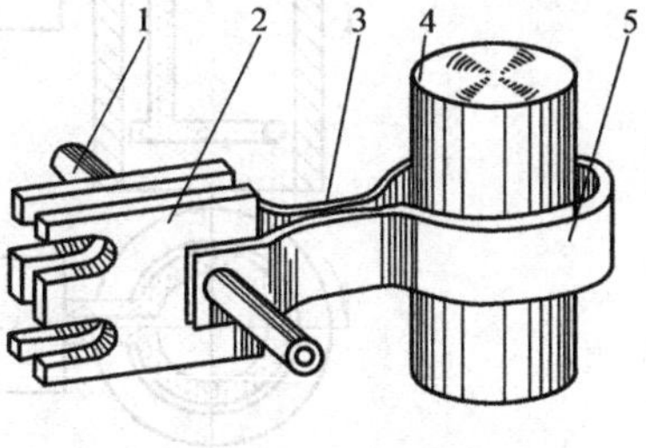

图 3-1　感应器结构示意图

1—冷却水管　2—连接板

3—汇流板　4—工件　5—感应圈

2. 制作和使用感应器应遵循的原则

在制作及使用感应器时应注意以下几点：

1）应使用电磁能量损耗较小的材料制作感应器，即材料的电阻要小且导热性要好，目前大多采用纯铜。

2）感应器应制成空心并可通水冷却的结构，这样感应器工作时本身所产生的热量及受炽热工件辐射的热量才可迅速散发掉，否则加热时间一长，感应器会因红热而变软及变形，电阻也会随之增大，影响其使用。

3）感应器的几何形状是由工件所需硬化部位的形状、尺寸及选择的加热方式决定的。根据电磁感应定律，工件被加热的表面与感应器的形状相对应，即感应器中的电流“走向”与受热工件表面涡流的“走向”方向相反，且相互“耦合”。所以，应把工件表面上理想的涡流“走向”作为感应器基本形状的基础，然后再根据实际情况，适当地调整感应器部位与工件间隙。对热容量较小的部位，感应器与工件间隙要加大；反之，要缩小间隙。常用感应器形状与工件硬化部位的

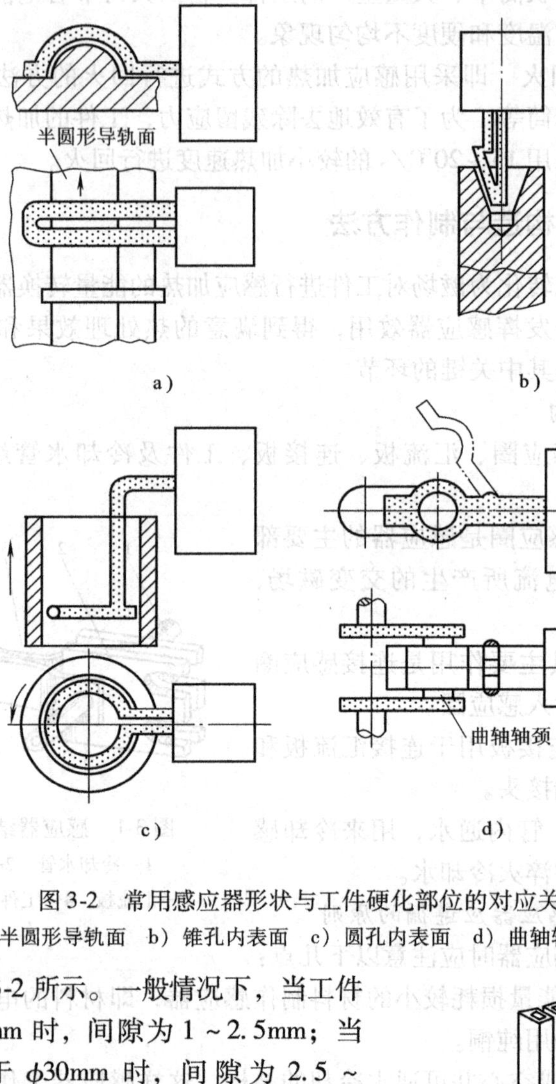

图 3-2 常用感应器形状与工件硬化部位的对应关系
a）半圆形导轨面 b）锥孔内表面 c）圆孔内表面 d）曲轴轴颈外表面

对应关系如图 3-2 所示。一般情况下，当工件直径小于 ϕ30mm 时，间隙为 1 ~ 2.5mm；当工件直径大于 ϕ30mm 时，间隙为 2.5 ~ 4.5mm；对于内孔、平面加热用感应器，高频间隙为 0.5 ~ 2mm，中频间隙为 2 ~ 3mm。

4）合理应用导磁体是提高热效率，尽量减少磁力线在空间的散失，保证工件淬火质量的重要因素。在加热内孔、平面及异形表面时，可在感应器上镶嵌导磁体，以提高感应器工作效率。导磁体是由铁磁性氧化物或硅钢片制造的，有驱流作用，如图 3-3 所示。

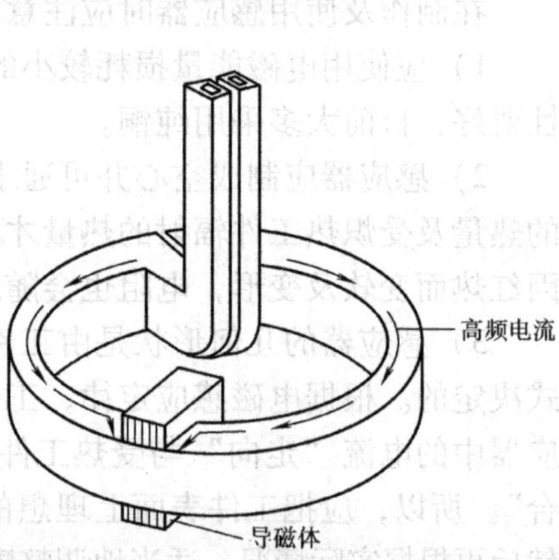

图 3-3 导磁体驱流作用示意图

5）避免尖角效应（见图3-4），减小过热倾向，保证工件的均匀加热。由于工件的尖角、边棱处电流密度较大，散热条件差，在感应加热时温度明显高于其他部位，所以为防止尖角过热开裂，必须用调节感应器与工件之间相对高度、相对间隙及被加热表面的孔内镶入纯铜塞（通常塞入深度为加热层深度的一倍左右，铜塞对一种工件可以多次重复使用）或改进感应器的结构的方法，防止类似现象的产生。

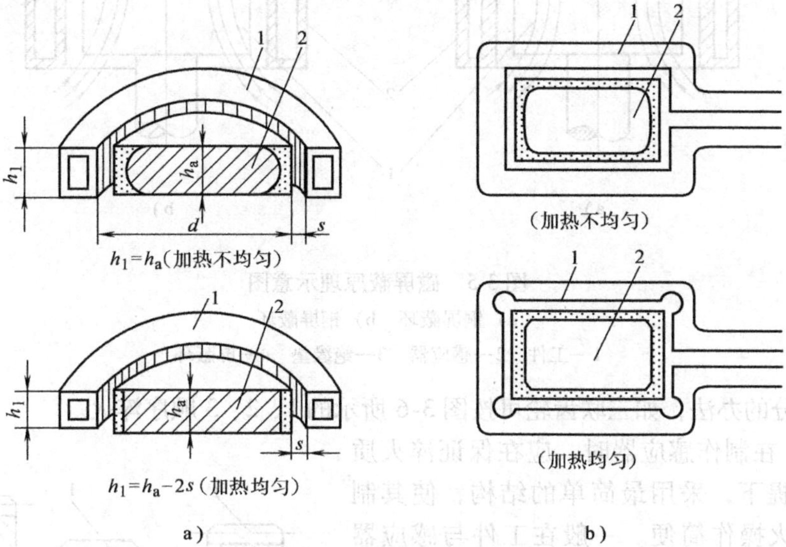

图3-4 感应加热时的尖角效应

a）圆盘状工件 b）块规

1—感应器 2—工件

6）在对工件上两淬火区相邻近而截面又相差不大的部位进行感应淬火时，为保证已淬火部位的边缘不因相邻部位加热而回火，进而使硬度降低，必须采取淬火时屏蔽磁场的方法，如图3-5所示。

屏蔽磁场的短路环有两种，分别用不同的材料制成。图3-5a所示为用纯铜板、管制成的短路环。其原理是：当磁力线穿过铜环时，在环中产生涡流，该涡流产生的磁场方向与感应器的电磁方向相反，从而抵消或削弱了逸散的磁力线，达到了屏蔽作用。铜环的厚度应大于工件表面产生涡流的深度。高频感应加热时，其厚度一般为2mm；中频感应加热时，其厚度一般为3~8mm。

图3-5b所示为用铁磁性材料制作的短路环，一般常用硅钢片或低碳钢片制作。其原理是：由于钢环的磁导率大，使漏磁经过它而短路，从而减少了逸散的磁力线的影响。为了减少无功损耗，应在短路环上开许多槽，以割断涡流路径。

若截面相差较大，则即使相邻近，也可以采用先淬截面小的部分，后淬截面

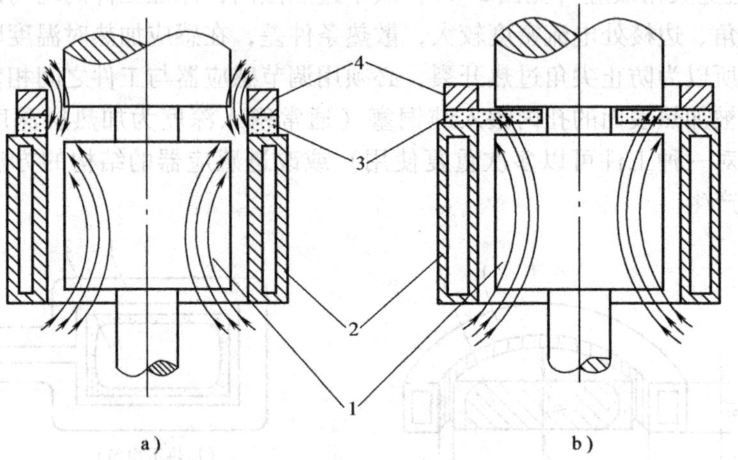

图3-5 磁屏蔽原理示意图

a）铜屏蔽环 b）钢屏蔽环

1—工件 2—感应器 3—绝缘垫 4—屏蔽环

大的部分的办法，如三联齿轮可按图3-6所示的1、2、3顺序淬火。

7）在制作感应器时，应在保证淬火质量的前提下，采用最简单的结构，使其制作、淬火操作简便。一般在工件与感应器间隙及截面积都相同时，矩形截面的高度比圆形及正方形截面的大，周边较长，冷却条件好，节省铜材，所以多被采用。

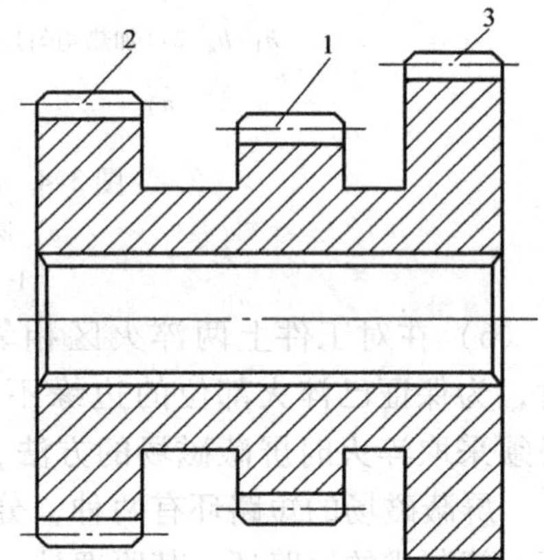

图3-6 三联齿轮感应加热顺序示意图

8）为保证均匀加热，在对长轴工件局部进行表面淬火时，感应器高度应大于硬化区长度8～12mm或为硬化区长度的1.05～1.2倍。

9）淬火喷水圈可与感应器制成复合的，也可以制成单独的。但为保证有足够的喷水量，喷水圈腔内的水压应稳定，进水管截面积要略大于喷水孔总面积。当水压大于0.196MPa时，进水管截面积可比喷水孔总面积大25%～30%。连续淬火感应器的喷水孔与水平面的夹角应为35°～45°。

四、感应加热电源的种类、特点及应用范围

热处理用的感应加热设备一般是由电源、感应器和淬火机床组成的。由于感应电源的主要参数是频率和功率，因此根据感应加热电源输出电流的频率不同，将其分为高频、中频、工频和超音频四类。感应加热电源的种类、特点及应用范围见表3-4。

表3-4 感应加热电源的种类、特点及应用范围

感应加热电源的种类	频率范围/kHz	功率/kW	特点及应用范围
高频感应加热	100~500	5~500	有效淬硬层深度为0.5~2mm，主要用于要求淬硬层较薄的中、小型工件，如小模数齿轮、中小型轴等
中频感应加热	1~8	15~1000	有效淬硬层深度为2~10mm，主要用于要求淬硬层较深的工件，如直径较大的轴类、中等模数的齿轮及大模数齿轮等
工频感应加热	0.05	100~2000	有效淬硬层深度为10~20mm，主要用于大直径工件（轧辊、火车车轮等）的表面淬火，也可用于较大直径工件的透热
超音频感应加热	20~60	—	有效淬硬层深度为2.5~3.5mm，兼有高、中频加热的优点，淬硬层深度略高于高频，而且沿工件轮廓均匀分布，所以它对用高、中频感应加热难以实现的表面淬火工件有着重要作用，适合于中小模数齿轮、花键轴、链轮等

目前，我国的感应电源是新、旧型并存。旧式的高频和超音频电源是电子管式的，其主体是一个大功率电子振荡器，通过它把50Hz工频电流转换为100~500kHz的高频和30~50kHz的超音频电流。其主要缺点是变频效率低，振荡器的寿命短。

旧式的中频电源是发电机式的，即一种机式中频发电机。其主要缺点是效率低、设备费用高。

上述两类电源都将逐渐被晶体管式中、高频电源代替。晶体管式的晶闸管中频电源利用晶闸管把50Hz工频三相交流电转换成单相1~8kHz的中频交流电。其特点是安装起动方便、空载损失少、电效率高（85%以上）、容易控制。20世纪90年代后，其在我国飞速发展，目前已覆盖了中频电源的主要市场。

新型的全固态高频电源采用新型电力电子器件——静电感应晶体管（SIT）使装置全固态化，具有转换效率高、工作电压低、操作安全、使用寿命长和可省去高压整流变压器的优点，但设备费用较高。

50Hz 工业频率电源是一个工业变压器，无须变频装置。其设备简单，输出功率大，应用于大型工件表面淬火或透热。其主要缺点是加热速度慢，加热效率低。

五、感应加热设备的安全操作规程

感应加热设备使用的电源电压为 220～380V，但有的设备内部电压高达 10kV 以上。故在使用感应加热热处理设备时，必须注意高压电的用电安全和电磁波辐射污染的问题。

1. 高频感应加热设备的安全操作

目前，我国生产的高频及超音频变频装置仍大都采用电子管式，因此高频感应加热设备主要为电子（真空）管，产生高频电磁振荡，电功率为 10～200kW，机内最高电压约为 15kV，要求设备内绝缘性能必须良好，机壳等有关部分必须可靠接地；操作工位应放置绝缘橡胶垫；设备旁应设有防护木栏杆，涂红白相间的油漆；挂高压电危险标志；高频间光线应明亮，通风良好，室内温度应控制在 15～35℃；安装排风装置，以排除工件加热时所散发的油烟废气。由于高频设备的频率为 30～500kHz，会产生射频辐射，当人体吸收一定辐射量后，会发生生物学变化，并随着波长减短（频率增高）而增加，表现为神经衰弱症候群和自主神经系统功能紊乱，因此对设备的辐射场源（如高频变压器、馈电线、工作电容、耦合电容及感应器等）应采取屏蔽措施。为防止电磁波外漏而影响附近（约 100m 内）的电子设备和无线电通信，还应将全室屏蔽，并保证工作环境的辐射强度在规定范围以内（电场强度 $E \leqslant 20\text{V/m}$，磁场强度 $H \leqslant 5\text{A/m}$）。操作时应注意：

1）必须有两人以上方可操作高频设备，并指定操作负责人。操作者应穿戴好绝缘鞋、绝缘手套和其他规定的防护用品。

2）操作者必须熟悉高频设备的操作规程，开机前应检查设备冷却系统是否正常，正常后方可送电，并严格按操作规程进行操作。

3）工作前应关好全部机门，机门应装电气联锁装置，保证机门在未关前不能送电。在高压合上后，不得随意到机后活动，严禁打开机门。

4）工件应去除毛刺、铁屑和污垢，否则在加热时容易与感应器产生打弧现象。打弧产生的电弧光既会损伤操作者视力，也容易打坏感应器和损坏设备。

5）高频设备应保持清洁、干燥和无尘土。工作中若发现异常现象，则应首先切断高压电，再检查并排除故障。

6）必须有专人检修高频设备。在检修时，打开机门后，应首先用放电棒对阳极、栅极、电容器等进行放电，然后再开始检修，严禁带电抢修。

7）在使用淬火机床时，应遵守有关电气、机械和液压传动的安全规程。在移动淬火机床时，应防止其倾倒。

2. 中频感应加热设备的安全操作

中频感应加热变频设备有发电机式和晶闸管式两种。中频电流的最高电压可达750V左右，使用时必须遵守安全用电规则（变频机的功率一般都大于100kW）。中频机房应通风良好，保持清洁、整齐和干燥。中频设备必须有两人以上方可开机操作，并指定操作负责人。操作者应熟悉和遵守中频设备操作规程，并穿戴好规定的防护用品。工件应去除毛刺、铁屑和油垢，否则容易产生打弧，操作时也要防止工件与感应器接触产生打弧。在使用中频淬火机床时，应注意电气、机械和液压传动等的安全操作规程。设备需由专人修理，修理前先用放电棒对电容器等进行放电，严禁带电抢修。

3. 工频感应加热设备的安全操作

工频感应加热设备是用工业电频率、低电压、大电流，对大型工件进行加热淬火或正火的，使用时应遵守安全用电规则。

为防止大工件在工频感应加热时炸裂伤人，操作时必须严格遵守工频热处理操作规程和相应的大件热处理工艺规程，应先对大工件逐件进行超声波探伤，凡探伤后发现有白点、严重偏析和疏松等缺陷的工件，禁止用工频设备加热。工件应去除毛刺、铁屑和污垢，以防止打弧。在生产操作中，必须指定负责人，操作者必须熟悉和遵守工频设备操作规程。

工件应有吊装孔或合适的卡台，以确保工件搬运和吊装的安全。在操作工频加热机床时，应注意电气、机械和液压传动等的安全使用规则。

六、淬火机床的使用与维护

淬火机床主要由机床、中高频电源、冷却装置三大部分组成。其中，机床由床身、上下料机构、夹紧机构、旋转机构、淬火变压器及谐振槽路、冷却系统、淬火冷却介质循环系统、电气控制系统等组成。淬火机床从结构上分为立式和卧式两大类，用户可根据淬火工艺选择淬火机床。对于特殊工件或特殊工艺，可根据加热工艺要求设计和制造专用淬火机床。

淬火机床与中、高频电源配合，实现感应淬火，常用于齿轮、轴承、轴类零部件、气门、缸套及各类工件的淬火及热处理。

目前，感应淬火机床的发展更加趋向自动化，数控机床（CNC）和自动分拣工件与自动识别进机工件功能的机床增多。

由于淬火机床处于交变的电磁场中，工件加热的温度、水雾、油烟及淬火用的各种冷却介质对淬火机床都有影响，因此在使用与维护淬火机床时，要严格按说明书规定的程序进行操作，经常保持工作场地的整洁，定期检查淬火机床的电气部分。在使用时，除了要遵守一般金属切削机床的操作规程外，也要遵守前面所讲的感应加热设备的安全操作规程。尤其要重点检查轴承及转动、滑动部件的防水、防锈措施，防止机床部件及电动机被水淹及受潮而造成安全事故隐患。

第二节 火焰淬火

一、火焰淬火的基本原理和特点

所谓火焰淬火，就是利用氧-乙炔（或其他可燃气）火焰使工件的表层加热并快速冷却的淬火方法。火焰淬火最常用的燃料是氧-乙炔混合气体或其他可燃气体。

火焰淬火的特点是设备简单、成本低、使用方便灵活，适用于各种形状工件特别是大尺寸工件的局部淬火或表面淬火。其最大缺点是淬火加热时容易过热，淬火质量不易控制，影响因素较多。

二、火焰淬火的方法

根据喷嘴与工件相对运动情况，火焰淬火的方法基本上可分为四种。

（1）固定法　淬火工件和喷嘴都不动，用火焰喷嘴直接加热淬火部分，当工件加热到淬火温度后立即喷水冷却，如图3-7a所示。这种方法适用于淬硬面积不大的工件（如气阀顶杆、杆件端部、导轨接头等）。

（2）旋转法　用一个或几个固定火焰喷嘴对旋转（转速为100～200r/min）工件表面进行加热，使其表面加热到淬火温度，然后进行冷却，如图3-7b所示。这种方法适用于小直径的轴和模数小于5mm的齿轮。

（3）前进法　火焰喷嘴和冷却装置沿淬火工件表面做平行移动，一边加热，一边冷却，淬火工件可缓慢移动或不动，如图3-7c所示。这种方法可使很长的工件（如长轴、机床床身及导轨等）进行表面淬火加热，也可用于大模数齿轮的逐齿淬火。

（4）联合法　淬火工件沿其轴线做迅速旋转，而喷嘴及喷水装置同时沿工件轴线平行移动，如图3-7d所示。该方法加热均匀，可作冷轧辊的表面淬火用。

三、火焰淬火的设备

火焰淬火的主要设备有喷枪、喷嘴、淬火机床、乙炔发生器和氧气瓶。其

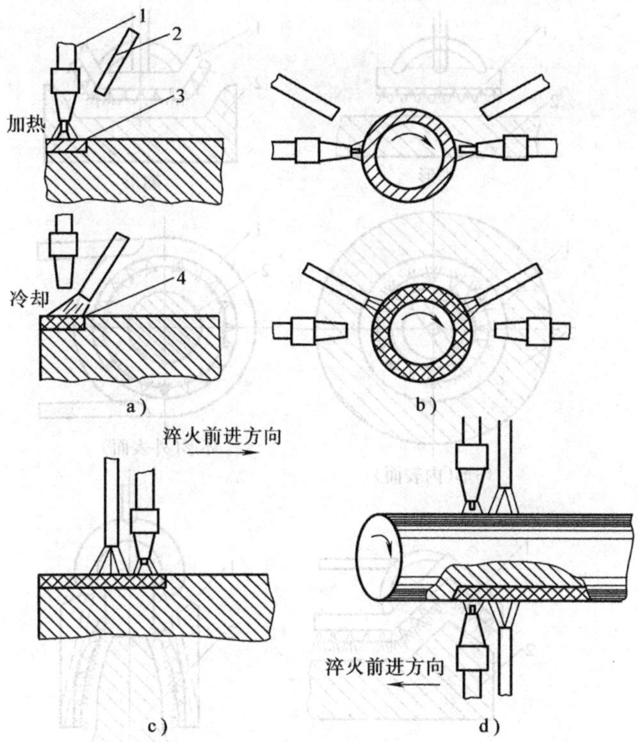

图 3-7 火焰淬火方法示意图
1—火焰喷嘴 2—冷却水管 3—加热层 4—淬硬层

中，喷嘴的形状直接影响火焰淬火的质量。为了能够均匀加热，要求火焰外形尺寸尽可能与淬火部位的形状尺寸一致。常用的喷嘴形状（见图 3-8）有以下五种：

（1）平形 适用于不同尺寸工件的平面表面淬火加热。

（2）翘形 适用于凹槽表面的淬火加热。

（3）环形 适用于滚轮、轴类及其他外圆表面或内圆表面淬火加热。

（4）角形 适用于机床、导轨等角形工件的表面淬火加热。

（5）钳形 是专门用于齿轮及类似形状工件的加热。

四、火焰淬火的注意事项

（1）淬火前的准备 为使钢的淬硬层深度与硬度均匀一致并具有强韧的心部组织，在淬火前应进行预备热处理（通常是正火或调质）。此外，淬火前必须对淬火表面进行认真的清理和检查，淬火部位不允许有脱碳层、氧化皮、砂眼、气孔及裂纹等疵病。

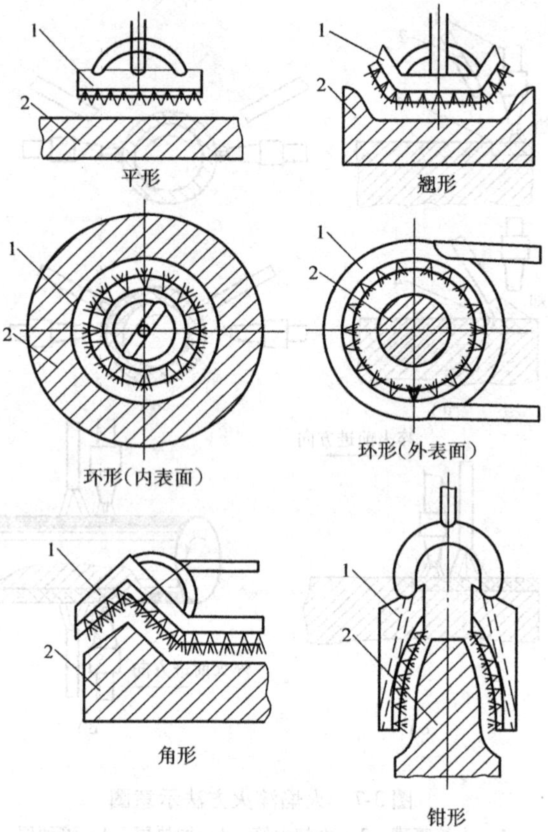

图3-8 火焰淬火常用喷嘴形状
1—喷嘴 2—工件

（2）预热 合金钢、铸钢件及铸铁件在进行火焰淬火时，由于材料导热性差，形成裂纹的可能性较大，必须在淬火前进行预热。

（3）加热温度 火焰淬火温度比常规淬火温度要高，在 Ac_3 以上 80 ~ 100℃，一般取 880 ~950℃。淬火时的加热温度凭经验掌握，并通过调整喷嘴的移动速度来控制。

（4）回火 淬火后工件应立即回火，以消除应力，防止开裂。回火温度根据硬度要求而定，一般为 180 ~200℃，回火保温时间为 1 ~2h。

五、火焰淬火的操作步骤

火焰淬火一般按下列步骤进行：

1）根据工件淬火表面的形状和尺寸决定操作方法。

2）由选定的淬火方法选取喷嘴的形状。

3）确定氧气或乙炔的流量和工作压力。一般氧气压力为0.12～0.4MPa，乙炔压力为0.03～0.12MPa，氧气与乙炔的混合压力比为1:1.2。

4）确定喷嘴与工件的距离，一般为6～15mm，若工件直径大，则适当减小，钢中碳含量高时可增大。

5）确定喷嘴移动速度（连续淬火法）和加热时间（同时淬火法）。

6）选择淬火冷却介质的种类、压力和温度。w_C < 0.60%的钢可用水冷淬火；w_C > 0.60%或含铬及锰的低合金钢可用30～40℃的温水或体积分数为0.10%～0.50%的聚乙烯醇水溶液作为淬火冷却介质。

7）工作时先开少量乙炔气，点燃后再开大乙炔气并调整氧气，使火焰为中性焰。

8）工作完后，先关氧气，再关乙炔，等熄灭后再开少量氧气吹出烧嘴中剩余的气体，最后再关掉氧气。

第三节　接触电阻加热淬火

接触电阻加热淬火机床有多种形式，如行星差动式、可移动自动往复式、传动电极式、多轮式等。图3-9为行星差动式淬火机床的结构简图。它由一个0.125kW、2790r/min的电动机带动蜗杆，后者再带动安装在两个轮架之间的蜗轮（传动比为25:1），蜗轮内部装有一套行星式差动减速器。下面介绍接触电阻

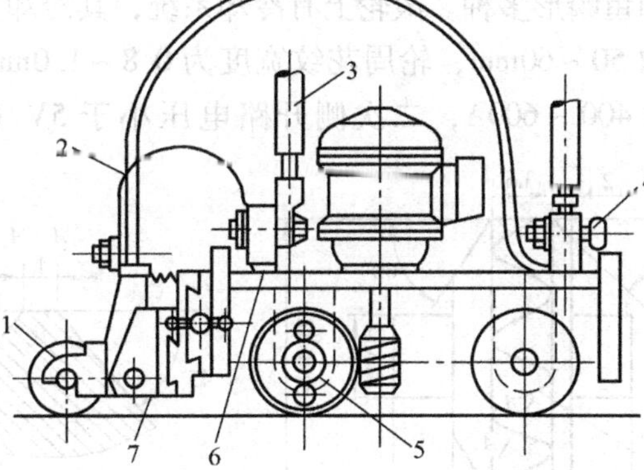

图3-9　行星差动式淬火机床的结构简图
1—铜轮　2—柔性导线　3—接变压器的导线
4—风门　5—行星减速器　6—绝缘垫　7—电木座

加热淬火的基本原理和应用举例。

一、接触电阻加热淬火的基本原理

接触电阻加热淬火是利用触头和工件间的接触电阻使工件表面加热，并借其本身未加热部分的热传导来实现淬火冷却的淬火方法。这种方法的优点是设备简单，操作方便，工件变形小，淬火后不需要回火。

接触电阻加热淬火的原理如图3-10所示。变压器二次绕组供给低电压、大电流，在电极（铜滚轮或炭棒）与工件表面接触处产生局部电阻并进行加热。当电流足够大时，产生的热能足以使此部分工件表面温度达到临界点以上，然后靠工件的自行冷却实现淬火。

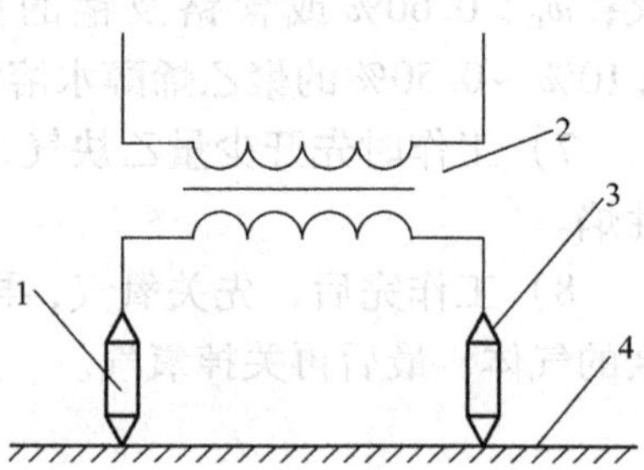

图3-10　接触电阻加热淬火的原理

1、3—铜滚轮电极　2—变压器　4—工件

接触电阻加热淬火能显著提高工件的耐磨性和耐擦伤能力，但淬硬层较薄（0.15～0.30mm），金相组织及硬度的均匀性都较差，目前多用于机床铸铁导轨的淬火，也可用于气缸套、曲轴、工模具等工件上。

二、接触电阻加热淬火的应用举例

接触电阻加热淬火要求工件的表面粗糙度值在 $Ra1.6\mu m$ 以下，所以大都在精加工（磨、刨）后进行。图3-11所示为机床导轨表面淬火用的铜滚轮。轮周的花纹有S形、锯齿形和鱼鳞形多种。滚轮上有冷却系统，其冷却方式是用压缩空气吹冷。滚轮直径一般取50～60mm，轮周花纹宽度为0.8～1.0mm。滚轮移动速度为2～3m/min，电流为400～600A，二次侧开路电压小于5V（负载电压为0.5～

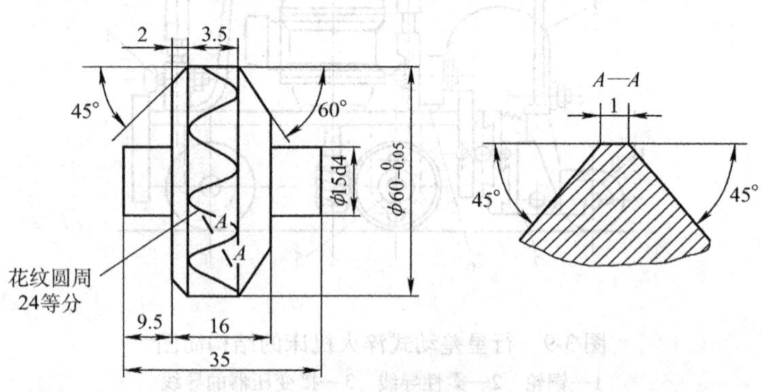

图3-11　铜滚轮

0.6V)。加在铜滚轮上的压力为40~60N。用上述参数处理的机床导轨，可获得0.20~0.25mm深的淬硬层，得到隐针马氏体和少量莱氏体及残留奥氏体。

在经过接触电阻加热淬火后，工件表面会产生一层熔融突起和氧化皮，可用磨石打光。

第四节 表面淬火处理技能训练

训练1 淬火冷却介质的供给压力和流量调整

应根据淬火冷却介质的性质来选择淬火泵：若淬火冷却介质是清水，则可选择铸铁泵；若淬火冷却介质是碳酸钠水溶液等，则要选用不锈钢泵，防止腐蚀损坏。

淬火冷却介质的供给压力和流量调整，取决于工件一次淬火面积的大小、淬火表面的喷淋密度[mL/(cm^2·s)]、材质以及加热温度。表3-5列出了不同加热方式下的喷淋密度。

表3-5 不同加热方式下的喷淋密度

类　别	喷淋密度/[mL/(cm^2·s)]
一般表面淬火	10~15
透热淬火	40~50
低淬透性钢淬火	60~100

1. 供给压力

可以通过调节淬火泵的扬程来调整淬火冷却介质的供给压力。淬火泵扬程越大，淬火冷却介质的喷射压力也越大，淬火工件表面就不能形成蒸气膜，表面冷却速度增加，从而得到高的淬火硬度。一般采用开始时用高压小流量，随后用低压大流量的方法冷却。

如果淬火钢对冷却速度要求高，那么必须选用大的扬程，如40m、50m甚至70m。如果所处理的钢材对冷却速度要求不高，那么可选用小的扬程，但一般应大于20m。当选用的淬火泵扬程大时，在喷液时，可通过喷液器降压；当选用的淬火泵扬程低时，淬火时水压低。因此，一般推荐将淬火泵扬程选择在40m以上。

2. 流量的调整

淬火冷却介质流量的调整是通过淬火泵容量的选择来实现的。一次加热面积大的工件，所需淬火冷却介质的流量就大。必须明确，此流量是电磁水阀开启后

的瞬时流量，即在淬火时的短短几秒内要求的流量。其计算公式为

$$流量(mL/s) = 加热面积(cm^2) \times 喷淋密度[mL/(cm^2 \cdot s)]$$

• 训练2 对模数在10以上的大模数齿轮进行感应淬火

1. 工件外形尺寸及热处理技术要求

齿轮外形尺寸如图3-12所示。

齿轮材料为ZG 310-570，模数为10，齿数为33，齿宽为115mm，要求淬硬层深度为1～1.5mm，表面硬度为48～55HRC。

加工路线为：正火处理→机械加工→逐一进行齿间感应淬火→回火。

2. 工件性能分析

长期生产实践证明，对齿轮进行表面热处理（包括化学热处理及表面淬火），不仅能使轮齿表面硬化，而且可使其心部具有高韧性，对提高齿轮的使用性能是最为有效的。对大模数齿轮而言，为减少热处理变形，应避免使用贵重的高合金钢和大功率的加热设备，通常不采用化学热处理，而以各种表面淬火方法进行热处理。其中，高频、中频感应淬火由于具有热处理质量好、劳动条件好等优点，而应用最为广泛。针对齿轮的材料及技术要求，可采用高频感应淬火。

3. 感应淬火操作

齿轮经过正火处理后，再经机械加工就可进行感应淬火。

(1) 感应器的选择 由于被处理齿轮模数较大，齿宽也较大，宜采用单齿连续淬火法。感应器及淬火情况如图3-13所示。

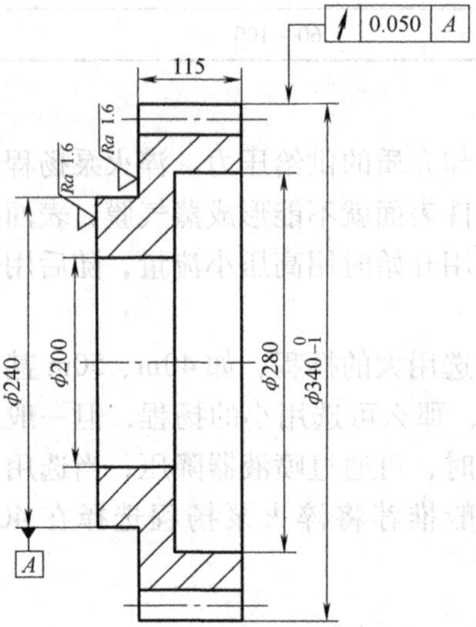

图3-12 齿轮外形尺寸

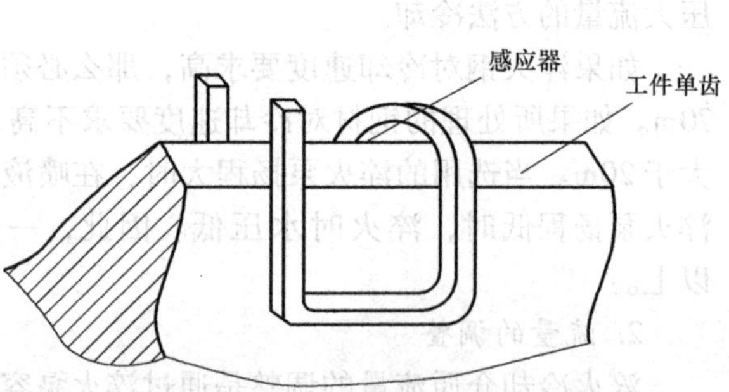

图3-13 感应器及淬火情况

在使用这种结构的感应器时，要特别注意避免齿顶过热，感应圈离齿顶应该高一些，即应远离齿顶。感应器的上圈主要起预热作用，可增加淬硬层深度，但圈距又不宜太近，否则齿顶也容易过热，且冷却水不易畅通，一般以 10 ~ 12mm 为宜。感应圈上正对齿顶部分不要开喷水孔，以免齿顶由于激冷而产生裂纹。感应圈两侧喷水孔的长度以齿顶淬硬又不出现裂纹为准。在处理模数在 10 以上的齿轮时，感应圈应高出齿顶 1.5 ~ 2mm。感应器与齿部间隙如图 3-14 所示。

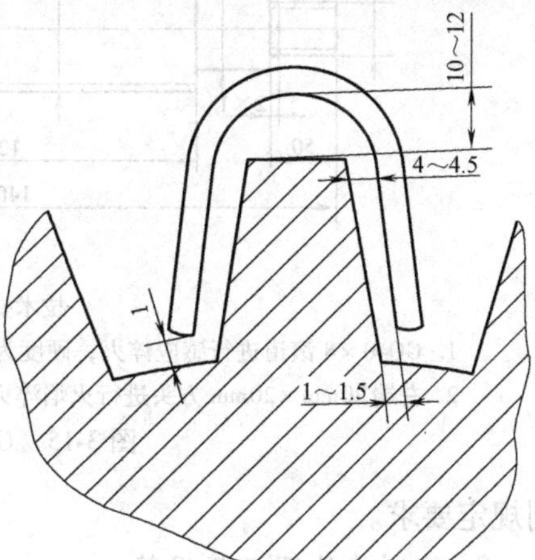

图 3-14 感应器与齿部间隙

（2） 淬火操作步骤

选取功率为 60kW 的电子管式高频感应淬火设备，操作步骤如下：

1） 将已制好的感应器换上，调好齿轮沿轴向的运动速度（由专用淬火机床变速机构调整），该齿轮淬火时的运动速度为 4 ~ 5mm/s。

2） 给高频加热装置各部分通上冷却水，水压不低于 0.196MPa。

3） 给灯丝预热。

4） 调移相器，将屏极电压调至 10 ~ 11kV，调节耦合与反馈旋钮，使阳极电流为 3.5A，栅极电流为 0.8A，此时的输出功率为 33 ~ 35kW。

5） 将齿轮装在淬火机床上。

6） 开高压开关，开始淬火加热并喷水淬火，直到在齿轮运动下淬完一个齿为止，然后换下一齿，重复按下高压开关，进行第二齿的加热与淬火，直到将全部齿淬完为止。

在淬火完成后，将齿轮放入回火炉以 200 ~ 250℃ 的温度加热，保温 90min，出炉空冷即可。

• 训练 3 按工艺对工件进行感应淬火和火焰淬火操作

GCr15 钢制滚珠丝杠（外形尺寸见图 3-15），要求滚道进行感应淬火，硬度为 58 ~ 63HRC，淬硬层深度为 3 ~5mm；方头进行火焰淬火，硬度为 40 ~45HRC。

1. 工件情况及技术要求分析

根据丝杠滚道感应淬火技术要求，选择中频感应淬火可满足 3 ~ 5mm 淬硬层深度要求，设备的最佳频率可选择 2500Hz；根据方头外形尺寸和技术要求，选用单喷头的氧-乙炔烧嘴，采用工件旋转加热、冷却的方法进行火焰淬火，可达

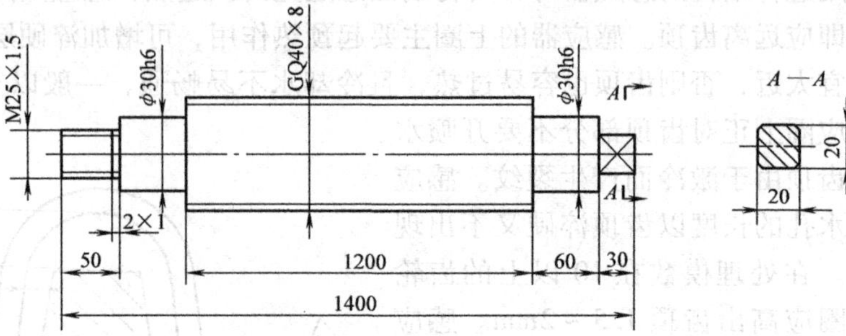

技术要求

1. GQ40×8 滚道进行感应淬火，硬度为 58～63HRC，淬硬层深度为 3～5mm

2. 右端 20mm×20mm 方头进行火焰淬火，硬度为 40～45HRC

图 3-15　GCr15 钢制滚珠丝杠

到规定要求。

2. 编制热处理工艺规范

（1）滚道中频感应淬火工艺规范

1）设备：中频感应淬火采用国产 DGF—CI02 型中频感应淬火机床（额定功率为 100kW，额定电压为 750V，电流频率为 2500Hz）。

2）热参数选择：回火采用油浴回火炉（可选 SY89—103 型，ϕ400mm×3000mm）或台车式烘箱（GFC—70 型，4000mm×1000mm×1500mm），中频感应淬火温度为 860～880℃，淬火冷却介质为质量分数为5%～10%的 Na_2CO_3 水溶液，回火温度为 160～180℃，保温时间应大于或等于4h，空冷。

3）电参数的选择：根据中频感应淬火电参数的选择方法及试棒工艺实验，丝杠滚道淬火的电参数可按表 3-6 选择。

（2）方头火焰淬火工艺规范

1）设备：火焰淬火选用单头喷头的氧乙炔烧嘴，氧气瓶乙炔气瓶、滚轮。回火采用硝盐回火炉（GY85—63 型，ϕ600mm×800mm）。

2）工艺参数：淬火温度为 930～940℃，淬火冷却介质为质量分数为 5%～10%的 Na_2CO_3 水溶液，回火温度为 380～400℃，保温时间为 0.5～1h。氧气压力参数为 0.12～0.4MPa，乙炔压力参数为 0.03～0.12MPa，根据火焰温度调整。

表 3-6　丝杠滚道淬火电参数的选择

工件规格/mm	感应器尺寸（内径×高度）	中频功率/kW	中频电压/V	中频电流/A	功率因数 cosφ	匝比	电容	淬火速度/(mm/s)
ϕ40	ϕ48mm×20mm	80	590	138	≥0.90	22/1	根据功率因数自定	10

3）滚道淬火与方头淬火的安排：由于方头淬火多采用中温回火，滚道淬火后采用低温回火，因此为避免因中温回火造成滚道硬度降低，将热处理工序安排应为：方头淬火→中温回火→滚道淬火→低温回火。

3. 热处理工序操作

（1）准备工作

1）对工件进行检查：检查钢材牌号、尺寸、数量是否与工艺卡相符；清理、检查工件表面，不允许有油污、砂眼、气孔、裂纹等缺陷，感应淬火部位的表面不允许有明显刀痕、折叠。

2）检查热处理设备：中频感应淬火机床电气部件运行应正常，火焰淬火所用氧乙炔钢瓶、气管及喷嘴连接应不漏气，电气仪表、压力表应无异常现象。

3）检查工装夹具及起吊设备：火焰淬火滚轮滚动平稳，工件回火吊具无破损或裂纹。

（2）方头火焰淬火、回火操作

1）将工件平稳放置于滚轮上，推动滚轮时应保证工件均匀旋转。

2）打开氧气阀门、减压阀及喷嘴开关，吹出管路中不纯气体后关闭喷嘴开关，把压力控制在0.2～0.4MPa之间。

3）打开乙炔气阀门和减压阀开关，将压力控制在0.05～0.12MPa之间。

4）打开喷嘴和乙炔管路点火开关，开少量乙炔气体，点燃，再逐步调整喷嘴乙炔管开关加大流量，然后打开喷嘴氧气管开关，通入氧气，将火焰调整至中性焰。

5）推动滚轮使工件均匀旋转，将喷嘴固定在方头侧面，保持火焰心在距工件10mm处，使工件方头均匀加热，如图3-16所示。

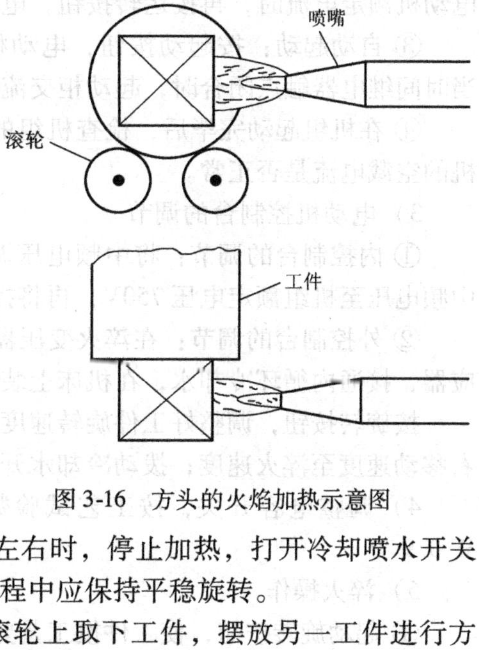

图3-16 方头的火焰加热示意图

6）加热10～20s，注意观察方头加热火色，估计温度，当温度达到900℃左右时，停止加热，打开冷却喷水开关进行方头淬火，注意工件在加热、冷却过程中应保持平稳旋转。

7）当方头冷却至100℃以下时，从滚轮上取下工件，摆放另一工件进行方头火焰加热、淬火。

8）在工件淬火后，先关闭氧气，再关闭乙炔气，待熄火后，再用氧气冲洗烧嘴中的余气，关闭喷水开关。

9）将经过火焰淬火的批量丝杆用多头吊具垂直吊挂（注意方头朝下），垂直浸入硝盐炉中回火（浸入深度大于方头的高度即可）。

10）将按工艺进行回火的工件冷却至室温，清洗后转至中频感应淬火机中进行滚道淬火。

（3）滚道中频感应淬火、回火操作

1）开机前的准备

① 检查电动机轴承的润滑情况，根据设备说明书按要求适当添加2号低温润滑脂和22号透平油。

② 检查各电柜内触点是否正常。

③ 合上总电源开关，起动水泵，调节电动机与电容器柜，使冷却水压力为0.2～0.3MPa，水量约为$2.6m^3/h$。

2）起动电动机组

① 选择好起动转换开关的“手动”或“自动”位置，全压起动时间为20s。若电动机由冷态起动，则允许连接两次；若电动机由热态起动，则只允许连接一次。

② 手动起动：按起动按钮，电动机开始起动，当起动电流逐步下降至接近电动机额定电流时，再按运转按钮，电动机开始正常运转。

③ 自动起动：按起动按钮，电动机开始起动，同时时间继电器开始工作，当时间继电器触点闭合时，起动柜交流接触器自动接通，电动机开始正常运转。

④ 在机组起动完毕后，检查机组的振动情况、上下轴承的运转声音及电动机的空载电流是否正常。

3）电动机控制台的调节

① 内控制台的调节：将中频电压调整到最小值，按压励磁按钮，逐步调整中频电压至机组额定电压750V，再将控制台转换开关拨至“外调”位置。

② 外控制台的调节：在淬火变压器调整压比至22/1，二次绕组接头装好感应器，接通内循环冷却水，在机床上装夹好工件后，方可进行外控制柜的调节。

按旋转按钮，调整好工件旋转速度；按移动按钮，按工艺要求调节感应器左右移动速度至淬火速度；拨动冷却水开关，调整冷却水压力至0.1～0.3MPa。

4）调整电容开关，按工艺试验数据加载电容，确保功率因数大于或等于0.9。

5）淬火操作

① 起动旋转按钮，使工件按工艺要求进行旋转。

② 起动移动按钮，调整至工艺要求的淬火速度。当感应器移动至滚道起始端时，按加热按钮，调整功率旋钮至80kW，打开冷却水开关，对工件滚道进行加热、冷却。

③ 当工件滚道连续加热、冷却至结尾端时，切断加热开关；当喷水器继续移动至工件滚道结尾端时，切断移动按钮，使滚道尾端继续定点冷却一段时间（温度低于100℃）后切断冷却水开关和工件旋转开关。

④ 取下工件，控制感应器移动至起始端，对另一件工件进行淬火。

6）在全部工件淬火后，将中频机组停机。停机步骤为：

① 缓慢将中频发电机的电压调整旋钮调到最小位置，再切断中频电动机的励磁电流。

② 切断负控柜内的负控开关。

③ 按下起动柜上的停止按钮，切断机组电源。

④ 在切断机组电源1h后才能关闭中频机组冷却水，使其充分冷却。

⑤ 关闭总电源，进行设备的检查、保养，填写工艺记录。

7）用多头吊具将工件垂直吊起，然后垂直放入回火设备中，按工艺要求进行回火操作。

8）对回火后空冷至室温的工件进行清洗，检查其滚道和方头部位的硬度。检查滚道的硬度时可采用洛氏硬度计，检查方头部位的硬度时可采用锉检结合洛氏硬度计。

• 训练4　在±30℃误差范围内目测800～1000℃炉温

学会用眼睛判断加热火色与温度之间的关系，不仅可以判断钢件的加热温度是否符合工艺要求，而且可以判断淬火冷却时预冷的温度，以保证淬火质量，从而防止产生工件开裂或淬不上火等缺陷。学会用火色判断温度还可以观察盐浴升温情况、箱式电阻炉内工件的升温情况以及感应加热时工件的最终温度是否符合工艺要求等，并用观察的温度来判断工艺操作是否有问题，设备有无故障，以保证热处理工序的正常进行。用火色判断温度还可以判断自回火工件的回火温度，保证回火后的硬度要求。因此，用火色判断温度在生产中仍有相当的实用价值。

钢的加热温度与火色的关系见表3-7。

表3-7　钢的加热温度与火色的关系

火　色	温度/℃
黑色	470
暗红色	550～600
红色	700～800
黄色	850～950
白色	1200～1300
灰白色	1350

要减小用火色判断温度的误差，除参考书本资料外，更多的是靠操作者积累的丰富经验，因此在每次估计温度时最好全面考虑，细心观察并及时总结经验。

下面介绍一些目测温度的现场经验。

1）目测炉温是依靠火色和温度的关系，通过比较确定的，即温度越高，其火色越亮。

2）在观测箱式电阻炉的炉温时，最好能够停止供电，因为带电观察时，炽热的电阻丝会增加火色的亮度，影响目测的准确性。

3）在观察箱式电阻炉炉温时，目测点应落在有代表性的部位上，如炉子的后炉墙、工件到炉底板的空间等处，而靠近电阻丝周围的温度并不能代表全炉的实际平均温度。

4）在观察盐浴炉温度时，不能用眼睛长时间盯着看，以免对眼睛造成伤害。

5）在观察盐浴炉温度时，要注意盐浴翻滚的程度和蒸发的程度。其翻滚得越厉害，说明其温度越高；其蒸发的程度越厉害，也说明其温度越高。

训练5　对铸铁机床导轨进行表面淬火操作

1. 工件外形尺寸及热处理技术要求

机床床身材料选用牌号为 HT200、HT250 或 HT300 的灰铸铁。其加工路线为：铸造→机械加工→去应力退火→机械加工→中频感应淬火→矫直→回火→机械加工后装配。机床床身导轨剖视图如图 3-17 所示。

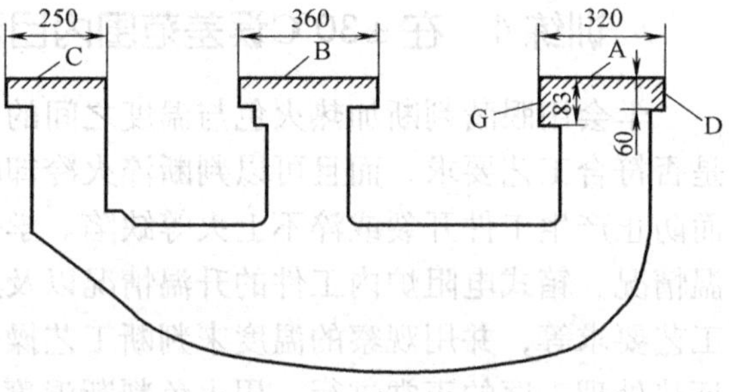

图 3-17　机床床身导轨剖视图

注：图中粗线处为需淬火导轨面，床身总长度为 5m。

热处理技术要求如下：

1）A、B、C、D、G 面硬度为 45 ~ 50HRC，淬硬层深度为 2.5 ~ 4.5mm。

2）A、B、C 面平面度误差小于或等于 1.2mm。

3）各导轨两端端面 20 ~ 30mm 内不淬。

4）A、B 面中间搭接软带宽度小于或等于 25mm。

5）淬火后表面无烧伤及裂纹。

2. 工件性能分析

机床床身导轨是机床的重要工作基面，也是整台机床的装配基础和工作精度的基础。它的失效形式主要是导轨工作面的磨损和擦伤，丧失平直度和表面粗糙度而粗化，因此机床床身导轨只有具有一定的硬度和耐磨性，才可以保持机床精度和延长其使用寿命。

由于灰铸铁中的石墨有利于润滑及贮油，因此其耐磨性优于钢；因灰铸铁中碳含量偏高，接近于共晶成分，故熔点比较低，流动性好且收缩率小，适合于铸造；因为石墨使灰铸铁在切削加工时易于形成断屑，所以灰铸铁的可加工性也大大优于钢；灰铸铁的成本也远低于钢，并且经中频感应淬火后完全可以达到相应的技术要求，故床身和导轨都用同一灰铸铁材料，这样既可以减振，也可以提高机床的加工精度并降低制造成本。

3. 加工工艺过程

（1）去应力退火　其工艺为：加热温度为 500～550℃，保温 4～6h，随炉冷却至 200℃以下出炉空冷。

铸件在冷却及发生组织转变的过程中，会产生热应力和组织应力，这些应力可使铸件产生裂纹或翘曲。由于存在着内应力，铸铁件在机械加工后将因内应力重新分布而发生变形，不能保证加工精度。另外，工件在机械加工之后，其内部也产生新的加工应力。因而铸铁件床身需要在粗加工后进行消除应力退火，以防止淬火后产生较大变形甚至开裂。

（2）机械加工　为了确保淬火成功，预防淬火开裂及变形，机械加工要做好以下几方面：

1）淬火前上、下导轨面各留 1.2～1.3mm 的加工余量，侧导轨面各留0.6～0.7mm 的加工余量，以便消除淬火变形对机械加工的影响。

2）各淬火导轨面淬火前表面粗糙度加工至小于或等于 *Ra*3.2μm，相关处倒45°角，为的是防止表面因粗糙而淬火开裂及尖角处过热而引起熔化或开裂。

3）按照灰铸铁淬火件材质的要求取样化验化学成分。

（3）中频感应淬火

1）预检：检查铸件外观有无铸造缺陷，分析化学成分是否合格，导轨面倒角是否符合要求，检测基体硬度是否在 180～250HBW 之间等。

2）C 面淬火：选用平面感应器（260mm）（见图 3-18）作淬火感应器，先在仿形淬火试样上做淬火加热试验，调整各电参数至满足淬火需要（见表 3-8），再进行淬火，将床身找正、调平后参考调试出来的参数进行加热，淬火加热温度为 880～920℃，感应器距导轨面 2～3mm，喷水压力大于或等于 0.2MPa，导轨面两端 20～30 mm 不淬。

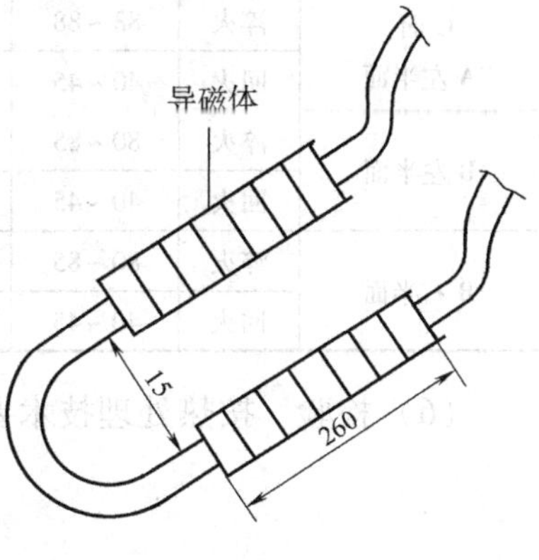

图 3-18　平面感应器（260mm）

在淬火加热过程中要严密观察淬火温度、感应器与导轨面之间的距离与喷水情况，防止烧伤，淬火温度过高而淬裂，喷水不良或淬火温度低而致使硬度达不到要求。

3）D面、A右半面淬火：工序同2），选用平面直角感应器（150mm×70mm）作淬火感应器。

4）G面、A左半面淬火：选用平面直角感应器（150mm×93mm）作淬火感应器，A面中间允留小于或等于25mm的软区。

要严格控制感应器尺寸，后淬A左半面时不得与A右半面已淬硬处搭接，防止淬火开裂，其余同2）。

5）B左半面淬火：工序同2），选用平面感应器（180mm）作淬火感应器。

6）B右半面淬火：工序同2），B面中间允留小于或等于25mm的软区。

要严格控制感应加热的尺寸，后淬B右半面不得与B左半面已淬硬处搭接，以防止淬火开裂。

（4）热矫直　根据淬火后导轨的弯曲情况，在A、B、C三个导轨面的相对底面的六根立筋上进行热矫直，加热温度为650～700℃，移动速度为2～3mm/s，加热长度为3000～4000mm。感应器与工件的耦合距离为3mm。

（5）回火　加热温度为200～240℃，保温时间为4.5h。

在没有回火设备的情况下允许感应回火，但应在热矫直前进行，参数见表3-8。

表3-8　淬火工艺参数

位置＼参数		功率/kW	电压/V	电流/A	电容/μF	功率因数 cosφ	移动速度/(mm/s)
C面	淬火	90～92	950～975	100～120	4.3+0.85	0.95（超前）	3～3.5
	回火	45～50	900～950	45～50	6.8	0.7（超前）	2～3
A右半面、D面	淬火	80～85	900～950	90～100	6.8	0.95（超前）	4～4.5
	回火	40～45	900～950	45～50	6.8	0.7（超前）	2～3
G面、A左半面	淬火	83～88	930～970	95～105	6.8	0.95（超前）	3～3.5
	回火	40～45	900～950	45～50	6.8	0.7（超前）	2～3
B左半面	淬火	80～85	900～950	90～100	4.3+0.85	0.95（超前）	3～4
	回火	40～45	900～950	45～50	6.8	0.7（超前）	2～3
B右半面	淬火	80～85	900～950	90～100	4.3+0.85	0.95（超前）	3～4
	回火	40～45	900～950	45～50	6.8	0.7（超前）	2～3

（6）检验　按热处理技术要求对铸铁机床导轨进行检验。

复习思考题

1. 感应加热的方法有哪几种？

2. 感应加热的冷却方法有哪些？
3. 感应淬火的基本原理是什么？有何特点？
4. 如何选择感应加热设备的电参数？
5. 简述感应器的构造与制作知识。
6. 简述感应加热电源的种类、特点、用途和透彻范围。
7. 简述高频感应加热设备的安全操作知识。
8. 简述中频感应加热设备的安全操作知识。
9. 简述工频感应加热设备的安全操作知识。
10. 什么是淬火机床？如何操作和维护淬火机床？
11. 什么是火焰加热？其有何特点？
12. 火焰加热的方法有哪几种？火焰淬火的基本原理是什么？有何特点？
13. 简述火焰淬火的操作步骤和注意事项。
14. 简述接触电阻加热淬火的基本原理。
15. 如何对表面淬火用淬火冷却介质的供给压力和流量进行调整？

第四章

化学热处理

培训学习目标 掌握气体渗氮、离子渗氮、碳氮共渗和氮碳共渗的基本原理及工艺方法，熟悉渗氮钢。

第一节 气体渗氮

一、渗氮钢

所谓渗氮钢就是指适合渗氮的钢。

为了在钢表面获得高硬度和耐磨的渗氮层，就必须采用含有某些合金元素的合金钢进行渗氮，这是因为氮与某些合金元素生成的氮化物要比氮化铁稳定得多，并在渗氮层中以高弥散度的状态分布，使渗氮层具有很高的硬度。

渗氮时常利用的合金元素有 Al、Cr、V、Mo、Mn、W 等。最常用的渗氮钢有 38CrMoAl 钢，渗氮后的表面硬度和耐磨性很高；用于提高疲劳强度的渗氮钢有 40CrNiMoA 钢，不锈钢有 45Cr14Ni14W2Mo 钢，模具钢有 3Cr2W8V 钢，高速钢有 W18Cr4V 钢，调质钢有 40Cr 钢，弹簧钢有 50CrVA 钢等，此外还有铸铁 QT600-3 及用于提高耐蚀性能的 10 钢、20 钢、35 钢、45 钢等碳素钢。

生产中最普遍采用的渗氮钢是 38CrMoAl 钢，它是该类钢的典型代表。这种钢的特点是渗氮后可以得到很高的硬度，并具有良好的淬透性，同时由于 Mo 元素的加入，抑制了第二类回火脆性。因此，既要求表面硬度高、耐磨性好，又要求心部强度高的工件，普遍选用 38CrMoAl 钢进行渗氮。

二、气体渗氮的基本知识

渗氮就是在一定温度下（一般在 Ac_1 温度下）使活性氮原子渗入至工件表面，从而提高其硬度、耐磨性和疲劳强度的一种化学热处理方法。

1. 渗氮工件的特点

（1）高硬度和高耐磨性　当采用含铝、铬的渗氮钢时，渗氮后表层的硬度可达1000～1200HV。相比而言，工件渗碳淬火后表层的硬度只有700～760HV。渗氮层因为硬度高，所以耐磨性也较高。尤其值得提出的是，渗氮层的高硬度可以保持到500℃左右，而渗碳层的硬度在200℃以上就会剧烈下降。

（2）高疲劳强度　渗氮后的工件表面产生了比渗碳层大的残留压应力，能部分抵消在疲劳载荷下产生的拉应力，延缓疲劳破坏过程，使疲劳强度显著提高。试验证明，缺口试样渗氮后的疲劳强度可以与光滑试样渗氮后相媲美。

（3）变形小而规律性强　这是因为渗氮温度低，渗氮过程中工件心部没有发生相变，渗氮后又不需要任何热处理。能够引起工件变形的因素只有渗氮层的体积膨胀，所以其变形的规律性也较强。

（4）高的抗咬合性能　咬合是由于短时间缺乏润滑而产生的过热以及相对运动的两表面产生的卡死、擦伤或焊合现象。工件的渗氮层所具有的高硬度和高温硬度，可使其具有较好的抗咬合性能。

（5）高的耐蚀性能　这种性能来自于渗氮层表面化学稳定性高并且致密的化合物层，即通常所谓的白亮层。有时为了降低渗氮层的脆性而抵制了它的生成，工件的耐蚀性就不会提高。

渗氮的缺点是工艺过程时间较长，成本较高。若欲获得1mm深的渗碳层，则渗碳处理仅需要6～9h，而欲获得0.5mm的渗氮层，渗氮处理常需要40～50h。另外，由于渗氮层较薄，也不能承受太大的接触应力。

2. 气体渗氮的基本原理

（1）气体渗氮的过程　气体渗氮一般使用无水氨气（或氨+氢、氨+氮）作为供氮介质。整个渗氮过程如前所述可分为分解、吸附及扩散三个过程，即氨的分解、钢件表面吸附氮原子、氮原子从表面向里扩散。

影响渗氮的因素很多，如温度、时间、压力、介质成分以及钢材成分和组织等。只有合理地控制这些因素，才能获得满意的渗氮效果。

（2）Fe-N相图　Fe-N相图是研究钢渗氮的基础，如渗氮层可能形成的相及组织结构。图4-1为Fe-N相图。由图4-1可见，Fe-N系中可以形成以下五种相：

α相——氮在αFe中的间隙固溶体，又称为含氮铁素体，为体心立方点阵结构。590℃时，氮在αFe中的溶解度最大，$w_N \approx 0.1\%$。随着温度下降，100℃时 $w_N = 0.001\%$。α相在缓慢冷却过程中将析出γ′相。

γ 相——氮在 γFe 中的间隙固溶体，又称为含氮奥氏体，面心立方点阵结构，存在于共析温度 590℃ 以上。在 650℃ 时，氮的溶解度最大，此时 $w_N = 2.8\%$。缓冷时，在 590℃ 发生 γ 相共析转变，生成共析组织（α + γ′）；若快冷，则形成含氮的马氏体。

γ′相——以 Fe_4N 为基体的固溶体，w_N 的变化范围为5.7%～6.1%。当 w_N = 5.9%时，成分符合 Fe_4N，氮原子占据面心立方晶格的间隙位置上。γ′相在 680℃ 以下能够稳定存在，在 680℃ 以上转变为 ε 相。

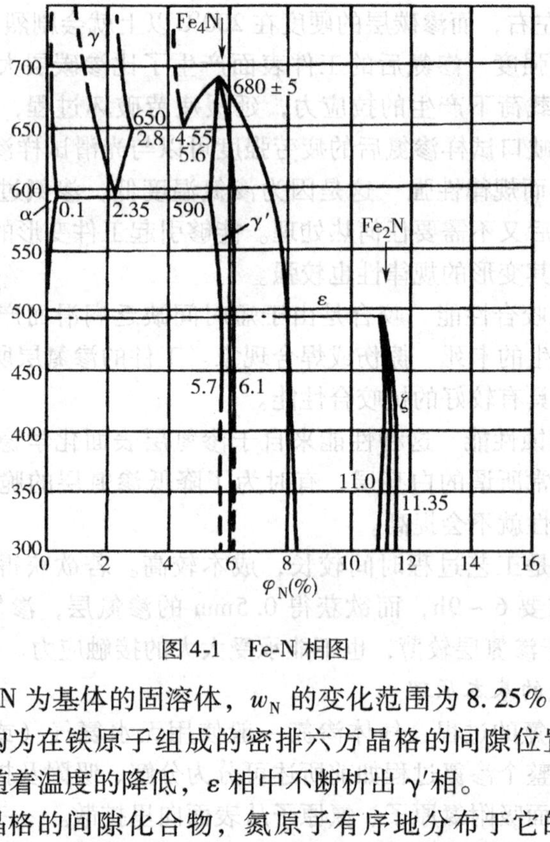

图 4-1 Fe-N 相图

ε 相——以 Fe_3N 为基体的固溶体，w_N 的变化范围为 8.25%～11.0%，其晶体结构为在铁原子组成的密排六方晶格的间隙位置上分布着氮原子。随着温度的降低，ε 相中不断析出 γ′相。

ζ 相——斜方晶格的间隙化合物，氮原子有序地分布于它的间隙位置。w_N 的变化范围为 11.0%～11.35%，分子式为 Fe_2N。当温度高于 490℃时，ζ 相转变为 ε 相。

渗氮通常在共析温度（590℃）以下进行。纯铁渗氮后，缓冷至室温，渗氮层组织由表及里为 ε→ε + γ′→γ′→γ′ + α→α。由于 ε、ε + γ′和 γ′不易浸蚀，在光学显微镜下称为白亮层，而 γ′ + α、α 浸蚀后易变色发暗，称为扩散层。

当渗氮温度超过 590℃时，纯铁在室温的渗氮层组织由表及里为 ε→ε + γ′→γ′→（α + γ′）共析→α + γ′。

渗氮后快速冷却，能够阻止共析转变与第二相析出。α 相和 ε 相中不析出 γ′相和 ζ 相，γ′也将发生非扩散性转变，成为含氮马氏体。此时室温组织为 ε→γ′→M（N）→α。

碳素钢与纯铁渗氮层组织大致相同。但其固溶体和化合物中均含有碳，ε 相为含碳的氮化物相 $Fe_{2\sim3}$（C，N），α 相是氮与碳在 αFe 中的固溶体。由于铁的晶格中有碳原子存在，阻碍氮原子扩散，特别是当钢中存在片状珠光体和渗碳体时，减少了易溶解氮的铁素体量，增大了氮原子的扩散路程，所以当渗氮工艺参数相同时，随着钢中碳含量的增加，渗氮层深度相应减小。

合金钢中渗氮层的形成基本上与碳素钢相同。不同点是此时的氮不仅与铁发生作用，而且与合金元素也发生作用。如果在 590℃以下进行渗氮，那么氮首先溶入 αFe 中，形成 α 相。当氮含量达到 αFe 的饱和含量后，便与氮化物形成元素发生作用。按照氮与合金元素亲和力的强弱依次形成相应氮化物，最后形成铁的氮化物。继续渗氮，α 相转变为 γ′相。再继续渗氮，γ′相转变为 ε 相。

（3）合金元素对渗氮过程的影响及渗氮强化机理　钢中大部分合金元素都能形成氮化物，如 Ti、Al、V、Nb、W、Mo、Cr 等。形成氮化物元素能够阻碍氮原子扩散，减少渗层深度。Mn、Si、Ni 等非氮化物形成元素会阻止钢对氮的吸收，降低氮含量，减少渗层深度。

合金元素对渗氮层的强化机理有两种解释。一是认为这些合金氮化物在渗氮层中呈高度弥散均匀的分布，对渗氮层起着弥散强化的作用。有人测定出 38CrMoAlA 钢中的氮化物尺寸为 20～50nm，主要分布在嵌镶块的边界上，对滑移有阻碍作用，从而产生显著的强化效果。二是认为 Al、Cr、Mo 等合金元素之所以显著提高渗氮层硬度，是因为随着氮原子向里扩散，在渗氮层中依次发生以下现象：

1）氮和合金元素的原子偏聚，形成所谓 G-P 区。

2）有 α″（$Fe_{16}N$）型过渡氮化物的析出，这些与母相共格的偏聚区和过渡氮化物的析出，使母相晶格产生很大的弹性畸变，由于与母相共格的偏聚区和过渡氮化物周围的弹性畸变应力场的作用，使位错运动受阻，从而使硬度急剧提高。

3. 渗氮前的热处理

渗氮处理是工件制造过程中的最后一道工序，工件在渗氮后只进行精磨或研磨加工。为了保证心部有良好的综合力学性能，消除加工应力，减小渗氮变形以及为渗氮作组织准备，渗氮前工件一般都需进行预备热处理。结构钢渗氮前常用的预备热处理是调质处理，以获得回火索氏体组织。

渗氮工件调质处理工艺参数对渗氮质量有很大的影响。若调质处理的温度太低或保温时间不够，则调质后会有游离的铁素体存在。由于氮在铁素体中的扩散速度较大，渗氮后就会有较高的氮浓度，易形成针状氮化物，使渗氮层脆性增大，容易剥落。因此调质后，表面层不允许出现游离铁素体。相反，若淬火温度过高，则淬火后晶粒变粗，氮化物优先沿晶界伸展，渗氮后出现波纹状或网状组织，也使渗氮层脆性增大。

回火温度的高低可决定基体中碳化物的弥散度。因此，如果温度太高，那么基体中碳化物弥散度减小，渗氮件心部强度、硬度不足，不能起支撑硬而脆的渗氮层的作用。若回火温度过低，则心部强度、硬度过高，使工件在预备热处理后切削加工困难，并且还会降低渗氮速度。所以，适当地选择回火温度，既能使渗层和心部有较好的性能，又能获得一定的渗速。

对于形状复杂，尺寸稳定性及变形量要求很严的工件，在机加工、粗磨后要酌情进行稳定化处理，以便消除机加工所产生的内应力，保证渗氮处理变形量最小，组织稳定。稳定化处理温度应高于渗氮温度，但低于调质回火温度，保温时间一般为4~6h。

38CrMoAlA钢是国内外普遍采用的渗氮钢。但是这种钢具有下列缺点：在冶炼时易出现柱状断口，易出现非金属夹杂物，在轧钢中易形成裂纹和发纹，有过热敏感性，加热时脱碳严重，脱碳层将导致渗氮层脆性增加和硬度降低。所以，工件应留有较大的加工余量，以保证渗氮前切削掉脱碳层。

常用的几种渗氮钢的调质处理工艺规范见表4-1。

表4-1 常用的几种渗氮钢的调质处理工艺规范

钢号	淬火		回火		调质后硬度	
	温度/℃	淬火冷却介质	温度/℃	冷却介质	HBW	HRC
38CrMoAlA	930±10	油或水	640±30	空气	241~320	—
40CrNiMoA	840~860	油或水	540~590	空气	310~363	31~38
18Cr2Ni4WA	860~880	油或水	520~560	油或水	320~363	—
50CrVA	850~870	油	440~480	油	—	43~49

三、气体渗氮工艺

渗氮温度、保温时间和氨分解率是渗氮过程中极其重要的工艺参数，其确定原则如下：

1. 渗氮温度

渗氮温度对渗层表面最高硬度、渗层深度及变形量有很大影响。渗层的硬度随着氮化物的增加而升高。渗氮温度在480~500℃时氮化物聚集不显著，弥散度大，渗层的硬度最高；超过580℃后，氮化物聚集长大，弥散度显著降低，渗层表面硬度也明显下降。

随着渗氮温度升高，氮原子的扩散速度显著增大，同时也加快了渗层上活性氮原子的吸附过程，因此渗层深度增加。但温度过高，会使工件变形增大，心部强度下降。

渗氮温度常在480～560℃范围内选择。为了不影响工件调质后的心部强度，渗氮温度一般比调质时的回火温度低40～70℃。

2. 渗氮时间

渗氮时，保温时间决定氮原子的渗入深度。随着渗氮时间的延长，渗氮层深度不断增加，并呈抛物线规律变化，即开始时渗氮层深度增加速度快，随着时间的延长，渗氮层深度增加的越来越慢。温度不同，渗氮层深度增加的速度也不同，温度越低，其增加的速度越慢。因此，在较低的渗氮温度下（如500℃），要想获得较深的渗氮层是不可能的。只有提高渗氮温度，才能获得较深的渗氮层。

3. 氨分解率

氨分解率是指在某一温度下，分解出来的氮和氢的混合气体占炉气总体积的百分比，即

$$\text{氨分解率}=\frac{\text{氢气体积}+\text{氮气体积}}{\text{炉气总体积}}\times 100\% \tag{4-1}$$

对于一定的渗氮温度，氨的分解率有一个合适范围。若氨分解率过低，则大量的氨来不及分解，提供活性氮原子的概率小，不但渗氮速度低，而且还造成浪费。若氨分解率过高，则炉气中几乎全部由分子态的 N_2 和 H_2 组成，所提供的活性氮原子也极少，同时大量的 H_2 吸附在工件表面也将阻碍氮的渗入。表4-2列出了几种渗氮温度与合适的氨分解率范围的对应关系。

表4-2 几种渗氮温度与合适的氨分解率范围的对应关系

渗氮温度/℃	500	510	525	540	600
氨分解率（体积分数，%）	15～25	20～30	25～35	35～50	45～60

氨分解率取决于渗氮温度、氨气流量、炉内压力、工件表面积及有无催化剂等因素。在渗氮过程中，常采用调节氨气流量的方法来控制氨分解率。氨气流量越大，在炉内停留时间就会越短，氨分解率也就越低。

用氨分解率来控制氮势是比较粗略的方法。其控制精度不高，难以根据需要灵活地控制渗氮介质，以保证渗氮层的组织和性能。随着计算机控制技术的不断发展，炉内氮势已能应用计算机技术进行控制，并在生产上取得了良好的效果。

4. 气体渗氮的方法

根据渗氮目的的不同，气体渗氮方法分为两大类：一类是以提高工件表面硬度、耐磨性及疲劳强度等为主要目的的渗氮，称为强化渗氮；另一类是以提高工件表面耐蚀性为目的的渗氮，称为耐蚀渗氮，也称为防腐渗氮。

（1）强化渗氮　强化渗氮又称为耐磨渗氮或硬渗氮，是以提高工件耐磨性、耐疲劳性为目的的渗氮方法。其渗氮层深度一般为0.15～0.75mm。由于表层有残留压应力，工件的疲劳强度可提高15%～35%，其高硬度和耐磨性可保持到500～550℃。强化渗氮常用于模具、螺杆、齿轮、套筒、蜗杆等工件。

常用的强化渗氮方法有三种，可根据工件材料和技术要求加以选择。

1）一段渗氮法。在渗氮开始前的15～20h内是表层形成渗氮物的阶段，在此阶段采用较低的氨分解率（18%～25%）进行渗氮，可以获得高硬度的表层。渗氮中期的30～40h是表层的氮原子向内扩散，增加渗氮层厚度的阶段，此阶段可以采用较高的氨分解率（30%～40%）进行渗氮，这样能够防止白亮层过厚，降低脆性。后期的2～4h内，采用高的氨分解率（70%～85%）进行渗氮，进一步降低脆性，所以称为退氮处理。

一段渗氮法的工艺简单，操作容易，工件表层硬度高（1000～1150HV），变形小。其缺点是扩散阶段温度低，因而渗氮速度慢，生产周期长，成本高。一段渗氮法适用于要求渗氮层浅，尺寸精密而硬度要求高的工件，如镗床主轴、螺杆、套筒等。

2）二段渗氮法。为提高渗氮速度，获得更深的渗氮层，可采用二段渗氮法。此时，在第一阶段的16～20h内，在较低的温度（510～520℃）和氨分解率（18%～25%）下进行渗氮，使工件表面形成高弥散度、高硬度的合金渗氮物层，保证工件获得较高的硬度；在第二阶段的25～30h内，采用较高的温度（540～560℃）和氨分解率（35%～45%），使氮原子加速向内扩散，增加渗氮层的厚度，缩短渗氮时间；后期的2～3h内，仍进行退氮处理。

二段渗氮法和一段渗氮法相比，工件表面硬度稍低（850～1000HV），变形略有增大，但渗氮速度快，适用于渗氮层较深，批量较大的工件。

3）三段渗氮法。三段渗氮法与二段渗氮法相比，适当提高了第二阶段的渗氮温度，以提高渗氮速度，缩短生产周期。第三阶段的温度稍低于第二阶段，而氮的分解率很高（70%～100%），以减少表面氮的质量分数，降低脆性。也可在第三阶段仍采用较低的氮分解率（25%～40%）进行渗氮，使表层氮的质量分数提高，以提高硬度，同时增加渗氮层厚度。

三段渗氮法的渗氮速度高，生产周期短，但在硬度、韧性、变形等方面都比一段渗氮法差。

（2）耐蚀渗氮　耐蚀渗氮是为了使工件表面获得0.015～0.06mm厚的致密

并且化学稳定性高的 ε 相层，以提高工件的耐蚀性。如果渗氮层 ε 相不完整或有孔隙，那么工件的耐蚀性就会有所下降。

经过耐蚀渗氮的碳素钢、低合金钢及铸铁工件，在自来水、湿空气、过热蒸汽以及弱碱液中，具有良好的耐蚀性，因此已用来制作自来水龙头、锅炉蒸汽管、水管阀门及门把手等，代替铜件和镀铬件。但是，渗氮层在酸溶液中没有耐蚀性。

耐蚀渗氮过程与强化渗氮过程基本相同，只是渗氮温度较高，有利于形成致密的 ε 相，也有利于缩短渗氮时间。但若温度过高，则表面氮含量降低，孔隙度增大，会使耐蚀性明显降低。

四、气体渗氮的工艺流程及特点

1. 工艺流程

1）一般工件气体渗氮的工艺流程为：粗加工→预备热处理→半精加工→渗氮→精磨。

2）细长件、形状复杂等易变形件和高精度工件气体渗氮的工艺流程为：粗加工→预备热处理→半精加工→去应力退火→半精磨→渗氮→精磨。

3）气体渗氮工件常用钢材及硬化层要求见表 4-3。

表 4-3 气体渗氮工件常用钢材及硬化层要求

钢号	渗氮前的情况	渗氮层深度/mm	表面硬度范围 HV10	图样标注硬度值	备注
20Cr	正火或调质	一般为0.3～0.6mm，可根据具体工件的需要选择	500～700	D500	—
20CrMnTi			600～800	D600	—
40Cr			500～650	D500	—
38CrMoAlA			≥900	D900	表面磨去 0.10mm 后大于或等于 850HV10
W18Cr4V	淬火		≥950	D950	—
QT600-3	—		500～700	D500	—
10、20、35、45	化合物层厚度为 0.015～0.06mm				用于耐蚀渗氮

4）要求心部有一定强度和冲击韧度的重要渗氮工件，渗氮前应进行调质处理，一般渗氮工件只做正火处理。

5）主轴等重要工件渗氮前，表面粗糙度值应不低于 $Ra1.6\mu m$。

2. 渗氮前的准备工作

1）检查工件的精磨量及各部位尺寸是否达到工艺要求。

2）经过探伤或宏观检查，工件表面不得有裂纹、凹痕、碰伤、尖角毛刺及变形等缺陷。

3）用汽油和酒精清洗工件表面，不许有锈蚀、油污、脏物存在。

4）工件的非渗氮面应采用镀锡或涂料防止渗氮。

5）装炉前检查设备、电系统、管道、氨气分解测定仪及控制仪表等，保证工作正常。

6）液氨中水的含量应小于1%（质量分数）。

7）检查储水筒是否灌满水。

8）装炉前应用压缩空气吹去管道中的积水和脏物，检查进气管小孔是否堵塞。

9）检查渗氮吊具是否牢靠，使用时不许超载，若有脏物或氧化皮，则应清除。

10）装炉时，操作人员必须戴上干净的手套。对易变形工件（如长杆件），最好将其垂直吊挂在渗氮罐中，并考虑工件和夹具对氨气流动的影响，不要堵塞气孔。最上层工件距炉盖要有一定的距离。工件不要放得太密、贴得太紧。

11）试样应打号并分区挂入炉内，为保证质量，还可放入中检试样，在渗氮过程中抽检。

12）工件入炉时应垂直徐徐下降，勿使工件碰撞渗氮罐。装炉后盖上炉盖，对称拧紧螺栓，方可通氨气。

13）装炉的试样应进行和工件相同的预备热处理，其试样表面粗糙度也应和工件相同。

3. 工艺规范

1）等温渗氮工艺用于要求渗氮层深度硬度高、梯度小、变形小的精密工件。等温渗氮工艺曲线如图4-2所示。

2）二段渗氮工艺适用于一般渗氮工件，可以减少渗氮时间，增加渗氮层深度。二段渗氮工艺曲线如图4-3所示。

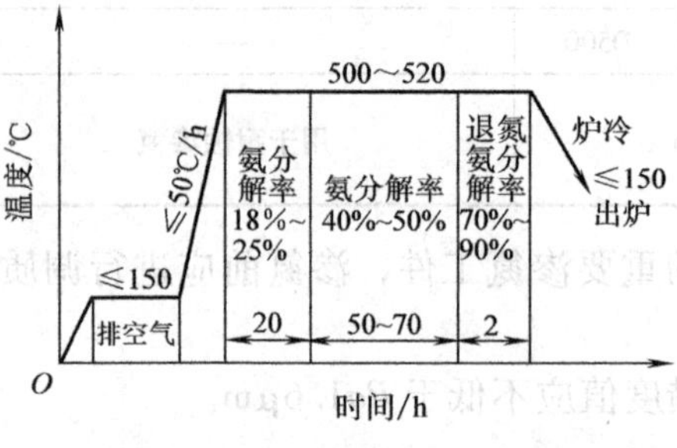

图4-2 等温渗氮工艺曲线

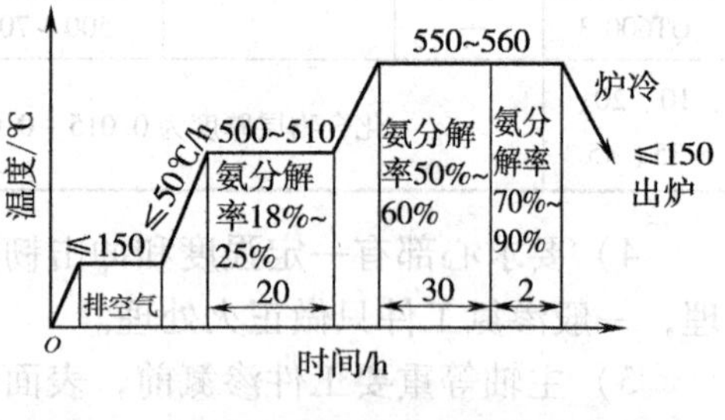

图4-3 二段渗氮工艺曲线

3）耐蚀渗氮工艺可使普通碳素钢得到良好的耐蚀性能。耐蚀渗氮工艺曲线如图 4-4 所示。

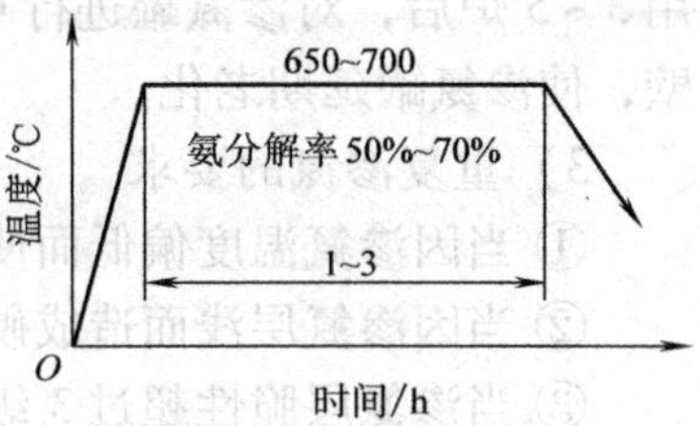

图 4-4 耐蚀渗氮工艺曲线

4. 操作要点

1）渗氮操作应严格按工艺曲线进行，渗氮温度以罐内温度为准。做好记录，如实反映情况。

2）升温前先通气、排气，排气时氨的流量应比使用时大一倍以上。随着炉内空气的减少，可边升温边排气，但应在 150℃以内排完。

3）在排气过程中，可用 pH 试纸（试纸用水浸湿，遇氨气变蓝色）或盐酸棒（玻璃棒沾盐酸，遇氨气有白烟出现）检查炉罐及管道有无漏气情况，当漏气严重时应及时处理。

4）用氨分解测量仪测量氨分解率。当氨分解率大于 98% 时，可降低氨流量，保持炉内正压，继续升温。细长、易变形或大型工件应在 400℃均温 2~4h。

5）在炉温达到 500℃时调节氨流量，使氨分解率达到 18%~25%，并开始计算保温时间。

6）通过调整供氨量可以控制氨分解率：加大氨流量，氨分解率就减少；减少氨流量，氨分解率就加大。

7）在渗氮阶段，每 30min 测量一次氨分解率（测定时炉气进入测定仪内并保持 30~60s 后才可测量），并记录炉温、流量（或压力）和氨分解率。

8）在深井渗氮炉的升温过程中，应使炉内上、中、下部温差在 20℃以内，保温过程中的温差则应在 ±5℃以内。

9）为降低渗氮层脆性，在渗氮结束前 2~3h 进行退氮处理。此时关闭排气阀门，减少氨气流量，使氨分解率大于 70%，降低表面氮含量。退氮完毕，切断电源，供给少量氨气，使炉内保持正压，等炉温降低到 150℃以下方可停止供氨出炉。

10）工件出炉时应避免碰撞，对细长及精密工件应吊挂冷却。

5. 渗氮过程中异常现象的产生原因及处理方法

1）渗氮温度不变，氨分解率突然升高，此时压力减小的主要原因是：

① 氨气瓶中氨气接近用完，炉内通氨量趋近于零，需立即更换新氨气瓶。

② 氨气瓶瓶口结霜，需用热水把瓶口浇开，保证氨气畅通。

③ 冒泡瓶无泡。除上述原因外，应分段检查供氨系统管路是否堵塞。

2）氨分解率不在工艺规范之内，其主要原因是：

① 若测量仪表失灵，则应及时修复仪表。

② 氨气流量不适宜或装炉量太大，降低了氨气的流量；或渗氮罐长期使用而老化，在表面生成氧化铁脱落，催化氨的分解。为避免该现象，应在渗氮罐使

用3～5炉后，对渗氮罐进行650℃以上保温6h的去氮处理，并清理渗氮罐的内壁，使渗氮罐延期老化。

3）重复渗氮的要求

① 当因渗氮温度偏低而使渗氮层渗氮不足时，可重新渗氮。

② 当因渗氮层浅而造成硬度不足时，可重新渗氮。

③ 当渗氮层脆性超过3级时，可重新做退氮处理，降低脆性。

④ 当因温度过高而造成渗氮层不足时，不能重新渗氮，若需重渗，则必须将渗氮层磨掉。

4）渗氮后工件的变形量应在最后精磨余量内，一般应小于或等于0.05mm，若超过，则可进行热矫直，但矫直后必须进行去应力处理。

第二节 离子渗氮

一、离子渗氮的基本原理

离子渗氮是利用高压电场在稀薄的含氮气体中引起的辉光放电，使氮渗入工件表面的方法。离子轰击化学热处理的特点是渗速快，温度低并且范围宽，渗层中氮的含量和组织易控制，变形小，节能，耗气量少，无污染等，但设备较复杂，投资较大。离子轰击渗氮是一项较成熟的渗氮工艺。20世纪80年代以来，离子轰击渗氮技术已向着更加完善的方向发展。通过较完善的计算机控制，运用人工智能及可行性分析技术，实现温度、压力、流量、成分、功率、密度等工艺参数的自动控制和过程优化，发展了离子轰击氮碳共渗、渗碳、渗硼及渗金属等工艺。其应用趋势从结构钢向工具钢、不锈钢、耐热钢等发展；从钢铁材料向非铁金属发展，特别是钛合金已取得良好效果。

1. 离子渗氮机理

离子渗氮的机理目前还不十分清楚，仍处于研究、探索与发展之中。

一般认为离子渗氮时，将工件置于真空容器中，并充以133～1333Pa低压的氨气或氨氢混合气体，以工件为阴极，以真空容器的罩壁为阳极，当两极间加直流电压（400～800V）时，两极间的稀薄气体被电离成正离子与电子，从而产生辉光放电。N^+、H^+在电场加速下轰击工件表面，离子所具有的巨大动能，一部分转变成热能加热工件表面，另一部分使离子直接渗入工件或产生阴极溅射，从工件表面溅射出电子和C、O、Fe等原子。被轰击出来的铁原子与获得电子的氮原子化合成FeN，吸附在工件表面上。在高温与离子轰击作用下，FeN很快转变成低价氮化物（FeN、Fe_2N、Fe_3N、Fe_4N）和Fe而放出活性氮原子［N］。放出的[N]，一部分返回辉光放电等离子区的气体中，和其他氮气一样重新参加反应；另一部分渗入工件表面并向内部扩散，依次形成 FeN→Fe_2N→Fe_3N→Fe_4N。由于离子轰击，在表面层的 0.05mm 深度内产生高密度的空位和位错，降低了扩散激活能，在渗氮过程的前 20h 内比普通气体渗氮快三倍。离子渗氮可通过控制有关因素，得到要求的渗氮层组织。调整氮与氢的比例，使氮的质量分数在 10% 以下，可以得到韧性好、强度高的 γ′相组织。离子渗氮机理图如图 4-5 所示。

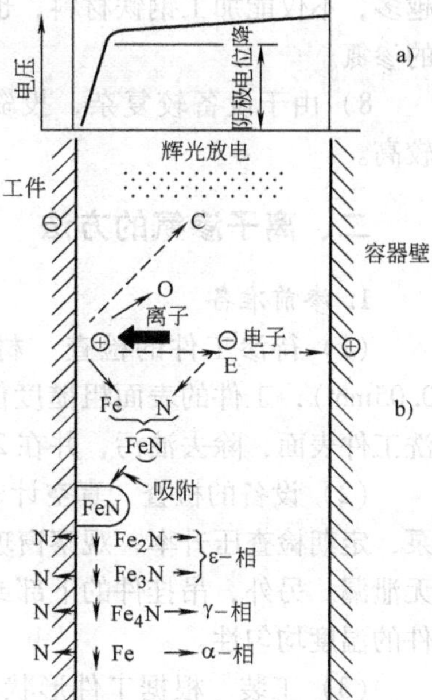

图 4-5 离子渗氮机理图

a) 阴极电位降 b) 表面反应机理

2. 离子渗氮的主要特点

1）离子渗氮速度快，尤其浅层渗氮更为突出。例如，当渗氮层深度为 0.3 ~ 0.5mm 时，离子渗氮的速度比普通气体渗氮快 3 ~ 5 倍。这是由于：

① 粒子将金属原子从试样表面轰击出来，使其成为活性原子，并且由于高温活化，C、N、O 这类非金属元素也会从金属表面分离出来，使金属表面氧化物和碳化物还原，同时也对表面产生了清洗作用。

② 轰击出来的 Fe 和 N 结合形成的 FeN 吸附在工件表面上，提高试样表面氮含量；Fe 对 NH_3 分解出氮具有催化作用，也提高氮含量。

③ 阴极溅射产生表面脱碳，增加位错密度等，加速了氮向内部扩散的速度。

2）热效率高，节约能源、气源。

3）工序简单，不需要预热、淬火、回火及渗后的表面清理（如喷砂、酸洗）等工序，不需要渗氮的地方防护简单。

4）渗氮的氮、碳、氢等气氛可调整控制，表面层的组织可以自由选择，可获得 5 ~ 30μm 深脆性较小的 ε 相单相层或小于或等于 8μm 厚的韧性 γ 相单相层，也可获得韧性更好的无化合物的渗氮层。

5）离子渗氮可使用氨气，压力很低，用量极少，所以污染低，劳动条件好。

6）离子渗氮可在低于 400℃ 以下的温度进行，工件畸变小，但准确测定工件温度较麻烦，不同工件同炉渗氮时各部位温度难以均匀一致。

7）应用范围广，目前德国可渗氮的工件长 8m 以上，质量达 8t 以上，小工件可以小到球形笔尖，设备功率达500kW以上。加工工件的范围和材料也越来越多，不仅能加工钢铁材料，也可用于不锈钢、粉末冶金件、钛合金等非铁金属的渗氮。

8）由于设备较复杂，投资大，调整维修较困难，对操作人员的技术要求较高。

二、离子渗氮的方法

1. 渗前准备

（1）待渗工件的检查　材质应与图样相符，保留适当磨削余量（一般为0.05mm），工件的表面粗糙度值应低于 $Ra1.6\mu m$；用有机溶剂或合成洗涤剂清洗工件表面，除去油污，并在200～300℃烘干。

（2）设备的检查　真空计、测温仪表及热电偶应定期校对，定期清洗真空泵，定期检查压升率；观察窗玻璃、水冷管道、进气和排气管，应使电能畅通、无泄漏。另外，吊挂件的下部或堆放件的上部应增设辅助阴极或阳极，以保证工件的温度均匀性。

（3）工装　根据工件形状、尺寸、重量准备专用或通用吊具。工件上易引起辉光放电集中的小孔、狭槽及要求不渗氮的部位，应预先用销、键等堵塞或加以屏蔽。工装夹具与屏蔽物必须与工件接触好，与工件间的间隙应保持小于0.5mm。

2. 加热温度

常用钢材的离子渗氮温度见表4-4。

表4-4　常用钢材的离子渗氮温度

材料类别	渗氮温度范围/℃
一般合金结构钢	520～550
渗氮钢	一段渗氮：510～570 二段渗氮：520/530+560/580
工模具钢	470～550
不锈耐酸钢	540～600
铸铁	540～580

3. 保温时间

保温时间取决于工件材料及渗层深度要求。一般当渗层深度为0.2～0.6mm时，保温时间为8～20h。保温期间应随时观察并调整温度的均匀程度。

4. 炉压

常用气压范围保持在133～670Pa的低气压，强溅射会使化合物层减薄，γ′

相增多，扩散层中脉状氮化物减少。此外，在选用压力时还应注意温度均匀和防止产生辉光集中。

5. 流量与流速

氨气的流量与设备的功率有关，按表4-5选取。若装炉量多，则渗氮保温时间短，流量取上限。

表4-5　离子渗氮时的氨气流量与设备功率的关系

设备功率/kW	10	25	50	100
合理供氨量/（mL/min）	100～200	215～365	375～554	750～1100

应当注意的是，在处理丝杠、齿轮等带槽的工件时，应限制气体流量。当发现凹槽部位的渗层、硬度不均匀时，应减少抽气速率，提高气压，或同时减少供气流量和抽气速率，并相应延长保温时间，以降低气体在炉内的流速，改善渗氮不均匀现象。

6. 电压与电流

保温阶段电压一般为400～800V，辉光电流密度为0.5～5mA/cm^2。

7. 温度均匀性

同炉处理的工件，渗氮表面的温度与工艺要求温度之差应控制在±15℃内。当温度均匀性超过该数值时，可采用调整气压，改用分解氨及氨氢混合气或调整分解率等方法。若仍达不到要求，则应停炉，调整装炉方式或加辅助阴极或辅助阳极。

8. 冷却

保温结束后即可停炉降温，因炉内低真空，降温不快，工件可随炉冷却。对变形要求严格控制的工件，则应对炉内停气，降低电流，维持弱辉光，以便更慢速降温。当工件温度降至300℃以下时，可加大冷却水量，停电灭辉光，使工件冷却加快。

9. 出炉

当工件冷却至150℃以下时，便可向炉内放气，然后开启炉罩或炉盖，取出工件送检。

第三节　碳氮共渗

一、碳氮共渗的基本原理

在奥氏体状态下同时将碳、氮渗入工件表层，并以渗碳为主的化学热处理工艺称为碳氮共渗。碳氮共渗可以在气体介质中进行，也可以在液体介质中进行。

1. 碳氮共渗同渗碳相比所具有的特点

1）碳、氮同时渗入，共渗层表面具有比渗碳层表面更高的硬度、耐磨性和疲劳强度，同时氮降低了奥氏体形成温度，可以在较低温度下进行共渗，工件不易过热，而且可直接淬火，并且淬火变形小。

2）氮使过冷奥氏体等温转变图右移，使共渗层淬透性提高，同时可以在较缓和的淬火冷却介质中淬火。碳氮共渗的渗速较快，可以缩短工艺周期。

3）碳氮共渗层一般都较浅，深度通常为0.2～0.8mm，并且薄层共渗时，共渗层深度小于0.2mm，因此工件承载能力较低。

2. 碳氮共渗工艺规范

（1）共渗介质　碳氮共渗介质可分为两大类：一类是渗碳介质+氨气，如渗碳气体+体积分数为2%～10%的氨气，苯或煤油+体积分数为30%的氨气；另一类是含碳、氮的有机化合物，如三乙醇胺[$N(C_2H_4OH)_3$]、甲酰胺[$H(CONH_2)$]等。

（2）共渗温度　目前应用较多的中温碳氮共渗温度为800～880℃。当选择共渗温度时，应考虑共渗速度和渗层质量。提高共渗温度可使共渗介质的活性增加和扩散系数增大，有利于增加共渗速度；提高共渗温度，渗层的氮含量降低而碳含量增高，使共渗层接近于渗碳层；此外，提高共渗温度还使工件的变形趋向增大。

（3）共渗时间　在共渗温度确定以后，共渗时间根据共渗层深度而定。共渗层深度（X）与共渗时间（t）成抛物线规律。

$$X = k\sqrt{t} \tag{4-2}$$

式中 X——共渗层深度（mm）；

t——共渗时间（h）；

k——常数。在860℃碳氮共渗时，20钢 $k=0.28$；20Cr钢 $k=0.30$；40Cr钢 $k=0.37$；20CrMnTi钢 $k=0.32$。

3. 碳氮共渗的组织和性能

工件在碳氮共渗后一般都采用直接淬火。碳氮共渗层的组织为：表面是马氏体基体上弥散分布的碳氮化合物，向里是马氏体加残留奥氏体（马氏体为高碳马氏体，残留奥氏体较多），再往里则残留奥氏体量减少，马氏体也逐渐由高碳马氏体过渡到低碳马氏体。渗层中碳、氮含量不同，组织不同，直接影响碳氮共渗层的性能。

若碳、氮含量增加，则碳氮化合物增加，耐磨性及接触疲劳强度提高。若氮的质量分数过高，则会出现黑色组织，将使接触疲劳强度降低。若氮的质量分数过低，则使渗层过冷，奥氏体稳定性降低，淬火后在渗层中出现托氏体网，共渗件不能获得高的强度和硬度。

碳氮共渗表面的最佳碳、氮含量为：$w_C = 0.8\% \sim 0.95\%$，$w_N = 0.25\% \sim 0.4\%$。

二、气体碳氮共渗

1. 气体碳氮共渗的概念

在含碳、氮的气体介质中进行的碳氮共渗称为气体碳氮共渗。其目的是提高工件的硬度、耐磨性和接触疲劳极限，兼有渗碳和渗氮的优点。低碳钢、低碳及中碳合金结构钢均可用于气体碳氮共渗。

2. 设备

一般采用井式气体渗碳炉，另加一套供氮系统，进行工件的碳氮共渗处理。

3. 开炉前的准备

开炉前的准备基本上与气体渗碳相同。液氮和供氨系统的准备工作与渗氮相同。当采用滴注式碳氮共渗时，共渗剂一般是甲醇（形成载气）、煤油（形成含碳的富化气）、液氮（形成含氮的气氛）。有条件时，也可采用发生炉式或其他方式的可控气氛进行碳氮共渗。

4. 气体碳氮共渗操作

（1）装炉　装炉方法及注意事项如下：

1）材质相同、氮碳共渗层技术要求相同、共渗后热处理方式相同的工件，放在同一炉生产。应将工件放在料筐中有代表性的位置。每炉装载量和装料高度应小于设备规定的最大装载量和装料高度。

2）工件在料筐中要均匀放置，工件间应留有5mm以上的间隙，以保证炉内共渗气氛循环畅通，使共渗层均匀。

3）在将料筐放入炉内时要垂直摆放，各层料筐应整齐有序且不得有间隙，同时放入中间试棒。

4）在工件入炉后，将炉盖盖紧，不得有漏气现象。为防碳氮共渗炉爆炸，通常在炉温未升到600℃前，不应向炉罐内滴入共渗剂。

5）在炉罐内实际温度已超过所使用的共渗剂自燃点后，再滴入共渗剂，并保持炉内压强为196～490Pa，将废气点燃。

（2）气体碳氮共渗工艺

1）一般工件的碳氮共渗工艺曲线如图4-6所示。

① 排气。目的是使炉内气氛恢复到工艺规定的要求。

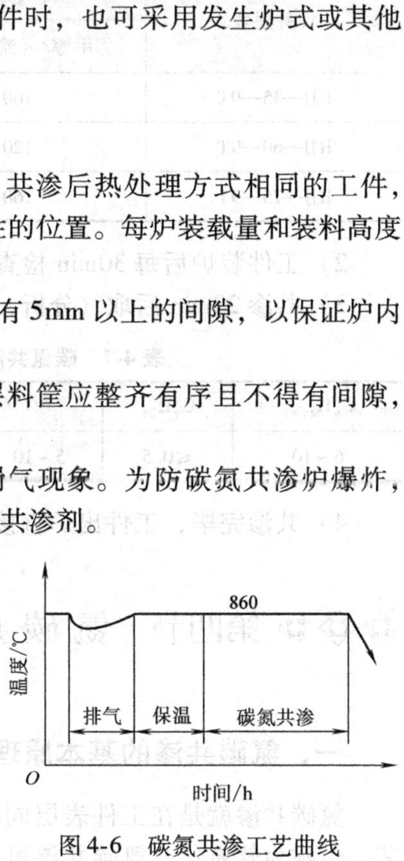

图4-6　碳氮共渗工艺曲线

② 保温。目的是使炉内工件温度均匀，保温时间一般为40min ~ 1h。

③ 共渗温度。生产上共渗温度一般为800 ~ 880℃。对于碳素钢和低合金钢，多采用840 ~ 860℃，在此温度内不会使晶粒长大，并且变形小、渗速适当，共渗后可直接淬火。对于尺寸较小、形状复杂、变形要求较严格的薄壁耐磨件，可在较低温度（700 ~ 780℃）下进行短时间碳氮共渗，经直接淬火后，表面得到含氮马氏体和一定量的残留奥氏体，使共渗层具有高硬度、高耐磨性和一定的韧性，其心部保留一定量的铁素体，并具有良好的塑性。

④ 共渗时间。在一定的温度下，共渗时间主要取决于渗层深度和所用的共渗介质，应按式（4-2）估算。在实际生产中，由于影响共渗时间的因素很多，故应通过检查随炉试样的渗层深度来确定共渗时间。

⑤ 共渗剂用量。共渗剂用量应根据工件装载量和表面积大小等因素进行调整。采用甲醇、煤油和液氨碳氮共渗时的共渗剂用量见表4-6。

表4-6 采用甲醇、煤油和液氨碳氮共渗时的共渗剂用量

设备型号	排气保温	碳氮共渗	
	甲醇/（滴/min）	煤油/（滴/min）	氨气/（m^3/h）
RJJ—35—9T	100	55	0.08
RJJ—60—9T	120	60	0.1
RJJ—75—9T	160	90	0.17

2）工件装炉后每30min检查一次共渗温度、共渗剂用量及炉内压力。

3）共渗20min后取气分析，气体成分应符合工艺规定，见表4-7。

表4-7 碳氮共渗时的气体成分（体积分数，%）

C_nH_{2n+2}	C_nH_{2n}	CO	H_2	CO_2	O_2	N_2
6 ~ 10	≤0.5	5 ~ 10	60 ~ 80	≤0.5	≤0.5	余量

4）共渗完毕，工件出炉直接淬火。

第四节 氮碳共渗

一、氮碳共渗的基本原理

氮碳共渗就是在工件表层同时渗入氮和碳，并以渗氮为主的化学热处理工艺，也称为软氮化。氮碳共渗可以在气体介质中进行，也可以在液体介质中进行。氮碳共渗时应特别注意炉子密封，严防 HCN 剧毒气体泄漏污染环境。

1. 氮碳共渗与渗氮相比所具有的特点

1）氮碳共渗处理的工艺时间短，一般为 1～4h，而气体渗氮时间长达几十小时。

2）氮碳共渗处理获得的 ε 相除含有氮以外，还含有少量的碳（一般 w_C = 2%～4%），含碳的 ε 相具有一定的韧性，因而氮碳共渗所形成的白亮层一般脆性小。

3）耐磨渗氮只适用于特殊的渗氮钢，而氮碳共渗不受被处理材料的限制，可广泛用于钢铁材料及粉末冶金材料。

4）设备简单，操作方便。

2. 氮碳共渗工艺规范

（1）共渗介质　氮碳共渗介质有：尿素、甲酰胺、氨气＋渗碳气体、氨气＋乙醇等。

（2）共渗温度　根据 Fe-C-N 三元相图可知，Fe-C-N 三元合金的共析温度为 565℃，共析点的 w_C = 0.35%，w_N = 1.8%。在此温度下，氮在 αFe 中具有最大溶解度，有利于氮的吸收和扩散，所以氮碳共渗的合适温度为 570℃左右。为了不降低基体强度，Cr12MoV 钢等钢件的共渗温度应比回火温度低 5～10℃。

（3）共渗时间　共渗时间根据渗层深度要求而定，一般为 1～6h。化合物层厚度随着处理时间的延长而增加，在 1～3h 内增加最快，超过 6h。由于 ε 相形成后化合物层中碳含量增加会阻碍氮原子扩散，因此渗层深度增加有限。表面硬度在共渗开始 2h 后左右获得最大值，大于或小于 2h 后硬度都降低。

3. 氮碳共渗的组织和性能

钢铁工件的氮碳共渗组织，由表及里依次为 $Fe_{2\sim3}N$、Fe_3N 和 Fe_4N 构成的化合物层（若是合金，则还有 Cr、W、V、Al、Mo 等合金氮化物）和扩散层［主要是氮在 αFe 中的固溶体 α（N）］。

（1）共渗层硬度　氮碳共渗显著提高工件表面硬度及耐磨性，与调质、感应淬火相比较，磨损失重减少 1～2 个数量级。

（2）共渗层的抗疲劳性能　氮碳共渗后的疲劳强度高于渗碳或碳氮共渗淬火以及感应淬火，其中低、中碳钢可提高 40%～80%，合金结构钢提高 25%～35%，不锈钢提高 30%～40%，灰铸铁提高 20% 左右。

（3）共渗层的耐磨性　氮碳共渗后以 ε 相为主的化合物层，化学稳定性高，具有良好的耐磨性，与发蓝、镀锌件的耐磨性相当。

应当指出，氮碳共渗目前存在的问题是共渗层较薄，不宜用于重载条件下工作的工件。在共渗过程中，炉内会产生 HCN 这种剧毒气体，因此必须注意炉子密封，以免泄漏污染环境。

二、气体氮碳共渗

1. 气体氮碳共渗的概念

工件表层在气体介质中同时渗入氮和碳而以渗氮为主的化学热处理工艺称为气体氮碳共渗。其目的是提高工件的硬度、耐磨性、疲劳极限。气体氮碳共渗主要用于受冲击负荷小、要求耐磨、疲劳极限较高及变形小的工件和工模具。一般钢铁工件（碳素结构钢、合金结构钢、合金工具钢、灰铸铁和球墨铸铁等）均可进行气体氮碳共渗。气体氮碳共渗的工艺方法很多，主要区别在于所用共渗剂的不同。这里只介绍一般工厂中常用的以氨与醇为介质的气体氮碳共渗。

2. 设备

以氨与醇为介质的气体氮碳共渗所用设备与一般气体渗氮所用设备的性能、结构相似，只是在向炉罐内通氨的同时，增加了向炉罐内滴注酒精的装置。另外，由炉罐排出的废气，因具有一定的毒性，一定要在排气口点燃。

3. 准备工作

1）检查炉罐、管道、料筐、吊具、渗剂、供给系统是否完好。

2）准备好渗剂。

3）开炉升温，检测炉罐实际温度和温度分布，校正仪表指示值。

4）用酒精（或汽油）或其他洗涤剂清洗工件及吊筐、吊具。

5）按工艺要求的数量准备好试片。

4. 操作要点

1）气体氮碳共渗工艺曲线如图4-7所示。

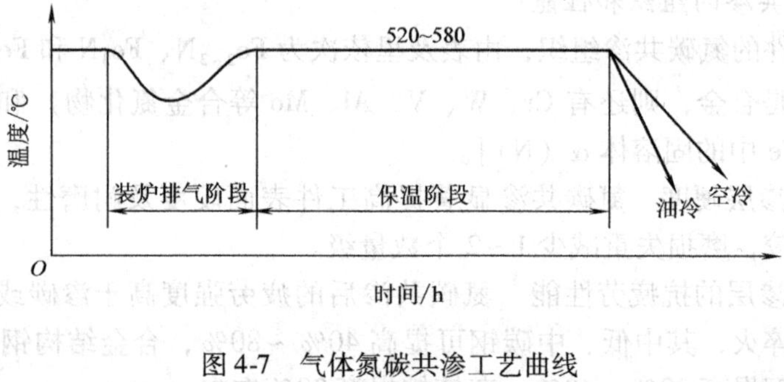

图4-7　气体氮碳共渗工艺曲线

2）在空炉升温到温后，再均温一段时间，然后装炉，封炉后继续升温，同时排除炉内空气，时间的长短应视炉罐的大小而定，一般为20~60min。

3）在炉温到达工艺温度后，可以点燃排气，并开始计算保温时间。渗剂的加入量和保温时间的长短，应按具体的设备和工件确定。

4）一般工件出炉后可在空气中冷却。为了提高工件疲劳强度，减少表面氧化，可以在油中冷却。若要求工件具有银灰色的表面及最小的变形，则可以在继续通入氨气的状态下随炉冷却或将炉罐提出来，将其冷却到200℃以下，再打开炉罐，取出工件。

5）不同材料进行气体氮碳共渗时要达到的技术条件见表4-8。

表4-8 气体氮碳共渗技术条件

材　料	处理前的状况	表面硬度 HV0.1	化合物层深度 /mm	扩散层深度 /mm
08	—	≥500	0.10～0.15	0.10～0.80
45	调质	≥550	0.10～0.20	0.30～0.50
40Cr	调质	≥650	0.07～0.15	0.15～0.20
50Mn	调质	≥550	0.10～0.15	0.30～0.50
38CrMoAl	调质，26～32HRC	≥900	0.10～0.15	0.10～0.20
Cr12MoV	二次硬化，58～62HRC	≥850	0.06～0.10	0.05～0.15
W18Cr4V	62～64HRC	≥900	0.03～0.10	0.03～0.05
QT600-3	—	≥650	0.05～0.12	0.10～0.20
3Cr2W8V	调质，28～32HRC 淬火，42～46HRC	≥750	0.05～0.12	0.05～0.20

第五节　化学热处理技能训练

训练1　对离子渗氮工件表面进行清洗及防渗处理

1. 清洗工件

工件在进入离子渗氮炉处理前，必须经过认真的脱脂、清洗并烘干，要特别注意清除掉工件小孔、焊接件空腔内及组合件结合面上残存的油类等易挥发物。否则，随着工件温度的升高，在挥发物蒸气逸出处，将引起持续不断的电弧。集中而连续的电弧将给操作人员的操作带来困难，并延长升温过程。在挥发物蒸气逸出处产生的强烈电弧，还可能导致该部位局部烧熔。

若工件上有锈迹，则要在清洗前除锈。清洗时可以先用汽油浸泡，然后用布擦干，切忌用棉纱之类，以免纱丝挂在工件上引起打弧。为了缩短打弧时间，工件可在180℃下烘干。

2. 防渗处理

由于工件的服役条件不同，因此根据工件的设计要求，在图样上往往标注出一些不需要渗氮的部位。另外，对具有完全渗透危险的部位（如螺纹、轮齿等）及一些容易产生辉光集中而又可以不进行渗氮的部位（如中心孔、小的通孔或不通孔、退刀槽类的窄沟槽等），由于离子渗氮的特殊性，均应采取防渗处理加以屏蔽防护。

离子渗氮的防渗多采用机械屏蔽的方法，在不需要渗氮或避免辉光集中的部位镶入、旋入、套上或盖上形状和尺寸合适的钢件，便可以起到预想的防护作用。这些屏蔽件可以是标准件（如销子、紧固螺栓、螺钉、螺母等），也可根据渗氮件需要屏蔽处的形状、尺寸，制作盖、套、环、箱等专用屏蔽件，或者利用工件不需要渗氮的表面互相屏蔽（如直齿的端面等）。图4-8所示为几种离子渗氮工件的屏蔽方法示意图。

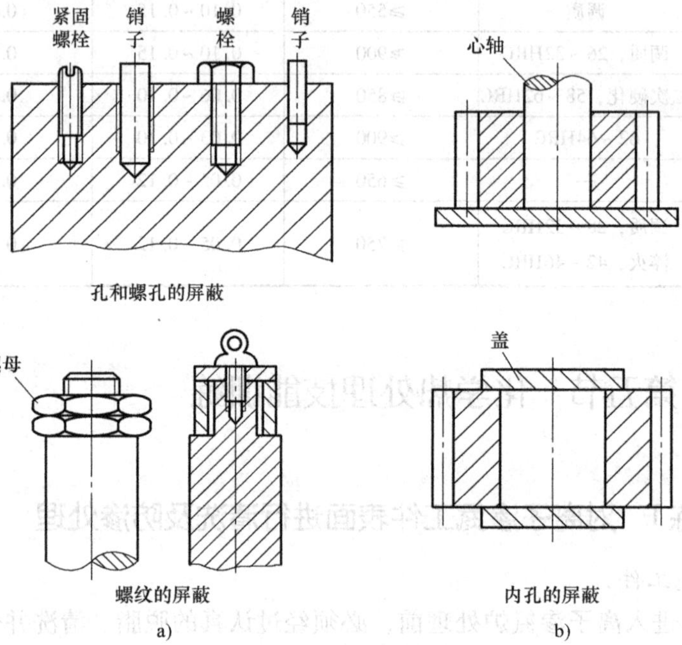

图4-8 几种离子渗氮工件的屏蔽方法示意图
a）用标准件屏蔽的方法 b）专用屏蔽的方法

工件与屏蔽物是等电位的，所以在工作状态下都要起辉。屏蔽物与被屏蔽物之间虽然不需要有过渡配合那样严格的精度要求，但是其间隙也不应过大，一般为0.3~0.5mm即可。若间隙过大，则会造成新的辉光集中，使渗氮过程不能顺利进行。屏蔽物可以用廉价的碳素钢制作，其厚度视其尺寸的大小来选择，在保证足够刚度的前提下，尽量取较小的尺寸，一般常取2~5mm。

• 训练 2　气体渗氮、离子渗氮、碳氮共渗及氮碳共渗工装夹具的制作与选用

由于工件进行上述化学热处理时所使用的设备型号不同，因此要根据具体情况制作和选用不同的工装夹具。

当使用罩式炉时，一般不需要或只需要用简单的工装夹具即可，如模具、齿轮等在离子渗氮时只需将其置于阴极盘上；对内孔或外表面均需渗碳或渗氮的工件，只需在下面放三个支撑柱，其支撑点以较小为宜，并制作成圆柱或圆锥形，如图 4-9 所示。

当使用井式化学热处理炉时，工件多采用吊挂方式，所以工装夹具相应复杂一些。这类热处理设备主要针对细长工件进行渗碳、渗氮处理。为了防止细长工件在热处理时产生弯曲变形，必须对其进行垂直挂装。

图 4-10a 所示工装夹具用于捆扎各类细长工件（细长轴、丝杠等），进行渗前的退火和渗后的回火处理。

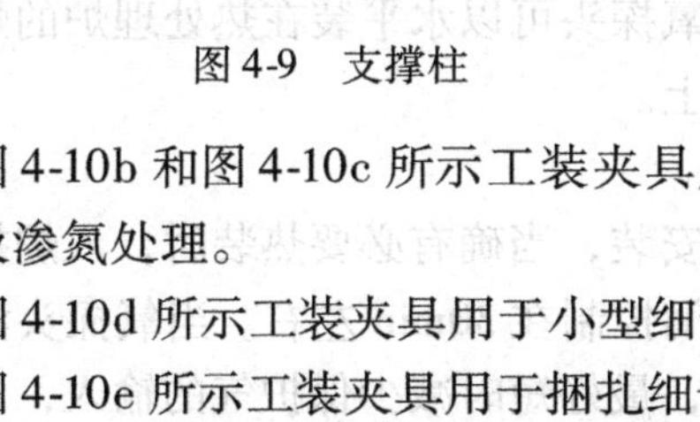

图 4-9　支撑柱

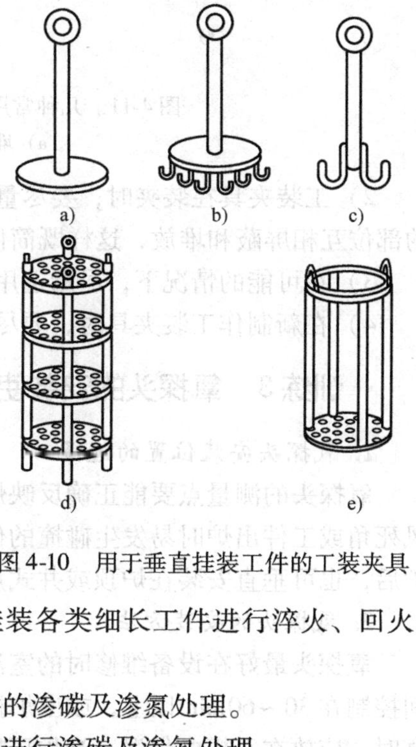

图 4-10　用于垂直挂装工件的工装夹具

图 4-10b 和图 4-10c 所示工装夹具用于挂装各类细长工件进行淬火、回火、渗碳及渗氮处理。

图 4-10d 所示工装夹具用于小型细长工件的渗碳及渗氮处理。

图 4-10e 所示工装夹具用于捆扎细长工件进行渗碳及渗氮处理。

下面介绍离子渗氮工装夹具的制作和选用方法：

1）由于离子渗氮温度不高，工装夹具的材质一般用普通碳素钢即可。图4-

11是几种常用离子渗氮的工装夹具示意图。

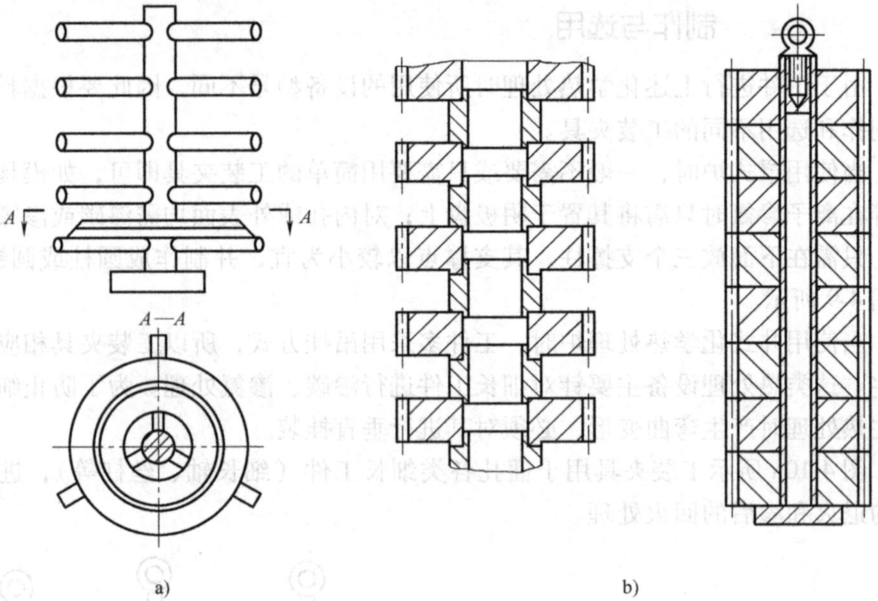

图4-11　几种常用离子渗氮的工装夹具示意图
a）堆放式　b）吊挂式

2）工装夹具在装夹时，要尽量利用工件本身可以不渗氮的表面或需要屏蔽的部位互相屏蔽和堆放，这样既简便又可以充分利用空间，增加装炉量。

3）在可能的情况下，尽量选用通用的工装夹具。

4）在新制作工装夹具时，要尽量做到结构简便及装卸方便。

训练3　氧探头的安装使用与维护保养

1. 氧探头安装位置的选择

氧探头的测量点要能正确反映炉内气氛和温度，不要靠近渗剂入口或炉内回风死角或工件出炉时易发生碰撞的位置。氧探头可以水平装在热处理炉的炉侧或炉后，也可垂直安装在炉顶或井式炉炉盖上。

2. 氧探头的安装方法

氧探头最好在设备维修时的室温状态安装，当确有必要热装时，入炉持续时间控制在30～60min以上，或出炉持续时间控制在30min左右。当氧探头温度较高时，应放在石棉中保温；当炉压较大时，最好短时减少保护气的输入，以降低炉压。

安装时，氧探头的外电极需接地，引出线要用屏蔽线，热电偶引线要用相应的补偿导线，引出线要有金属导管或蛇皮管保护，接线盒的环境温度应小于80℃。

3. 氧探头安装时的密封要求

氧探头的外电极管与法兰之间及法兰与热处理炉之间应添加适当的石棉垫以保证密封，严禁气体泄漏。参比气流量在某种程度上与密封性有很大关系。当密封不好时，参比气流量太小，炉内气体会向检测室渗漏，导致输出电势降低，此时，必须加大参比气流量，以阻止炉气渗漏到检测室中，但可能产生电极冷却效应。因此，当密封太差时，不论参比气流量多大，都难以补偿渗漏效应的影响，此时的输出电势很低。

4. 氧探头使用时的其他要求

参比气体的选择对氧电势的测量有很大影响。当在热处理炉中使用氧探头时，一般采用空气作为参比气体，不得含水、油等杂质。因为水、油在高温下会分解和起化学反应，改变参比气体中的氧含量，从而影响输出的电势。在严格情况下，参比气体的空气必须经过干燥和过滤。参比气流量是使用氧传感器的一个重要参数，对输出电势的影响较大。参比气流量太小，内电极得不到新鲜空气补充，输出电势值降低；参比气流量太大，对内电极有冷却效应，将导致内外电极温差，进而引起输出电势偏低。

另外，工件入炉前要清洗，以去除油垢和缓蚀剂等物，避免将硫、铅和锡等易挥发的有害元素带入炉内，引起氧探头中毒。

5. 氧探头的保养

（1）定期清洗氧探头上的炭黑　当炉内出现积炭时，若有条件停产，则在炉子烧炭黑的同时，向氧探头清洗孔内通入空气。周期式炉一般不宜在生产过程中清洗炭黑，而连续式炉可以在生产过程中清洗炭黑，清洗空气流量以控制在200L/h为宜。在正常使用时，可用乳胶管或塑料管打折封住清洗孔，以防止炉气泄漏。

（2）定期检查氧探头的内阻　在氧探头使用一段时间后（如3～4个月），应定期检查其内阻，正常情况下一般在50kΩ以内。若内阻偏高，则会造成输出信号的下降，少量下降时，结合定碳片的测定可通过碳控仪调整补偿，相差过大时则要更换锆头。若在氧探头上直接测量锆头的内阻，则这个内阻是锆头本身的真实内阻、内外电极与锆头的接触电阻以及引出线的电阻之和。对可拆式氧探头来讲，当内外电极与锆头接触不良时，会误解为内阻增大，所以在氧探头上直接测量锆头内阻时，内外电极与锆头要接触良好。

• 训练4　进行离子渗氮装炉操作

离子渗氮装炉操作步骤如下：

(1) 放气　当离子渗氮炉闲置时，应使炉膛保持真空状态，免得由于空气湿度及腐蚀性气体的作用，而使内部锈蚀或吸附气体，影响操作的顺利进行。因此，在打开炉罩（盖）前，必须首先开放气阀。在开放气阀时，应徐徐地随着炉内的压力不断增大而加大进气量，切忌将放气阀一次开到最大程度，否则会导致规管等真空测量探头的损坏。当放气阀处没有进气声时，说明炉内外压力已经相同，即可开启炉罩（盖）。

(2) 装卡　将经过清洗、晾干的工件及屏蔽件装卡在工装夹具上。

(3) 合理装炉　一是要使工件在渗氮过程中温度均匀，保证渗氮质量；二是要尽量增加装炉量，提高生产效率。因此，在实际装炉时应注意以下几个方面：

1）尽量将同种工件装在同一炉中。当必须多种工件混装时，应该使其表面积与重量之比相接近。但是在实际生产中，特别是在专业化生产单位，经常将多种差异较大的工件混装在同一炉中，这就要求操作者能够通过熟练地调整工件与阳极间的距离，使工件渗氮时的温度趋近一致。切忌将内外均需渗氮的套装类工件与实心的轴、杆件等只需表面渗氮的工件同炉渗氮。

2）不同材质或表面粗糙度相差悬殊的工件，不能同炉渗氮。因为不同材质工件的渗氮工艺不同，同工艺渗氮后的颜色会有差异，如同工艺渗氮后的40Cr工件呈银灰色，而38CrMoAlA工件则呈暗灰色。

3）同种工件在炉中放置时，要保证工件间隙和工件与阳极间距离的均匀性。一般工件间的距离要大于15mm，并且沿阴极盘放置一圈，中间不放工件。距离太近会造成工件内侧的温度偏高而外侧的温度偏低。

4）工件与阳极间的距离。从改善工件各部位温度均匀性方面考虑，在多件共阳极处理时（即不使用辅助阳极），阴阳极间距离以30～70mm为宜，距离过小会导致温度均匀性差。在处理各处截面尺寸相差悬殊的工件时，在不使用特制辅助阳极的情况下，往往采用增大工件与阳极间距离的方法来达到改善温度均匀性的目的。

5）对同种材质表面积与重量之比相差较大的多种工件或各部位表面积与重量之比相差较大的同一种工件，可选择下列几种装炉方法来达到改善温度均匀性的目的：

① 利用离子渗氮炉各部位散热条件的不同进行补偿。在罩式炉中堆放装炉时，上部温度偏低。在井式炉吊挂工件加热时，下部比上部温度偏低，上部又比中部温度偏低。操作者可根据这一特点选择适当的装炉方法。

② 利用在井式离子渗氮炉不同的通氨口通入冷氨和分解氨的方法改善炉温的均匀性。由于井式离子渗氮炉上、中、下温度情况有以上所述的差异，因此在操作时，可以在炉体的上、下两个通氨口通入分解氨，而在中部通氨口通入冷

氨，同样能够达到调整各部位温度的目的。

③ 设置辅助阴极或辅助阳极。辅助阴极就是制作适当形状、尺寸的钢件，将其放在工件温度偏低的部位并与阴极连接。在工作时，由于钢件与工件同时起辉，二者之间有相互辐射的影响，因此可以达到提高工件局部温度的目的。辅助阳极就是在工件温度偏低的部位另设一个阳极，使这个阳极距工件较近，局部电流密度增加，进而达到提高工件局部温度的目的。后一种方法在罩式炉上较易实现，主要是缩小罩顶与工件距离，使堆放工件的温度上下趋近一致。

④ 试样的选形及安装要考虑辉光放电的特点，要求加热时离子渗氮件试样的温度与工件温度一致；其次，还要使试样的材质、组织与渗氮件完全相同。此外，在安装试样时，应保证试样与工件接触牢固，特别是较小的试样，最好用螺钉紧固。试样与工件的间隙不得大于 1mm，否则会造成辉光集中。

• 训练 5　观测离子渗氮辉光层厚度并调整压力参数及电参数

离子渗氮炉属于精密热处理设备，操作人员在使用过程中要随时注意观测离子渗氮辉光层厚度，及时调整压力参数及电参数。

（1）打弧阶段　在工件装炉完毕后罩上炉罩，即可开启真空泵抽真空，当将真空度抽至 50Pa 以上时就可以送电起辉。此时进入打弧阶段，由辉光和弧光进一步清理工件表面。这一阶段的时间根据装炉量和工件清洁程度由几分钟至几小时不等。

打弧阶段的气压、电压和电流等参数的正确调整极为重要，方法是选择合理的电流密度。若电流密度过大，则打弧现象严重，甚至使工件表面的辉光熄灭；若电流密度过小，则打弧清理时间过长。因此，可以在打弧阶段选择低气压、高电压。具体操作是：调节限流电阻，使其在开始时达到最大的电阻挡，以减少打弧，在辉光稳定、打弧减少后，再逐步减小限流电阻，使其升温。此阶段的生产操作可依据下面几种现象判断是否正常：

1）在刚起辉时，打弧无固定点，在工件表面乱跑，这是由表面脏物引起的打弧，也称为打散弧。这是打弧阶段的正常现象，过一定时间后会逐渐减少，直至停止。

2）孔中机油挥发引起的打弧，其特点是升温到 200 ~400℃时打弧，弧点集中在出油孔洞、沟槽四周，打弧较为严重，打弧时断时续。这种打弧无需停炉，可适当降低电压和气压，使打弧减少，在油挥发干净后打弧自然会停止。

3）最要注意的是小孔、狭缝引起的打弧，其特点是弧点集中于小孔和狭缝处，连续打弧不断，在减少氨气流量，降低气压，辉光厚度增加后，打弧停止，当气压超过某一数值时，又引起严重打弧。当遇到这种情况时，首先要判断使小孔打弧的最高气压所决定的最大电流能否维持工件升温，若能维持，则渗氮处理可继续进行，否则，就必须看清打弧源的位置，停泵后吊起炉罩，消除引起打弧的根源，再重新抽真空升温。

（2）升温阶段　升温速度主要取决于工件表面的电流密度、工件体积与产生辉光的表面积之比以及工件的散热条件等几个方面。影响电流密度的主要因素是电压、气压和工件的温度。当温度不变时，气压加大，电流密度也增加。当气压太低时，辉光厚而散。往往在电压加到最高时，电流密度也不足以升高，这时一定要提高气压，使辉光减薄，电流密度即随之增加。电流密度还与工件的温度的有关，当气压、电压都保持不变时，温度升高，气体密度减小，电流密度就减小。因此在升温过程中，欲保持电流密度不变，就需要随着温度的升高而不断地增加氨气流量或减少抽气率，或是提高电压。若电流密度大，则升温快。

若工件形状简单，则可以升温快一些，反之则要慢一些，通常升温时间为0.5 ~3h。

（3）保温阶段　在温度升到渗氮温度时开始保温。保温时间所需的电流密度比升温时小，一般当升温速度快时，保温电流密度减到升温电流的1/2 ~2/3；当升温速度慢时，则减少到升温电流的2/3 ~3/4。然后，根据炉内温度情况，通过调节电压或气压来调整电流密度。

（4）冷却阶段　离子渗氮一般采用炉冷。在炉冷时，炉内漏气会使工件表面出现氧化色。为保持工件外观为银灰色，可在保温阶段结束后的0.5 ~1h 内用高电压、低气压以及小电流使工件上保持稀薄的辉光，维持阴极溅射。为了加速冷却，在炉子停电后不停冷却水，直到冷到100℃以下。

复习思考题

1. 什么是渗氮钢？它有何特点？
2. 简述气体渗氮的基本原理。
3. 气体渗氮工艺有何特点？
4. 举例说明气体渗氮的应用。
5. 简述离子渗氮的原理及应用。
6. 碳氮共渗同渗碳相比有哪些特点？
7. 氮碳共渗同渗氮相比有哪些特点？
8. 如何对离子渗氮工件表面进行清洗及防渗处理？
9. 简述气体渗氮、离子渗氮、碳氮共渗及氮碳共渗工装夹具的制作与选用方法。
10. 简述氧探头的安装使用与保养方法。
11. 简述离子渗氮的装炉操作过程。
12. 如何根据观测到的离子渗氮辉光层厚度来调整压力参数及电参数？

第五章

表面清洗、清理与防锈的原理及方法

培训学习目标 掌握热处理工件的表面清洗、清理与防锈的相关知识，学习发蓝、磷化的基本原理和工艺操作方法。

第一节 表面清洗、清理与防锈的相关知识

一、真空清洗机的工作原理与操作

当前，国际上为保护环境，维持生态平衡而采取了全面禁止使用有机溶剂的方针，不少国家已开始限制有机溶剂的生产。真空清洗作为一种少污染或无污染的新型清洗方法，完全不采用有机溶剂，符合环保的要求。

1. 真空清洗机的清洗原理

利用真空清洗机进行清洗的原理是：黏附在工件表面上的油及其他能被蒸发的物质，都可在真空下被蒸发。图5-1所示为水和各种油的蒸汽（气）压曲线。把像油这样的蒸汽（气）压较小的物质从被清洗的工件中分离时，需要在高温、高真空下使油汽化。

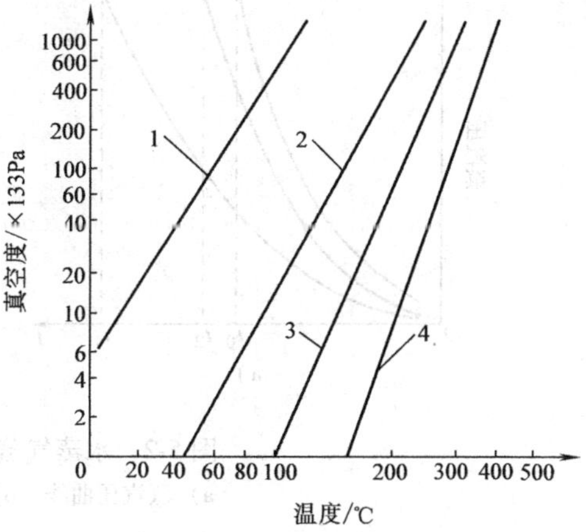

图5-1 蒸汽（气）压曲线图

1—水 2—石油系列溶剂

3—低温系列淬火油 4—高温系列淬火油

从图5-1可知，高温系列淬火油在常压下的沸点是350～400℃，若减

压至133Pa的真空状态下，则为150～180℃。热处理后的清洗必须在回火温度以下进行（如果清洗的温度超过了回火温度，那么清洗后会降低工件的硬度和强度），也就是说，170～180℃是工件清洗的上限温度。在此温度和133Pa的真空度条件下，高温系列淬火油的汽化是可能发生的，但要达到洗净的要求还有一些困难。其原因一是汽化的速度太慢，二是汽化后残留物太多，所以必须进一步引入水蒸气蒸馏。

水蒸气蒸馏是指在向带有不溶于水的油类等物质的工件上吹水蒸气的同时，对工件进行辅助性加热。这种方法的实质是把油分等挥发成分和水一起蒸馏出来，蒸馏出的液体分为油层和水层，这样就可以较容易地将二者进行分离。

在应用这种方法时，油分等挥发性成分的蒸气随着水蒸气同时产生，所以油分的沸点就被相应地降低，从而使工件可以在回火温度以下的较低温度清洗干净。

下面举一个水蒸气蒸馏的例子：成分1是被清洗的物质（油分等），成分2是水。如果把它们单独存在时的蒸汽（气）压分别记为p_1和p_2，那么混合液的气相全压$p=p_1+p_2$，在和外界压力p_0相等时的温度t_0，混合液沸腾。这个混合液的沸点t_0比同压力下的成分1和成分2的沸点t_1和t_2都低，如图5-2a所示。水蒸气蒸馏法的蒸馏温度t_D可以根据图5-2b求出。即外界压力p_0与水的饱和蒸汽压p_2的差p_0-p_2和温度的关系曲线与被清洗物质（油分等）的蒸气压曲线的交点的温度即为t_D。

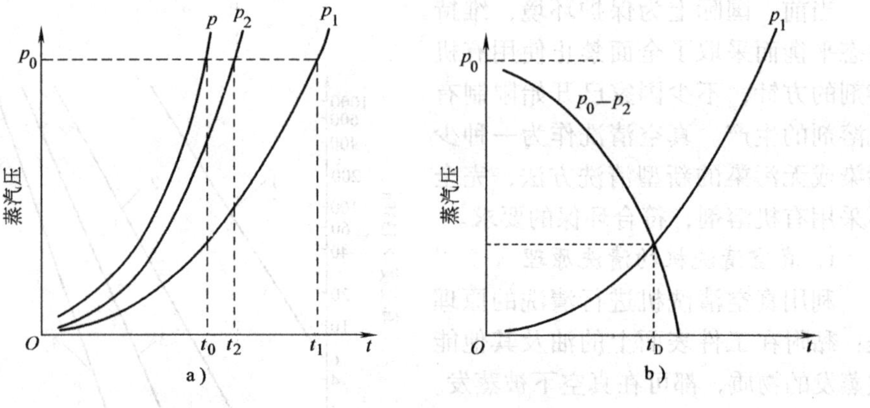

图5-2 水蒸气蒸馏时的蒸馏温度
a）蒸汽压曲线 b）蒸馏温度的求法

之所以进行真空水蒸气蒸馏，是因为在常压下进行水蒸气蒸馏时，p_1很小，伴随水蒸气而挥发的目的成分中油分的量很少，如果在真空下进行水蒸气蒸馏，那么目的物质的沸点将进一步被降低。这样，同时采用水蒸气蒸馏和真空蒸馏，可在回火温度以下将淬火油这样高沸点的油类洗净。

2. 真空清洗机的结构和工作流程

真空清洗机由前清洗室和真空清洗室组成。前清洗室由水蒸气喷嘴、喷淋头、水槽和升降机等组成，真空清洗室由水蒸气喷头、发热体、风扇、热电偶和真空泵组成。真空清洗机的工作流程是这样的：

（1）预清洗　被清洗工件首先在前清洗室内进行预清洗。工件进入前清洗室后，用水蒸气进行喷射、喷淋以去除浮油，然后升降机下降，将工件沉入水槽，在水槽中进行旋转或摇动，当升降机上升时，再进行喷淋和水蒸气喷射。这就是工件的预清洗过程。

（2）真空清洗　热处理工件经过预清洗后，再进入真空清洗室，此时，在发热体升温的同时对温度进行准确控制，到温后，首先开始真空排气，在真空下对工件喷射水蒸气，使工件上的残留物和油分进一步汽化，以达到洗净的目的，随后停止加热进行降温，最后用空气恢复常压后，将工件取出。

需要说明的是，真空清洗机是以清洗高沸点重质淬火油为目的而开发的，若仅需清洗轻质、低沸点或低粘度的油类，则可不经预清洗阶段，直接进行真空清洗，并以此提高清洗的效率。所以，真空清洗机的单机既可进行热处理前工件的清洗，又可进行热处理后工件的清洗，并可布置在连续式热处理生产线上。

二、振动光饰设备的工作原理与操作

对于精密工件，热处理后剩余的加工余量很少甚至没有，这时即使采取真空热处理的方式，热处理后工件的表面也难免会有轻度的氧化。为了去除这些微量的氧化层，在工业生产中，可以采用振动光饰的方法对工件进行最后的清理。振动光饰可以去除工件表面的锈蚀和氧化层，使倒角、孔或槽等部位光亮清洁，大大改善工件的表面质量。另外，振动光饰还具有降低工件表面粗糙度值，提高工件表面疲劳寿命的作用。

日前，这种振动光饰工艺因提高质量明显、应用范围广、效率高、便于操作等优点，已经被广泛应用于热处理工件的表面清理中。

1. 振动光饰设备的结构和工作原理

振动光饰主要采用旋流和振动这两种方式，相应地也有两种振动光饰机。

（1）旋流式振动光饰机的结构和工作原理　旋流式振动光饰机配置的光饰桶的下半部分与回转中心轴连成一个整体，工作时，光饰桶在电动机带动下沿顺时针方向旋转，使桶内的磨料与工件均匀地混在一起，并随着回转轴的转动而转动，形成离心力，与光饰桶内壁的聚氨酯胶层相互碰撞。光饰桶内壁的聚氨酯胶层的圆周呈波浪形，能使磨料与工件在碰撞的同时又不停地进行翻动，从而完成微切削过程，并最终达到光饰的目的。

（2）振动式振动光饰机的结构和工作原理　振动式振动光饰机的工作原理是在振动电动机激振的作用下，使光饰桶产生水平和摇摆两个方向的振动，在光饰桶内，颗粒型的磨粒与工件均匀地混合在一起，并产生有规律的空间运动，磨粒与工件相互摩擦并持续不断地进行翻动，使工件各部分都受到比较均匀的磨削作用，工件上的凸起和棱角部分则会受到比较大的磨削作用，从而达到理想的圆滑倒角及光亮的外观效果。

2. 振动光饰工艺参数的确定

振动光饰工艺的主要技术参数有：光亮剂、研磨剂和防锈液的配制比例，磨料重量，转速，时间和振幅等。在生产实践中，可以逐步摸索出磨料与工件的比例。磨料的装入量应大于工件的装入量，以防止因工件之间的碰撞而造成表面碰伤。

（1）转速的确定　体积小的工件需使用相对快一些的转速，而处理体积大的工件时，转速就要相对减慢，一般不超过200r/min。

（2）时间的确定　体积较小的工件振动光饰的时间应相对较短，而体积较大的工件振动光饰的时间就需要相对延长。另外，振动光饰的时间还应根据工件的表面粗糙度情况而定。

3. 振动光饰的操作要点

1）当使用新的磨料时，应当首先加水进行20～30min的自磨，放掉脏水后，再加入工件进行振动光饰，以防止工件表面被划伤和各项技术指标被破坏。

2）在振动光饰过程中，当桶中的水变黑时，应及时放掉脏水，重新注入干净的水并加入适量的研磨剂或光亮剂，然后再重新进行振动光饰，以防止影响工件的外观质量。

3）粗光时，光饰桶内的水位应略低于磨料的表面；精光时，光饰桶内的水位应略高于磨料的表面。

4）在振动光饰的整个过程中，要定期加水，严禁无水干磨。

三、电化学抛光的工作原理与操作

为了进一步降低工件的表面粗糙度，提高光亮度，在工业中通常采用各种方式的抛光工艺。目前，抛光主要分为机械抛光、化学抛光和电化学抛光。以下对电化学抛光的原理和操作进行简要的介绍。

电化学抛光又称为电抛光，是利用阳极在电解池中所产生的电化学溶解现象，使阳极上的微观凸起部分发生选择性溶解，以形成平滑表面的方法。

电化学抛光需要使用电解液和直流电流，与电镀的方法类似。与之不同的是，电化学抛光是把被加工的工件作为阳极，正好与电镀相反。电化学抛光时，金属工件在控制下被有选择地溶解，其表面上显微高点的溶解速度大于

“谷点”。

1. 电化学抛光的电化学机理

电化学抛光的电化学机理可分成两部分：宏观抛光和微观抛光（也称为光泽化）。

（1）宏观抛光机理　在电化学抛光液中，以被抛光工件作为阳极，以不溶性金属作为阴极，在两极之间加上电压，当逐渐增大电压时，对应的电压-电流特性曲线如图5-3所示。

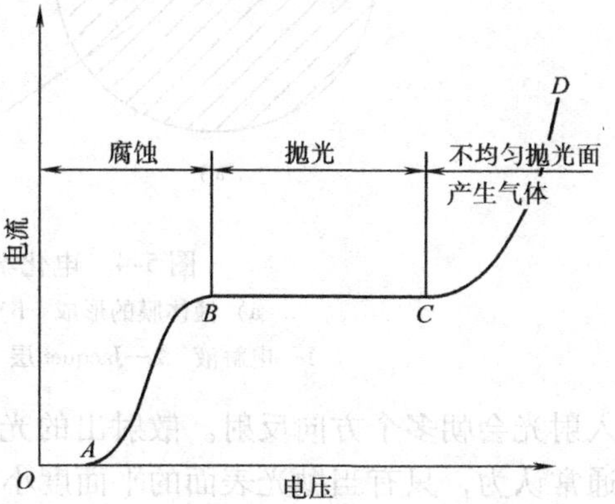

图5-3　电化学抛光时的电压-电流特性曲线

这条特征曲线（也称为Jacquet曲线）可分成三段：

1）在*AB*段，随着电压的上升，电流也成比例地相应增加。

2）在*BC*段，虽然电压升高，但是电流基本保持不变。

3）在*CD*段，电流又随着电压的上升而急剧增大。

由此可见，在曲线的不同阶段，阳极金属的溶解特性会发生不同的变化。一般来说，电化学抛光时选择的电流与电压应该位于*BC*段之间。因此，*BC*段又可称为抛光段。

在*BC*段内，阳极的溶解速度高于电极界面附近离子的扩散速度，于是各种形式的金属离子就逐渐积聚在阳极金属表面附近，在金属表面和电解液之间就形成了一层黏稠的液体膜——扩散层。

在此扩散层中，由于浓度梯度的作用使得金属离子向电解液中的扩散速度变得平稳，即出现随着电压升高，电流不再增加的临界电流密度。这种扩散层就像图5-4a所示的那样，凹处的扩散层厚些，而凸处的扩散层较薄。此时，扩散层越薄，其浓度梯度就越大，所以凸处部分比凹部分的扩散速度大，相应部位的金属溶解速度也就快。

通常把这种状态的扩散层叫做Jacquet层。液体的粘度越大，Jacquet层就越容易形成。Jacquet层的厚度一般为几十微米，因而对于表面粗糙度与此厚度值相当的粗糙表面，都可以产生选择性溶解，使之平滑化，这样也就起到了宏观抛光的效果。需要说明的是，Jacquet层的形成与电解液的成分等因素密切相关。

（2）光泽度及微观抛光机理　光泽度是指工件抛光表面反射光的能力。理想的光滑表面能使光以等于入射角的角度反射离开，而在无光泽的金属表面上，

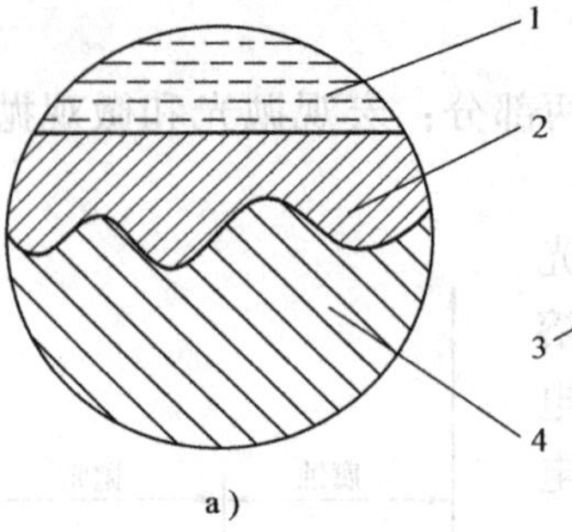

图 5-4　电化学抛光原理示意图
a）液体膜的形成　b）液体膜与固体膜的形成
1—电解液　2—Jacquet 层　3—固体膜　4—被抛光金属

入射光会朝多个方向反射。散射出的光越少，反射的光就越多，光泽度就越高。通常认为，只有当抛光表面的平面度小于可见光的波长时，表面才能呈现出足够的光泽度。

在 Jacquet 层存在的条件下，电抛光通常只会发生平滑化而不会出现光泽化，因为抛光表面还存在 0.01 ~ 0.1μm 的平面度误差，这主要是由金属晶粒间的结晶体不完整部分引起的。在微观抛光的情况下，不完整部分也被平滑化了，这时去除的微小平面度就相当于光波长的范围，故抛光表面的光泽度会大大提高。

对于电化学抛光来说，在某种条件下，被抛光件表面会出现一层极薄的固体膜，这层固体膜就有利于产生光泽化的效果，这一点已被试验证实，其示意图如图 5-4b 所示。

这层固体膜的主要成分为氧化物，但又不像一般由空气氧化物而生成的那种厚氧化膜。它非常薄，位于 Jacquet 层和金属表面之间，以大致相同的厚度分布。正是由于固体膜的存在，使得金属表面在溶解时，结晶不完整的晶粒优先得到溶解，这就去除了抛光表面的微观平面度，从而使得被抛光表面变得非常平滑，并能很好地反射光线，最终实现了光泽化。

2. 抛光液的分类及其电化学抛光效果

在选择抛光液时，需要兼顾抛光效果、分散能力、操作环境和废液排放等多方面的因素。下面简单介绍一下几种最常用的抛光液及其相应的抛光效果。

（1）磷酸　磷酸是中等强度的三元无机酸，对大部分金属的化学腐蚀性较弱，且易与金属生成钝化膜。磷酸粘度大，在电化学抛光中容易使阳极金属离子聚集形成 Jacquet 层，对改善金属表面粗糙度有一定的作用。同时，残留在金属表面的少量溶液能转变成不溶性的磷酸盐保护膜。这层保护膜也是固体膜的一部分，有助于提高表面的光泽度。

（2）硫酸　硫酸是强氧化剂，是强酸，能完全电离，因此有很强的导电性。硫酸的分散性很好，能使整个表面均匀地进行抛光。在加热情况下，浓硫酸能溶解很多金属，有助于形成 Jacquet 层。适当地使用硫酸，有助于提高工件表面的平整程度。但当浓硫酸过多时，也会出现纯化学浸蚀作用，对抛光效果产生不良的影响。

（3）铬酸　铬酸是强氧化剂。当在浓硫酸中加入铬酸时，能使抛光液分散性更好，金属表面更平滑。铬酸的强氧化性对固体膜的形成能起到很大的作用，所以加入适量的铬酸能显著地提高金属表面的光泽度。但铬元素对环境的污染较严重，对使用后的废液应进行妥善处理。

3. 电化学抛光处理后工件表面质量的特点

电化学抛光对金属的溶解极少，所以电化学抛光的厚度通常为0.0025～0.065mm。工件在机械加工中形成的深划痕、冲压记号往往比电化学抛光抛去的厚度深，所以这些划痕无法用电抛光的方法去除。由粗研磨所致的肉眼不可见的颗粒线和划痕，通常在其后的精加工中无法被去除，这时可以运用电化学抛光工艺将其去除。

电化学抛光是一项较快的操作，通常在2～12min内完成。但若从粗糙表面开始或必须去除较大量的金属（如控制尺寸或去毛刺），则将会需要很长的抛光时间。

采用电化学抛光获得的表面亮度不同于研磨或机械抛光获得的亮度。它无刻痕、不变形、无方向性且能显露出金属的本色。由于金属表面的几何形状是三维的，表面光滑度也有所不同，因此用普通的仪器测定既困难又不准确。在这里需要说明的是，表面光亮度不是表示光滑度。在适当的电化学抛光条件下，表面粗糙度（按微米测量）通常从66%下降到33%，但当微米值低于电化学抛光前的值时，改善的百分率也会相应下降。有时，由于不良的冶金状态或表面状态，微米值不会下降，甚至有时还会有所提高，所以这些冶金状态和表面状态在很大程度上决定电化学抛光的效果。

从负面影响来看，电化学抛光产生不好效果的最主要原因是晶粒尺寸不均匀、非金属夹杂物、定向轧辊痕迹、盐类或氧化物的污染、酸洗过度以及淬火过度等。为获得真正的反射性精饰表面所做的电化学抛光，微粒沉积物是至关重要的因素。

4. 电化学抛光处理所需的设备

（1）电源　电化学抛光要求使用低压直流电流，通常由整流器提供，在少数情况下也可使用直流发电机或电池提供电流，但多数情况下都用硅二极管整流器。电源电压的变化幅度为3～18V，但通常是5～12V，随着电解液的不同而不同。电流密度应在2.7～27A/dm^{2}范围内。

（2）电化学抛光夹具　需进行电化学抛光的工件通常用一个导电的夹具或紧固件固定在特定位置上。此时必须注意夹具的尺寸，以便保持从槽的顶部到底部以及夹具与工件之间留有足够的距离。夹具和紧固件的设计，还应考虑能为工件提供均匀的电流分布。

另外，夹具的中心和端点应能通过所需的电流量。夹具的端点可以用铜、铝、磷青铜或钛制成，这主要由电化学抛光液的类型确定。

（3）搅拌设备　无论采用何种电化学抛光工艺，抛光液均需要进行搅拌。搅拌可以给金属表面提供新鲜溶液，而且有助于防止在被抛光工件的表面上形成气体条纹及温度分布不均等。若条件许可，则最好进行机械搅拌，也可以用机械混合器或泵对溶液和气体进行搅拌。

（4）温度控制设备　加热或冷却电化学抛光液的设备由所采用的抛光类型确定。自动调节温度装置是最理想的，所有的溶液都需要有规定的操作范围。冷却由水或制冷设备通过蛇形管以及板、套式冷却器或热交换器来实现。热源为由蛇形铅管以及碳、铝、不锈钢蛇型管传送的蒸汽，还有浸入式石英电热器。

对于不锈钢、聚四氟乙烯或铝电热器，应放置于槽底或浸在槽液中。在其管道内燃烧煤气也可以作为热源，但需注意尽可能使热源在大范围内均匀分布。不同方法和材料的适用性和耐蚀性应根据所采用的溶液类型来选择。

很多电化学抛光溶液都有很高的电阻，所以可能存在一定的加热作用，该加热量依槽液的升数、被加工的平方米数以及电流密度而定。有时这种加热作用会部分或全部弥补外加热所产生的热量。

5. 电化学抛光处理的工艺流程

（1）工艺流程A　装夹→化学脱脂→热水洗→烘干→电化学抛光→漂洗→酸性清洗→清水漂洗→中和→二级漂洗→烘干→外观检验。

（2）工艺流程B　有机溶剂脱脂→装夹→电化学抛光→漂洗→酸性清洗→清水漂洗→中和→二级漂洗→烘干→外观检验。

6. 不锈钢制工件电化学抛光的典型工艺规范

不锈钢是目前使用最多的电化学抛光金属，能保持光亮度，无须后处理。其电化学抛光处理的工艺主要有以下四种：

（1）第一种电化学抛光工艺

溶液成分：柠檬酸55%（质量分数），硫酸15%（质量分数），水30%（质量分数）。

最小电流密度：11A/dm^2。

温度：94℃。

注意事项：这种溶液在60℃以下会自行结冰，所以建议使用酒精来降低该溶液的冰点。

(2) 第二种电化学抛光工艺

溶液成分：磷酸63%（质量分数），硫酸15%（质量分数），水22%（质量分数）。

最小电流密度：$6A/dm^2$。

温度：38~82℃。

(3) 第三种电化学抛光工艺

溶液成分：磷酸56%（质量分数），硫酸27%（质量分数），二甘醇-丁基醚7%（质量分数），水10%（质量分数）。

最小电流密度：$6A/dm^2$。

温度：60~78℃。

(4) 第四种电化学抛光工艺

溶液成分：磷酸40%（质量分数），乳酸33%（质量分数），硫酸13.5%（质量分数），水13.5%（质量分数）。

电流密度：$8\sim33A/dm^2$。

温度：75~94℃。

7. 电化学抛光处理操作的要点

(1) 装夹 在进行电化学抛光处理时，要将工件装夹在专用夹具上；注意工件与工件之间应留有10~30mm的间隙，且分布均匀；工件的外轮廓应平整，不得出现高低不平的现象；夹具接触不良时应及时进行更换或修理。

(2) 烘干 烘干工序是电化学抛光过程中的一道关键工序，工件表面的干燥程度直接影响电化学抛光质量。抛光主要是阳极电极过程和表面磷酸盐共同作用的结果。从阳极溶解下来的金属离子与抛光液中的磷酸形成溶解度小、粘度高、扩散速度慢的磷酸盐，并慢慢积累在阳极表面，形成黏滞性较大的电解液，在阳极表面形成具有高电阻率的稠性黏膜，由于该黏膜密度大、导电性差，因此容易影响阳极附近电流密度的分布。如果待抛光工件表面的清洗水分未烘干，就会造成工件界面粘度和浓度的降低或不均匀，从而导致工件的不均匀抛光或过腐蚀。

(3) 电化学抛光 在电化学抛光过程中应严格控制抛光电流、抛光槽温度和抛光时间，并及时协调好电流与温度的关系。由于电化学抛光过程是一个散热过程，槽液温度会不断升高，当温度过高时，就应降低电流；反之，则应升高电流，以稳定抛光质量和被抛光工件的几何尺寸。

另外，由于在电化学抛光过程中，铜或黄铜制夹具同时也会被电解，随着电化学抛光时间的延长，其表面将由光滑面变为凹凸不平面，如果不及时更换，部分工件就会因点接触造成的局部电流密度过大而烧焦。另外，在电化学抛光过程中还应注意夹具紧固部位是否有松动现象，以保证夹具良好的导电性。

（4）清洗　在将工件抛光并从电解槽中移出后，应迅速洗去其带出的电解液。此时可将夹具与工件一起浸入流动清洗槽中，如果槽中有压缩空气，还可进一步提高清洗效率。

（5）酸性漂洗与中和　工件在清水中清洗以后，再在质量分数为5%～8%的稀硫酸溶液中清洗1min左右，然后用清水进行清洗。酸洗后的工件可在中和槽中进行中和，时间通常为30s左右。

第二节　发蓝和磷化处理的原理与工艺

一、发蓝处理的原理与工艺

1. 发蓝的概念和特点

为提高工件热处理后的耐蚀性能，工业上通常将工件进行发蓝处理，在其表面生成一层亮蓝色或亮黑色的磁性氧化膜（Fe_3O_4）。所谓的发蓝处理，是在空气-水蒸气或化学药物溶液中，于室温下或加热到适当温度，使工件表面形成一层致密氧化膜的表面处理工艺。发蓝处理工艺简单成熟，成本低，外观蓝黑发亮，耐蚀性较好，具有无碱氧化、常温氧化等无可比拟的优点。

发蓝处理除了能防止工件的锈蚀，增加工件的光泽，使其具有美观的商品表面外，还能消除工件在加工过程中残留的加工应力。

2. 发蓝的基本原理

发蓝的基本原理是使钢件在含氧化剂的热碱溶液中进行氧化还原反应，生成蓝黑色的Fe_3O_4氧化膜。其反应可分为三个阶段进行：

1）铁在碱性溶液中溶解生成亚铁酸钠，反应式为

$$3Fe + NaNO_2 + 5NaOH = 3Na_2FeO_2 + H_2O + NH_3$$

2）亚铁酸钠进一步氧化成铁酸钠，反应式为

$$6Na_2FeO_2 + NaNO_2 + 5H_2O = 3Na_2Fe_2O_4 + 7NaOH + NH_3$$

3）亚铁酸钠和铁酸钠水解形成过饱和的Fe_3O_4溶液，同时产生微小的Fe_3O_4晶核，反应式为

$$Na_2FeO_2 + Na_2Fe_2O_4 + 2H_2O = Fe_3O_4 + 4NaOH$$

晶核在一定条件下逐渐长大，并连成一片，最终形成一层连续的氧化膜，如图5-5所示。

与此同时，亚铁酸钠和铁酸钠还能发生副反应生成FeO和Fe_2O_3水合物，反应式为

$$Na_2FeO_2 + 2H_2O \xlongequal{水解} FeO \cdot H_2O + 2NaOH$$

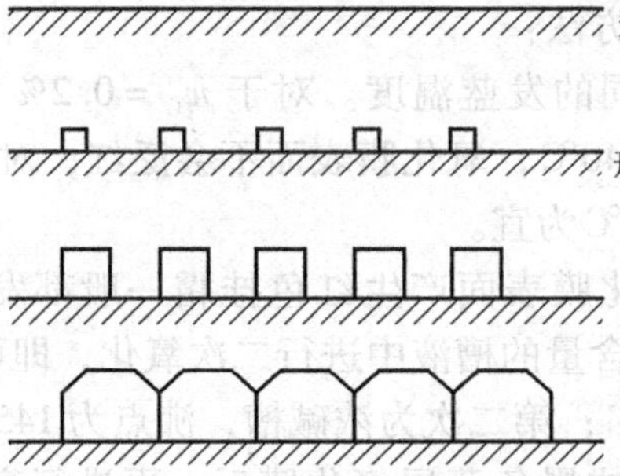

图 5-5 Fe_3O_4 氧化膜形成的机理

$$Na_2Fe_2O_4 + 2H_2O \xlongequal{水解} Fe_2O_3 \cdot H_2O + 2NaOH$$

3. 发蓝处理的工艺控制

（1）控制碱的含量 氢氧化钠是钢铁表面溶解形成亚铁酸钠、铁酸钠进而水解形成 Fe_3O_4 晶核的充分必要条件。它的含量高低直接影响溶液的沸点以及氧化膜的黑度、厚度、致密性和耐蚀性等结果。

若氢氧化钠的质量浓度低于 500g/L，则溶液沸点就相应低于 125℃，氧化膜就会薄而发花、致密性差、耐蚀性也不好；氢氧化钠的质量浓度若为 800 ~ 900g/L，则溶液沸点相应升高 142 ~ 150℃，氧化膜就会疏松无光，甚至会产生红色膜层。

（2）控制氧化剂含量和增加辅助氧化剂 钢铁氧化液中氧化剂的含量会影响氧化膜层的质量。当氧化剂含量少时，膜层疏松无光，附着力差；当氧化剂含量过高时，工件的表面易生成黄绿色的附着物。氢氧化钠和氧化剂的质量比控制在 2.5:1 ~ 3:1 是生成优质氧化膜的重要条件。当溶液中氧化剂的含量采用工艺范围的上限时，可加快氧化速度，有利于钢铁表面氧化膜的生成。

采用双氧化剂氧化有利于提高氧化膜的耐蚀性能。氧化液中的亚硝酸钠可用部分硝酸钠代替，即采用 50 ~ 100g/L 的 $NaNO_3$ 和 150 ~ 200g/L 的 $NaNO_2$ 双氧化剂。硝酸钠能使氧化膜呈无光泽的深黑色，亚硝酸钠能使氧化膜呈有光泽的蓝黑色。利用双氧化剂的组合作用，可以提高氧化膜的外观和耐蚀性能。

另外，增加少量辅助氧化剂（如钼酸钠等）还可以进一步提高氧化膜的黑度和光泽。

（3）减少红色挂霜、提高氧化膜的外观质量 氧化膜表面的红色挂霜是氧化过程中 Na_2FeO_2 和 $Na_2Fe_2O_4$ 的水解产物，即二价铁和三价铁的水合物，是钢铁发蓝过程中有害的副反应所造成的，也是钢铁发蓝工艺最难根治的疵病。它不仅影响氧化膜的外观，而且会降低氧化膜的耐蚀性能。在生产实践中，人们总结出以下几条较为有效的预防方法：

1）对不同钢材采用不同的发蓝温度。对于 $w_C=0.2\%\sim0.7\%$ 的普通碳素钢，发蓝温度控制在135～140℃，氧化膜表面不会泛红；对于高碳钢、合金钢，发蓝温度以控制在140～145℃为宜。

2）采用二次氧化。氧化膜表面产生红色挂霜一般都发生在氧化膜形成初期，所以采用在两个不同碱含量的槽液中进行二次氧化，即可解决上述问题。第一次为稀碱槽，沸点为135℃；第二次为浓碱槽，沸点为145℃。

采用此种方法时，在形成黑色薄层氧化膜后，再进行高温氧化加厚氧化膜层，即可减少红色挂霜。

3）清除槽边残渣。钢铁氧化副反应生成物为FeO、Fe_2O_3 的水合物，这些固体残渣通常聚集在槽边。钢铁氧化通常在沸腾的溶液中进行，碱溶液由于吸收空气中的二氧化碳而形成的固体碳酸盐也聚集在槽边。这些固体残渣很容易影响氧化膜的生成或黏附在氧化膜的表面，影响氧化膜的外观质量。所以，清除槽边的固体残渣，对提高氧化膜的外观质量是有益处的。

4）添加少量黄血盐。若在碱性氧化溶液中添加少量的黄血盐，则可以减少氧化膜的红色挂霜，因为黄血盐与氧化铁能生成不溶于水的普鲁士蓝，反应式为

$$3K_4Fe(CN)_6+2Fe_2O_3+6H_2O=Fe_4[Fe(CN)_6]_3+12KOH$$

5）进行后处理提高氧化膜的耐蚀性能。钢铁氧化后需进行必要的后处理，如进行铬酸盐钝化、肥皂水钝化或浸油处理等，均可明显提高氧化膜的耐蚀性能。

4. 发蓝工艺参数的选择

（1）发蓝温度　若发蓝温度过低（低于136℃），则 Fe_3O_4 的形核率和长大速度也低，氧化膜难以形成；当温度过高（高于150℃）时，氧化膜容易被溶解。因此，在通常情况下，规定的发蓝温度为136～148℃，并规定以142℃为界，将136～142℃定为进槽温度，将142～148℃定为出槽温度。中碳钢、高碳钢的进出槽温度取下限，低碳钢、合金钢的进出槽温度取上限。

（2）发蓝时间　发蓝时间可以以生成一定厚度（0.6～0.8μm）的氧化膜为标准，这种标准因钢种的不同而不同。在确定发蓝时间时，总的原则是：重要零件的发蓝时间取上限，不重要零件的发蓝时间取下限，一般零件取中间值。

二、磷化处理的原理与工艺

磷化处理是通过化学与电化学反应，形成磷酸盐化学转化膜的过程。磷化处理所形成的磷酸盐化学转化膜通常称为磷化膜。磷化处理的目的主要是给基体金属提供保护，并在一定程度上防止金属被腐蚀。

1. 磷化处理的基本原理

磷化过程包括化学反应和电化学反应两个过程。不同磷化体系、不同基材的磷化反应机理比较复杂。目前，人们将磷化成膜过程分解为四个基本步骤：

1）酸的浸蚀作用使基体金属表面 H^+ 含量降低，反应式为

$$\left.\begin{array}{l} Fe - 2e = Fe^{2+} \\ 2H^+ + 2e = 2[H] \rightarrow H_2\uparrow \end{array}\right\} \quad (5\text{-}1)$$

促进剂（氧化剂）加速，反应式为

$$\left.\begin{array}{l} [O] + [H] = [R] + H_2O \\ Fe^{2+} + [O] = Fe^{3+} + [R] \end{array}\right\} \quad (5\text{-}2)$$

其中，[O] 为促进剂（氧化剂），[R] 为还原产物。由于促进剂氧化掉式（5-1）所产生的氢原子，加快了式（5-1）的反应速度，所以就进一步导致金属表面 H^+ 含量的急剧下降，同时也将溶液中的 Fe^{2+} 氧化成为 Fe^{3+}。

2）磷酸根的多级离解，反应式为

$$H_3PO_4 = H_2PO_4^- + H^+ = HPO_4^{2-} + 2H^+ = PO_4^{3-} + 3H^+ \quad (5\text{-}3)$$

由于金属表面的 H^+ 含量急剧下降，导致磷酸根各级离解平衡向右移动，最终离解成 PO_4^{3-}。

3）磷酸盐沉淀结晶成为磷化膜。当金属表面离解出的 PO_4^{3-} 与溶液中（金属界面）的金属离子（如 Zn^{2+}、Mn^{2+}、Ca^{2+} 和 Fe^{2+}）达到溶度积常数时，就会形成磷酸盐沉淀。

$$2Zn^{2+} + Fe^{2+} + 2PO_4^{3-} + 4H_2O = Zn_2Fe(PO_4)_2 \cdot 4H_2O \quad (5\text{-}4)$$

$$3Zn^{2+} + 2PO_4^{3-} + 4H_2O = Zn_3(PO_4)_2 \cdot 4H_2O \quad (5\text{-}5)$$

4）磷酸盐沉淀与水分子一起形成磷化晶核，晶核继续长大成为磷化晶粒，无数个晶粒紧密堆集成磷化膜。与此同时，磷酸盐沉淀的副反应还将形成磷化沉渣。

$$Fe^{3+} + PO_4^{3-} = FePO_4 \quad (5\text{-}6)$$

以上机理不仅可解释锌系、锰系和锌钙系的磷化成膜过程，还可指导磷化配方与磷化工艺的设计。从以上机理可以看出：

1）适当的氧化剂可提高式（5-2）的反应速度。

2）较低的 H^+ 含量可使磷酸根离解式（5-3）的离解平衡更容易向右移动，进一步离解出 PO_4^{3-}。

3）金属表面若存在活性点，则可使沉淀式（5-4）和式（5-5）不需太大的过饱和即可形成磷酸盐沉淀晶核。

4）磷化沉渣的产生取决于式（5-1）与式（5-2）。溶液中 H^+ 的含量高、促

进剂强，均可以使沉渣增多。相应在实际磷化配方与工艺实施中表现为：适当较强的促进剂（氧化剂）、较高的酸比（相对较低的游离酸，即 H^+ 含量）可使金属表面调整到具备活性点，这些都能提高磷化的反应速度，并在较低的温度下快速成膜。因此在低温快速磷化配方设计时，一般遵循上述机理，即选择强促进剂、高酸比、表面调整工序等。

2. 磷化处理的分类

磷化处理的分类方法很多，但一般是按磷化成膜体系、磷化膜厚度、磷化使用温度等进行分类的。其中，按磷化成膜体系主要可分为锌系、锌钙系、锌锰系、锰系、铁系、非晶相铁系六大类，按磷化膜厚度（磷化膜重）可分为次轻量级、轻量级、次重量级、重量级四种，按处理温度可分为常温、低温、中温、高温四类。

3. 磷化的前处理

在一般情况下，磷化处理要求工件表面应是洁净的金属表面。工件在磷化前必须进行脱脂、除锈蚀物、除氧化皮以及表面调整等预处理。磷化前处理是获得高质量磷化膜的基础。

（1）脱脂　脱脂的目的在于清除掉工件表面的油脂和油污。其方法包括机械方法和化学方法两大类。机械方法主要是手工擦刷、喷砂抛丸和火焰灼烧等；化学方法主要是溶剂清洗、酸性清洗剂清洗、强碱清洗剂清洗和低碱性清洗剂清洗等。

（2）酸洗　酸洗除锈、除氧化皮的方法是工业领域中应用最为广泛的方法。利用酸对氧化物进行溶解以及腐蚀，产生氢气的机械剥离作用，从而达到除锈和除氧化皮的目的。

（3）表面调整　表面调整的目的是促进磷化，形成晶粒细致密实的磷化膜，提高磷化速度。表面调整剂主要有两类：一种是酸性表面调整剂，如草酸；另一种是胶体钛。两者的应用都非常普及，前者还兼具有除轻锈的作用。在磷化前处理工艺中，是否选用表面调整工序和选用哪一种表面调整剂都是由工艺与磷化膜的要求决定的。

在通常情况下，磷化前处理的工艺是：脱脂→水洗→酸洗→水洗→中和→表面调整→磷化→脱脂、除锈“二合一”→水洗→中和→表面调整→磷化→脱脂→水洗→表面调整→磷化。

其中的中和处理一般是使用质量分数为0.2~1.0%的纯碱水溶液。有时，对于表面有重油脂的工件，还可增加预脱脂工艺。

4. 防锈磷化工艺

磷化工艺的早期应用是防锈。钢件经磷化处理后，可形成一层磷化膜，起到防锈的作用。经过防锈磷化处理的工件的防锈期可达几个月甚至几年，所以防锈磷化工艺广泛用于工序间、运输、包装储存及使用过程中的防锈。防锈磷化主要有铁系磷化、锌系磷化、锰系磷化三大品种。

铁系磷化槽液的主体成分是磷酸亚铁溶液，不含氧化类促进剂，并且有高游离酸度。这种铁系磷化处理温度高于95℃，处理时间长达30min以上，磷化膜重大于10g/m^2，并具有除锈和磷化双重功能。这种高温铁系磷化由于磷化速度太慢，现在应用很少。

锰系磷化用作防锈磷化，具有最佳性能。磷化膜微观结构呈颗粒密堆集状，是应用最为广泛的防锈磷化，加与不加促进剂均可，若加入硝酸盐或硝基胍促进剂，则可加快磷化成膜速度。通常处理温度为80～100℃，处理时间为10～20min，膜重在7.5g/m^{2}以上。

锌系磷化也是广泛应用的一种防锈磷化，通常采用硝酸盐作为促进剂，处理温度为80～90℃，处理时间为10～15min，磷化膜重大于7.5g/m^2，磷化膜微观结构一般是针片状紧密堆集型。

防锈磷化的一般工艺流程为：脱脂、除锈→水清洗→表面调整、活化→磷化→水清洗→铬酸盐处理→烘干→涂油脂（或染色处理）。

通过强碱、强酸处理过的工件会出现磷化膜粗化现象。采用表面调整活化可细化晶粒。此时，锌系磷化可采用草酸、胶体钛进行表面调整、活化，锰系磷化可采用不溶性磷酸锰悬浮液活化，铁系磷化一般不需要调整活化处理。

磷化后的工件经铬酸盐封闭可大幅度提高缓蚀性，若再经过涂油脂或染色处理，则可将防锈性能提高几倍甚至几十倍。

第三节　表面清洗、清理与防锈技能训练

训练1　发蓝液、磷化液以及防锈液的配制

1. 发蓝液的配制

发蓝液的基本组成是氢氧化钠和亚硝酸钠或硝酸钠，有时还加入一定量的磷酸三钠。其配制方法如下：

1）先在发蓝槽中加入2/5体积的清水。

2）按发蓝操作时所需的体积计算并称取氢氧化钠，捣碎后放入槽中，缓慢加热使其溶解。

3）再将所需亚硝酸钠及磷酸三钠等加入槽中使之溶解。

4）加水到所需体积并加热到工作温度（沸腾温度），取样分析、调整。若沸点比原规定的发蓝温度高或低，可用水稀释或蒸发水分，使之达到要求的沸点

温度，合格后再投入生产。

2. 磷化液的配制

(1) 磷酸锌型磷化液的配制 若用磷酸二氢锌作为原料，则应按配方计算各组分用量。将磷酸二氢锌和硝酸锌分别用少量水调和，将调和成糊状的磷酸二氢锌在不断搅拌下溶入40～50℃的稀磷酸溶液中，然后将硝酸锌等组分溶入，最后加入少量的水。

也可用氧化锌作原料直接配制：先用水将氧化锌调成糊状，在不断搅拌下缓慢加入用同体积的稀磷酸制成的磷酸二氢锌，然后再加入硝酸锌等其他组分，最后加入余量水。

(2) 磷酸锰型磷化液的配制 先将计算用量的磷酸锰铁盐单独溶于60～70℃的温水中，水量为总体积的1/2，加热到80℃，保持10min以上，待溶液澄清后，将澄清液移入磷化槽内，再加入余量的水。

3. 防锈处理及防锈液的配制

热处理工件在经过清洗、喷砂（丸）和酸洗之后，为了便于保存以及不起锈，还要进行防锈处理。这中间停留的时间不得超过4h。

防锈处理是将工件装在筐篮之内，浸入防锈槽中3～5min，温度为70～80℃。取出的工件应很快地进行干燥。

防锈液的配制方法是：在1kg水中溶入100～150g硝酸钠（$NaNO_3$）和5～6g碳酸钠（Na_2CO_3）。

由于不断地使用，防锈液的成分将有所变化，会影响防锈处理的效果，因此，应当坚持每天都对缓蚀液进行一次化验分析并及时调整成分。

工件在经过了这样的防锈处理之后，一般可以保持2个月左右。

• 训练2 常温发蓝处理的基本操作

1. 工艺流程

常温发蓝的工艺流程与高温碱性发蓝基本相同，即为：装夹→化学脱脂→清洗→酸洗除锈→清洗→常温发蓝→清洗→脱水、浸油封闭→入库。

2. 操作流程

1）装夹：将需要发蓝的工件进行装夹，以便使工件在清洗和发蓝时能方便抖动。

2）化学脱脂：使用金属清洗剂溶液对工件进行脱脂处理。

3）清洗：用流动清水去除工件表面残存的清洗剂。

4）酸洗除锈：用体积分数为15%以上的盐酸去除工件表面的锈斑或氧化层，以增加活性，易于氧化。

5）清洗：用流动清水洗掉工件表面的残酸。

6）常温发蓝：将发蓝液配制好，其配制的数量根据工件的批量确定，然后将经酸洗的工件放在发蓝槽中，要不时地抖动工件，保持5~8min即可完成发蓝过程。

7）清洗：用清水洗去工件表面的发蓝液。

8）脱水、浸油封闭：将发蓝后的工件迅速放到专用的置换型脱水防锈油中，浸泡5min左右，将工件表面的水分置换掉，并使发蓝层微孔中吸收防锈油剂，以提高防锈能力并增加表面光泽。

9）完成以上工序后即可将工件入库保存。

3. 操作中应注意的事项

1）工件脱脂一定要彻底，否则会产生花斑、不上色或氧化膜层疏松等缺陷，并且应注意经常清除清洗液液面上漂浮的油污，避免工件的二次污染。

2）工件必须经过酸洗，即使没有锈斑也要进行酸洗，使工件表面活化，以增强氧化反应。酸液内不能有油，否则就会影响酸洗的质量。为使酸液保持一定浓度，应经常注意调整。

3）工件在进入下道工序前必须用流动的清水进行严格的清洗，以确保没有上道工序的残液，尤其是在进入发蓝液前。发蓝液是酸性的，清洗剂多为碱性，碱性残液会与发蓝液产生中和反应，这样就白白地浪费了发蓝溶液。

4）工件完成发蓝后必须用专用的脱水防锈油进行脱水、浸油封闭。因为常温发蓝的原理是氧化反应，如果发蓝后的工件不及时脱水浸油封闭，那么已活化的元素会与空气继续反应，并出现变色的现象。另外，不能用普通润滑油对工件进行封闭，因为普通润滑油不会产生置换脱水反应，反而会把水分子包在工件表面，促使工件表面生锈。脱水油经过一段时间的使用后，在油层底部会形成积水，当工件置入脱水油中时，应设法保证其不接触容器底部的积水层。当脱水油中水分含量较多时，应及时更换新油。

5）常温发蓝液使用一段时间后有效成分会消耗，需要经常补充新的发蓝液。配好的药液不要长时间存放，最好随用随配。发蓝件最好进行集中处理，不要用用停停，间隔中断，一次性使用效果更好。水洗后的工件尽量先沥净滴水后再放入发蓝液中处理，工件在药液中放置的时间过长也会造成过度反应，不必要地消耗药液的有效成分，致使药效缩短。

4. 发蓝处理后的检验

1）经过以上工艺流程操作后，钢件常呈正黑色，铸铁件常呈黑褐色，外观颜色均匀一致，无明显的花斑及锈迹。

2）如果将去油后的发蓝工件用质量分数为3%的中性硫酸铜滴定35s内不显示铜色，就证明采用常温发蓝工艺可以达到与传统的高温碱性发蓝工艺相同的效果。

训练3 常用磷化处理的基本操作

1. 工艺流程

常用的磷化处理是一种低成本、简便的处理工艺，其工艺流程为：脱脂、除锈→水洗→磷化→水洗→喷砂处理→后处理→入库。

2. 磷化工艺规范

（1）溶液的配方及工艺条件

磷酸（H_3PO_4）	10mL/L
硝酸锌［$Zn(NO_3)_2 \cdot 6H_2O$］	20g/L
氧化锌（ZnO）	4g/L
总酸度	40～50 点
游离酸度	4～8 点
工作温度	70～80℃
处理时间	20min

（2）磷化溶液的配制　按照溶液的配方计算各组分的用量，然后将氧化锌用少量水调成糊状，在不断搅拌下将其加入1:1磷酸溶液中，待氧化锌完全溶解后，再加入硝酸锌，搅拌溶解，加水至液面，加热进行铁屑处理，试验合格后即可投入生产。

3. 磷化溶液的管理

磷化溶液的调整十分方便。按配方含量五倍的化工材料配制成母液备用，根据磷化效果及时添加适量的母液。在总酸度达到工艺规范要求时，可以用磷酸或氧化锌调整游离酸度。实际上该溶液的工作范围很宽，熟练的操作工人完全可以凭经验进行调整。

另外，应注意经常除去磷化槽底的沉渣，对于用铁桶做成的磷化槽，每次磷化完毕后，可将磷化液舀入塑料桶内储存，下次磷化时可倾倒出上面的清液，弃去桶底的沉渣。当溶液中杂质含量多，Fe^{2+}质量浓度达到3～6g/L时，需要重新配制槽液。

4. 磷化操作注意事项

1）脱脂、除锈要彻底。为避免结晶粗糙，要尽量避免用强酸、强碱处理。喷砂处理的工件不应有漏喷现象。喷砂处理后的工件应在6h内进行磷化。

2）要控制好磷化溶液的温度，不要加热到沸腾，以免沉渣泛起。

3）根据磷化液化验分析结果或磷化膜的外观及时补充母液，调整溶液的总酸度和游离酸度。

4）为了保证磷化膜均匀，在磷化过程中应将工件从槽内提出，翻动1～2次再继续磷化。

5）磷化后的工件要彻底清洗干净。

6）磷化后的工件要尽快干燥、油封、填充或涂装。

5. 磷化处理后的质量检查

（1）外观检查　钢铁件磷化膜的外观由浅灰色到灰黑色，结晶细密、均匀，不允许有未磷化的部位和花斑、锈迹，不允许有损坏磷化膜完整性的擦伤、碰伤，不允许有未洗净的沉淀物等缺陷。

（2）耐蚀性检查　将磷化试样浸渍在质量分数为3%的氯化钠溶液中，浸渍2h后观察试样，没有出现腐蚀锈点则为合格。

复习思考题

1. 真空清洗机有哪些优点？
2. 简述水蒸气蒸馏和真空蒸馏的工作原理。
3. 简述真空清洗机的工作流程。
4. 在确定振动光饰的工艺参数时，应注意哪些问题？
5. 简述电化学抛光过程中的宏观抛光机理和微观抛光机理。
6. 简述电化学抛光操作的要点。
7. 简述发蓝处理的概念和实质。
8. 如何对发蓝处理进行有效工艺控制？
9. 磷化处理和发蓝处理有何区别？
10. 如何配制发蓝、磷化液及防锈液？

第六章

工件校正的方法及设备

培训学习目标 了解多种畸变校正设备；熟悉各种畸变的校正原理及方法；通过训练能够根据工件不同情况自由选择校正设备及方法，达到熟练校正工件变形的目的。

第一节 工件畸变的校正原理、方法及去应力的方法

一、工件热处理畸变的校正原理及方法

尽管在生产中采用了各种方法控制淬火畸变，但是工件热处理后产生畸变仍往往是不可避免的，特别是细长件及薄片件，其畸变往往超出允许的公差范围。对此，在许多情况下可以通过校正来减少工件的畸变，使其达到要求的尺寸范围。在对工件进行校正时，应注意各种校正方法的适用情况。常用的校正方法及其原理有以下几种。

1. *冷压矫直法*

室温下在畸变工件的伸长边（即弯曲工件的凸起面）的最高点加一静压力，使原伸长边承受压应力，短边承受拉应力，产生塑性变形，从而使伸长边缩短，短边伸长，达到校正的目的。这种方法一般适用于硬度低于 40HRC 的碳素钢、合金钢及非铁材料的圆柱形或板形工件，或者具有较高硬度的高、中频淬火件和表面硬化件等。对于弹性和硬度稍高但较长的工件，也可以采用此方法校正。一般来说，硬度超出此限越高，校正越困难且易压断。

在进行冷压矫直操作时应该注意以下几点：

1）为防止工件的受压处表面留下压伤痕迹，一般采用软质材料（如铜、铝

等）作垫块，且矫直设备硬质压头不能直接接触工件表面。

2）加压过程应当缓慢进行，不宜过快过猛，并注意工件压断时的安全保护问题。

3）用冷压法矫直时，应尽量避免矫成“S”形波浪弯。若已经产生“S”形波浪弯，则应分两步操作：先把垫铁放在适当位置，先矫一段，将工件矫成一个弯，再找高点进行矫直，如图 6-1 所示。

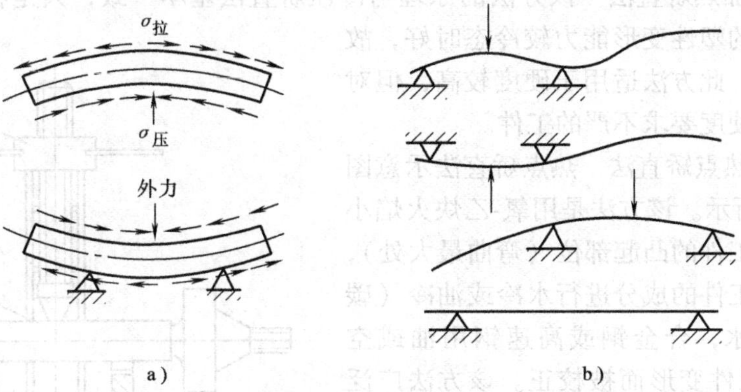

图 6-1　冷压矫直

a）冷压矫直法示意图　b）“S”形波浪弯矫直步骤示意图

校正过程应该注意“矫枉过正”的道理，即把工件的变形方向压“过头”，去除应力后，靠弹性变形把这“过头”的反弯抵消。实践证明，当工件硬度越高、弹性越好时，这个“过头”的反弯应当越大一些。

2. 反击矫直法

反击矫直法示意图如图 6-2 所示。

（1）冷反击矫直　在室温下，用高硬度的钢锤连续敲击变形工件的凹处，使该处的压应力得以松弛，又由于底面垫板受力后对工件的反作用力，使该面（工件的凸处）的拉应力得以松弛，同时在锤击的小面积处产生一些塑性变形，使锤击表面向两端扩展延伸，从而使工件得到矫直。该方法一般适用于高硬度（硬度高于 50HRC）的扁平工件或直径不大的细长件。

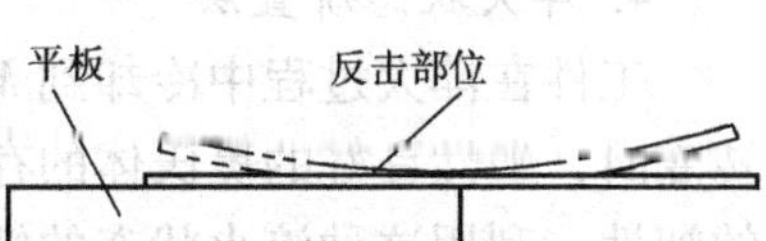

图 6-2　反击矫直法示意图

采用该方法时需要注意的是：使用的钢锤用高速钢制造，经淬火、回火后硬度以 62 ~ 64HRC 为宜，垫板的硬度为 40 ~ 50HRC。反击时应从凹处最低点开始，有规则地向工件两端延伸。锤击的位置要对称于最低点，用力要均匀，不宜过大，防止崩裂。锤子的作用力方向要垂直于下面的垫板平台。未经回火的工件不能采用该方法，否则工件容易开裂。

（2）热反击矫直　先把工件加热到不超过中间回火温度，再进行反击矫直。该方法能够将其他方法不能校正的工件校正过来，一般适用于高速钢制的薄片工件。

3. 热矫直法

（1）加热矫直法　该方法的原理与冷压矫直法基本一致，只是在加热条件下，工件的塑性变形能力较冷态时好，故易于矫直。此方法适用于硬度较高，但对于矫直处硬度要求不严的工件。

（2）热点矫直法　热点矫直法示意图如图6-3所示。该方法是用氧-乙炔火焰小面积加热工件的凸起部位（弯曲最大处），然后根据工件的成分进行水冷或油冷（碳素钢可用水，合金钢或高速钢用油或空气），使工件变形而被校正。该方法广泛适用于硬度超过40HRC的各类碳素钢、合金钢工件。

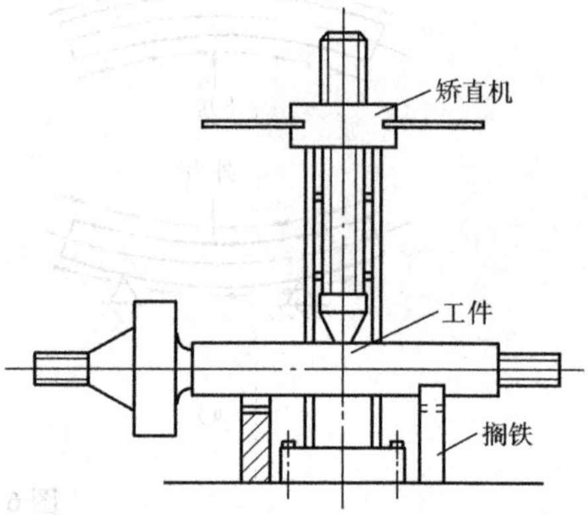

图6-3　热点矫直法示意图

当采用热点矫直法时，工件必须先回火，否则会因内应力过大而造成开裂。热点的加热时间不宜过长，否则热点范围会扩大，影响工件质量。热点加热的点数应根据工件弯曲的程度确定，一般先从凸起的最高点开始，向左右两边对称延伸，在热点几处后应检查工件的畸变量，若仍不合格，则增加热点位置。热点位置应该尽量选择在非工作部位。

4. 淬火状态矫直法

工件在淬火过程中冷却到 *Ms* 点附近，在奥氏体尚未开始或正在进行马氏体转变时，塑性良好的奥氏体的存在以及相变时的高塑性，使得工件此时具有较好的塑性。利用这种淬火状态的塑性进行矫直的方法即为淬火状态矫直法。

此方法适用于所有淬火工件的校正，特别适用于淬透性好的高合金钢，如高速钢或高铬钢。低合金钢和碳素钢工件可以在淬火冷却到200℃左右时取出趁热矫直，但是由于过冷奥氏体稳定性小，因此必须在较短促的时间内完成矫直工作，对操作者技能要求较高。高合金钢工件可以通过热处理工艺使奥氏体稳定化，在淬火状态下保持大量的奥氏体，这样可以在更长的时间及更宽的温度范围内对淬火状态工件进行矫直，而无须淬火和矫直的紧张配合。高速钢的拉刀就是利用该方法矫直的。

5. 回火状态矫直法

该方法是将工件放在特制的夹具中进行回火，利用回火时的相变塑性进行加压矫直。此方法操作简单，效果明显，在生产中广泛运用。例如摩擦片、碟形弹簧、圆锯片等薄片形工件的热处理，为减少其翘曲变形，除了在加热冷却过程中采用一些必要的措施外，都通过在夹具内进行回火状态矫直来达到最终的变形要求，如图6-4所示。再如内孔变椭圆及已经弯曲的圆柱形弹簧都可以套在特制的心棒内进行回火状态矫直定型。

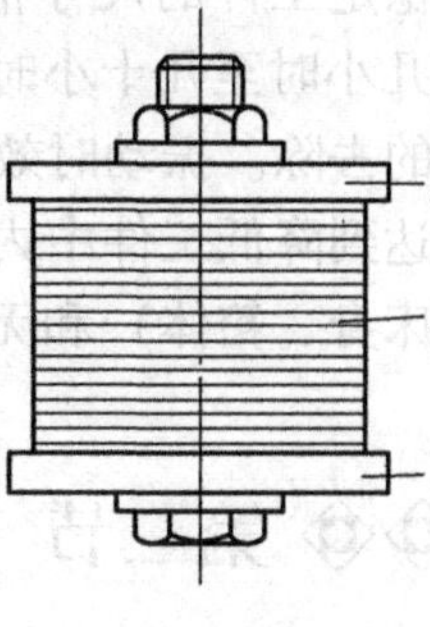

图6-4 片铣刀用夹具回火状态矫直示意图

采用回火状态矫直法时需注意的是：在未经过回火的状态下，不能将变形工件在夹具内夹得过紧，否则易使工件断裂。将工件在夹具内于回火温度下保温一段时间后再将工件取出夹紧，然后放入炉中继续进行回火，即可达到回火状态矫直的目的。采用该方法时，只有当工件回火温度超过300℃时，矫直的效果才比较明显。

二、工件畸变校正后去应力的方法

工件畸变校正的实质是通过外力作用于工件来使其产生与原变形方向相反的变形，从而使变形相互抵消，达到校正的目的。由于受到外力的作用而产生相反的变形，工件内部必然产生相应的内应力，此应力也称为工件的校正应力。若不对其进行消除，则工件在后续的加工或使用过程中产生的应力与该应力合成，当合成应力超过工件的屈服强度时，工件就会产生塑性变形，出现新的畸变。因此，在畸变工件进行校正后，必须消除其校正应力。在生产中，常用的消除校正应力方法有以下两种：

1. 回火去应力

工件通过回火处理，可以改善力学性能以及稳定组织，有效地消除或降低内应力，因此对校正应力的消除可以采用此方法。在进行回火去应力处理时应注意的是：

1）回火去应力处理的目的是去除工件内应力，所以设定的回火温度不能高于工件原热处理温度，以防引起工件组织、硬度改变。通常，对于工件经过正火、退火、调质处理后的畸变校正，其去除应力回火温度为300～600℃。

2）工件在进行回火去除应力处理时应保持自由状态，对细长件、薄片件应通过垂直吊挂进行。

3）经过回火去除应力处理的工件，必须再次进行变形检查，若变形量超过规定要求，则必须进行校正、去除应力处理。通过这样循环操作，达到消除工件内应力的目的。

2. 人工时效

人工时效包括低温回火时效和振动时效。通过时效处理可以去除工件内应力，稳定工件的尺寸精度。低温回火时效方法一般采用120～140℃温度下长时间（几小时至几十小时）回火，适用于精密工件校正应力或工件精加工后校正应力的去除。振动时效是将工件在其固有频率下进行几分钟至几十分钟的振动处理，达到降低工件中内应力和稳定尺寸的目的。振动时效适用于大型工件（如机床床身、箱体）和无法进行加热去除应力处理的工件。

第二节　畸变校正设备

一、畸变校正机

生产中，根据不同类型工件的畸变，应选择相应的设备对其进行校正处理，这些设备统称为畸变校正机。根据设备的用途，可分为矫直机（细长件弯曲矫直）和矫平机（板件翘曲、弯曲矫平）。根据设备的动力来源分为手动压力机和机械压力机。

1. 手动压力机

如图6-5所示，手动压力机通过人工操作设备上部手轮或“十”字手柄控制压力机螺杆及压头的上下运动，对工件进行矫直。相对机械压力机而言，手动压力机结构简单，操作方便，提供的压力不大，适用于尺寸较小或硬度不高的细长件、薄板件矫直。对于经过感应淬火或强化的轴类件、细长件，采用热矫直法进行工件矫直时，通常也采用该类设备。

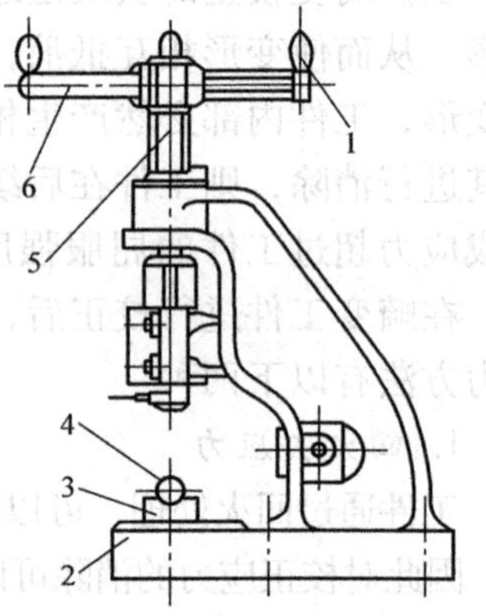

图6-5　螺杆式手动压力机结构示意图

1—手柄　2—基座　3—垫铁　4—工件　5—螺杆　6—手轮环

2. 机械压力机

机械压力机是由机械提供加载于工件上的压力来进行工件校正处理的。根据用途，机械压力机可分为液压矫直机、矫平机、自动矫直机等。机械压力机提供的压力大，可对手动压力机无法矫直的工件进行矫直，生产效率高。

（1）液压矫直机　液压矫直机是生产中广泛采用的矫直机械。根据设备结构，其可分为单柱液压矫直机、多柱液压矫直机；根据设备提供的额定压力大小，其可分为10t、20t、40t、63t、100t、250t多种规格。液压矫直机适用于轴类、长板类、尺寸不大的板类工件矫直。液压矫直机结构示意图如图 6-6 所示。

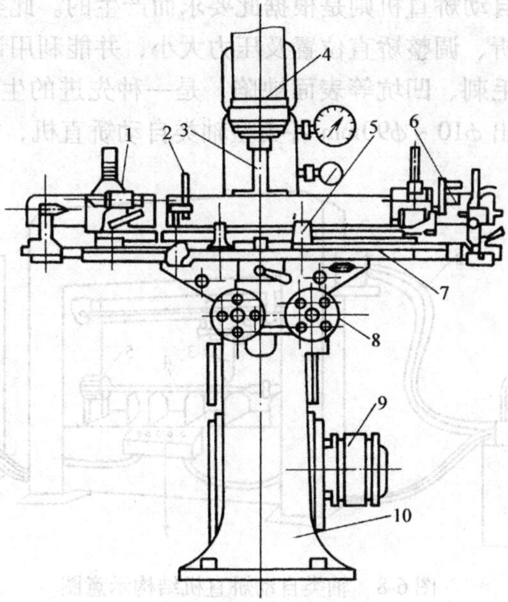

图 6-6　液压矫直机结构示意图

1—顶心　2—千分表架　3—活塞杆　4—液压缸体　5—移动支架

6、8—手轮　7—工作台　9—液压泵及电动机　10—机身

（2）矫平机　矫平机是金属板矫平的专用设备，用于矫平冷态下卷筒板和不平整平板（不锈钢板、镀锌板、普通板）的开卷、矫平。矫平机可分为非平行辊列和平行辊列两大类。平行辊列矫平机结构示意图如图 6-7 所示。

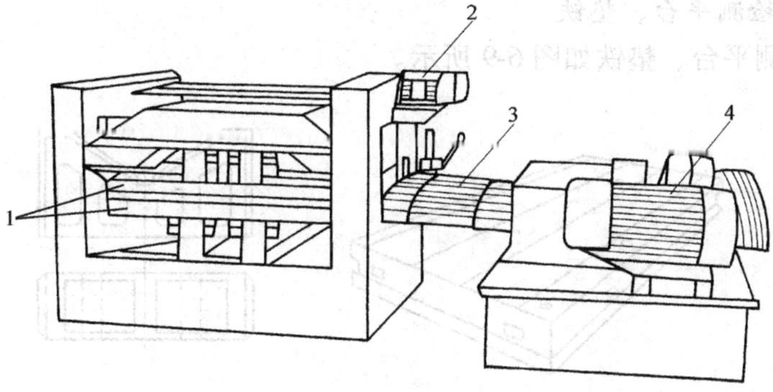

图 6-7　平行辊列矫平机结构示意图

1—平行辊列　2—液压泵及电动机

3—辊列转动传动杆　4—电动机及齿轮减速器

（3）自动矫直机　轴类、杆类工件为了获得允许的最小加工余量要求，必须进行精密矫直。自动矫直机则是根据此要求而产生的。此类设备能够自动检查工件变形，自动分析、调整矫直位置及压力大小，并能利用计算机处理系统分析工件的圆度误差、毛刺、凹坑等表面缺陷，是一种先进的生产工艺设备。目前，国内厂家已经开发出 $\phi10 \sim \phi90$mm 各类型轴类自动矫直机，如图 6-8 所示。

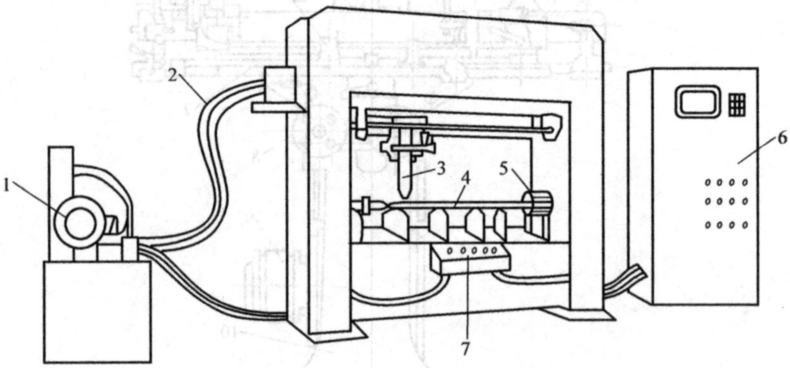

图 6-8　轴类自动矫直机结构示意图

1—液压泵及电动机　2—液压管路　3—自动压头　4—工件轴　5—卡盘及电动机　6—计算机控制柜　7—操作面板

二、辅助用具

1. 校正检查工具

百分表、游标卡尺、千分尺、内径量表、螺纹塞规等是检查工件畸变的必备工具。

2. 校正检测平台、垫铁

矫直检测平台、垫铁如图 6-9 所示。

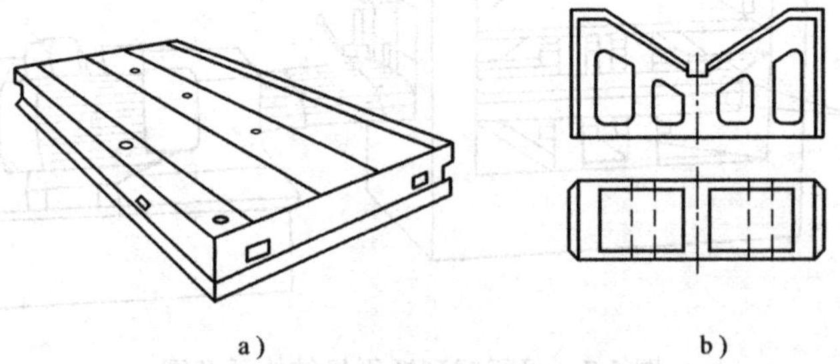

图 6-9　校正检测平台、垫铁

a）检测平台　b）垫铁

第三节 工件校正技能训练

训练1 GCr15 钢制导轨热处理后的矫直

GCr15 钢制导轨，外形尺寸为 25mm×25mm×1000mm，整体淬火后，要求硬度为 58～62HRC，热处理后变形要求小于 0.5mm，要求对其进行矫直处理。

1. 分析

GCr15 钢是一种高合金工具钢，淬透性较好。工件淬火后硬度较高，难以矫直，故可用淬火状态矫直法。导轨经淬火后的畸变大致有三种情况：

1）出现一道弯。

2）出现两道弯（反弯或“S”弯）。

3）出现扭弯。

2. 操作过程

将工件从加热设备中取出，垂直放入淬火冷却介质中进行淬火，注意控制工件在淬火冷却介质中的冷却时间。将工件从淬火冷却介质中取出时应保持工件温度约为 200℃，此时，工件的基体组织为奥氏体加马氏体，塑性较好，可采用螺旋手动压力机进行热矫直。操作步骤如下：

1）变形的测量：将导轨从淬火冷却介质中取出后，用砂纸或布擦净其表面残杂物，放置于矫直检测平台上，用塞尺测量变形。

2）矫直：加压时，压头部位要准确，防止压偏或把弯压跑。若是一道弯，且在工件全长的 1/3 范围内，则可采用一点（凸面最高点）加压；若弯曲变形范围较大，则应调整好垫铁位置，在变形范围内采用多点加压，对于本工件，可以压 2～3 点，每次加压时，导轨受力点方向应在一条直线上。

若是“S”形弯曲，则应先确定“S”形弯曲的拐点，再确定两边变形的大小，将弯曲变形大的一段先矫直，然后将弯曲方向压到与弯曲较小部分同向，再进行全长矫直。对于出现多道弯曲的情况，其矫直方法与“S”形弯曲的矫直方法相同。

若出现扭弯，则应先将扭曲变形矫直，在变形较小的一段加压，加压点应在扭弯高点处的导轨棱角线上，并采用多点加压，使导轨的变形高点一致，再进行弯曲矫直。

在将导轨一个方向对称矫直完毕后，将导轨翻转 90°再进行另一方向对称面的矫直。

矫直持续时间：在矫直过程中，应经常测量、加压。在一点加压时，切勿时间过长，否则易将导轨压成反弯。注意应多点加压，否则会将原一道弯压成两道弯。当导轨随着矫直过程不断冷却直至常温状态时，其组织已稳定，可以结束矫直。

3. 矫直时的注意事项

1）导轨矫直时，由于其从出冷却油温度到室温时间较短，因此应注意动作要迅速，在较短时间完成矫直工作。但加压过程应缓慢进行，切勿过急过慢，否则会压断工件。在给工件加压时，最好能将其变形压反0.2~0.4mm，通过后序的回火反弹，工件的变形会向原方向回跳。

2）冷却后应及时回火，装夹方式为垂直吊挂。

训练2 W18Cr4V钢制圆铣刀片热处理变形的校正

W18Cr4V钢制圆铣刀片，外径为ϕ300mm，内径为ϕ100mm，厚度为1.5mm（见图6-10），热处理后硬度要求为62~66HRC，加工余量为0.20mm，要求对其热处理变形进行校正。

1. 分析

W18Cr4V是一种淬透性较好的高合金工具钢，可采用淬火状态矫直法。圆铣刀片属于薄片状工件，可采用回火状态矫直法进行矫直。考虑到工件加工余量较小，故采用淬火状态矫直法加回火状态矫直法进行校正。

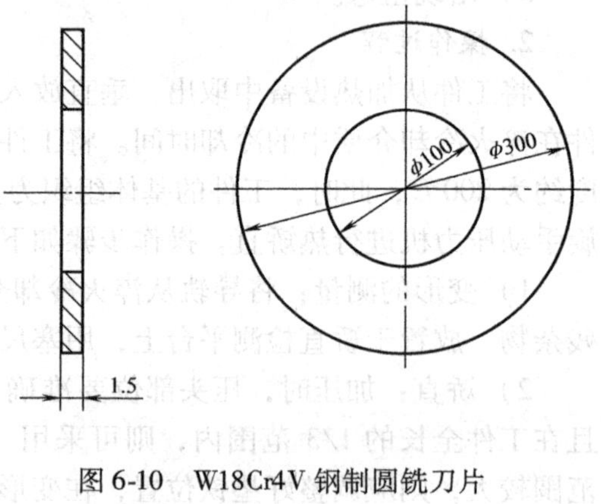

图6-10 W18Cr4V钢制圆铣刀片

工件变形情况：对于圆铣刀片，热处理后会出现弯曲、翘曲等情况。

2. 淬火状态矫直操作过程

将圆铣刀片从淬火冷却介质中取出（温度不低于200℃），其基体组织基本上为奥氏体或奥氏体+贝氏体，此时工件塑性较好，将多片刀片（10~20片）重叠在一起，用压力机压于两片厚垫板之间进行矫直。

3. 操作时的注意事项

（1）淬火状态矫直

1）将工件从淬火冷却介质中取出后，应迅速用砂纸、布等除净其表面上的杂物。

2）校正用厚垫板外形尺寸应大于工件外形尺寸，对于本工件，可选用400mm（长）×400mm（宽）×30mm（厚）的钢板，两垫板表面应光洁、平行度较好。

3）加压持续时间较长，直至工件冷却到室温。

（2）回火状态矫直

1）在进行回火状态矫直时，应先将冷却到室温的圆铣刀片进行多片（50～100片）重叠，用特别的夹具压紧，再进行回火状态矫直处理。

2）装夹刀片前应先用砂纸、布等除净其表面上的杂物。

3）在回火过程中，用于夹紧工件的夹具应在回火持续一段时间后，从炉中取出进一步夹紧，然后再进炉回火，当回火完毕待工件与夹具一起冷至室温后，才可将工件取下。

对于经过上述方式处理后仍有变形的刀片，可采用热反击法，将工件加热到500℃左右，用高速钢制钢锤在刀片变形部位进行反击校正。

复习思考题

1. 简述热矫直法的原理及操作要点。
2. 简述淬火状态矫直法的原理及操作要点。
3. 工件校正后消除应力的方法有哪些？
4. 简述矫直机的种类及适用范围。

第七章

热处理质量检测及误差分析

培训学习目标 掌握用锉刀和硬度计检验工件硬度的方法，学会热处理常用金相检验标准，能对化学热处理件的硬度和脆性进行测定，能够对退火、正火、调质、渗碳及感应淬火的热处理误差进行分析。

◈◈◈ 第一节 热处理质量检测

一、用锉刀检验工件硬度的方法

在生产现场，由于工件的形状、大小不一，生产批量不同，当产量很大时，用硬度计逐个检验硬度显然是不可能的，因此生产上常用锉刀检验工件的硬度。根据操作者的技能和经验，当工件硬度在 50HRC 以上时，其精度在 ±5HRC 以内，可以达到自检或粗检的目的。

1. 原理

锉刀检验硬度法是利用锉刀的齿来锉划被检工件表面，根据锉痕大小和深浅来判断被检工件表面的硬度。

2. 锉刀的选用

检验硬度的锉刀，规格应为 150mm 和 200mm（双纹扁锉刀）或 ϕ4.3mm × 175mm（圆锉刀），每 25mm 长度内应有 50 ~ 66 齿。锉刀是用 T12 钢经淬火、回火后制成的，且经标准硬度块标定了硬度范围，在使用中应经常用标准硬度块进行校对。

3. 硬度判断方法

在用锉刀检验工件硬度时，操作者需要有丰富的经验和熟练的操作技能，一般可用下列方法并结合经验进行判断：

1）当锉刀在被检工件表面打滑时，表示工件硬度大于或等于锉刀的硬度。

2）当锉刀刚能锉动，锉屑少时，表示工件硬度接近或略低于锉刀的硬度。

3）当用锉刀锉较低硬度工件的表面时，可根据锉后阻力的大小来判断被测工件表面的硬度。

4. 操作方法举例

用锉刀检验硬度时，一般是左手拿工件，把工件搁置在工作台边，右手拿锉刀，用一定的压力在工件上往返锉动，根据工件上的锉痕深浅和手感凭经验来确定工件的硬度。其操作如图7-1所示。

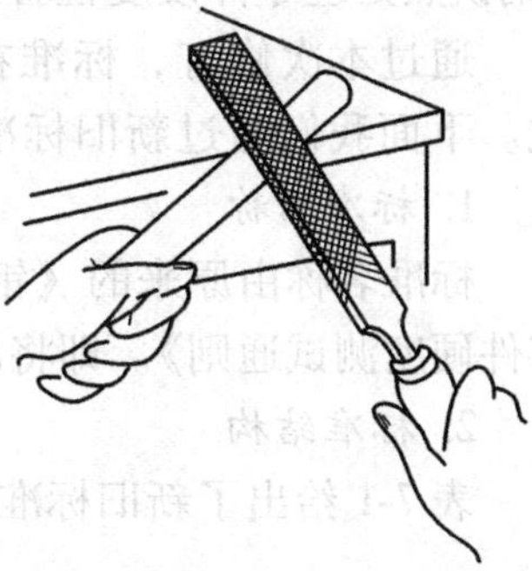

图7-1　用锉刀检验工件硬度

用锉刀检验硬度通常有以下两种方法：

1）当不知道被测工件的硬度时，可先用一把已知硬度为60HRC的标准锉刀试锉，若工件能被锉动，则再用一把硬度为55HRC的标准锉刀接着锉；若工件未能被锉动，锉刀在工件上打滑，则此时可再用一把硬度为58HRC的标准锉刀来锉，当锉刀稍微锉动划出道痕时，可判定工件的硬度就是58HRC。

2）若已知工件的热处理状况，则可初步判断工件的大致硬度范围。此时可准备几把淬硬锉刀和几块标准硬度块，先用锉刀锉动工件，按手感和工件上的锉痕初步锉测出硬度值，并用同一把锉刀再去锉已知硬度的标准试块，可比较二者的锉痕以及手感来确定被测工件的硬度。这种方法在工厂里被普遍使用。

5. 操作时的注意事项

1）锉刀锉动工件的部位不能影响工件的精加工尺寸。锉检硬度时应将锉刀放平稳，用力要均衡。

2）锉刀锉检工件所加的压力应与加在标准硬度块上的压力相同，否则将会影响检测的精度。

3）在用锉刀锉检时，锉刀以及工件上都不得有油脂，因为油脂会使锉刀打滑，降低锉刀刻划能力。

4）锉刀在使用过程中应经常用标准硬度块校验，并保持锉刀齿部锋利的一致性，以确保检验硬度的准确性。

二、JB/T 6050—2006《钢铁热处理零件硬度测试通则》介绍

硬度是零部件力学性能的重要技术指标之一，由于其测试操作相对简便易行，并可以综合反映材料的强度和塑性，因此，生产中常通过硬度测试来控制零

部件的热处理内在质量。金属硬度的测试方法有很多，如布氏硬度、洛氏硬度、维氏硬度、肖氏硬度、里氏硬度、努氏硬度等。虽然各种硬度试验的具体方法不同，并且要求各异，但是也有共同的要求和通用的规则，这就是国家或行业标准。JB/T 6050—2006《钢铁热处理零件硬度测试通则》（以下简称为新标准）于2006年5月6日发布，并于2006年10月1日开始实施。JB/T 6050—1992《钢铁热处理零件硬度检验通则》（以下简称为旧标准）同时作废。

通过本次修订，标准在名称、编排结构以及技术内容等方面都发生了变化。下面我们通过新旧标准的对比来加深对新标准的理解。

1. 标准名称

标准名称由原来的《钢铁热处理零件硬度检验通则》修改为《钢铁热处理零件硬度测试通则》。即将原来名称中的“硬度检验”改为“硬度测试”。

2. 标准结构

表7-1给出了新旧标准的结构。

表7-1 新旧标准的结构

章次	JB/T 6050—2006	JB/T 6050—1992
1	范围	主题内容与适用范围
2	规范性引用文件	引用标准
3	术语和定义	选取待检件的原则
4	待测试件的选取及要求	硬度测量方法
5	硬度测试	检验设备与人员
6	测试结果与硬度值表示	检验部位与试验点数
7	仲裁试验	测量数据的处理与表示
8	硬度计与测试人员	具体零件的硬度检验原则
9	测试报告	检验报告

新标准增加了“术语和定义”及“仲裁试验”两章，取消了旧标准“具体零件的硬度检验原则”一章，并对其他章节进行了整合，使标准更加完整、规范。

3. 术语和定义

“术语和定义”一章是增加的章节。其中，规定了“钢铁零件”和“硬度”两个术语及其定义（见表7-2）。此外，本次修订，还将原标准中类似“测量硬度”、“检验部位”、“试验点数”等词语统一称为“测试硬度”、“测试部位”、“测试点数”等。即将“测量”、“检验”、“试验”等一律改为“测试”，使标准条文的用词更加统一，这是值得注意的一点。

表 7-2　术语及其定义的内容

序号	术　语	定　义
1	钢铁零件	用钢或铸铁为材料制成的零件。材料中以铁为主要元素，并含有其他元素，其中钢中碳含量一般在2%（质量分数）以下，铸铁中碳含量大于2%（质量分数）
2	硬度	固体坚硬的程度，即矿物或材料抵抗其他物体刻划或压入其表面的能力。就金属硬度测试而言，硬度的实质是材料抵抗另一较硬材料压入的能力

4. 硬度符号与表示及举例说明（见表 7-3）

表 7-3　硬度符号与表示及举例说明

硬度符号与表示	举 例 说 明
350HBW5/750	表示用直径为5mm 的硬质合金球在7.355kN 试验力下保持10～15s 测定的布氏硬度值为350
600HBW1/30/20	表示用直径为1mm 的硬质合金球在294.2N 试验力下保持20s 测定的布氏硬度值为600
90HRB	表示用直径为1.5875mm 的钢球在980.7N 总试验力下以B 标尺测定的洛氏硬度值为90
62HRC	表示用金刚石圆锥（120°）压头在1471N 总试验力下以C 标尺测定的洛氏硬度值为62
70HRN30	表示用金刚石圆锥（120°）压头在294.2N 总试验力下以N 标尺测定的洛氏硬度值为70
620HV30	表示在试验力为294.2N 下保持10～15s 测定的维氏硬度值为620
660HV0.5/20	表示在试验力为4.903N 下保持20s 时测定的小负荷维氏硬度值为660
860HV0.02/30	表示在试验力为0.1961N 下保持30s 时测定的显微维氏硬度值为860
45HSC	表示用C 型硬度计测定的肖氏硬度值为45
50HSD	表示用D 型硬度计测定的肖氏硬度值为50
55HSE	表示用E 型硬度计测定的肖氏硬度值为55
700HLD	表示用D 型冲击装置测定的里氏硬度值为700
600HLDC	表示用DC 型冲击装置测定的里氏硬度值为600
550HLG	表示用G 型冲击装置测定的里氏硬度值为550
640HK0.1	表示在试验力为0.9807N 下保持10～15s 测定的努氏硬度值为640
640HK1/20	表示在试验力为9.807N 下保持20s 时测定的努氏硬度值为640

5. 各种硬度测试方法的适用范围

新标准给出的各种硬度测试方法所对应的适用范围见表7-4。标准使用者可以从中了解各种硬度试验方法的适用范围以及以此作为参考选择合适的硬度测试方法。

表7-4 各种硬度测试方法的适用范围

硬度测试方法	适用范围
布氏硬度	统一规定用不同直径的硬质合金球作为测试用球。布氏硬度测试上限值可达650HBW 一般情况下，布氏硬度方法适用于测试退火件、正火件及调质件的硬度值，特殊情况下也可测试钢铁件其他材料的工件热处理后的硬度 对于铸铁件，硬质合金球直径一般为2.5mm、5mm和10mm。现场测试可用携带式或锤击式硬度计。对成品件不宜采用布氏硬度测试方法
洛氏硬度	批量件、成品件及半成品件的硬度测试有A、B、C、D、…、N等多种标尺 A标尺适用于测试高硬度淬火件、较小与较薄件的硬度，以及具有中等厚度硬化层零件的表面硬度 B标尺适用于测试硬度较低的退火件、正火件及调质件的硬度 C标尺适用于测试经淬火、回火等热处理后零件的硬度，以及具有较厚硬化层零件的表面硬度 …… N标尺适用于测试薄件、小件的硬度以及具有浅或中等厚度硬化层零件的表面硬度 对于晶粒粗大且组织不均匀的零件不宜采用洛氏硬度测试方法
维氏硬度	有三种维氏硬度测试方法 维氏硬度测试试验力范围为49.03～98.07N，主要适用于测试小件、薄件的硬度以及具有浅或中等厚度硬化层零件的表面硬度，现场测试可用超声硬度计 小负荷维氏硬度测试试验力范围为1.961～29.42N，适用于测试小件、薄件的硬度以及具有浅或中等厚度硬化层零件的表面硬度 显微维氏硬度测试试验力范围为0.09807～0.9807N，适用于测试微小件、极薄件和显微组织的硬度，以及具有极薄或极硬硬化层零件的表面硬度
肖氏硬度	肖氏硬度测试范围为5～105HS，主要适用于较高硬度和高硬度大件的表面硬度现场测试，也是各种辊类件专用的硬度测试方法
里氏硬度	金属里氏硬度测试方法适用于大型金属产品及部件里氏硬度测试 该试验方法具有多种测试冲击装置，也适用于钢铁零件热处理后现场的硬度测试
努氏硬度	试验力一般不超过9.807N，主要适用于测试微小件、极薄件和显微组织的硬度，以及具有极薄或极硬硬化层零件的表面硬度

6. *硬度试验原理*

重新规范了布氏硬度、洛氏硬度、维氏硬度、肖氏硬度、里氏硬度、努氏硬度等的硬度试验原理。下面仅列出最常用的布氏硬度、洛氏硬度、维氏硬度的测试原理及计算公式。

（1）布氏硬度　对一定直径的硬质合金球施加试验力使其压入试样表面，经规定保持时间后，卸除试验力，测量试样表面压痕的直径。

$$\text{布氏硬度(HBW)} = \text{常数} \times \frac{\text{试验力}}{\text{压痕表面积}} = 0.102 \times \frac{2F}{\pi D(D - \sqrt{D^2 - d^2})} \tag{7-1}$$

式中　D——硬质合金球直径（mm）；

F——试验力（N）；

d——压痕平均直径（mm）。

（2）洛氏硬度　将压头（金刚石圆锥体、钢球或硬质合金球）按规定分两个步骤压入试样表面，经规定保持时间后，卸除主试验力，测量在初始试验压力下压痕残留的深度。

$$\text{洛氏硬度(HR)} = N - \frac{h}{S}$$

式中　N——给定标尺的硬度数；

h——卸除主试验力后在初试验力下压痕残留的深度（mm）；

S——给定标尺的单位（mm）。

（3）维氏硬度　将顶部两相对面具有规定角度的正四棱锥金刚石压头用试验力压入试样表面，保持规定的时间后，卸除试验力，测量试样表面压痕对角线长度。

$$\text{维氏硬度(HV)} = 0.102 \times \frac{2F\sin\dfrac{136°}{2}}{d^2} \approx 0.1891\frac{F}{d^2} \tag{7-2}$$

式中　d——两压痕对角线长度 d_1 和 d_2 的算术平均值（mm）；

F——试验力（N）。

三、碳素钢热处理的金相检验标准

表 7-5 为部分碳素钢常用热处理金相检验标准。

表 7-5 碳素钢常用热处理金相检验标准

序号	标准代号	标准名称
1	GB/T 6394—2002	金属平均晶粒度测定法
2	GB/T 13299—1991	钢的显微组织评定方法
3	GB/T 224—2008	钢的脱碳层深度测定法
4	GB/T 1298—2008	碳素工具钢
5	GB/T 699—1999	优质碳素结构钢
6	GB/T 700—2006	碳素结构钢
7	GB/T 16923—2008	钢件的正火与退火
8	GB/T 16924—2008	钢件的淬火与回火
9	JB/T 6394—1992	大型锻件用碳素工具钢
10	JB/T 6397—2006	大型碳素结构钢锻件　技术条件

下面以晶粒度和珠光体球化组织的评定为例进行分析介绍，加深对金相检验标准的理解。

1. 晶粒度的评定

金属材料的晶粒通常用晶粒度级别表示。我国国家标准 GB/T 6394—2002《金属平均晶粒度测定法》中规定测定晶粒度的方法有测量计算法、面积统计法和对比法三种方法。

（1）测量计算法　将一组已知长度的同心圆（直径分别为 ϕ79. 58mm、ϕ53. 05mm、ϕ26. 53mm，周长总和为 500mm，线的宽度小于或等于 0. 01mm）刻在透明塑料板上，覆盖在显微照片上或放在显微镜的毛玻璃屏上（最好是做成刻线片放在可以调焦的目镜内），为保证测定的晶粒度级别误差在 0. 3 以下，应调节图像的放大倍数，使测试线能在每个视场中与 15 个以上的晶粒相交截。测试时，选择五个以上视场，分别数出测试线与晶界相交的特征点 P，若测试线与晶界相交则记作 1，若测试线与晶界相切则记作 0. 5，若测试线通过三个晶粒的交点则记作 1. 5。

根据测试线长度 L_T 和特征点 P，算出 $P_L = P/L_T$，由此求出晶粒对测量线的平均截距 $L_3 = 1/N_L = 1/P_L$，若测量时的放大倍数是 M，则 $L_3 = L_T/PM$，即晶粒度级别 $G = -10.00 - 6.64\lg L_3$。

（2）面积法　面积法是通过统计给定面积内晶粒数来测定晶粒度的。在透明塑料板或透明纸上画一个给定面积（5000mm^2）的圆形（$d = 79.8$mm）或矩形（50mm × 100mm），覆盖在显微照片上或显微镜的毛玻璃屏上，调节图像的放大倍数，使至少有 50 个晶粒包含在给定的面积内，数出完全处于该面积内的晶粒数 n_1 和边界线上的晶粒数 n_2，求出 $N_A = f\ (n_1 + n_2/2)$，其中 $f = M^2/5000$，

M 为放大倍数，则晶粒度级别：$G=-3+3.32\lg N_A$。

（3）比较法　比较法是通过 100 倍显微镜下的图像与标准评级图对比来评定晶粒度。在 GB/T 6394—2002 中，备有四个系列的标准评级图，包括无孪晶晶粒（浅腐蚀）、有孪晶晶粒（浅腐蚀）、有孪晶晶粒（深腐蚀）、钢中奥氏体晶粒（渗碳法）。图 7-2 列出了系列 1 的标准评级图。当晶粒尺寸过细或过粗，在

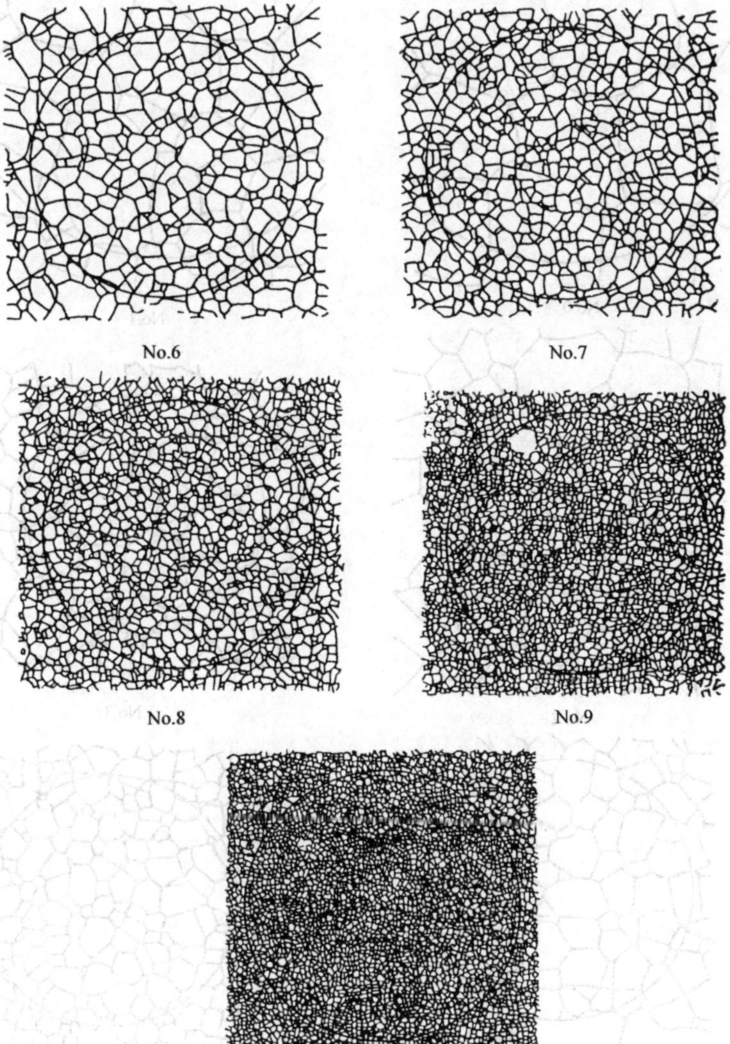

图 7-2　系列 1 标准评级图

100 倍下超过了标准图片所包括的范围时，可改用在其他放大倍数下参照同样标准评定（见图 7-3），再利用表 7-6 进行修正。

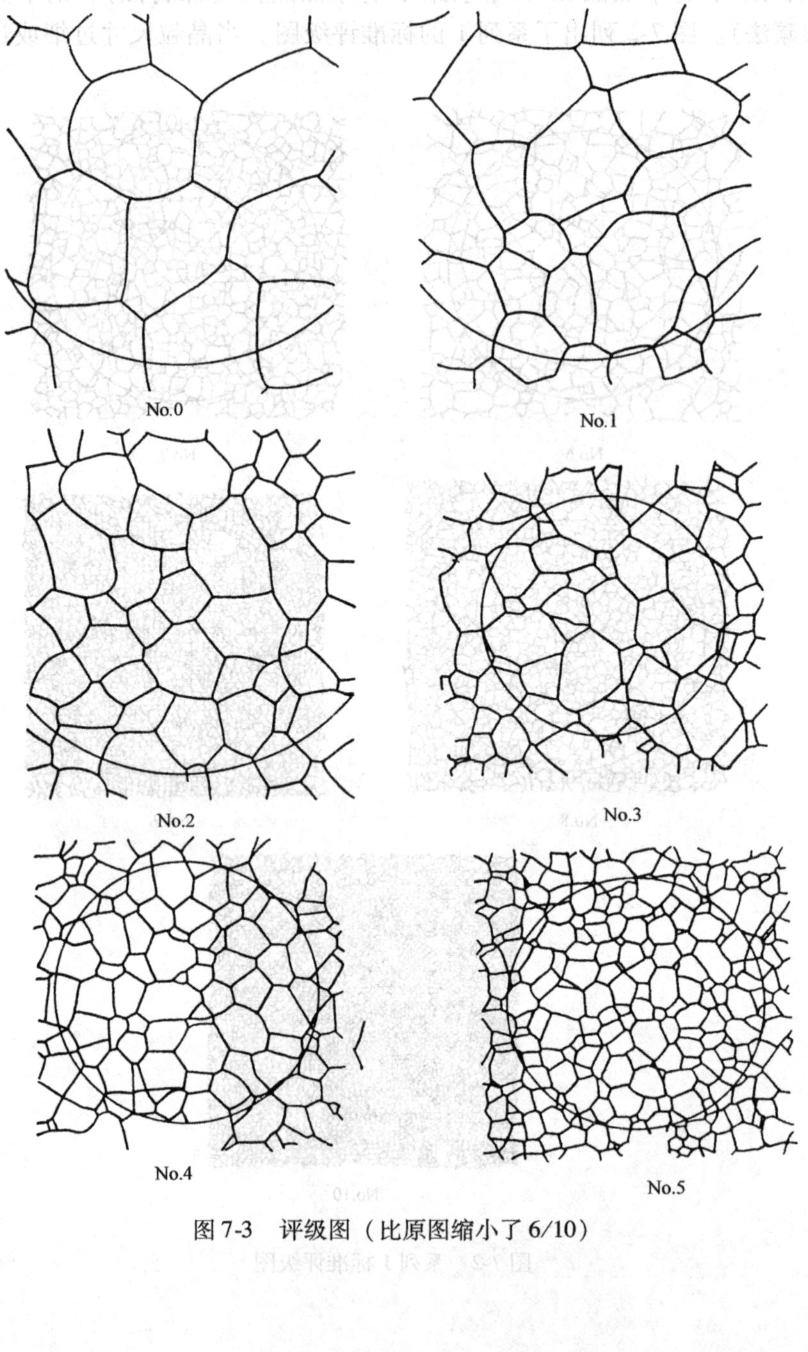

图 7-3　评级图（比原图缩小了 6/10）

表 7-6　不同放大倍数下晶粒度的关系

图像的放大倍数	与标准评级图编号相同图像的晶粒度级别									
	No. 1	No. 2	No. 3	No. 4	No. 5	No. 6	No. 7	No. 8	No. 9	No. 10
25	-3	-2	-1	0	1	2	3	4	5	6
50	-1	0	1	2	3	4	5	6	7	8
100	1	2	3	4	5	6	7	8	9	10
200	3	4	5	6	7	8	9	10	11	12
400	5	6	7	8	9	10	11	12	13	14
800	7	8	9	10	11	12	13	14	15	16

2. 珠光体球化组织的评定

合金工具钢、碳素工具钢和轴承钢在退火后均应进行珠光体球化质量的检查，因为珠光体球化组织直接影响机械加工的表面粗糙度及热处理淬火质量。

（1）珠光体球化评定标准　珠光体球化标准图片均列于各钢材的技术条件中。碳素工具钢珠光体球化标准可见 GB/T 1298—2008《碳素工具钢》，合金工具钢珠光体球化标准见 GB/T 1299—2000《合金工具钢》，滚动轴承钢珠光体球化标准见 GB/T 18254—2002《高碳铬轴承钢》和 JB/T 1255—2001《高碳铬轴承钢滚动轴承零件　热处理技术条件》。

碳素工具钢、合金工具钢和滚动轴承钢各有六个标准级别。虽然它们的图片有些差异，但是级别评定趋向基本类似。当珠光体球化组织中出现明显的细质点球和细片状珠光体时，即为欠热组织。随着级别升高，球状加粗，细片消失。当达到球化 5、6 级的组织时，即在粗球的基础上出现明显的粗片状珠光体，这就是退火组织。

碳素工具钢珠光体球化标准比合金工具钢的要求低，在标准评级图上只有球化 3 级组织才是比较完善的球化组织，在球化组织达到 6 级时，几乎全是片状珠光体。碳素工具钢珠光体球化级别合格标准见表 7-7。

表 7-7　碳素工具钢珠光体球化合格级别

钢　号	截面直径/mm	合格级别	钢　号	截面直径/mm	合格级别
T7，T8，T9，T8Mn	≤60	1 ~ 5	T10，T11，T12，T13	≤60	2 ~ 4

合金工具钢中的 9SiCr 钢、Cr2 钢、CrWMn 钢、9CrWMn 钢等球化合格级别为 1 ~ 5 级。螺纹刀具用 9SiCr 退火钢，其球化合格级别为 2 ~ 4 级，但这要在订货合同中注明。

铬轴承钢的球化标准图片比合金工具钢更为严格，其球化 5 级组织仅是碳化物颗粒较粗而大小不均，而球化6级组织才出现少量粗片状珠光体。按GB/T 18254—2002《高碳铬轴承钢》和JB/T 1255—2001《高碳铬轴承钢滚动轴承零件 热处理技术条件》规定以2~4级为合格。

（2）评定方法

1）试样必须是退火状态。

2）试样经磨光、抛光后，使用体积分数为4%的苦味酸酒精溶液浸蚀，也可以使用体积分数为2%~4%的硝酸酒精溶液浸蚀，但效果差一些。此后在500倍显微镜下观察，对照标准评级图片进行评定。以检查部位最严重的视场作为级别评定的依据。

四、化学热处理工件硬度及脆性的测定

1. 气体渗氮、离子渗氮工件硬度及脆性的测定

（1）表面硬度的测定 一般直接在工件上检验，也可以用与工件的材料、处理条件、加工精度相同，并经同炉渗氮处理的试样代替。硬度值应符合图样或技术要求规定，常用维氏硬度计检验。硬化层深度与试验力的关系见表7-8。

表7-8 硬化层深度与试验力的关系

硬化层深度/mm	试验力/N
≤0.15	9.806
>0.15≤0.30	49.03
>0.30	98.6

化合物层的硬度检验用0.50~2N试验力的显微硬度计检验，日常生产一般不检验化合物层硬度。

（2）渗氮层脆性检验 渗氮层脆性的定义是渗氮件表面在一定的试验力作用下，维氏硬度压痕边角碎裂的程度。渗氮层脆性级别按维氏硬度压痕边角碎裂程度分为5级，具体分级标准见表7-9。

表7-9 渗氮层脆性检验级别

级　别	渗氮层脆性级别说明
1	压痕边角完整无缺
2	压痕一边或一角碎裂
3	压痕两边或两角碎裂
4	压痕三边或三角碎裂
5	压痕四边或四角碎裂

渗氮层脆性的检验一般采用维氏硬度计，试验力为98N。试验力的加载必须缓慢（在5~9s内完成），在加载完成后必须停留5~10s，然后卸载试验力。在特殊情况下也可采用49N或者294N试验力。

维氏硬度压痕在显微放大100倍下进行检查，每件至少测三点，其中只有两点以上处于相同级别时才能定级，否则需重新检验。

渗氮层脆性应在工件工作部位或随炉试样的表面上检测，一般工件1~3级为合格，重要工件1~2级为合格。对于渗氮后留有磨痕的工件，也可在磨去加工余量后的表面上进行测定。

2. 碳氮共渗、氮碳共渗工件硬度的测定

（1）碳氮共渗工件硬度的测定　应根据共渗层深度确定硬度检验方法（见表7-10）。

表7-10　共渗层深度与硬度检验方法的关系

共渗层深度/mm	≤0.20	0.20~0.40	0.40~0.60	>0.60
硬度检验方法	HV 标准锉刀法	HV、HR15N、 HRA	HV、HRA、 HRC	HRC、HV

（2）氮碳共渗工件硬度的测定　一般用HV1~5检测表面硬度。

◆◆◆ 第二节　热处理误差分析

一、退火、正火件缺陷产生的原因及补救方法

1. 硬度过高

高碳钢硬度过高是由球化退火工艺不当所致。一旦发现这种情况，可检查金相组织，分清是欠热还是过热，然后调整工艺参数，重新球化退火。

中碳钢硬度过高往往是退火时加热温度过高、冷却速度太快、等温温度过低等原因所致，或是因为将应进行退火处理的钢材采用正火处理，从而导致过冷奥氏体转变温度过低，甚至发生了部分贝氏体或马氏体转变。补救办法是调整加热参数和冷却参数，重新处理。若因正火而造成硬度过高，则可考虑改用退火处理。

2. 网状组织

亚共析钢中先共析铁素体或过共析钢中二次渗碳体在晶界呈网状分布，对钢材力学性能很不利。网状组织形成的原因是退火、正火时加热温度过高，特别是

冷却速度缓慢，导致先共析相沿奥氏体晶界析出。

过共析钢中的网状碳化物一般在淬火过程中不能消除，故对淬火前的组织应严格控制。

出现网状组织的补救办法是再进行一次高温加热，使网状组织全部溶入奥氏体，随后加速冷却，以抑制先共析相沿晶界析出。

3. 石墨化断口

碳素工具钢的终锻温度高且冷速太慢，退火加热温度太高且保温时间太长，多次返修退火或钢中石墨化元素 Si、Al 等含量过多而 Mn 含量过低等，均可使部分渗碳体分解成石墨，使断口呈灰黑色，脆性很大，故又称为黑脆。钢材一旦出现石墨，就无法挽救，只能报废。

4. 脱碳

脱碳是钢表层的碳被氧化烧损，使表层碳的质量分数降低的一种现象。工件在退火、正火时如果没有保护措施，就会脱碳。加热温度越高，保温时间越长，脱碳就越严重。钢中碳的质量分数越高，脱碳越容易发生。对于需严格控制脱碳的工件，可采用装箱保护加热；对于不允许脱碳的材料或精密工件，可采用保护气氛或真空加热的方法进行退火。

脱碳的补救办法是：有加工余量的工件，可采用机械加工的方法把脱碳层去掉；没有加工余量的工件，可用吸热式可控气氛复碳。

5. 粗大魏氏组织

加热温度过高，保温时间过长，有时会促使工件在随后的快速冷却过程中形成粗大魏氏组织。其特征是亚共析钢中的先共析铁素体或过共析钢中的先共析渗碳体从晶界出发，以针状或片状伸入晶内，而且定向分布在基体上。这种组织的力学性能比一般的粗大晶粒还要差。当钢中出现粗大魏氏组织时，可以通过重新正火将其消除。

6. 球化不均匀

球化退火前若未消除网状碳化物，则球化退火后组织中会出现大块碳化物，可采用正火并退火的办法补救。

7. 过烧

过烧是因加热温度过高而使晶界氧化或局部熔化的现象。工件一旦出现过烧，则无法挽救，只能报废。

二、调质件缺陷产生的原因及补救方法

1. 强度偏高而韧性偏低

(1) 淬火合格，但回火温度偏低或回火保温时间不足　可以适当提高回火温度，充分回火。

（2）淬火硬度不足或有软点，但回火工艺恰当　这种缺陷的产生原因有欠热、过热、冷却速度不够、操作不当等。

2. 强度偏低而韧性偏高

1）淬火合格，但回火温度偏高：适当降低回火温度即可。

2）淬火不合格：无论怎样回火都不能保证获得良好的综合力学性能。

3）淬火硬度不足或有软点，回火工艺不当：重新确定淬火、回火工艺。

3. 力学性能严重偏离或因严重变形而开裂

（1）材料选择不当或混材　应根据淬透性曲线正确选择材料，防止异种钢材混杂。

（2）淬火、回火工艺均不当　应进行工艺试验以确定淬火、回火工艺。

三、感应淬火件缺陷产生的原因及补救方法

1. 硬度不足或有软点、软带

（1）淬火件中碳的质量分数过低　应预先化验材料成分，保证淬火件中碳的质量分数大于0.4%。

（2）表面氧化、脱碳严重　淬火前要清理工件表面的油污、斑迹和氧化皮。

（3）球墨铸铁件原始组织中珠光体量太少　球墨铸铁件感应淬火前需进行正火处理，使珠光体体积分数大于70%。

（4）加热温度太低或加热时间太短　正确调整电参数和感应器与工件间的相对运动速度，以提高加热温度和延长保温时间。可以返淬，但返淬前应进行感应加热退火。

（5）感应圈高度不够或感应器中有氧化皮　适当增加感应器高度，经常清理感应器。

（6）汇流条之间距离太大　调整汇流条之间的距离为1～3mm。

（7）工件旋转速度和工件（或感应器）因移动速度不协调而形成软带　调整工件转速和工件（或感应器）的移动速度，当工件移动速度为1～24mm/min，工件转速为$n=60$r/min时即可避免淬火软带的形成。

（8）冷却水压力太低或冷却不及时　增加水压，加大冷却水流量，加热后及时喷水冷却。

（9）工件在感应器中位置偏心或工件弯曲严重　调整工件和感应器的相对位置，使各边间隙相等；若工件弯曲得厉害，则淬火前应进行矫直处理。

（10）淬火冷却介质中有杂质或乳化剂老化　更换淬火冷却介质。

2. 淬硬层深度不足

（1）感应加热频率过高导致涡流透入深度过浅　调整电参数，降低感应加热频率。

（2）连续淬火加热时工件与感应器之间的相对运动速度过快　可采用预热—加热淬火。

（3）加热时间过短　可以返淬，但返淬前应进行感应加热退火。

3. 淬硬层剥落

产生的原因是表面淬硬层硬度梯度太大或硬化层太浅，表层马氏体组织导致体积膨胀等。

应对措施是正确调整电参数，采用预热—加热淬火，加深过渡层厚度。

4. 淬火开裂

（1）钢中碳和锰的质量分数偏高　钢中碳和锰的质量分数不应超过上限，可在试淬时调整工艺参数，也可调整淬火冷却介质。

（2）钢中夹杂物多、呈网状，成分有偏析或有害元素多　对于高碳钢或高碳合金钢，在感应淬火前需进行球化退火，检查非金属夹杂物含量和分布状况，毛坯需进行反复锻造。

（3）倾角处或键槽等尖角处加热时因出现瞬时高温而淬裂　轴端留非淬区，尖角倒圆，淬火前用石棉绳或金属棒料堵塞沟槽、孔洞。

（4）冷却速度过大而且不均匀　降低水压，减少喷水量，缩短喷水时间。

（5）淬火冷却介质选择不当　改用冷却能力低的淬火冷却介质，用油、聚乙烯醇水溶液或其他乳化剂作为合金钢淬火冷却介质。

（6）回火不及时或回火不足　淬火后应及时回火，淬火、回火之间的停留时间，对于碳素钢或铸铁件来说不应超过4h，合金钢不应超过0.5h。当回火不足时，应适当延长回火时间。

（7）材料淬透性偏高　可以选用冷却速度慢的淬火冷却介质。

（8）返修件未经退火或正火　返修件只有经过退火、正火后才能再次进行感应淬火。

（9）工件结构设计不合理或技术要求不当　建议设计部门修改不合理的工件结构，提出切实可行的工艺要求。

5. 淬火畸变

（1）轴杆类工件

1）淬硬层不均匀，通常工件弯向淬硬层较浅或无淬硬层的一侧。预防办法是使工件与感应器同心转动加热淬火，回火后矫直。

2）长条形工件淬硬层不对称。预防办法是使淬硬层对称，淬火、回火后矫直。

（2）齿轮

1）圆柱齿轮内孔一般缩小0.01～0.05mm，外径不变或缩小0.01～0.03mm。

预防办法是：在满足淬硬层要求的前提下，采用较大的比功率，缩短加热时间；端面加盖，防止内孔过早冷却；齿坯加工后，先进行一次高频正火，然后加工内孔和铣齿，这样可显著减少内孔收缩。

2）对于外径与内径之比小于1.5的薄壁齿轮，内孔和外径有胀大的趋向，双联齿轮呈喇叭口。只有合理设计，正确安排工艺路线，使齿轮壁厚均匀和形状对称，才可避免上述缺陷。

3）齿形变化时齿厚一般表现为中间凹0.002～0.005mm。预防方法是：选择适当的冷却方法，用较缓和的淬火冷却介质，并且将齿轮各部分设计得尽量匀称。

4）公法线变化一般为0.02～0.05mm（淬油时倾向胀大，淬水时倾向缩小）。应留磨削余量或增加预收缩量。

5）内孔键槽畸变。内孔有键槽的齿轮，应先进行齿轮高频感应淬火，最后插键槽。

第三节 热处理质量检测及误差分析技能训练

训练1 销螺栓热处理裂纹分析

1. 工件的情况及技术要求

1）销螺栓形状和尺寸如图7-4所示。

2）材料：35 CrMo。

3）技术要求：$R_{eL} \geqslant 785MPa$，$R_m \geqslant 932MPa$，$A \geqslant 12\%$，$Z \geqslant 45\%$，$a_K \geqslant 59J/cm^2$。

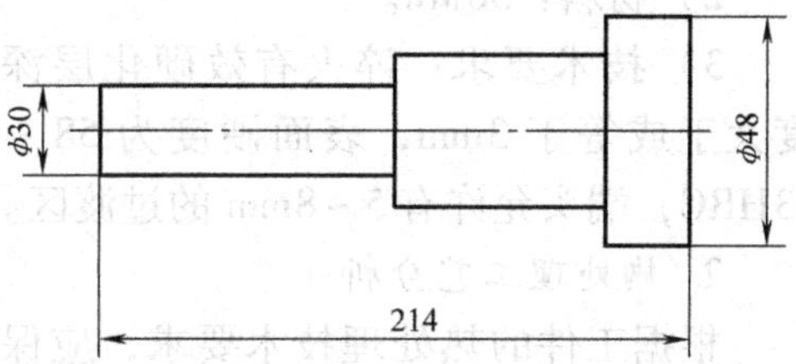

图7-4 销螺栓形状和尺寸

2. 热处理工艺的制订

销螺栓的尺寸较小，且形状简单，除力学性能要求较高外，其他要求一般，故其热处理工艺性能较好。

3. 热处理工艺过程

将工件装入专用料筐（为保证淬火质量，要求工件在装筐时不得密堆，且对装筐厚度给予限制），然后将工件装入台车式电阻炉中加热，加热至850℃±10℃，保温1.5h后进行水-油双液淬火，随后在550～560℃回火2.5h，出炉油冷。

经上述淬火过程后，发现其中一个料筐中大约2/3的工件产生了图7-5所示的裂纹。

4. 裂纹产生原因的分析

在该批工件出现裂纹前，销螺栓已形成批量生产，热处理工艺处于成熟稳定状态。

经查各种温度记录曲线正常，且在淬火冷却过程中，操作者基本上没有出现差错。将没有裂纹的工件取样进行力学性能试验，试验结果满足技术要求。

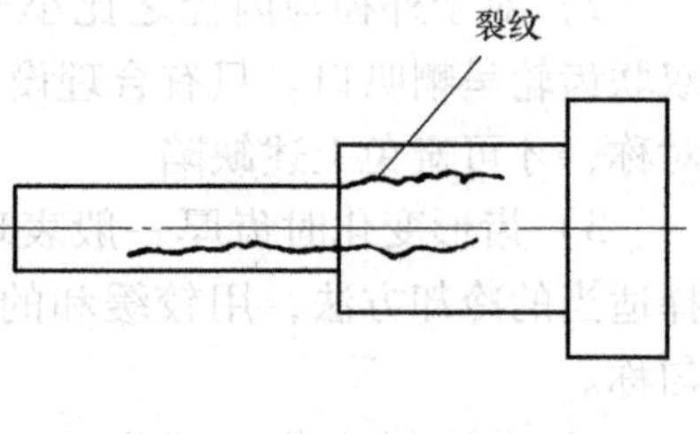

图7-5 产生裂纹

从裂纹形态上看，该裂纹有锯齿状痕迹，不具有淬火裂纹的瘦直而刚健有力的形态，裂纹也不是在工件的截面变化处产生，故可初步判断该裂纹属于非淬火裂纹。

再将有裂纹的工件取样进行金相分析，发现裂纹两侧及尾部有塑性夹杂物分布，且裂纹两侧无脱碳现象，这就证实了裂纹不是淬火裂纹，而是由于材料内部有较多夹杂物存在，且在淬火冷却时产生应力集中所致。

5. 应采取的措施

由于裂纹是由原材料的内部缺陷引起的，故只能更换原材料重新投产。

• 训练2 销轴感应淬火裂纹分析

1. 工件的情况及技术要求

1）销轴形状和尺寸如图7-6所示。

2）材料：50Mn。

3）技术要求：淬火有效硬化层深度大于或等于3mm，表面硬度为58～63HRC，端头允许有5～8mm的过渡区。

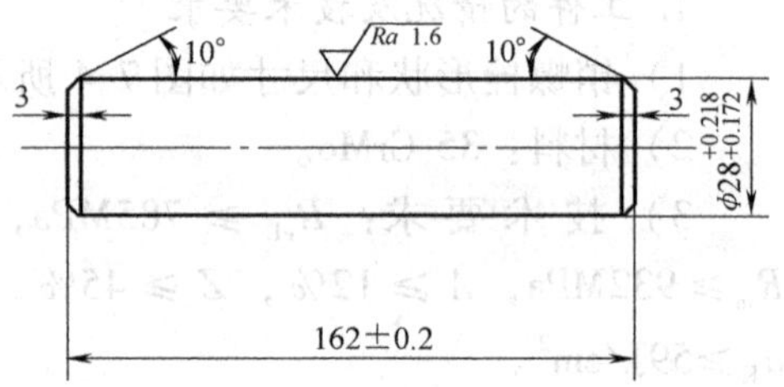

图7-6 销轴形状和尺寸

2. 热处理工艺分析

根据工件的热处理技术要求，应保证淬火硬度及淬火有效硬化层深度，这里的关键是保证过渡区尺寸及不产生淬火裂纹。

3. 热处理工艺过程

该工件在感应淬火时的质量控制关键因素在于喷水圈喷水时与工件的相对位置。为了保证不淬硬区不大于5～8mm，工件应在喷水圈处于工件端头5～8mm处停止运动，这时虽然工件不动，但是仍然继续喷水，这就造成了工件端头部位产生裂纹。

4. 裂纹产生的原因

由于淬火冷却时喷水圈喷出的淬火冷却介质与工件有一定的角度，当喷水圈喷至离工件端头 5 ~ 8mm 处时工件不动，若继续喷淬火冷却介质，则会往工件的端头上返淬火冷却介质，导致工件端头开裂。为了防止工件端头产生裂纹，可采用当喷水圈喷至离工件端头 8 ~ 20mm 处时使工件停止运动而继续喷淬火冷却介质的措施。这样，虽然工件端头不会产生裂纹，但是距离工件端头 8 ~ 20mm 处的硬度达不到技术要求，而使过渡区变大。

5. 热处理时采取的措施

从上述分析可知，防止淬火裂纹的关键是防止工件端头淬上火。为此，在工件端头处设计制造一个端头保护罩即可。保护罩用 Q235 钢制造，保护罩与销轴轴身有 4mm 的长度接触，如图 7-7 所示。这样既可使端头不产生裂纹，也同时保证了不淬硬区在 5 ~ 8mm 范围内。

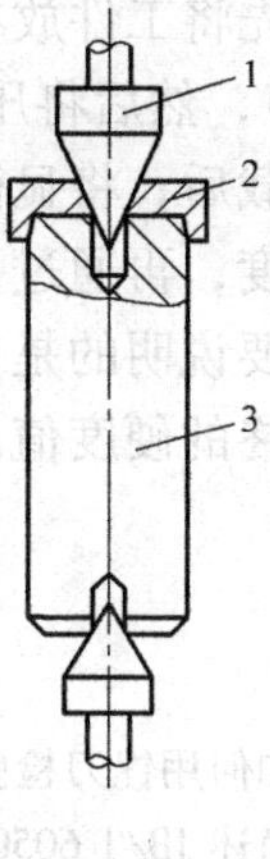

图 7-7　保护罩与工件

1—顶头　2—保护罩　3—工件

训练 3　用维氏硬度计检测渗碳层、渗氮层和薄板工件的硬度

1. 取样

在需要进行硬度检查的部件进行取样。取样时可使用砂轮切割机，操作时要向砂轮片上喷水，以防止工件切口附近区域受热而发生回火或退火，影响硬度检查的结果。对于高硬度的工件，应使用线切割等方法进行取样。

2. 磨光、抛光

取样后，应先用砂轮磨光，再用由粗到细的砂纸在互相垂直的方向单向进行磨光，当磨至 4 号砂纸时，即可转入抛光。对于小型或不规则的工件，可用夹持器或镶嵌机把试样镶起来进行磨光和抛光。在磨光和抛光时，应尽可能将试样磨出倒角。

在抛光时，大多采用机械式抛光，即将呢料固定在抛光盘上，以 700 ~ 1500r/min 的转速旋转，洒上 Cr_2O_3 或 Al_2O_3 和水的混合液进行抛光。当试样抛光至如镜面时，即可进行维氏硬度检测。

3. 选用负荷

用维氏硬度计检查试样硬度的负荷通常为 1N、2N、10N、50N。在试验时，可以根据试样渗层的厚度或薄板的厚度来选取，在保证不击穿的条件下，尽可能选用较大的负荷，打出的硬度才更加准确。

4. 进行维氏硬度试验

首先将工件放在硬度计托架上，用显微镜选取一个较为清晰的视野(划痕少而均匀)，然后将压头移至试样上方，加预载荷、加载。

卸载后，将显微镜移至试样上方，调准焦距，用目镜上的刻线测量压痕的对角线长度，再通过查表的方法算出相应的维氏硬度。

需要说明的是，为了减少误差，通常在工件的某一表面打几点，取其平均值作为最终的硬度值。

复习思考题

1. 如何用锉刀检验工件的硬度？
2. 简述 JB/T 6050—2006《钢铁热处理零件硬度测试通则》。
3. 简述晶粒度的评定方法。
4. 简述珠光体球化组织的评定方法。
5. 气体渗氮、离子渗氮工件的硬度和脆性是如何测定的？
6. 碳氮共渗、氮碳共渗工件的硬度是如何测定的？
7. 简述退火、正火件缺陷产生的原因及补救方法。
8. 简述调质主要缺陷的产生原因及补救方法。
9. 简述感应淬火缺陷的产生原因及补救方法。

第八章 热处理设备的维护与保养

培训学习目标 学会热处理常用加热设备结构和性能的相关知识，能对热处理设备的故障进行分析并加以排除。

第一节 热处理常用加热设备的结构和性能

一、热处理电阻炉

热处理电阻炉具有热效率高、加热过程容易控制、炉温波动小、操作方便、容易实现机械化和自动化等优点，是目前应用得最广，品种规格最多的一种热处理加热设备。

热处理电阻炉按作业方式可分为周期式和连续式两类，按使用温度可分为高温、中温、低温三类。常用热处理电阻炉的炉型有箱式电阻炉、台车式电阻炉、井式电阻炉、罩式电阻炉、密封箱式电阻炉、输送式电阻炉、推送式电阻炉、振底式电阻炉、滚筒式电阻炉、转底式电阻炉、转筒式电阻炉和辊底式电阻炉等多种类型。

1. 热处理电阻炉炉体的基本结构

热处理电阻炉一般由炉体和电气控制两大部分组成。炉体包括炉架及炉壳、炉衬、电热元件、炉口装置等炉内外构件。电气控制部分包括炉温控制系统和传动控制系统等。下面重点介绍热处理电阻炉的炉体部分。

（1）炉架及炉壳　热处理电阻炉炉架的主要作用是承受炉衬和工件载荷以及支撑炉拱的侧推力。炉架通常用角钢或槽钢焊接成框架，其型号因炉子的大小、炉衬的材料和结构而异。

炉壳的承重底必须以槽钢为骨架，并根据承重情况确定槽钢的尺寸。对于井式炉，选用的钢板厚度一般在3～6mm范围内；对于箱式炉，选用的钢板厚度一般在2～6mm范围内。底板要比侧板厚30%～50%；后板需固定电热元件的引出装置，所以必须比侧板要加厚1～2mm；顶板承重不大，可采用较薄的钢板。

炉壳的作用是保护炉衬，便于运输和安装门框、工作台、炉门（盖）及启闭装置等部件，另外还要固定电热元件的引出装置，以保证炉体的密封性，保证各零部件之间的安装尺寸及台车的运行尺寸，并使炉子能具有一个整齐美观的外形。

在热处理电阻炉的炉壳内表面上通常要涂刷红丹底漆或环氧树脂底漆以防止锈蚀，而外表面通常需涂两层银粉漆或灰漆，这样一是为了防锈并减少炉壳的辐射散热，二是为了美观大方。

需要说明的是，炉壳在靠近炉口处温度较高，所以箱式炉的炉门框及井式炉的炉面板常用铸铁或铸钢制成，厚度通常为12～18mm，以防止因变形而影响炉子的密封性。

（2）炉衬　炉衬包括炉壁、炉顶和炉底三部分，是由耐火材料和保温材料砌筑而成的一个密闭的炉膛空间，是炉体中最主要的组成部分。其作用是保持炉膛温度和炉膛良好的温度均匀性并减少炉内热量的散失。炉衬是决定热处理电阻炉工作性能和热效率的主要因素。

一般情况下，炉衬的结构分为三层，但是，不同温度系列炉子的炉衬组成不尽相同。中低温炉常常只有两层：耐火层和保温层。内层的耐火层用轻质黏土砖砌成，外层保温层用保温材料构成。高温炉的炉壁常采用三层：内层为耐火层，采用重质砖或高铝砖砌成；中层为过渡层，用轻质砖砌筑；外层为保温层，仍用保温材料构成。对于低温炉，由于其炉衬的构成较简单，所以其内壁只需使用锅炉钢板制成，仅在其与炉壳之间填充保温材料即可。

1）炉壁。热处理电阻炉炉墙的砌筑应以炉子的中心为基准，砖缝要错开，炉墙转角处需要相互咬合，以保证炉子整体的结构强度。炉墙的每1m长度上需留5～6mm的膨胀缝，各层间膨胀缝应错开，缝内可填入马粪纸或纤维。对于炉温低于800℃的炉子，其炉墙可不设膨胀缝。

2）炉顶。热处理电阻炉的炉顶结构主要有拱顶和平顶两种。热处理电阻炉大都采用拱顶，小型炉也可用预制耐火材料平板作炉顶，大型炉通常采用吊装式平顶。

拱顶的圆心角称为拱角，标准拱角为60°。拱顶的重量及拱顶受热时产生的膨胀力共同形成的侧推力可作用于拱角上。因此，拱顶常使用轻质楔形砖砌筑，上砌以轻质保温制品，而拱角则用重质砖砌筑，以承受较大的侧推力。对于大型的热处理电阻炉，为了减轻重量，还常设有钢架结构以支撑拱角。

3）炉底。热处理电阻炉炉底的作用是保持炉内热量和承载工件，其结构受电热元件的安装方式、炉底板、导轨和炉内传动装置的影响。通常箱式电阻炉炉底结构是在炉底外壳钢板上用保温砖砌成方格子状，然后在格子中填充松散的保温材料，再在其上面平铺1~2层保温砖，之后再铺一层轻质砖，其上最后安置支撑炉底板或导轨的重质砖和电热元件搁砖。

采用辐射管电热元件的炉子，炉底常用耐火纤维预制块铺设。对于炉底设有导轨的炉子，在铺设炉底时应考虑导轨的支撑和固定。

（3）炉口装置　在热处理电阻炉中，为了装料、卸料和观察炉内的工作情况，必须先在炉墙上开设炉口，再用炉门加以热屏蔽。炉门的作用是屏蔽炉口，防止炉内热量向外散失，同时防止炉外冷空气进入炉内。为了检查炉温的均匀性和方便装取试样及观察炉内温度，炉门上一般还需开设一个小孔洞。

在通常情况下，炉口装置包括炉门（炉盖）、炉门导板（炉面板）和压紧机构，有时还设有密封辅助装置。炉口装置在满足装出料要求的前提下，应具有较好的密封性和足够的保温能力，热损失要小，这样才能保持炉前区具有良好的温度均匀性。炉门应大于炉口，通常炉门与炉口每边应重叠65~130mm。

炉门外壳一般用灰铸铁铸造，或用钢板焊成，并对焊缝进行去内应力退火，以减少使用时炉门的变形。炉门的热面砌轻质砖，外层加保温砖或用耐火纤维预制块砌筑。炉门内衬尺寸见表8-1。

表8-1　炉门内衬尺寸

炉温/℃	耐火层厚度/mm	隔热层厚度/mm
<650	65~113	130
650~950	65~113	130~170
950~1300	65~113	170~200

炉门砌体表面应从四周向中间逐渐凹陷3~5mm，装电热元件的炉门，其搁砖应比炉门的边框缩进10~15mm。

为了防止炉口受热发生弯曲变形，炉门框和炉口盖板常采用铸铁或铸钢制成，也可用耐热钢制作。为了防止炉口火焰或热辐射直接传递给炉门框，炉口的四周常为耐火砖砌体，即炉门框从炉口向外退缩一定距离（50~80mm）。炉门框在炉口一侧还需间隔开设膨胀缝，以防止受热膨胀变形。

炉门密封压紧最常用的方法是利用炉门自身落下的重力来压紧。当炉门落下时，设在炉门两侧的镶条或滚轮滑入炉门框上的楔形滑槽或滑道沟内，炉门越向下，对炉门面板压得越紧。在炉门面板与炉门之间还应装有石墨或石棉盘根。有时，还可以利用斜炉门靠炉门自重向里的水平分力进行压紧。

对密封要求较严格的炉口装置，常需借人力或机械力进行压紧。常用的人力压紧装置是借凸轮、螺杆或连杆机构进行压紧的。常用的机械力密封装置借气缸推拉力把炉门推下，或借斜炉门自重压紧，或推动曲轴连杆压紧，也有借弹簧力拉动曲轴连杆机构将炉门压紧的。

对于耐火纤维炉口，应防止炉门在升降时将其拖坏，所以通常采用定向轨道来解决这个问题。炉门侧边的滚轮沿轨道仅在炉门落下的终点向内弯曲，使炉门压紧炉门框，在其余位置是离开炉门框的，与耐火纤维炉口分离。

（4）电热元件　热处理电阻炉使用的电热元件分为金属电热元件和非金属电热元件两大类。

热处理电阻炉对所使用的电热材料有以下要求：具有较高的电阻率；具有较小的电阻温度系数，在炉温变化时要求电阻稳定；具有较高的耐蚀性，不与炉衬、炉气在使用温度范围内发生化学反应，且不易氧化、蒸发、变脆、老化；在工作温度下电热元件应有足够的耐热强度，不易伸长，不易变形；要具有耐热性，熔点高，能承受热冲击和急冷急热；在冷态时易于加工，焊接性良好。

1）金属电热元件。对于金属电热元件，最常用的材料是铁铬铝系和铬镍合金系材料，此外，还有高熔点金属钨、钼、钽和铂等。

铁铬铝系材料的优点是：电阻率高，电阻温度系数小，使用温度较高，单位表面积允许功率高，高温抗氧化，抗硫及抗各种碳氮气氛的侵蚀能力较强，价格便宜，在功率、电压和元件截面尺寸相同的条件下，用量比铬镍合金系材料少。其缺点是：冷加工性能较差，经高温加热后晶粒易粗大、变脆，难于修复。在氮气中使用时，铬和铝容易生成氮化物，故其使用寿命比在空气中低。一般铁铬铝的电热元件应定期在空气中加热到1000～1100℃，保温5h，以形成致密的氧化膜，这样就可延长其使用寿命。

铬镍合金系材料的优点是：具有较高的高温强度，经高温使用后，其常温力学性能不发生明显的变化，且有良好的加工性和焊接性，便于维修；在氮基气氛中工作时，寿命无明显变化。其缺点是：在含硫气氛中，元件表面层易形成硫化物，从而降低其使用寿命；在一氧化碳等还原性气氛中长期工作时，氧化膜易被破坏，造成表面渗碳，从而降低电热元件的表面熔点，容易产生裂纹甚至熔断，所以在一氧化碳气氛中工作时，其使用温度不能超过1040℃。另外，铬镍合金系材料的电阻率较小，电阻温度系数较大，价格也较为昂贵。

高熔点金属的塑性很好，可做成线状、带状或圆筒状的电热元件，其中以钼应用得最为广泛。但这类材料在高温下易氧化，所以常在氢气、氨分解气或真空中使用。在真空中，钼、钨和钽的最高使用温度分别为1800℃、2400℃和2200℃。这类元件的电阻温度系数都很大，使用时需附加调压器调节功率。

2）非金属电热元件。非金属电热元件主要包括碳化硅、二硅化钼和碳系电热元件等。

碳化硅电热元件的主要成分为SiC，通常制成棒状，所以又称为硅碳棒。它在氧化性介质中，可在1350℃下长期工作。碳化硅具有很大的电阻率，且在800℃以下为负值，在800℃以上为正值。硅、碳都能和氧化合，在加热、冷却过程中，氧化硅会反复破裂，使氧化逐渐加深，同时电阻值也相应增大。这种电阻值随着工作时间的延长而增高的现象称为“老化”现象。碳化硅电热元件老化后只有相应提高电压（一般可提高到使用初期额定电压的1.5~2倍），才能保证炉子的原有功率。碳化硅电热元件易与氢气和水蒸气发生反应而显著缩短其使用寿命。因此，当炉内含有水分时，升温时应打开炉门，使其排出。碳化硅电热元件的总体特点是材质脆、强度低，在安装使用过程中要特别注意。

二硅化钼电热元件是一种耐高温而又不易老化的电热元件，其最高使用温度可达1700~1800℃，且在高温下允许采用较高的表面负荷率。其电阻值随着温度的升高而呈直线增长，便于在低温时输入较大的功率，从而缩短炉子的升温时间。但当温度高于1350℃时，它就会发生软化而失去刚性，故不宜水平安装。这种元件在空气、水蒸气和二氧化碳气氛中使用均具有较长的寿命，在含硫或氢的气氛中使用会破坏其表面的氧化膜，所以要将使用温度降低到1350℃。为了延长二硅化钼电热元件在腐蚀性气氛中的使用寿命，使用前应先在空气介质中进行加热，以形成表面钝化膜。

石墨碳粒和各种碳质制品都属于碳系电热元件。众所周知，碳与氧的亲和力很强，故这类电热元件只能在中性气氛或真空中使用。碳系电热元件中应用最多的是石墨电热元件，炽热的石墨不熔化（在温度超过3600℃时可升华），常用于温度在1400~2500℃之间的炉子，最高使用温度可达3600℃，一般可制成管状和带状使用。石墨的特点是热膨胀系数小，热导率较大，易加工，耐急冷急热性好，价格低廉。在这类电热元件中，石墨带常由高纯碳材料制成，质地柔软，高温性能稳定，常用作真空炉的电热元件。

2. 热处理电阻炉的型号与规格

目前，热处理常用电阻炉已有系列化的标准产品，其型号按JB/T 9691—1999《电热设备　产品型号编制方法》规定，如图8-1所示。

其中各部分的表示方法及含义如下：

（1）系列代号　一般由两个字母组成。第一个字母代表电热设备大类，如R表示工业电阻炉，Z表示真空炉，S表示实验室炉等。第二个字母代表各大类中的分类型，如工业电阻炉的系列代号为：RX——箱式炉；RT——台车式炉；RJ——自然对流井式炉；RF——强迫对流井式炉；RQ——井式气体渗碳炉；RM——箱式淬火炉（即多用炉）；RY——电热浴炉；RN——气体渗氮炉；RB——罩式炉；RC——传送带式炉；RD——电烘箱；RG——滚筒式炉；RL——流态粒子炉；RZ——振底式炉等。

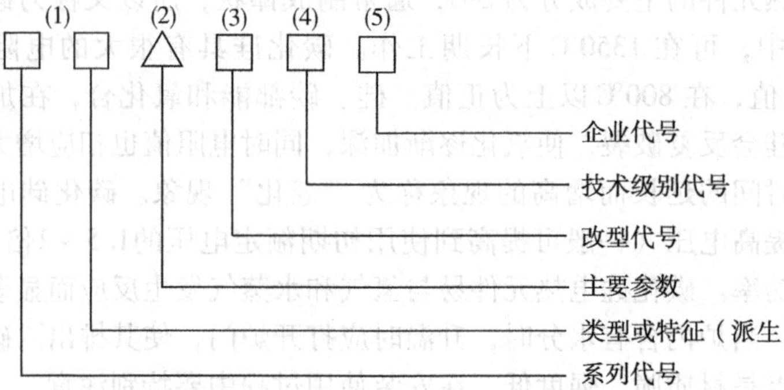

图 8-1 热处理电阻炉产品型号组成

（2）类型或特征代号 用一个或几个字母来表示设计特点，如结构、配套等：H 为回转式；T 为铁坩埚式；Q 为炉内裂解直接生成的保护气氛；D 为对气体成分进行自动控制。无特点者可省略不标注。

（3）主要参数 包括最高工作温度（以 100℃为单位，小数略去不写）和工作区尺寸（宽×长×高或直径×深，单位为 cm），对工作区尺寸也可用 1、2、3、4 等来代替宽×长×高，但应在附注中标明它们所代替的尺寸。

（4）改型代号 为设计改型顺序，通常以 A、B、C、D 表示。

（5）技术级别代号 用 A、B、C、D 表示，在没有规定时可省略。

（6）企业代号 用 2~3 个字母代替电炉厂的缩写，如 SL 为上海电炉厂。

3. 箱式电阻炉

常用的热处理箱式电阻炉由炉体和电气控制柜组成。炉体由炉架、炉壳、炉衬、炉门、电热元件及炉门提升机构组成。电热元件大多布置在炉内两侧墙上和炉底。

热处理箱式电阻炉内的温度均匀性状态，主要受电热元件布置、炉门的密封及保温等状态的影响，通常炉膛前端温度较低。工件在高、中温箱式炉中的加热主要靠电热元件和炉壁表面的热辐射。

（1）箱式电阻炉的设计特点 为了提高这类炉子的热交换效果，改善炉内温度均匀度，在设计上箱式电阻炉有以下特点：

1）降低空炉损耗功率和热损失。箱式电阻炉的炉衬内层采用超轻质耐火砖或高强度漂珠砖，外衬一层硅酸铝耐火纤维毡，最外层是硅藻土砖与蛭石粉的混合保温层。这种结构蓄热量小，热导率低，空炉损耗功率和空炉升温时间较短，可达到节能的目的。如果采用全纤维节能炉衬，空耗和升温时间还将大幅度减少，但耐火纤维的质量应予以保证。另外，在炉门、炉盖、热电偶和电热元件引出孔等处应加强密封，并注意减少炉口的变形。

2）改善炉温均匀性。在通常情况下，针对不同的箱式电阻炉，可采用以下几种方法，以达到改善炉温均匀性的目的。

① 使炉门面板倾斜 5°～10°，以加强密封，减少炉门处的散热。

② 采用槽钢开槽加滚轮结构，使炉门自行到位压紧。

③ 对于大型电阻炉，特别是简易保护气氛炉，可采用手轮人工压紧的方式。

④ 在炉门处增加电热元件，减小炉门处的温差。此外，在靠近炉门或炉后墙等散热大的部位，可采用减小电阻丝螺旋圈节距使功率变大等措施，以达到炉温均匀的目的。

⑤ 尽可能在炉内设置风扇，以实现强制对流。常见的强制对流是靠设置在炉顶或炉墙上的风扇来实现的。

3）改变电热元件的布置。采用板片状电热元件代替螺旋状的电热元件，可增大电热元件的辐射面积和降低搁丝砖对辐射线的遮蔽作用。在炉顶设置电热元件也能提高热交换的效果。此外，还可将螺旋弹簧式电热元件绕成表带状，用瓷管穿挂于炉墙两侧，炉底则平卧安放，将靠近炉口处的节距改小，这样可大大改善散热条件，炉温差将明显减小，升温时间也会明显缩短。

在通常情况下，箱式电阻炉是一个具有单一炉膛，炉前端有一个炉门的炉子。这类热处理炉的国家标准产品有中温箱式电阻炉、高温箱式电阻炉和低温箱式电阻炉等。这类热处理炉的炉料一般在空气介质中加热，没有装、出料机械化装置，可供小批量的工件淬火、正火和退火等常规热处理使用。

（2）箱式电阻炉的分类

1）中温箱式电阻炉。中温箱式电阻炉的结构如图 8-2 所示。其炉衬常采用轻质耐火黏土砖，隔热层采用珍珠岩隔热砖并填以蛭石粉、膨胀珍珠岩等材料。这类炉子的电热元件布置于炉底、炉侧和炉门处。较大的炉子采用温度分区控制，以改善温度均匀性。中温箱式电阻炉的炉顶上有两支热电偶，一支用于超温保护，另一支用于控制炉膛的温度。这种炉子还可设置风扇，以加快传热速度。炉底电热元件上方覆盖耐热钢制成的炉底板。炉门启闭装置采用手摇装置或用电动机通过蜗杆副减速机构来启闭。炉门为倾斜式的。为安全起见，炉顶前沿装有自动通电断电装置。

2）高温箱式电阻炉。按照最高工作温度，高温箱式电阻炉可分为 1200℃、1300℃和 1350℃三种。最高使用温度为 1200℃的高温箱式电阻炉的炉衬由轻质耐火砖、硅酸铝耐火纤维、珍珠岩、保温砖砌筑，保温砖与外壳之间填有保温用的蛭石粉，炉膛内除顶部外均布置有电热元件（由铁铬铝高电阻合金丝绕成），炉门升降采用电动方式，炉门处设有密封装置。如工艺需要，这种炉子还可通入简易保护气氛。其炉底板一般用碳化硅板制成，炉子其他部分的结构与中温箱式电阻炉大体相近。

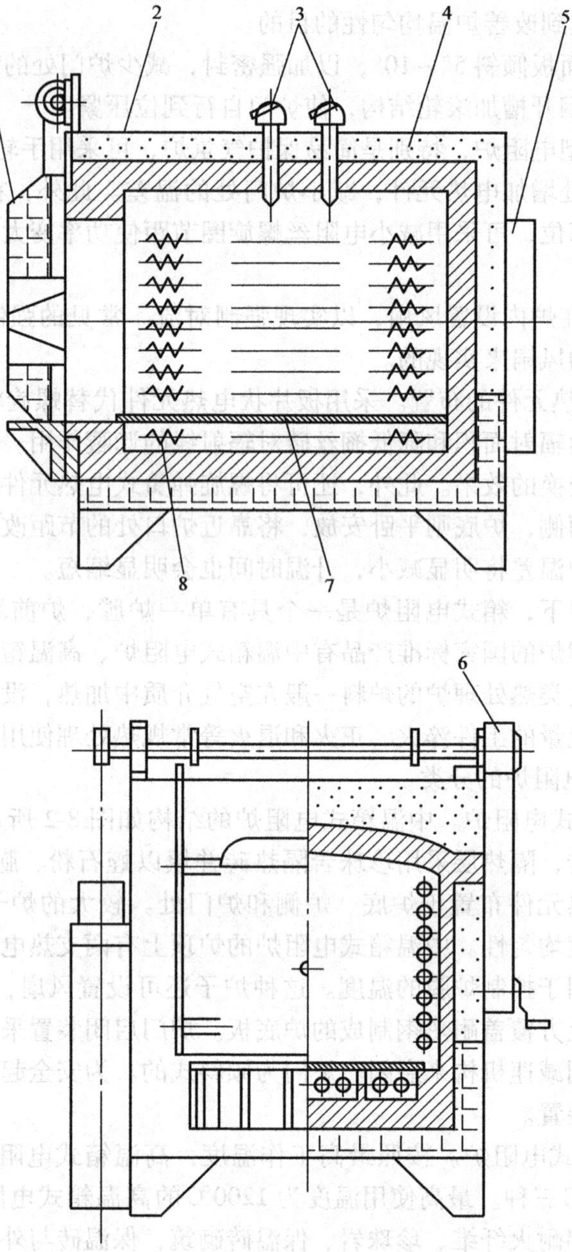

图 8-2　中温箱式电阻炉的结构

1—炉门　2—炉壳　3—热电偶　4—炉衬

5—罩壳　6—炉门升降机构　7—炉底板　8—电热元件

最高使用温度为1350℃的高温箱式电阻炉，一般将碳化硅棒作为电热元件。碳化硅棒通常采用垂直方式布置在炉膛两侧，也有布置在炉顶和炉底的。碳化硅棒的电阻温度系数很大，且在使用过程中会逐渐老化，在使用一段时间后，电阻值将随之增大。为了稳定碳化硅棒的功率，并便于调节，必须配备多级调压变压器。另外，在850℃以下使用时，炉子的加热速度不宜过快。

高温箱式电阻炉的炉衬比较厚，通常有三层，内层用高铝砖砌筑，中间层用轻质耐火黏土砖或泡沫砖砌筑，外层则使用珍珠岩砖或保温填料。在耐火层与保温层之间可添加硅酸铝耐火纤维。这类炉子的炉门口较深，炉底板常用碳化硅或高铝砖铺设。

3）低温箱式电阻炉。低温箱式电阻炉主要用于回火及铝合金等非铁金属材料的热处理。这种炉子分为直接加热式和分离加热式两种。直接加热式将电热元件直接放在炉膛内进行加热，分离加热式将电热元件放在与炉膛相通的另一分离室内进行加热。

直接加热式的热效率较高，但工件受到直接辐射，容易引起局部过热，这时，需要在工件和电热元件之间放置隔板，以避免直接辐射。分离加热式用通风机将热气送入炉膛内进行加热，应用比较广泛。低温箱式电阻炉主要包括普通低温箱式电阻炉、强制对流电阻炉、电热烘箱以及试验用箱式电阻炉等。

① 普通低温箱式电阻炉。普通低温箱式电阻炉的炉体结构与中温箱式电阻炉相近，由于使用温度低，因此炉衬较薄，为加强对流换热，常在炉顶或炉内侧面加装风扇，同时采用导流装置，以控制炉气流向。

② 强制对流电阻炉。这种电阻炉通常将电热元件放在与炉膛相通的另一分离室内。炽热气体在通风机吸引下，经导向叶片流入工作室加热工件。工作室中的气体还可从底板孔隙中流回分离室，如此往复。为使工件之间保持适当的气体通路，工件应该分层装在各隔板上。

③ 电热烘箱。从结构原理来看，电热烘箱与分离式低温箱式电阻炉是一样的。电热烘箱通常呈柜式，一般无底，顶部是空气加热室，由轴流式通风机将被加热气体经导向叶片送入工作室加热工件，废气经左侧导向叶片逸出工作室，经排气口排出，或再进入空气加热室循环加热。

④ 试验用箱式电阻炉。试验用箱式电阻炉的结构与普通电阻炉的结构基本相同，但其炉衬较薄，炉壳表面温升允许大于50℃，通常只有一支热电偶。这种电阻炉的炉门起闭装置一般都设计得比较简便、轻巧，以利于手动起闭。

4. 台车式电阻炉

台车式电阻炉是一种可移动台车的箱式电阻炉，适用于处理较大尺寸的工件，便于使用各种起重设备进行装炉。其炉体的结构有以下特点：

（1）炉架与炉壳　台车式电阻炉的炉架和炉壳结构与箱式电阻炉基本相同，

但由于台车需拖出，台车炉前端无下横梁，所以炉架容易变形，这时炉架应牢固地固定在地基上。

炉门面板应与炉口砖错位，即炉口砖突出，并有足够的砖厚，以减少电阻炉门面板受热变形。炉门面板与炉口的边缘也应开较大、较长的膨胀缝。

（2）炉体　台车式电阻炉的炉衬与箱式电阻炉基本相同。由于台车与炉衬不接触，因此炉衬更宜采用耐火纤维结构。

（3）炉口装置　小型台车式电阻炉炉口装置与一般电阻炉相似，大型台车式电阻炉由于宽度大，炉门必须有足够的刚度，所以炉门内衬多采用耐火纤维砌筑。

（4）台车及行走驱动装置　台车钢架应依据载荷通过计算确定。驱动装置多数安装在台车前部，驱动台车行走。行走装置多为车轮式，有密封轴承结构和半开式轴承结构两种，因前者轮轴润滑困难而常用后者。

（5）台车电热元件通电装置　单台车式电阻炉的电热元件一般采用触头通电，台车尾部设3~6个固定触头，炉体下部安设3~6个带弹簧压紧的触口，台车进入炉膛后触头能很好地插入触口。双台车式电阻炉一般在台车两侧前下部装设插条，在炉体前下侧装插口，在台车进入炉膛后插条与插口接触而通电。

5. 井式电阻炉

井式电阻炉主要供钢制的长、短轴类工件在1200℃以下温度范围内，在空气或保护气氛中进行热处理用。当向井式电阻炉中通入城市煤气、天然气或煤油、乙醇裂解气氛或氮气时，可减少加热时钢件表面的氧化或脱碳。

井式电阻炉的炉膛横断面可呈圆柱形或矩形，由炉壳、炉衬、加热元件、炉盖及其升降机构等组成。这种炉子占地面积较小，由于炉体较高，一般置于地坑之中，只露出地面600~700mm。对于炉膛较深的井式电阻炉，为了使炉温均匀，可分成几个加热区，各区温度分别控制。井式电阻炉的特点是密封性好，散热面积小而热效率高。

井式电阻炉根据使用温度的不同，可分为低温（650℃以下）、中温（950℃以下）或高温（1200℃以下）井式电阻炉。其中，低温井式电阻炉通常配有风扇，可对气流进行循环、搅拌，以供钢制长、短轴工件及所有形状的机件在650℃以下温度范围内进行回火用，故又称为井式回火炉。

（1）低温井式电阻炉　低温井式电阻炉的最高工作温度一般不超过650℃。其炉衬的材料、结构及设计方式与箱式电阻炉基本相同，炉盖上装有风扇，炉盖升降采用杠杆或电动液压装置。

这种炉子的传热是对流换热，炉子的热效率及温度均匀性主要决定于气流循环的效果。炉内气流循环是以安装在炉盖上的风扇作为动力，驱动气流经炉罐外侧与电热元件接触，加热后，再由炉罐底部进入炉罐，与工件进行热交换。加热效果取决于风量、风压和气流的流向，一般应形成上述的气流大循环。

为此，料筐的侧面不应开孔，以避免气流短路流入料筐。风扇与料筐上缘的距离也不应过大，以避免气流直接从料筐架上缘返回。当料筐内工件因过于密布而使风扇的压力偏小，不足以驱动气流通过工件时，工件应进行适当布置，以减轻气流的阻力。生产时，有时会在料盘中插入导风管，以减少气流与工件直接接触的机会。

（2）中温井式电阻炉　中温井式电阻炉（见图 8-3）主要对细长工件在空气或保护气氛中进行加热。其结构与低温井式电阻炉基本相同，但它的炉衬要厚一些，炉膛深度也不等。

中温井式电阻炉常分成几个加热区，每个加热区分别设置热电偶，以保证整个高度上的炉温均匀性。中温井式电阻炉的炉盖可用砂封、油封、水封或者用硅酸铝纤维棉密封。为改善炉温均匀性，还可在炉盖上或炉底设置气流循环风扇。

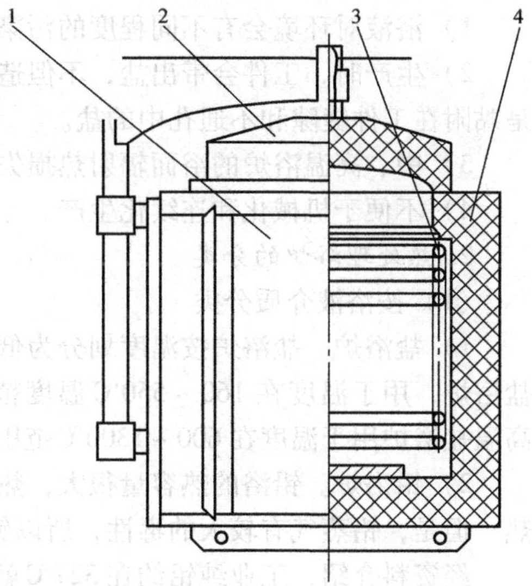

图 8-3　中温井式电阻炉的结构
1—炉壳　2—炉盖　3—电热元件　4—炉衬

（3）高温井式电阻炉　高温井式电阻炉的结构与低、中温的结构相似，其按最高工作温度又分为 1200℃ 和 1350℃ 两种，主要用于细长的高速钢或高合金钢长形工件淬火加热。

最高工作温度为 1200℃ 的高温井式电阻炉大多采用高温铁铬铝电热元件进行加热，炉子的功率一般为 50 ~ 165kW。这种类型的炉子可以通保护气氛，为此，炉壳应采用连续焊缝，以保证气密性。

最高工作温度为 1350℃ 的高温井式电阻炉大多采用碳化硅棒电热元件，可以水平或垂直安装，并分成几段布置，各段由可调变压器分别控制。

二、热处理浴炉

热处理浴炉是利用液体介质加热或冷却工件的一种热处理设备。它加热速度快，氧化脱碳轻，便于局部加热或冷却，并且加热或冷却均匀，工件变形小，不仅适用于淬火、回火、时效及多种化学热处理，而且还适用于分级淬火、等温淬火时的冷却。

1. 热处理浴炉的特点

（1）热处理浴炉的优点

1）结构简单，使用耐热合金材料少，造价低。

2）工件在液体介质中同时受到传导和对流这两种传热作用，对于电极盐浴炉，还有电磁搅拌的作用，所以工件加热速度快，温度均匀，变形小。

3）热容量较大，加热温度波动小，容易实现恒温加热。

4）浴液容易保持中性状态，且在加热阶段因工件浸入液体中与空气隔绝，可实现无氧化、无脱碳加热。

5）容易实现工件局部加热，并且简便易行。

（2）热处理浴炉的主要缺点

1）浴液对环境会有不同程度的污染。

2）生产时，工件会带出盐，不但造成浪费，而且对工件有腐蚀作用，特别是黏附在工件缝隙和不通孔中的盐。

3）中、高温浴炉的浴面辐射热损失较严重。

4）不便于机械化和连续化生产。

2. 热处理浴炉的分类

（1）按浴液介质分类

1）盐浴炉。盐浴炉按温度划分为低、中、高温盐浴炉。低温浴炉主要是硝盐浴炉，用于温度在160～550℃温度范围的等温淬火、分级淬火和回火。中、高温盐浴炉用于温度在600～1300℃范围内的工模具加热。

2）铅浴炉。铅浴的热容量很大，热导率很高，传热速度快，可实现快速加热。但是，铅蒸气有较大的毒性，所以铅浴炉主要用于等温处理。

经资料介绍，工业纯铅约在327℃就熔化了，加热时不会附着在清洁的钢件上，但易被氧化，氧化铅会附着在钢件上。所以，在热处理过程中，当温度超过480℃时，常用颗粒状炭质材料（如木炭）作铅浴的表面保护覆盖层，有时也用熔盐作保护层。另外，铅的密度较大，工件在铅浴中加热时，如果不用夹具压下，就会浮起。

3）油炉。目前，油炉常应用于低温回火，有较高的温度均匀性，其使用温度通常低于230℃。油炉也可用于分级淬火。

与盐浴炉相比，油炉的优点是：油在室温时易于管理，油带走的热损失较少，油炉对所有钢种奥氏体化加热用盐的带入都可适应。

油炉的缺点是：可使用的温度较低；油暴露在空气中会加速变质，例如，在60℃以上每增加10℃，油被氧化的速率就会增加约一倍，生成酸性渣，影响淬火工件的硬度和颜色；在油中进行分级淬火时，工件达到温度均匀所需的时间较长，当分级淬火温度高于205℃时，用盐浴就比油浴好。

(2) 按浴炉热源分类

1) 外热式热处理浴炉。外热式热处理浴炉是利用电热元件在浴槽外进行加热的浴炉，加热介质可以根据工艺要求进行选择和配制。因电热元件与加热介质不接触，故浴液的成分容易保持稳定。

这类浴炉的主要缺点是：金属浴槽寿命较短，热惰性较大，浴液内温度梯度较大；每次重新起动时，浴槽的侧壁和底部容易产生过热，有造成喷盐的危险。

2) 内热式热处理浴炉。内热式热处理浴炉是将电极布置在熔盐液中，直接进行通电，以熔盐为发热体而产生热量的浴炉。由于熔盐的电阻远大于金属电极，因此热量主要发生在熔盐之中。这种电极式浴炉的另一特点是当交流电流通过电极和电极间熔盐时，会产生较强的电磁力，驱使熔盐在电极附近循环流动。特别是定向平行布置的电极，其电磁搅动力非常强烈。

内热式热处理浴炉在工作时，绝大部分电流从电极间或邻近的熔盐流过，转化为热能并在该处形成高温，然后再向外传递。因此内热式热处理浴炉的温度场与电极布置有很大关系。电极间的熔盐容易因温度过高而分解，在电极间的盐浴也容易从大气中溶入氧气，使电极和盐浴氧化。

内热式热处理浴炉的优点是升温快，可用非金属浴槽，且可进行高、中、低温加热，故应用广泛。

3. 电极式盐浴炉

电极式盐浴炉属于内热式热处理浴炉，利熔盐自身的电阻，在电流通过时发热。这种浴炉由炉体、坩埚、电极和变压器等部分组成。其炉体结构简单，热效率高，工作温度范围宽，坩埚尺寸不受限制，加热迅速而均匀，常用作碳素钢、合金钢及某些非铁金属材料的热处理，在热处理生产中的应用很广。

它的主要缺点是：需配备功率较大的变压器，并且电极材料的消耗量非常大，起动较为困难。这种浴炉根据电极在坩埚内布置方式的不同，可分为插入式和埋入式两大类。

(1) 插入式电极盐浴炉　插入式电极盐浴炉的坩埚横截面形状有方形、矩形、圆形和多边形等形状。

长方形坩埚砌造容易，操作方便，应用最广，其缺点是利用率小，有四个死角，电极本身占据的部分容积不能利用；圆形坩埚利用率较高，但不易砌造；六边形坩埚适用于三相电源，其三边拉长接近三角形者利用率较高。还有一些特殊形状的坩埚，主要是根据某一种工件的批量生产而专门设计和制造的。

插入式电极盐浴炉的电极布置方式有两种，即近置和远置。近置的方式安装简单，电极间距一般为 40 ~ 70mm，采用棒状电极时可使用较低的电压，并可形成强烈电磁循环作用。其缺点是：电极附近可吸引工件，容易产生打火和烧伤工件的现象；电极对面温度较低，易于沉积和凝固盐渣；当三个电极成直线布置时，电流不平衡。为了改善这种情况，有时加中性板，有时用三相四极，有时改为三角形排列，但这样又会使坩埚的有效容积减小。

按远置方式安装时，电极常采用板状电极，电流通过大部分熔盐，炉温均匀，电极修理、更换方便。其缺点是：电极间距大，常需要较高的电压，起动起来较为困难；电流通过工件时，容易引起局部过热。大型盐浴炉常采用综合布置方法，如三相十二极布置等。

插入式电极盐浴炉一般采用砌筑坩埚，在炉口设置抽风罩和移动炉盖。这种盐浴炉结构简单，建造容易，也便于维修，但其坩埚的利用率小，安装功率偏低，抽风装置效果差，对工人的健康不利。

长方形大型盐浴炉，沿坩埚长边一侧或两侧安装数对电极，进行三相供电，功率较大，有的达160kW。常用的是50kW和100kW三相六极中、低温盐浴炉，其坩埚尺寸均为920mm×600mm×540mm，最高工作温度为850℃（中温）及600℃（低温）。当将三相电极布置在一侧时，可利用金属网将电极和工件隔开，以避免吸引工件，致使工件因接触电极而损坏。这种大型盐浴炉的主要缺点是盐浴面散热损失较大，抽风效果较差。

这类盐浴炉的缺陷是：需插入电极，从而使浴炉坩埚的有效加热区减小，电极寿命短，耗电量大，已逐渐被埋入式电极盐浴炉取代。

（2）埋入式电极盐浴炉　埋入式电极盐浴炉是将电极埋在炉体内，电极的一个侧面与盐浴接触，以进行导电加热的浴炉。这种浴炉的电极埋入方式又分为顶埋式与侧埋式两种。

顶埋式电极是将电极柄从炉顶插入炉体，再由下方与露出炉壁的电极相连。这种方式不易漏盐，但电极制造与坩埚砌筑比较困难，电极柄和水平电极焊接相连较长，压降及热损失较大。

侧埋式电极通常以水平方向穿过坩埚壁，使其一边的侧面与盐浴接触导电，这样电极制造简单，但熔盐易从电极入口处漏出。一般应在入口处设置水冷却装置，使熔盐凝固，以防止熔盐漏出。

埋入式电极在炉膛内的布置方式有垂直式布置和水平式布置之分。垂直式布置电极常成组安装在坩埚一侧，其电极间距较小，有强烈电磁流循环作用；水平式布置电极常安装在坩埚底部附近的侧壁上，以使温度均匀，还可克服炉底一侧的结渣现象，其主要缺点是电极间距较大，需要采用较高的电压，坩埚宽度也相应受到一定的限制。

与插入式电极盐浴炉相比，埋入式电极盐浴炉的特点是：

1）优点

① 炉膛利用率高，热损失小，可节省电能与筑炉材料。

② 电极使用寿命长，可减少停炉时间。

③ 炉温较均匀，有利于提高产品质量。

④ 升温较迅速，起动时间较短。

2）缺点

① 电极位置固定，不能通过改变电极间距来调节炉子功率，对电极形状、尺寸和相对位置要求严格。

② 电极需要安装冷却水套，并与坩埚结合在一起砌造，结构复杂，在制造、检修、更换时都比较麻烦，有时坩埚和电极需一同报废。

第二节 筑炉材料

一、常用隔热材料及其特点

热处理炉炉衬的内层为耐火材料，外层为隔热材料。一般情况下，把常温下热导率小于0.23W/（m·K）的材料称为隔热材料。在砌筑热处理设备时，为了提高炉子的热效率，减少通过炉衬的热损失，需要正确选用适当的隔热材料。

隔热材料的主要性能特点是：体积密度小，热导率低，气孔率高。热处理设备中经常使用的隔热材料有硅藻土及其制品、石棉及其制品、矿渣棉及其制品、蛭石及其制品、岩棉制品、耐火纤维及其制品等。

1. 硅藻土及其制品

硅藻土是微海藻类的硅壳构成的沉积岩，其主要成分为非晶体的二氧化硅，并含有少量黏土杂质。其耐火度高于1400℃，具有良好的保温能力，最高使用温度为900～950℃。硅藻土的生料适于砌砖和隔热层抹面用，熟料可用于填充隔热层，但大多制成硅藻土砖用于砌筑隔热层。

2. 石棉及其制品

石棉是纤维状矿物，其主要成分是$3MgO \cdot 2SiO_2 \cdot 2H_2O$。石棉板是由石棉和黏结材料制成的板材，密度为900～1000kg/m^3，熔点超过1500℃，但在700℃时就成了粉末，因强度降低而失去隔热性能，故其最高使用温度不得超过500℃。

石棉制品有石棉粉、石棉板和石棉绳等。其中，石棉板的一般规格为1000mm × 1000mm，厚度有1.6mm、3.2mm、4.8mm、6.4mm、8.0mm、9.6mm、11.2mm、12.7mm、14.3mm、15.9mm等规格。石棉绳的直径有3mm、5mm、6mm、8mm、10mm、13mm、16mm、19mm、22mm、25mm、32mm、38mm、45mm、50mm等规格。

3. 膨胀蛭石

蛭石又称为黑云母或金云母，其化学成分（质量分数）大致为：二氧化硅12%～40%，三氧化二铁6%～23%，三氧化二铝14%～18%，氧化镁11%～20%，氧化钙1%～2%，水5%～10%。蛭石受热后因水分蒸发而体积膨胀，从200℃开始膨胀，800℃时膨胀到最大值，体积密度和热导率相应减小很多，是较好的隔热材料。

蛭石的熔点为1300～1370℃，最高使用温度为1000℃。膨胀蛭石可以粉碎成粒状，直接填至炉壳与炉衬之间作隔热材料，也可用水泥和水玻璃作黏结剂制成各种隔热制品。

4. 膨胀珍珠岩及其制品

膨胀珍珠岩是一种由酸性的火山玻璃质、珍珠岩结构的熔岩，经破碎后在高温下焙烧膨胀而成空心小球状，内有蜂窝状空隙。其主要化学成分（质量分数）一般为：二氧化硅69%～74%，三氧化二铝14%～18%。其密度为40～120kg/m^3，最高使用温度为800℃，具有良好的保温能力。

膨胀珍珠岩的散料与各种黏结剂相结合可制成各种不同的珍珠岩制品。珍珠岩是以密度为60kg/m^{3}的膨胀珍珠岩为主要原料，以磷酸铝、硫酸铝和纸浆废液为黏结剂，按一定比例混合，经成形、干燥、烧制等工序制成的。它具有体积密度和热导率很小，耐火度高，最高使用温度达1000℃的特点，是良好的隔热材料。珍珠岩除制成隔热砖外，还可制成板、管等类制品，是一种质轻、保温性能好的保温材料。

5. 矿渣棉及其制品

将煤渣、高炉渣或某些矿石在1250～1350℃熔化后，用压缩空气或蒸汽将其熔液吹成雾状，然后迅速在空气中进行冷却，即成矿渣棉。矿渣棉的直径为2～20μm，长度为2～60mm，外表呈白色或暗灰色。

矿渣棉是优良的隔热材料。其特点是：密度低，热导率小，不可燃，在堆积或受振动后密度会增加，热导率增大。其制成品的长度为500～1000mm，宽度为400～500mm，厚度为10～40mm。

常用隔热材料的性能见表8-2。

表8-2 常用隔热材料的性能

材料名称	体积密度 /（g/cm^3）	耐压强度 /Pa	热导率 /[W/(m·K)]	平均质量热容 /[J/(kg·K)]	最高温度 /℃
硅藻土A	0.50±0.05	490×10^3	$0.1+0.00023t_{均}$ ①	—	950
硅藻土B	0.55±0.05	686×10^3	$0.13+0.00023t_{均}$	$0.23+0.00007t_{均}$	950
硅藻土C	0.65±0.05	1078×10^3	$0.16+0.00023t_{均}$	—	950

（续）

材料名称	体积密度 /（g/cm³）	耐压强度 /Pa	热导率 /［W/（m·K）］	平均质量热容 /［J/（kg·K）］	最高温度 /℃
硅藻土	0.55	—	$0.07+0.0002t_{均}$	$0.23+0.00007t_{均}$	950
石棉粉	0.34	—	$0.087+0.00024t_{均}$	—	500
石棉绳	0.80	—	$0.07+0.00023t_{均}$	—	300
石棉板	0.9～1.0	—	$0.162\pm0.00031t_{均}$	—	500
矿渣棉	0.2	—	$0.07+0.000157t_{均}$	—	700
膨胀蛭石	0.1～0.3	—	$0.07+0.00026t_{均}$	—	1000
膨胀珍珠岩	0.031～0.135	—	0.035～0.046	—	1000

① $t_{均}$ 为温度的代号。

二、金属筑炉材料

热处理设备使用的耐热金属材料有耐热钢、耐热铸钢、耐热铸铁、优质碳素钢、合金结构钢及低合金高强度结构钢等。其中，使用最为广泛的是各种类型的耐热钢。

耐热钢是指在高于450℃条件下工作，并具有足够的强度、抗氧化、耐蚀性和长期组织稳定性的钢种。耐热钢主要包括热强钢和抗氧化钢这两类。

（1）热强钢　热强钢是指在高温条件下具有足够的强度并有一定的抗氧化性能的钢种。常用的热强钢有珠光体热强钢、马氏体热强钢和奥氏体热强钢等。

（2）抗氧化钢　抗氧化钢是指在高温下能保持良好的化学稳定性，能抵抗氧化和介质腐蚀而不起皮的钢，故又称为耐热不起皮钢。常用的抗氧化钢有铁素体抗氧化钢和奥氏体抗氧化钢这两类。

还有一类镍质量分数很高的耐热钢，在高温下有很高的热强性能和更好的抗氧化性能，这类钢在我国归入高温合金中。

三、耐火泥

耐火泥可用来砌筑和填塞砖缝，保证炉子具有一定的强度和气密性。耐火泥砌筑处也应具有一定的耐火度及抵抗化学侵蚀的能力，因此要求耐火泥的成分和性能应接近于砌体的成分和性能。

耐火泥由颗粒很细的生料粉和熟料粉组成。所谓的熟料粉，是指经过焙烧的耐火黏土。耐火泥的化学成分（质量分数）为：熟料粉60%～80%，生料粉20%～40%。若熟料的粒度大，则生料含量就应多一些；若熟料的含量多，则机械强度增大；若生料的含量多，则透气性降低。

四、普通黏土砖

普通黏土砖是用耐火度低于1350℃的低熔点黏土制造的，所含的杂质较多，使用温度不超过750℃，耐急冷急热性较差。这种砖一般用于砌筑大、中型燃料炉的外墙以及温度低于750℃的烟道和烟囱等。

第三节 热处理设备的故障分析与排除

一、普通箱式电阻炉的故障分析与排除

普通箱式电阻炉是热处理生产中最常用的热处理设备之一，具有热效率高、加热过程易控制、炉温波动小、操作方便、容易实现机械化和自动化等优点。

普通箱式电阻炉由炉体和电气控制这两大部分组成。下面主要对炉体部分的常见故障进行具体分析，并提出相应的排除方法。

在通常情况下，普通箱式电阻炉的炉体主要由炉壳、炉衬、炉门、炉底板和电热元件等构件组成。

1. 炉壳故障

普通箱式电阻炉的炉壳主要用于加固和保护炉体，便于安装门框、工作台、炉门及启闭装置、固定电热元件的引出装置，同时也是为了保证炉体的密封性，保证炉子各零部件之间的安装尺寸，并使炉子具有整齐美观的外形。这类炉子的炉壳可能出现的故障主要有两种情况：炉壳带电和炉壳变形。

（1）炉壳带电 生产中，维修电工应随时对炉壳的带电情况进行检查，如发现问题应及时解决。

1）故障分析1：普通箱式电阻炉的引出棒与炉壳之间发生短路现象。

排除方法：检查引出棒与炉壳的绝缘情况，进而消除短路点。

2）故障分析2：接地不良，致使炉壳带电。

排除方法：拆下炉体的接地螺钉和螺母，用砂纸或锉刀进行修锉，然后重新安装并加以紧固。

3）故障分析3：外接电源线的零线带电。

排除方法：检查热处理车间零线的接地装置并进行相应的修理。

4）故障分析4：普通箱式电阻炉的导电体与防护罩相连而接触。

排除方法：排除接触部位，并重新进行绝缘包扎。

（2）炉壳变形

1）故障分析1：普通箱式电阻炉拱顶的水平推力过大，致使炉壳两侧的角

钢向外侧弯曲。

排除方法：减轻拱顶压砖，减少水平推力或相应增大炉子的横梁。

2）故障分析2：炉衬砖破裂损坏，炉壳受到挤压。

排除方法：重新修理炉衬。

3）故障分析3：炉门的缝隙过大。

排除方法：进行适当的调节或重新修理炉门的密封装置。

4）故障分析4：筑炉时，膨胀缝预留的太少，炉门处由于膨胀力而外推，致使门框被推断。

排除方法：在砌筑炉衬时，应保证炉衬与炉子的后墙及门口的墙墩间留有足够的膨胀缝，并在其内填加硅酸铝纤维毡。

5）故障分析5：炉子长时间超温工作，致使膨胀尺寸大于预留的膨胀缝隙。

排除方法：严格按照操作规程进行热处理，防止超温，必要时，可在修理炉衬时，适当增大膨胀缝隙。

2. 炉衬故障

普通箱式电阻炉的炉衬是炉子的砌体，包括炉墙、炉顶和炉底三部分。它用耐火材料和隔热材料砌筑而成，并形成一个密闭的炉膛空间。炉衬是炉体最主要的组成部分，是决定炉子工作性能和热效率的主要因素。普通箱式电阻炉炉衬可能出现的故障主要有两种情况：炉衬开裂损坏和炉子升温时间过长。

（1）炉衬开裂损坏

1）故障分析1：新砌或经大修的炉子未经充分烘干就直接升至高温工作。

排除方法：应严格按照有关的烘炉制度以及烘炉工艺进行烘炉，然后才可投入正常使用。

2）故障分析2：长时间超温工作。

排除方法：按照常规热处理操作规程使用普通箱式电阻炉。

3）故障分析3：装炉时，因工件撞击或剐蹭而损坏炉衬。

排除方法：应按照热处理操作规程认真装料。

4）故障分析4：入炉的工件潮湿。

排除方法：热处理工件在入炉前应进行自然晾干或烘干。

5）故障分析5：停炉时，打开炉门的时间过早。

排除方法：在炉内的温度降至600℃以前，不宜长时间打开炉门进行散热降温。

6）故障分析6：筑炉时预留的膨胀缝太小，致使加热时炉衬被挤坏。

排除方法：在砌筑炉衬时，应保证炉衬与炉子的后墙及门口的墙墩间留有足够的膨胀缝，并在其内填加硅酸铝纤维毡。

7）故障分析7：耐火砖本身的配方及烧结温度不合格。

排除方法：更换合格的耐火砖。

（2）炉子升温时间过长

1）故障分析1：普通箱式电阻炉供电缺相。

排除方法：首先应使用钳形电流表进行测量，检查是否因电热丝熔断而引起缺相；然后检查交流接触器的触点是否损坏；最后检查晶闸管是否损坏一相，调功器或触发电路是否因损坏而输出缺相。对以上可能的故障进行修理后，即可使炉子正常工作。

2）故障分析2：原始炉子设计时的安装功率偏小，或使用时安装功率过小，达不到设计要求。

排除方法：重新测量工作电流并计算其功率，然后酌情对电热元件进行重新布置。

3）故障分析3：炉门与门框间隙过大或炉门密封不严，致使散热损失过大。

排除方法：修理炉门处的密封装置，调节或采用适当的炉门密封形式进行改造。

4）故障分析4：炉子的引出棒孔或热电偶孔严重漏气。

排除方法：将引出棒孔及热电偶孔进行重新封堵和塞严，并旋紧其盖帽。

5）故障分析5：炉子的耐火层开裂损坏。

排除方法：更换耐火砖并进行适当的修补。

6）故障分析6：隔热材料漏失或因收缩而出现空隙。

排除方法：补充隔热材料并进行堵漏，在空隙内用耐火保温材料进行充填。

7）故障分析7：砌筑炉的隔热材料性能不好，发生粉化，或密度太大，致使炉子的蓄热能力过强。

排除方法：更换节能型的隔热材料，如用膨胀珍珠岩、硅酸铝纤维毡或纤维棉来代替蛭石粉，也可采用复合炉衬来提高隔热性能，从而加快升温速度。

3. 炉门故障

普通箱式电阻炉炉门的作用是屏蔽炉口，防止炉内的热量向外散失，同时还能防止炉外冷空气吸入炉内。炉门部位可能出现的故障如下：

（1）炉门变形

1）故障分析1：炉门因过热而变形。

排除方法：增加炉门的水冷装置，降低炉门与门框接触面的温度。对于焊接炉门，可采用热校正的方法进行校正，当变形严重时，只能更换新的炉门。

2）故障分析2：炉门设计结构不合理，本身强度或刚度较差。

排除方法：改进炉门结构，提高炉门本身的强度和刚度。对于需在850℃以上温度工作的炉门，最好全部采用高硅铸铁或耐热钢制造。

(2) 炉门框变形

1) 故障分析1：耐火砖与门框之间未留膨胀缝隙，在高温状态下，砌体因膨胀顶住炉门框而发生变形。

排除方法：在耐火砖与门框之间的整条门框位置上，嵌入适当厚度的硅酸铝耐火纤维毡，也可在拱顶和炉墙与后墙之间，垫上一层硅酸铝或氧化铝陶瓷纤维毡。

2) 故障分析2：炉门框中部温度过高，致使焊接门框变形量超过膨胀割缝而发生变形。

排除方法：检查局部位置是否有短路而致使温度急剧增高的现象。对于铸铁门框，由于不可修复，只能进行更换；对于钢制门框，可拆下进行校正，然后适当增加膨胀割缝即可。

(3) 炉门局部因氧化而破损　故障分析：当铸铁炉门长期处于高温下时，很容易发生氧化破损；对于焊接的碳素钢炉门，氧化通常会导致炉门变薄甚至破损。

排除方法：对于铸铁制的炉门，当烧损严重时，应及时进行更换；当烧损不严重时，可将破损处削平，然后采用嵌条的方法进行修复。修复时先用螺钉联接，再用镍铁焊条仔细焊牢，最后在靠炉面板一面加以磨平即可。对于焊接炉门，可以割下破损部分，采用补焊加磨平的方法进行修补。

(4) 炉门砌砖体脱落

1) 故障分析1：炉门因受撞击，致使砖体松动而脱落。

排除方法：炉门砖体局部脱落可进行修补，若脱落严重，则应重新对其进行砌筑。

2) 故障分析2：砌筑质量差或砖缝过厚。

排除方法：在砌砖时，应将砖缝控制在1.5～2mm范围内，因为炉门需要经常开启和关闭，由此受振动后，就容易发生碎裂，此时最好采用耐火泥砌砖，以增加高温强度和抗振能力。炉门砖体一般采用侧砌的方法，砖衬应砌在炉门框以内5～8mm，以防止砖衬因受热膨胀而露出。

3) 故障分析3：炉门处温度过高，砖体热膨胀严重。

排除方法：对于气动控制的炉门，在关闭时应尽量避免使炉门突然下落。

4. 炉底板故障

(1) 炉底板变形

1) 故障分析1：炉子长时间超温工作。

排除方法：按热处理操作规程进行工作。

2) 故障分析2：工件的装炉量过大。

排除方法：按热处理操作规程进行装炉。

3）故障分析3：炉内装料布局不合理。

排除方法：装炉时，应进行合理、均匀的布置。

4）故障分析4：进、出炉时炉门的开启时间过长。

排除方法：尽量缩短炉门的开启时间和开启高度。

5）故障分析5：停电冷却时，开启炉门的时间过早。

排除方法：尽可能在关闭炉门的状态下进行冷却。

（2）炉底板烧损　若发现炉温有异常情况，则应考虑到有可能是电热元件的问题。

1）故障分析1：炉子长时间超温工作。

排除方法：按热处理操作规程进行。

2）故障分析2：控温仪表失灵，导致炉子跑温。

排除方法：对相关的控温仪表进行检修和校正。

3）故障分析3：炉底的电热元件与炉底板相连，造成局部短路或烧熔现象。

排除方法：检修并重新固定好电热元件，然后对炉底板进行局部焊补。

5. 电热元件

热处理电热元件在使用过程中损坏，主要是由氧化变细、变脆所致，有时也会因使用不当而引起短路、过烧等现象。

（1）电热元件短路或熔断

1）故障分析1：电热元件安装不良，耐热钢小钩因变形、烧断或钩紧而引起接触短路。

排除方法：耐热钢小钩一定要钩紧、钩牢电热元件，必要时可使用较细的耐热钢丝进行绑扎。

2）故障分析2：在炉底安装电热元件时，炉底板压盖不严，导致在生产过程中掉入氧化皮或砂子，埋没元件，从而因过热而使电热元件熔成一团。

排除方法：将炉底板压盖严密，定期清理炉底板上及炉底电热元件槽内的氧化皮及砂子。

3）故障分析3：在操作工装炉时，不慎使工件碰及电热元件，或由于堆放不良，致使工件倒塌触及电热元件。

排除方法：操作工在装炉时，应保证工件布置稳固牢靠。

4）故障分析4：电热元件的搁丝砖损坏，又未及时进行修补，致使电热元件下垂。

排除方法：定期检查并及时修补损坏的搁丝砖。

（2）电热元件变形拱起

1）故障分析1：电热丝过长。

排除方法：压缩电热丝的间距。

2）故障分析2：搁丝砖缺损。

排除方法：定期检查并及时修补损坏的搁丝砖。

3）故障分析3：电热元件的挂钩脱落。

排除方法：重新固定、扎牢挂钩。

4）故障分析4：停炉冷却时，打开炉门时间过早。

排除方法：在炉内的温度降至600℃以前，不宜长时间打开炉门进行散热降温。

（3）电热元件过热、烧损或熔断

1）故障分析1：炉子长时间超温工作。

排除方法：严格按照热处理操作规程执行。

2）故障分析2：工件的装炉量过大，致使工件与电热元件发生接触而短路。

排除方法：减少装炉量至适中，同时使工件与电热元件间至少保持50mm以上的距离。

3）故障分析3：工件上带有腐蚀性化学物质，致使元件腐蚀，使局部截面减小。

排除方法：凡是表面带有腐蚀性化学物质的工件，在进炉前必须进行相应的清洗和喷砂，然后再装入炉内。

4）故障分析4：开炉门时未断电，或热处理工装夹具因与电热元件发生接触而短路。

排除方法：定期检修炉门的限位开关。

5）故障分析5：搁丝砖含杂质过多，引起电热元件的腐蚀。

排除方法：采用优质的高铝搁丝砖。

6）故障分析6：炉子两侧搁丝砖脱落，致使上下两排电热丝相连，从而发生短路。

排除方法：定期修补或更换搁丝砖。

7）故障分析7：电阻炉炉底的电热元件拱起，与炉底板接触而发生短路。

排除方法：重新固定电热元件，并使电热元件与炉底板之间保持足够的间隙。

8）故障分析8：电热元件的材料成分不合格或设计选材不合理，致使电热元件表面负荷过大，熔化的液体自元件内部流出来，呈瘤状。

排除方法：选择质量好的电热元件，操作时避免超负荷运行。

9）故障分析9：在安装电热元件的过程中，因焊接质量不好而产生气孔、假焊或焊不透的现象。

排除方法：严把焊接质量关，避免产生焊接缺陷。

10）故障分析10：耐火瓷管的质量不好或在使用中发生变质，失去绝缘能力，与引出棒掉下的氧化皮熔成一团。

排除方法：更换新的耐火瓷管。

11）故障分析11：在电热辐射管内，电热元件的螺旋分布不均匀或管外散热情况不良。

排除方法：使电热元件的螺旋分布均匀，并使辐射管外保持良好的散热。

12）故障分析12：控温仪表或电气元器件发生故障，引起炉子跑温或工作失灵。

排除方法：建立完善的巡检制度，定期对仪表及各种电气元器件进行检测和检修，发现问题后应及时予以解决。

（4）电热元件的电阻值发生变化

1）故障分析1：当炉子的温度发生剧烈变化时，极易引起电热元件氧化掉皮。

排除方法：在热处理生产过程中，尽量减少炉门启闭和装料的次数。

2）故障分析2：在使用过程中，电热元件的金相组织从单相组织转变为多相组织，致使电阻增加。

排除方法：当电热元件的电阻值超过一定数值时，应及时予以更换。

3）故障分析3：电热元件被介质腐蚀，引起局部截面缩小，使电阻值增大。

排除方法：避免电热元件接触到腐蚀性介质。

（5）电热元件温度不均匀或表面发白

1）故障分析1：电热元件的表面负荷过大。

排除方法：选择合理的表面负荷。

2）故障分析2：电热元件的轧制或拉制质量不好，产生裂纹、砂眼，或在使用过程中，表面因外力而损伤。

排除方法：在制造时，确保电热元件的材料和表面质量。

3）故障分析3：电热元件的焊接质量不好，局部发白。

排除方法：严格保证焊接质量，尽量采用短弧焊。

4）故障分析4：在安装时，电热丝的螺距疏密不均匀。

排除方法：在安装前，应提前将电热丝的螺距调节均匀。

5）故障分析5：在对热处理工装或夹具进行安放或移动时，碰到电热元件。

排除方法：注意装炉时工装夹具的放置位置。

6）故障分析6：当新旧电热元件配合使用时，电阻值不一致或粗细不均匀。

排除方法：在新旧电热元件配合使用前，应预先测量好电阻值及线径，不允许将线径不同的电热元件混合焊接使用。

7）故障分析7：进行局部修补后的电热元件，直径、长度不符合要求。

排除方法：采用与原先电热元件相同直径、长度的同一材料进行修补。

（6）引出棒发红

1）故障分析1：引出棒与电热元件的截面积比例过小。

排除方法：选择合理的截面积比例，一般应大于3:1。

2）故障分析2：引出棒与电热元件的焊接质量不好。

排除方法：严格按要求进行焊接。

3）故障分析3：引出棒与夹子的接触面不光滑、不紧密或夹子发生严重氧化。

排除方法：定期用砂纸磨光引出棒和夹子，使其保持良好的接触。

4）故障分析4：引出棒使用时间过长，因氧化而变细。

排除方法：及时检查并更换引出棒。

（7）电热丝倒伏扒下

1）故障分析1：电热丝的螺旋中径 D 与电热丝直径 d 的比例选择不当。

排除方法：按照有关规定选择 D/d 的值。

2）故障分析2：因电热丝相邻两圈之间的间距过小或电热丝温度散热不良，致使电热丝熔融而倒伏。

排除方法：按规定选择 H/D（电热丝邻圈间距与电热丝直径之比），当散热条件较差时，应适当增大 H/D 的值。另外，还可使用炉内对流风机进行散热。

3）故障分析3：电热丝氧化变细，失去强度。

排除方法：更换新的电热丝。

4）故障分析4：耐热钢小钩未能钩牢电热丝。

排除方法：安装时，一定要将耐热钢小钩钩住并钩牢电热丝，并将其绑扎牢固。

5）故障分析5：长时间炉温过高。

排除方法：严禁长时间超温使用普通箱式电阻炉。

二、电极式盐浴炉的故障分析与排除

电极式盐浴炉属于内热式热处理浴炉。这类炉子结构简单、热效率高、工作温度范围宽，加热迅速而均匀，在热处理生产中应用十分广泛。电极式盐浴炉可能出现的故障主要包括以下几个方面：

1. *无法起动*

1）故障分析1：辅助电极断裂。

排除方法：破开盐浴凝壳，重新放入线圈并进行焊接后，再覆盖上新盐，然后自上而下重新熔化即可。

2）故障分析2：变压器故障。

排除方法：按有关程序修理变压器。

2. 盐浴炉不升温或升温速度过于缓慢

1）故障分析1：变压器的规格与盐浴炉不匹配，容量偏小。

排除方法：使用高挡工作或换用容量较大的变压器。

2）故障分析2：电气系统故障。

排除方法：按照有关程序检修电气系统。

3）故障分析3：盐的熔化不好，覆盖主电极。

排除方法：放入辅助电极，继续化盐。

4）故障分析4：盐浴炉的炉渣过多或结成壳状，覆盖主电极。

排除方法：对盐浴炉进行彻底捞渣或重新升温后再进行彻底捞渣。

5）故障分析5：盐浴炉的电极损耗严重。

排除方法：更换新的电极。

6）故障分析6：在生产过程中，落入工件或其他金属杂物，致使主电极短路。

排除方法：及时捞出落入的工件或其他金属杂物。

3. 电极发红或烧损

1）故障分析1：炉子的工作温度过高。

排除方法：适当降低工作温度。

2）故障分析2：水冷式电极断水。

排除方法：检查并向电极送水，最好采用循环水的方式送水。

3）故障分析3：三相电流严重不平衡。

排除方法：重新设计电极。

4）故障分析4：变压器一次侧短路或线圈绝缘差，导致电极的电压过高。

排除方法：检修变压器。

5）故障分析5：电极柄尾部连接不好，致使接触电阻过大。

排除方法：及时修理电极柄尾部，并用螺栓拧紧连接部位。

6）故障分析6：工件的装炉量过多，导致电极短路。

排除方法：适当调整工件的装炉量，合理布置装炉。

7）故障分析7：盐槽内落入金属杂物。

排除方法：捞出金属杂物。

8）故障分析8：熔盐易潮解，腐蚀性过强。

排除方法：换用不易潮解、腐蚀性小的熔盐。

4. 盐浴翻花

1）故障分析1：若翻花的颜色与熔盐相同，则是由新炉烘干不彻底或坩埚漏盐所致。

排除方法：降温，等不翻花后再进行检查。

2）故障分析2：若翻花的颜色与熔盐不同，则是由炉渣过多所致。

排除方法：彻底进行脱氧和捞渣并重新化验熔盐的成分。

5. 盐浴表面迅速下降

1）故障分析1：炉胆或坩埚漏盐。

排除方法：立即停炉、掏盐并更换新的坩埚。

2）故障分析2：侧埋式盐浴炉的电极水冷套断水。

排除方法：立即停炉并通水冷却，检查断水原因，并进行相应的维修。

6. 熔盐过于黏稠

1）故障分析1：盐浴的配比不当。

排除方法：重新调整盐浴成分，降低盐浴的熔点。

2）故障分析2：炉温偏低。

排除方法：调高挡进行升温。

7. 盐浴的烟雾过大

1）故障分析1：盐浴配比不当，熔点过低。

排除方法：重新调整盐浴成分，提高盐浴的熔点。

2）故障分析2：排烟系统故障。

排除方法：全面检修排烟系统，改善操作工人的工作环境。

3）故障分析3：仪表失灵、炉子跑温，致使熔盐温度过高。

排除方法：检查仪表，排除故障。

8. 工件表面脱碳

1）故障分析1：脱氧、捞渣不彻底。

排除方法：彻底进行脱氧和捞渣。

2）故障分析2：电极、炉面板上的粘盐、氧化皮及其他污物落入盐浴内。

排除方法：定期清扫、清理电极和炉面板上的粘盐、氧化皮等有害物质。

第四节　热处理设备的维护与保养技能训练

训练1　对已损坏的电热元件进行修复和更换

电阻炉的电热元件一般有金属电热元件和非金属电热元件两类。前者的维修一般是正确地选材、缠绕和焊接；后者的维修一般是更换同种材料的电热元件并进行正确装夹。

1. 金属电热元件的修复

在修复金属电热元件时，应当选用同种牌号和规格的材料，通常是铬镍合金或铁铬铝合金耐热电阻丝、带，具体缠绕、弯曲和调整方法如下：

1）测量原有电热元件的结构尺寸，按原电阻丝技术要求的直径、螺距及长度进行缠绕和弯曲。若使用同材质的旧电阻丝，则旧电阻丝不能有明显的粗细不均、氧化腐蚀、裂纹变形和老化变脆等现象。

2）选择电热元件的引出棒。为降低引出棒与接线板处的温度，引出棒的直径应等于或大于电热元件直径的3倍。引出棒材料一般为耐热钢（低温炉的引出棒可用低碳钢制作），其截面形状一般为圆形或矩形。

3）焊接前的准备工作。焊接前要清理金属表面的氧化皮、铁锈或其他污垢，用砂布打磨，使焊接部分的金属基体暴露出来。温度要掌握好，避免夹渣、气孔和焊不透等现象。

4）焊接时的操作要点。焊接时一般采用气焊，以镍铬电阻丝作焊丝。当采用对接焊法时，要用中性焰，火焰体积要小，焰心要直，热量要集中；当采用搭接焊法时，搭接长度应不小于电阻丝直径的10倍，电阻带的搭接长度应不小于带宽的1倍。加热过的铁铬铝合金不允许在冷态下弯曲、拉伸或剧烈振动，若需整形或展开螺距，则必须将其加热至暗樱红色。

5）电热元件与引出棒的焊接。线状铁铬铝元件与引出棒一般采用钻孔焊或铣槽焊，带状铁铬铝元件与引出棒一般采用铣槽焊，线状和带状镍铬元件与引出棒一般采用搭焊。

6）电热元件间的焊接。线状铁铬铝元件间的焊接一般采用钻孔焊或铣槽焊，线状和带状镍铬元件间均采用搭焊。

7）引出棒与金属炉壳的连接。引出棒与金属炉壳的连接必须确保密封、牢固、绝缘和拆卸方便。

2. 非金属电热元件的修复

非金属电热元件的修复一般用同种材料的成品非金属元件进行更换和安装。

• 训练2　小修炉衬及更换箱式电阻炉、井式电阻炉内的搁丝砖

炉子在使用过程中，由于工件或炉钩碰撞，难免会使炉衬局部受损。当这种事情发生时，应及时停炉修理。特别是搁丝砖损坏时应及时更换，以免造成电阻丝短路，影响电阻丝的寿命。

炉衬的裂缝或其他一些损坏较小的部位，可用耐火泥浆涂砌修理，要保证砌体不修理部分的完整和不松动，消除砌体倒塌或个别砖块掉落的可能。具体操作如下：

1. 炉衬的修理

1）当需要给炉内拆修部分浇水时，可用细水喷洒，要避免使水积存在炉内或流到不需要修理的部位。

2）留用的旧砌体要找平、找齐，若有阶梯形凸台，则要将其清理干净。

3）要注意新旧砌体间的结合，如果旧泥浆黏结牢固，不易除去，那么在咬砌阶梯形砖体时必须使用稀泥浆。

4）对于低凹不平的地方，可用带碎砖的浓稠泥浆填堵。

2. 更换炉内的搁丝砖

1）在拔取断裂的搁丝砖时，不能直接拔取已经断裂的搁丝砖，应首先拔取其附近完好的一块搁丝砖，最后再取断裂搁丝砖，应左右摇晃，转轻地将其取出，切忌用硬物强敲硬取，以免炉衬产生裂缝。

2）将新搁丝砖尾部涂上耐火泥浆砌入原砖缝中即可。

• 训练3　高频感应加热装置水冷系统的维护

对运行中的高频感应装置，应定期对其水冷系统做以下检查：

1）检查水压继电器动作的灵敏性，其动作压力应不低于0.12MPa。

2）进水压力要求在0.12～0.2MPa范围内，水温和空气温度相差不能太大。

3）检查各水冷系统出口温度，注意有无堵塞现象。在相同的压力下，当出水量比以往小很多时，说明水路中有堵塞现象。这时可将体积分数为20%的盐酸水溶液通入管中，用压缩空气吹击几次，即能疏通，最后用水清洗。

4）检查水冷系统各连接处和铜管焊接区有无渗水。

5）定期清洗各水冷系统中水管内的水垢，以提高振荡管阳极对地的绝缘。在振荡管水冷系统中，应该用由玻璃、橡胶、塑料等制成的绝缘水管进行供水和排水。水管的长度，1kV阳极电压应选0.3～0.6m。

6）定期检查冷却水中的杂质含量，要求不超过0.17g/L，电阻应不小于4000Ω/cm^3。

• 训练4　渗罐的补碳和退氮操作

1. 渗碳罐的补碳

新的炉罐、大修后的空炉、长期闲置未用的炉罐以及工装夹具在使用前若不预先渗碳，则在渗碳时将与工件争夺气氛中的活性碳原子，使工件的渗碳过程变得难于控制而影响渗碳质量，因此要在使用前进行补碳处理。

（1）井式电阻炉

1）新渗碳罐和新工装夹具在正常渗碳温度（920～930℃）时，预渗时间为10～15h，渗剂供给量比正常供给量少1/5～1/10。

2）每停一次炉及从室温升到渗碳温度均应进行炉膛预渗碳，然后工件才能入炉。预渗工艺是：850℃、930℃各保温2h，渗剂量是正常生产时的1/2～1/3。

（2）密封箱式连续生产炉

1）在渗碳温度下，预渗碳时间不少于90h（一般以炉气中CO_2的体积分数小于0.25%为合格），并在投料后稳定不变。

2）在正常生产情况下，在每次停炉后再升温生产时，都要使炉膛预渗24h。

3）新的工装夹具也要随同炉膛一起渗碳。

4）预渗后，应保温待料4h。

5）炉罐渗碳温度和工件生产时温度一样，炉内压力为100～350MPa，前后废气排气应有适当比例。只有当从炉罐渗碳区内取气分析合格时，才能进料生产。

6）滴剂类型和原渗碳工艺中相同。

2. 氮化罐的退氮

炉罐和工装夹具能促进氨气分解，因而是一种催化剂。它们中的氮含量越高，催化作用就越强。用过多次的炉罐和工装夹具，由于催化作用增大，使氨分解率变得难以控制，因此必须进行退氮处理。

退氮时将工装夹具放入炉罐内，将炉温升高到800～860℃，空烧2～4h后缓冷即可。

• 训练5 维护与更换炉盖、炉门石棉盘根

以我国生产的井式气体渗碳炉为例，一般最高使用温度为950℃，主要用于气体渗碳，也可用于渗氮、碳氮共渗、蒸汽处理，以及重要工件的淬火、退火处理等。其主要结构特征是：炉膛内有一耐热的炉罐（即马弗罐），其上端开口，外缘有砂封槽，炉盖下降时将罐口盖住，两者连接的法兰盘上用石棉盘根衬垫，以保证密封良好。

1）要经常清理石棉盘根上的炭黑和氧化皮，以保持顶端表面的清洁。

2）要经常观察石棉盘根有无老化和不平现象，可用手按压石棉盘根，若感到没有弹性或板结，则要更换石棉盘根。

3）开炉时若发现炉压偏低，则可以用明火检查炉盖四周是否漏气（漏气时会点燃），当确实漏气时，要更换石棉盘根。

4）石棉盘根也有一定的使用寿命，需要定期（一般开10～20炉）更换。

复习思考题

1. 热处理电阻炉的炉架和炉壳的主要作用是什么？
2. 热处理电阻炉使用的电热元件主要有哪几类？各有什么特点？
3. 台车式电阻炉与普通箱式电阻炉有何区别？
4. 热处理浴炉有什么优点和缺点？

5. 筑炉用耐热金属材料有哪些种类？

6. 普通箱式电阻炉常见的故障有哪些？如何排除？

7. 电极式盐浴炉常见的故障有哪些？如何排除？

8. 如何对已损坏的电热元件进行修复和更换？

9. 如何对炉衬进行修理？如何更换箱式电阻炉、井式电阻炉内的搁丝砖？

10. 如何对渗罐进行补碳和退氮操作？

11. 如何维护与更换井式渗碳炉的炉盖、炉门石棉盘根？

试 题 库

知识要求试题

一、判断题（对的画√，错的画×）

1. 二元合金系中的两组元只要在液态和固态下能够相互溶解，并能在固态下形成固溶体，其相图就属于匀晶相图。 （ ）

2. 凡合金中两组元能满足形成无限固溶体条件的都能形成匀晶相图。 （ ）

3. 所谓共晶转变，是指一定成分的液态合金，在一定的温度下同时结晶出两种不同固相的转变。 （ ）

4. 共晶合金的特点是在结晶过程中有某一固相先析出，最后剩余的液相成分在一定的温度下都达到共晶点成分，并发生共晶转变。 （ ）

5. 由一种成分的固溶体，在一恒定的温度下同时析出两个一定成分的新的不同固相的过程，称为共析转变。 （ ）

6. 共晶转变虽然是液态金属在恒温下转变成另外两种固相的过程，但是和结晶有本质的不同，因此不是一个结晶过程。 （ ）

7. 由于共析转变前后相的晶体构造、晶格的致密度不同，所以转变时常伴随着体积的变化，从而引起内应力。 （ ）

8. 所谓包晶转变，是指在一定的温度下，已结晶的一定成分的固相与剩余的一定成分的液相一起，生成另一新的固相的转变。 （ ）

9. 两个单相区之间必定有一个由这两个相所组成的两相区隔开。两个单相区不仅能相交于一点，而且也可以相交成一条线。 （ ）

10. 相图虽然能够表明合金可能进行热处理的种类，但是并不能为制订热处理工艺参数提供参考数据。 （ ）

11. 合金固溶体的性能与组成元素的性质和溶质的溶入量有关，当溶剂和溶

质确定时，溶入的溶质量越少，合金固溶体的强度和硬度就越高。（ ）

12. 杠杆定律不仅适用于匀晶相图两相区中两平衡相的相对重量计算，对其他类型的二元合金相图两相区中两平衡相的相对重量计算也同样适用。（ ）

13. 随着碳质量分数由小到大，钢中的渗碳体量逐渐增多，铁素体量逐渐减少，铁碳合金的硬度越来越高，而塑性、韧性越来越低。（ ）

14. 靠近共晶成分的铁碳合金不仅熔点低，而且凝固温度区间也较小，故具有良好的铸造性，适宜于铸造。（ ）

15. 由于奥氏体组织具有强度低、塑性好，便于塑性变形加工的特点，因此，钢材轧制和锻造多选用在单一奥氏体组织温度范围内。（ ）

16. 由于多晶体是晶体，符合晶体的力学特征，所以它呈各向异性。（ ）

17. 晶体缺陷会使正常的晶格发生扭曲，造成晶格畸变。晶格畸变使得金属能量上升，金属的强度、硬度和电阻减小。（ ）

18. 晶界处原子排列不规则，因此对金属的塑性变形起着阻碍作用，并且晶界越多，其作用就越明显。显然，晶粒越细，晶界总面积就越小，金属的强度和硬度也就越低。（ ）

19. 金属和合金中的晶体缺陷会使力学性能变坏，故必须加以消除。（ ）

20. 硫和磷都是钢中的有害杂质，硫能导致钢的冷脆性，而磷能导致钢的热脆性。（ ）

21. Q235AF 表示抗拉强度为 235MPa 的 A 级沸腾钢。（ ）

22. 各种牌号的碳素工具钢经淬火后的硬度相差不大，但随着碳质量分数的增加，未溶的二次渗碳体增多，钢的硬度、耐磨性增加，而韧性降低。（ ）

23. 碳素工具钢都是优质或高级优质钢。（ ）

24. ZG200-400 表示该铸造碳钢的抗拉强度为 200MPa，抗弯强度为 400MPa。（ ）

25. 除 Fe 和 C 外还含有其他元素的钢就是合金钢。（ ）

26. 低合金高强度钢中加入的主要合金元素有 Mn、Si、V、Nb 和 Ti 等，它们大多不能在热轧或正火状态下使用，一般要在热处理后方可使用。（ ）

27. 耐大气腐蚀钢是在低碳钢的基础上加入少量 Cu、P、Cr、Ni、Mo、Ti、V 等合金元素，在其金属表面形成保护层，以提高钢材的耐蚀性。（ ）

28. 65Mn 是弹簧用钢，45Mn 是碳素调质钢。（ ）

29. 20CrMnTi 是最常用的合金渗碳钢，适用于截面径向尺寸小于 30mm 的高强度渗碳工件。（ ）

30. GCr15 钢是目前应用最多的滚动轴承钢，其中 w_{Cr} 为 15%。（ ）

31. 3Cr2W8V 钢中 w_C 为 0.3%，所以它是合金结构钢。（ ）

32. 高速钢的热硬性可达 600℃，常用于制造切削速度较高的刀具，且在切

削时能长期保持刃口锋利，故又称为锋钢。 ( )

33. Cr12MoV钢是不锈钢。 ( )

34. 铬镍不锈钢又称为18—8型奥氏体不锈钢，由于这类钢中的碳含量低，而镍含量高，经热处理后，呈单相奥氏体组织，无磁性，其耐蚀性、塑性和韧性均较Cr13型不锈钢好。 ( )

35. 耐磨钢ZGMn13，经“水韧处理”后即可获得高耐磨性，而心部仍保持高的塑性和韧性。 ( )

36. 由于高锰钢极易加工硬化，切削加工困难，故高锰钢工件大多采用铸造成型。 ( )

37. 铸铁中的碳和硅都是强烈促进石墨化元素，碳、硅含量越高，石墨化程度越充分。 ( )

38. 在同一化学成分的情况下，铸铁结晶时的冷却速度对石墨化程度影响很大，冷却速度越快，越有利于石墨化。 ( )

39. 湿砂型比干砂型、金属型更易于形成白口组织。 ( )

40. 白口铸铁中的碳绝大多数以渗碳体的形式存在，所以其具有高硬度、耐磨性和低脆性。 ( )

41. 球墨铸铁的力学性能比普通灰铸铁低。 ( )

42. 球墨铸铁的疲劳极限接近中碳钢，而小能量多次冲击抗力则高于中碳钢。 ( )

43. 防锈铝是可以用热处理方法进行强化的铝合金。 ( )

44. 一般硬铝采用自然时效，时间不少于4天，而超硬铝及锻铝一般采用人工时效。 ( )

45. 铸造铝合金中没有成分随温度变化的α固溶体，故不能用热处理方式进行强化。 ( )

46. 以锌为主要合金元素的铜合金称为白铜。 ( )

47. 以镍为主要合金元素的铜合金称为黄铜。 ( )

48. 除黄铜、白铜外其余的铜合金统称为青铜。 ( )

49. 硬质合金的热硬性和高速钢相当。 ( )

50. 硬质合金虽然硬度很高，而且很脆，但是仍可进行机械加工。 ( )

51. 要求大截面工件获得小尺寸试样的性能指标或者要求低碳钢不经化学热处理达到高硬度等都是不合理的。 ( )

52. 在切削加工前应安排预备热处理，一般说来低碳钢采用正火，而高碳钢及合金钢正火后硬度太高，必须采用退火。 ( )

53. 过冷奥氏体在低于*Ms*时，将发生马氏体转变。这种转变虽然有孕育期，

但是转变速度极快，转变量随着温度降低而增加，直到 Mf 点才停止转变。（ ）

54. 只要将奥氏体冷却到 Ms 点以下，奥氏体便会转变成马氏体。（ ）

55. 奥氏体等温转变图可以被用来估计钢的淬透性大小和选择适当的淬火冷却介质。（ ）

56. 精确的临界冷却速度不但能从奥氏体连续冷却转变图上得到，也可从奥氏体等温转变图上得到。（ ）

57. 一般情况下碳素钢淬油，合金钢淬水。（ ）

58. 双介质淬火就是将钢件奥氏体化后，先浸入一种冷却能力弱的介质，在钢件还未达到该淬火冷却介质温度之前即取出，马上浸入另一种冷却能力强的介质中冷却。（ ）

59. 马氏体分级淬火就是将钢材奥氏体化，随之浸入温度稍高或稍低于钢的上马氏体点的液态介质（盐浴或碱浴）中，保持适当时间，待钢件的内、外层都达到介质温度后取出空冷，以获得马氏体组织的淬火工艺。（ ）

60. 贝氏体等温淬火就是将钢材或钢件奥氏体化，使之快冷到下贝氏体转变温度区间（260～400℃）等温保持，使奥氏体转变为下贝氏体的淬火工艺。（ ）

61. 壁厚相差较大的工件应选用延迟淬火工艺冷却。（ ）

62. 冷处理仅适用于那些精度要求很高、必须保证尺寸稳定性的工件。（ ）

63. 对长轴类（包括丝锥、钻头、铰刀等长形工具）、圆筒类工件，应轴向垂直淬入，淬入后，工件应左右摆动加速冷却。（ ）

64. 圆盘形工件应轴向与淬火冷却介质液面保持水平淬入。（ ）

65. 薄刃工件应整个刃口同时淬入；薄片件应垂直淬入，使薄片两面同时冷却，大型薄片件应快速垂直淬入，速度越快，变形越小。（ ）

66. 厚薄不均的工件，应使薄的部分先淬入；截面不均匀的长形工件，可垂直快速淬入。（ ）

67. 对有凹面或不通孔的工件，应使凹面和孔朝下淬入，以利排除孔内的气泡。（ ）

68. 淬火钢回火时力学性能总的变化趋势是：随着回火温度的上升，硬度、强度降低，塑性、韧性升高。（ ）

69. 回火温度越高，淬火内应力消除得越彻底，当回火温度高于500℃，并保持足够的回火时间时，淬火内应力就可以基本消除。（ ）

70. 不论何种钢，在一次或多次回火后的硬度都会有不同程度的下降。（ ）

71. 第一类回火脆性是可逆回火脆性，即已经消除了这类回火脆性的钢，再在此温区回火并慢冷，其脆性又会重复出现。（ ）

72. 第二类回火脆性的特点是只要在此温度范围内回火，其韧性的降低是无法避免的，所以又称其为不可逆回火脆性。（ ）

73. 通常碳素钢的耐回火性比合金钢好。（ ）

74. 淬透性是钢在理想条件下进行淬火所能达到的最高硬度的能力。（ ）

75. 淬硬性是指在规定条件下，决定钢材淬硬深度和硬度分布的特性，即钢淬火时得到淬硬层深度大小的能力。（ ）

76. 决定钢淬硬性高低的主要因素是钢中的碳含量。（ ）

77. 一般规定自工件表面至半马氏体区（马氏体和非马氏体组织各占50%）的深度作为淬硬层深度。（ ）

78. 淬火后硬度高的钢不一定淬透性就高，而硬度低的钢也可能具有很高的淬透性。（ ）

79. 细小的奥氏体晶粒能使奥氏体等温转变图右移，降低钢的临界冷却速度，所以细晶粒的钢具有较高的淬透性。（ ）

80. 完全退火是目前广泛应用于中碳钢和中碳合金钢的铸、焊、轧等制件的退火工艺。（ ）

81. 等温球化退火是主要适用于共析钢和过共析钢的退火工艺。（ ）

82. 去应力退火一般在油浴中进行；低温时效多采用箱式或井式电阻炉。（ ）

83. 去应力退火的温度通常比最后一次回火高20～30℃，以免降低硬度及力学性能。（ ）

84. 正火可以消除网状碳化物，为球化退火作组织准备。（ ）

85. 同一工件的正火保温时间可参照淬火保温时间计算。（ ）

86. 正火工件出炉后，可以堆积和放在潮湿处空冷。（ ）

87. 低碳钢铸件应选用正火处理，以获得均匀的铁素体加细片状珠光体组织。（ ）

88. 中碳钢及合金钢一般采用完全退火或等温球化退火处理，以获得铁素体加片状（或球状）珠光体组织。（ ）

89. 影响白点敏感性的主要因素之一是钢中的氢含量，氢含量越高，白点敏感性越小。（ ）

90. 18Cr2Ni4WA钢等退火不易软化的高合金钢种，可采用调质处理作为预备热处理。（ ）

91. 对于过烧的工件，可用正火或退火的返修方法来消除过烧组织。（ ）

92. 保护气氛加热、真空加热以及用工件表面涂料包装加热及盐浴加热等方

法均可有效防止工件在加热过程中的氧化与脱碳。（ ）

93. 螺旋圆柱弹簧不宜水平放置加热，长轴最好水平放置加热，薄壁工件应堆放加热。（ ）

94. 高碳高合金钢由于碳含量高而增大马氏体的量，故增加了钢的相变应力。（ ）

95. 热处理后组织中的马氏体量越多，或者马氏体中碳含量越高，其体积膨胀就越多。（ ）

96. 合金钢由于合金元素的加入，提高了钢的屈服强度，因此和碳素钢相比显著地减少了淬火应力引起的变形。（ ）

97. 淬火时在 *Ms* 点以下的快冷是造成淬火裂纹的最主要原因。（ ）

98. 淬火硬度不足和软点一类的质量问题，可在返修前进行一次退火、正火或高温回火以消除淬火应力，防止重新淬火时发生过量变形或开裂。（ ）

99. 工件淬火后若硬度偏低，则应通过降低回火温度的办法来保证硬度。（ ）

100. 对于因回火温度过高而造成回火硬度不足的工件，可在较低温度下重新回火进行补救。（ ）

101. 在任何情况下都不能将钢中的硫、磷元素看成合金元素。（ ）

102. 虽然奥氏体钢和铁素体钢都没有 $\gamma \rightleftharpoons \alpha$ 相变，但是可以通过淬火方法强化。（ ）

103. 合金渗碳体的硬度和稳定性均高于渗碳体，可提高钢的耐磨性，加热时较难溶入奥氏体中。（ ）

104. 为了增加奥氏体中的合金元素含量，充分发挥合金元素的作用，高速钢的淬火加热温度应比其临界温度高几十摄氏度。（ ）

105. 所有合金钢在加热时都不易过热，这是合金钢的一个重要优点。（ ）

106. 一般情况下，合金钢淬火后的残留奥氏体量比碳素钢的多。（ ）

107. “多元少量”是合金化的重要原则之一。（ ）

108. 合金钢具有比碳素钢高的耐回火性。（ ）

109. 由于退火或正火不能充分发挥合金元素的潜力，因此，一般情况下退火或正火不能作为合金钢的最终热处理。（ ）

110. 钢中加入合金元素特别是熔点较高的难熔元素后，钢在液态时的粘度增加，使钢的铸造性能变好。（ ）

111. 钢中的碳含量越低，焊接性能越好。在相同碳含量的情况下，合金元素含量越高，钢的焊接性能也越好。（ ）

112. 碳是不利于调质钢冲击韧度的元素，故在保证硬度的前提下，应该把

钢中的碳含量限制在较低的范围内。 （ ）

113. 螺栓常用的调质钢要求塑性好、变形抗力小、表面质量高。 （ ）

114. 合金调质钢中合金元素总量一般为5% ~10%（质量分数），属于中合金钢。 （ ）

115. 铬钢的淬火温度范围宽、不易过热，且变形开裂倾向小。 （ ）

116. 对于回火脆性敏感的材料，可采用快冷的方式（用水或油冷），以避免产生回火脆性。 （ ）

117. 一般来说，钢的疲劳极限和强度之间有一定的比例关系，强度越高，疲劳极限也越高。 （ ）

118. 弹簧淬火、回火后进行空冷，能提高弹簧的疲劳强度。 （ ）

119. 油淬火弹簧应在4h内回火；水淬火弹簧应在24h内回火，以防止变形开裂。 （ ）

120. 轴承钢热锻成形后组织内存在着粗大网状碳化物和粗大片状珠光体，可以在球化退火中将其清除。 （ ）

121. 轴承钢为高碳钢，在加热过程中脱碳倾向较小。 （ ）

122. 形状复杂的轴承零件淬火冷却到室温后，可以立即进行冷处理。 （ ）

123. 低合金刃具钢适合制造截面较大、淬火变形要求小、形状复杂、有较高强度和耐磨性、受力大的刀具。 （ ）

124. 高速钢是热硬性（热稳定性）、耐磨性很好的高合金工具钢。它的热硬性可达到600℃，切削时能长期保持刀具刃口锋利，故又称为“锋钢”。 （ ）

125. 高速钢的返修件在重新淬火前要进行一次退火，否则会出现萘状断口。 （ ）

126. 高速钢在淬火时只有加热到接近熔化的温度才能使足够的合金碳化物溶入到奥氏体中，从而保证淬火质量。 （ ）

127. 火焰淬火最常用的燃料是氧-乙炔火焰混合气体。 （ ）

128. 合金钢、铸钢件及铸铁件在进行火焰淬火时，由于材料导热性差，所以不必在淬火前进行预热。 （ ）

129. 火焰淬火工作完成后，先关乙炔，再关氧气，等熄灭后再开少量氧气吹出烧嘴中剩余的气体，最后再关掉氧气。 （ ）

130. 油作为感应淬火的淬火冷却介质，不但可用于埋油冷却，而且可用于喷射冷却。 （ ）

131. 感应淬火工件的硬度要求一般是很高的，因此淬火后多进行高温回火。 （ ）

132. 对于电子管式高频淬火设备，在提高阳极电压时，阳极电流、栅极电

流和槽路电压同时上升。（ ）

133. 连续淬火感应器的有效线圈上电流密度很大，发热量也很大，必须强制冷却，否则感应器极易烧毁。（ ）

134. 碳氮共渗时，在同样的温度下，元素的渗入速度比渗碳和渗氮时慢。（ ）

135. 碳氮共渗温度一般低于渗碳温度，而且氮能强烈地稳定奥氏体，所以不可以直接淬火。（ ）

136. 碳氮共渗件可以采用较低的冷却速度，因而可减少淬火变形和开裂倾向。（ ）

137. 碳氮共渗件不能获得高的强度与硬度以及理想的残留压应力，主要是由渗层的碳氮含量高造成的。（ ）

138. 碳氮共渗层承受冲击的能力比渗碳层低但比渗氮层高。（ ）

139. 碳氮共渗件的组织与性能主要取决于共渗的时间。（ ）

140. 氮碳共渗又称为软氮化，它不受被处理材料的限制，可广泛用于钢铁材料及粉末冶金材料。（ ）

141. 氮碳共渗后的疲劳强度高于渗碳或碳氮共渗后淬火的疲劳强度，但低于感应淬火。（ ）

142. 氮碳共渗目前存在的问题是渗层较薄，不宜用于重载条件下工作的工件，在共渗过程中，炉内会产生 HCN 这种剧毒气体，必须注意炉子密封，以免泄漏污染环境。（ ）

143. 为防气体渗碳炉爆炸，通常在炉温未升到 600～650℃前，不应向炉罐内滴入渗碳剂。（ ）

144. 要求心部有一定强度和冲击韧度的重要渗氮工件，渗氮前应进行正火处理，一般渗氮工件只做调质处理。（ ）

145. 渗氮工件出炉时应避免碰撞，对细长及精密工件应吊挂冷却。（ ）

146. 碳氮共渗时一般采用井式气体渗碳炉，并另加一套供氮系统。（ ）

147. 热处理后的清洗，不一定必须在回火温度以下进行。（ ）

148. 真空清洗机的单机既可用于热处理前工件的清洗，又可用于热处理后工件的清洗，并可布置在连续式热处理生产线上。（ ）

149. 电抛光需要使用电解液和直流电流，与电镀的方法相同，都是把被加工的工件作为阴极。（ ）

150. 那些由粗研磨所致的肉眼不可见的颗粒线和划痕，通常在后续的精加工中无法被去除，而运用电抛光工艺可以将其去除。（ ）

151. 通常情况下，规定的发蓝温度为 136～148℃，并规定以 142℃为界，将 136～142℃定为进槽温度，将 142～148℃定为出槽温度。中碳钢、高碳钢的

进出槽温度取上限；低碳钢、合金钢的进出槽温度取下限。（ ）

152. 发蓝只限于防止工件的锈蚀，增加工件的光泽，使其具有美观的表面，但不能消除工件在加工过程中残留的加工应力。（ ）

153. 在确定发蓝的保温时间时，总的原则是：重要工件的发蓝时间取上限；不重要工件的发蓝时间取下限；一般工件取中间值。（ ）

154. 磷化的目的主要是给基体金属提供保护，并在一定程度上防止金属被腐蚀。（ ）

155. 磷化处理要求工件表面应是洁净的金属表面，所以工件在磷化前必须进行除油脂、锈蚀物、氧化皮以及进行表面调整等预处理以确保磷化质量。（ ）

156. 对于硬度高于40HRC的碳素钢、合金钢及非铁金属材料的圆柱形或板形工件可用冷压矫直法进行矫直。（ ）

157. 在用冷压矫直法进行矫直时，应该注意“矫枉过正”的道理，即把工件的变形方向压“过头”，去除应力后，靠弹性变形把这“过头”的反弯抵消。（ ）

158. 冷反击矫直法一般适用于高速钢制的薄片工件。（ ）

159. 热反击矫直法一般适用于高硬度（硬度高于50HRC）的扁平工件或直径不大的细长工件。（ ）

160. 热点矫直必须在回火后进行，否则工件会因内应力过大而开裂。（ ）

161. 在磨制金相试样时，砂纸应从粗到细依次进行。（ ）

162. 经抛光的试样只有在浸蚀状态下，才能在显微镜下鉴别出空洞、裂纹等缺陷和一些非金属夹杂物的分布情况。（ ）

163. 在用锉刀检查工件硬度时，若锉刀在被检工件表面打滑，则表示被检工件表面硬度大于或等于锉刀的硬度。（ ）

164. 炉壳在靠近炉口处温度较高，所以箱式电阻炉的炉门框及井式电阻炉的炉门面板常用铸铁或铸钢制成，厚度通常为12～18mm，以防止变形进而影响炉子的密封性。（ ）

165. 炉衬是决定热处理电阻炉工作性能和热效率的主要因素。（ ）

166. 铬-镍合金系材料电热元件的突出优点是电阻率高、电阻温度系数小、价格便宜。（ ）

167. 二硅化钼电热元件的特点是材质脆、强度低，所以在安装使用过程中要特别注意。（ ）

168. 热处理箱式电阻炉内的温度均匀性状态，主要受电热元件布置、炉门的密封及保温状态等的影响，通常炉膛后端的温度较低。（ ）

169. 台车式电阻炉是一种可移动台车的箱式电阻炉，适用于处理较小尺寸的工件。（ ）

170. 井式电阻炉主要供钢制的长、短轴类工件在1200℃以下温度范围内，在空气或保护气氛中进行热处理用。（ ）

171. 浴炉中加热的工件，在液体介质中同时受传导和对流这两种传热作用，电极盐浴炉还有电磁搅拌的作用，所以工件加热速度快，温度均匀，变形小。（ ）

172. 浴炉的一个显著特点是浴液容易保持中性状态，且在加热阶段因工件浸入液体中与空气隔绝，可实现无氧化、无脱碳加热。（ ）

173. 电极式浴炉的缺点是炉子升温慢，不能用非金属浴槽，所以其应用受到一定的限制。（ ）

174. 插入式电极盐浴炉比埋入式电极盐浴炉炉膛使用率高，热损失小，可节省电能与筑炉材料。（ ）

175. 一般情况下，人们把常温下热导率大于0.23W/（m·K）的材料称为隔热材料。（ ）

176. 石棉板是石棉和黏结材料制成的板材，密度为900～1000kg/m^3，熔点超过1500℃，但在700℃时就成了粉末，因强度降低而失去隔热性能，故其最高使用温度不得超过500℃。（ ）

177. 炉气中的二氧化碳和水是相互依赖的，若水的含量多，则会使二氧化碳的含量增加，从而升高炉气中的碳势。（ ）

178. 红外线二氧化碳分析仪的优点是灵敏度高、反应快、误差小，可以在较宽的环境温度下工作，也可进行多点断续测量和控制。（ ）

179. 氯化锂露点仪的结构简单，精度最高只能达到±10℃。（ ）

180. 氧探头可以直接插入炉膛内进行气氛测定，无需露点仪或红外线CO_2分析仪的取样系统。这样就可以避免取样时因气氛冷却而引起平衡关系改变所造成的误差。（ ）

二、选择题（将正确答案的序号填入括号内）

1. αFe的晶格属于（ ）晶格。

A. 面心立方 B. 体心立方 C. 简单立方 D. 密排六方

2. $w_C=1.2\%$的钢，当加热到$Ac_1 \sim Ac_{cm}$时，其组织应为（ ）。

A. 奥氏体 B. 铁素体和奥氏体

C. 奥氏体和二次渗碳体 D. 珠光体和奥氏体

3. 凡是二元合金系中两组元在液态和固态下均能以任何比例相互溶解，在固态下能形成无限固溶体的，其相图属于（ ）相图。

A. 匀晶　　B. 共晶　　C. 共析　　D. 包晶

4. （　　）是指一定成分的液态合金，在一定的温度下同时结晶出两种不同固相的转变。

A. 匀晶转变　　B. 共晶转变　　C. 共析转变　　D. 包晶转变

5. 由一种成分的固溶体，在一恒定的温度下同时析出两个一定成分的新的不同固相的过程，称为（　　）。

A. 匀晶　　B. 共晶　　C. 共析　　D. 包晶

6. 杠杆定律可适用于（　　）相图两相区中两平衡相的相对重量计算。

A. 匀晶　　B. 共晶　　C. 共析　　D. 二元合金

7. 两组元在液态下能完全互溶，在固态下仅能有限互溶形成有限固溶体的共晶相图称为(　　)共晶相图。

A. 简单　　B. 一般　　C. 特殊　　D. 复杂

8. $w_C=0.7\%$的钢，当加热到$Ac_1 \sim Ac_3$时，其组织为（　　）。

A. 奥氏体　　B. 铁素体和奥氏体

C. 珠光体和奥氏体　　D. 奥氏体和二次渗碳体

9. 钢中的珠光体和莱氏体（　　）。

A. 都是固溶体

B. 都是机械混合物

C. 前者是固溶体，后者是机械混合物

D. 前者是机械混合物，后者是固溶体

10. $Fe\text{-}Fe_3C$ 相图中的共析反应是在 727℃ 的恒温下进行的，反应过程中(　　)三相共存，直至反应结束。

A. 液态铁碳合金、奥氏体、莱氏体

B. 液态铁碳合金、奥氏体、铁素体

C. 珠光体、奥氏体、莱氏体

D. 奥氏体、铁素体、渗碳体

11. 根据 $Fe\text{-}Fe_3C$ 相图所表示的成分组织和性能的规律，若需要强度较高，塑性、韧性好，焊接性好的各种金属构件用的钢材，则可选用（　　）。

A. 低碳钢　　B. 中碳钢　　C. 高碳钢　　D. 合金钢

12. 根据 $Fe\text{-}Fe_3C$ 相图可以看出钢的熔化与浇注温度都要比铸铁（　　）。

A. 低　　B. 高　　C. 差不多　　D. 低得多

13. 晶界是一种常见的晶体缺陷，它是典型的（　　）缺陷。

A. 面　　B. 线　　C. 点　　D. 特殊

14. 所谓线缺陷，就是在晶体的某一平面上，沿着某一方向伸展的线状分布缺陷。(　　)就是一种典型的线缺陷。

A. 间隙原子　　B. 空位　　C. 位错　　D. 晶界

15. 碳素工具钢因价格低廉而被广泛应用于刃具、工模具的制造，但因其淬透性低、热处理变形大、(　　) 差而在使用上受到了限制。

A. 疲劳强度　　B. 磨削性能　　C. 抗拉强度　　D. 回火性能

16. 能使钢产生白点缺陷的化学元素是 (　　)。

A. 硫　　B. 磷　　C. 氢　　D. 氧

17. 会导致钢产生冷脆性的化学元素是 (　　)。

A. 硫　　B. 磷　　C. 氢　　D. 氧

18. 由于 (　　) 和硫的亲和力较铁和硫的亲和力强，还可以从 FeS 中夺走硫形成高熔点（1600℃）的硫化物，从而减轻硫对钢有害作用，因此它是一种有益元素。

A. 氧　　B. 硅　　C. 氮　　D. 锰

19. 钢的质量好坏一般是以钢中的有害杂质 (　　) 含量的多少来确定的，通常分为三个级别：普通钢、优质钢和高级优质钢。

A. 氧、氢　　B. 硅、锰　　C. 氮、氧　　D. 硫、磷

20. 耐磨性不仅取决于高的硬度，而且与 (　　) 的性质、数量、大小、形状及分布等都有关。

A. 碳化物　　B. 晶粒　　C. 夹杂物　　D. 合金元素

21. 与 40 钢相比，40Cr 钢的特点是奥氏体等温转变 (　　)。

A. 曲线左移，*Ms* 点上升　　B. 曲线左移，*Ms* 点下降

C. 曲线右移，*Ms* 点上升　　D. 曲线右移，*Ms* 点下降

22. 工具的使用寿命与其 (　　) 质量有着极其密切的关系，因此必须掌握其热处理特点，根据不同的性能要求采用不同的热处理方法。

A. 热处理　　B. 热加工　　C. 冷加工　　D. 表面

23. 用高碳钢和某些合金钢制锻坯件，加工时发现硬度过高，为使其容易加工，可进行(　　)。

A. 淬火　　B. 正火

C. 退火　　D. 淬火后低温回火

24. 某些特殊专用钢如滚动轴承钢，钢号首位以“G”表示，例如“GCr15”，其 w_{Cr} = (　　)。

A. 0.15%　　B. 1.5%　　C. 15%　　D. 难以确定

25. 低合金高强度钢具有良好的塑性、韧性、耐蚀性和焊接性，广泛用于制造桥梁、船舶、锅炉、压力容器、起重机械等钢结构件。它们大多在 (　　) 状态下使用。

A. 退火　　B. 热轧或正火　　C. 淬火　　D. 回火

26. 20CrMnTi 钢是最常用的（ ）。

A. 耐候钢　　B. 合金渗碳钢

C. 合金调质钢　　D. 合金弹簧钢

27. 40Cr 钢经适当的热处理后既有很高的强度，又有很好的塑性、韧性，可用来制造一些受力复杂和重要工件，是典型的（ ）。

A. 轴承钢　　B. 弹簧钢　　C. 耐候钢　　D. 调质钢

28.（ ）对有害元素及杂质的限制极高，通常规定 $w_S < 0.02\%$，$w_P < 0.027\%$，非金属夹杂物（氧化物、硅化物和硅酸盐等）的含量必须很低，否则会降低工件的力学性能，影响其使用寿命。

A. 合金调质钢　　B. 滚动轴承钢

C. 合金渗碳钢　　D. 合金弹簧钢

29. 为使刃具在使用中不致折断或（ ），要求热处理后应具有高的强度和足够的韧性。

A. 磨损　　B. 裂纹　　C. 崩刃　　D. 粘刀

30. 高速钢的热硬性可达（ ），切削时能长期保持刃口锋利，故又称为锋钢。

A. 300℃　　B. 600℃　　C. 800℃　　D. 1000℃

31. 大型冷作模具一般采用（ ）等高碳高铬钢制造。这类钢具有高的硬度、强度和耐磨性。

A. W18Cr4V　　B. 1Cr18Ni9Ti　　C. Cr12MoV　　D. 30Cr13

32. 目前一般采用 5CrMnMo 钢和 5CrNiMo 钢制作（ ）。

A. 小型冷作模具　　B. 大型冷作模具

C. 热挤压模　　D. 热锻模

33. 高锰钢是典型的耐磨钢，其牌号为 ZGMn13，$w_C = 0.9\% \sim 1.4\%$，$w_{Mn} =$（ ）。

A. 1% ~5%　　B. 6% ~10%

C. 11% ~14%　　D. 15% ~20%

34. 铬不锈钢的防腐蚀机理是在钢中加入铬，使 w_{Cr}（ ），进而使钢表面形成一层氧化膜，从而提高金属抗氧化能力。

A. ≥12.5%　　B. ≥9.5%　　C. ≥6%　　D. ≥3%

35. 某种钢内 $w_{Cr} = 13\% \sim 19\%$，$w_C = 0.1\% \sim 0.45\%$，则该钢称为（ ）不锈钢。

A. 马氏体型　　B. 铁素体型

C. 奥氏体型　　D. 奥氏体-铁素体型

36. 用经过（ ）处理的高锰钢制作的工件，当在工作中受到冲击和压力而变形时，表面会产生强烈的硬化使其硬度显著提高（50HRC以上），从而获得高耐磨性，而心部仍保持高的塑性和韧性。

A. 水韧　　B. 喷丸　　C. 渗氮　　D. 表面淬火

37. 铸铁中强烈阻碍石墨化的元素是（　　）。

A. 碳　　B. 硅　　C. 锰　　D. 硫

38. 白口铸铁中的碳，绝大多数是以（　　）形式存在的。

A. 片状石墨　　B. 团絮状石墨　　C. 球状石墨　　D. 渗碳体

39. 灰铸铁中的碳，绝大多数是以（　　）形式存在的。

A. 片状石墨　　B. 团絮状石墨　　C. 球状石墨　　D. 渗碳体

40. 在相同的化学成分下，铸铁结晶时的冷却速度对石墨化程度影响很大，冷却速度越缓慢，越（　　）石墨化。

A. 不利于　　B. 有利于　　C. 不影响　　D. 不可能

41. 一般来说灰铸铁的抗拉强度、塑性、韧性均比相应的钢低得多，其抗压强度（　　）抗拉强度。

A. 显著高于　　B. 显著低于　　C. 略高于　　D. 略低于

42. 灰铸铁进行表面淬火的目的是提高铸件表面的硬度和耐磨性，方法有中、高频感应淬火、火焰淬火等。将铸件表面快速加热到900～1000℃，然后进行喷水冷却，经淬火后表面层组织为（　　）。

A. 马氏体　　B. 马氏体和石墨

C. 石墨　　D. 马氏体和残留奥氏体

43. 为消除灰铸铁中含量较高的自由渗碳体，以便切削加工，可采用（　　）。

A. 低温石墨化退火　　B. 高温石墨化退火

C. 再结晶退火　　D. 去应力退火

44. 可锻铸铁是由白口铸铁通过退火获得的具有团絮状石墨的铸铁，具有较高的强度，特别是塑性。必须指出的是，可锻铸铁（　　）锻造成形。

A. 不能　　B. 可以

C. 组织为铁素体时可以　　D. 组织为珠光体时可以

45. 对于受力复杂、截面尺寸较大、综合力学性能要求高的球墨铸铁件，一般应采用（　　）来满足性能要求。

A. 正火　　B. 等温淬火　　C. 调质处理　　D. 表面淬火

46. 球墨铸铁热处理的作用是（　　）。

A. 只能改变基体组织，不能改变石墨形状和分布

B. 不能改变基体组织，只能改变石墨的形状和分布

C. 两者均可改变

D. 两者均不能改变

47. 由于铝与氧的亲和力很强，在空气中铝的表面可生成致密的氧化膜，因此纯铝在(　)中具有良好的耐蚀性。

A. 海水　B. 酸液　C. 大气　D. 碱液

48. 不能热处理强化的变形铝合金是(　　)。

A. 硬铝　B. 超硬铝　C. 锻铝　D. 防锈铝

49. 一般(　)淬火后采用自然时效，时间不少于4天。

A. 硬铝　B. 超硬铝

C. 锻铝　D. 铸造铝合金

50. 以(　)为主要合金元素的铜合金称为白铜。

A. 锌　B. 锰　C. 镍　D. 锡

51. 以(　)为主要合金元素的铜合金称为黄铜。

A. 锌　B. 锰　C. 镍　D. 锡

52. 常用黄铜中w_{Zn}应在(　　)以内，超过这个含量黄铜的性能会因变脆而失去使用价值。

A. 10%　B. 20%　C. 35%　D. 50%

53. 在锡青铜中常加入铅，用于改善(　)。

A. 耐磨性　B. 流动性

C. 锻造性　D. 切削加工性能

54. 在黄铜中加入(　)，其目的主要是提高黄铜的力学性能和耐热性，同时也提高在海水、氯化物和过热蒸汽中的耐蚀性。

A. 铝　B. 锰　C. 锡　D. 铅

55. (　　)及其合金密度小、强度高、耐高温和腐蚀，加上资源丰富，已经成为航天、化工、国防等部门中广泛应用的材料。

A. 铝　B. 铜　C. 钛　D. 镁

56. 硬质合金的热硬性好，其高硬度可保持到(　　)，且其耐磨性优良。

A. 600℃　B. 800℃

C. 900~1000℃　D. 1200℃

57. ZSnSb8Cu4表示铸造(　)基轴承合金，主加元素Sb的质量分数为8%，辅加元素Cu的质量分数为4%，其余合金元素为锡。

A. 锑　B. 锡　C. 铅　D. 铜

58. 在切削加工前应安排预备热处理以降低硬度，高碳钢及合金钢必须采用(　　)。

A. 正火　B. 球化退火　C. 完全退火　D. 调质

59. 热处理中的保温时间、冷却方式、冷却介质以及化学热处理中的碳势、氮势以及活性介质的流量等统称为热处理（ ）。

A. 工艺路线　　B. 技术要求　　C. 工艺参数　　D. 工艺方案

60. 制订热处理工艺的经济性原则是：在保证产品质量的前提下，工序简单、操作容易、原材料消耗少、生产效率高、生产成本低，并能合理选用设备，充分发挥现有设备的（ ）。

A. 作用　　B. 性能　　C. 能力　　D. 潜力

61. 在保证质量的前提下，工艺规程的水平越高，其所控制的工艺参数应（ ）。

A. 越多　　B. 越少　　C. 中等　　D. 无影响

62. 由于热处理工件的质量是加热温度和时间的（ ），因此，在编制热处理工艺时，加热时间是十分重要的。

A. 分数　　B. 正数　　C. 倍数　　D. 函数

63. 热处理临时工艺是因生产条件临时变更或针对特殊订货、材料代用和新产品、新工艺批量试验等采取的（ ）工艺。

A. 长期有效　　B. 中期有效

C. 短期有效　　D. 中、长期有效

64. 原始记录是企业管理的一项重要内容，必须按本企业的规定表格认真填写并负责地（ ）。

A. 记录好　　B. 保持清洁　　C. 公示　　D. 保管好

65. 过冷奥氏体稳定性的大小是用（ ）来衡量的。

A. *Ms* 点高低

B. *Mf* 点高低

C. 等温转变图中“鼻尖”温度高低

D. 孕育期的长短

66. 一般根据（ ）来制订合理的热处理工艺，选择等温热处理（等温退火、等温淬火及分级淬火）和形变热处理的温度与等温时间。

A. $Fe\text{-}FeC_3$ 相图　　B. Fe-C 相图

C. 奥氏体连续冷却转变图　　D. 奥氏体等温转变图

67. 根据（ ）和工件尺寸及工件在某一介质中冷却时截面上各部分的冷却速度，可以估计冷却后工件截面上各部分所得到的组织和性能。

A. $Fe\text{-}FeC_3$ 相图　　B. Fe-C 相图

C. 奥氏体连续冷却转变图　　D. 奥氏体等温转变图

68. 在正常淬火温度下，确定工件的淬火加热时间的原则是（ ）。

A. 取钢的相变时间作为加热时间

B. 工件表面无明显氧化脱碳

C. 既使碳化物充分溶解，又不使奥氏体晶粒显著长大

D. 工件不过热

69. 生产上所说的水淬油冷实际上是属于（　　）淬火。

A. 分级　　B. 双液　　C. 等温　　D. 预冷

70. 将钢材奥氏体化，随之将其浸入温度稍高或稍低于钢的上马氏体点的液态介质（盐浴或碱浴）中，保持适当时间，待钢件的内、外层都达到介质温度后取出空冷，以获得马氏体组织的淬火工艺称为（　　）淬火。

A. 双液　　B. 分级　　C. 预冷　　D. 等温

71. 为了减少淬火冷却残留应力和畸变，将钢件奥氏体化后先较缓慢地（一般在空气中）冷却到略高于 Ar_3（或 Ar_{cm}）点，然后进行淬火冷却的热处理工艺称为（　　）淬火。

A. 双液　　B. 分级　　C. 等温　　D. 预冷

72. 一般来说，（　　）淬火适用于变形要求严格和要求具有良好强韧性的精密工件和工模具。

A. 双液　　B. 单液　　C. 等温　　D. 分级

73. 分级淬火分级的目的是（　　）。

A. 使工件在介质中停留期间完成组织转变

B. 使奥氏体成分趋于均匀

C. 节约能源

D. 使工件内外温差较为均匀，并减少工件与介质间的温差

74. 淬火时，对长轴类（包括丝锥、钻头、铰刀等长形工具）、圆筒类工件，应轴向垂直淬入。淬入后，工件可（　　）。

A. 上、下垂直运动

B. 前后、左右搅动

C. 伸入水中静止不动

D. 伸入水中、拉出水面来回晃动

75. 在实际生产中，冷处理应在淬火后（　　）进行。

A. 4h 内　　B. 2h 内　　C. 0.5h 内　　D. 立即

76. 局部淬火就是仅对工件需要硬化的局部进行淬火的工艺。其中局部加热局部冷却法适用于（　　）加热时的工件。

A. 盐浴炉　　B. 箱式电阻炉　　C. 井式电阻炉　　D. 油炉

77. 在实际淬火操作中，对有凹面或不通孔的工件，应使凹面和孔（　　）淬入，以利排除孔内的气泡。

A. 朝下　　B. 朝上　　C. 朝向侧面　　D. 随意

78. 在圆盘形工件淬火时，应使其轴向与淬火冷却介质液面保持（　　）

淬入。

A. 倾斜 B. 垂直 C. 水平 D. 任意姿势

79. 碳素钢残留奥氏体的转变（分解）温度在（ ）。

A. 100～150℃ B. 200～300℃

C. 350～400℃ D. 400℃以上

80. 所谓马氏体的分解，是指当回火温度到（ ）时，马氏体内过饱和的碳原子脱溶，沉淀析出亚稳相 ε 碳化物，使 α 固溶体趋于平衡成分。

A. 100～250℃ B. 300～350℃

C. 100℃以下 D. 350℃以上

81.（ ）中由于有较多的残留奥氏体，在 200～250℃温度区间，它们将转变成回火马氏体，所以其回火组织硬度变化不大。

A. 碳素钢 B. 低碳钢 C. 中碳钢 D. 高碳钢

82. 二次硬化是指铁碳合金在一次或多次回火后提高硬度的现象，这种硬化现象是由特殊碳化物的离位析出和（或）残留奥氏体转变为马氏体或贝氏体所致。对于这种现象，（ ）表现得尤为突出。

A. 碳素钢 B. 铸铁 C. 不锈钢 D. 高速钢

83. 钢淬火后在（ ）左右回火时所产生的回火脆性称为第一类回火脆性或不可逆回火脆性。

A. 100℃ B. 200℃ C. 300℃ D. 400℃

84. 对上贝氏体和下贝氏体力学性能的描述正确的是（ ）。

A. 两者都具有较高的强度和韧性

B. 两者都具有很低的强度和韧性

C. 上贝氏体具有较高的强度和韧性

D. 下贝氏体具有较高的强度和韧性

85.（ ）是指在规定条件下，决定钢材淬硬深度和硬度分布的特性，即钢淬火时得到淬硬层深度大小的能力，它表示钢接受淬火的能力。

A. 淬硬层深度 B. 淬硬性 C. 淬透性 D. 临界直径

86.（ ）是不能提高淬透性的合金元素。

A. 铬 B. 锰 C. 钴 D. 硅

87. 完全退火是目前广泛应用于（ ）的铸、焊、轧制件等的退火工艺。其目的是细化组织、降低硬度、改善切削加工性能及去除内应力。

A. 低碳钢和低碳合金钢 B. 中碳钢和中碳合金钢

C. 高碳钢和高碳合金钢 D. 碳素钢

88. 第一类回火脆性的特点是（ ）。

A. 具有可逆性

B. 在脆性出现的同时，不会影响其他力学性能的变化规律

C. 和钢的化学成分有关，钢中碳含量越高，脆化程度越严重

D. 只要采取适当措施就可以避免

89. 第二类回火脆性的特点是（ ）。

A. 主要在含有铬、镍等元素的合金钢中出现

B. 与回火后的冷速无关

C. 具有不可逆性

D. 主要在碳素钢中出现

90. 去应力退火是将工件加热到（ ）温度，保温一定时间后缓慢冷却的工艺方法。

A. A_1 以下　　B. A_1 以上

C. Ac_3以上　　D. Ac_3以下

91. 由于大型铸件常常有枝晶偏析出现，所以其预备热处理应采用（ ）。

A. 正火　　B. 完全退火或球化退火

C. 高温回火　　D. 均匀化退火

92. 对于需要渗氮或高频感应淬火的小型锻件以及合金元素含量较高的钢种（如18Cr2Ni4WA等），可采用（ ）作为预备热处理。

A. 正火　　B. 调质　　C. 球化退火　　D. 完全退火

93. 影响白点敏感性的主要因素是钢中碳及（ ）的含量，它们的含量越高，白点敏感性越大。

A. 硫　　B. 磷　　C. 氧　　D. 氢

94. 当金属或合金的加热温度达到其固相线附近时，晶界氧化和开始部分熔化的现象称为（ ）。

A. 过热　　B. 过烧　　C. 氧化　　D. 脱碳

95. 在（ ）中，由于 Ms 点较低，残留奥氏体较多，故淬火变形主要是热应力变形。

A. 低碳钢　　B. 中碳钢

C. 高碳钢　　D. 中、低碳钢

96. 高速钢锻造后退火的目的是降低硬度，消除（ ）以利于切削加工，为热处理做好组织准备。

A. 白点　　B. 应力

C. 粗大组织　　D. 网状碳化物

97. 钢材中某些冶金缺陷，如结构钢中的带状组织、高碳合金钢中的碳化物偏析等，会加剧淬火变形并降低钢的性能，需通过（ ）来改善此类冶金缺陷。

A. 退火　　B. 正火　　C. 调质　　D. 锻造

98. 一般来说，淬火钢中的残留奥氏体量与 Ms 点的位置密切相关，(　　)。

A. Ms 点降低得越多，则淬火后的残留奥氏体量越多

B. Ms 点降低得越多，则淬火后的残留奥氏体量越少

C. Ms 点升高得越多，则淬火后的残留奥氏体量越多

D. Ms 点略有升高，则淬火后的残留奥氏体量急剧增加

99. 为了充分发挥合金元素的作用，合金钢淬火加热温度应比碳素钢高，有时淬火加热温度要大大超过临界温度，如高速钢 W18Cr4V 的淬火加热温度为 1280～1300℃，比其临界温度约高(　　)。

A. 100℃　　B. 200℃　　C. 300℃　　D. 400℃

100. 用合金元素强化铁素体是提高(　　)的一种方法，在一些不需要热处理的低碳合金钢中获得广泛应用。

A. 钢的强度　　B. 钢的弹性　　C. 钢的塑性　　D. 钢的韧性

101. 除弹性元件等特殊情况外，合金钢一般不采用中温回火的原因是在此温度范围回火(　　)。

A. 不能充分发挥合金元素的作用

B. 会产生明显的第二类回火脆性

C. 会产生明显的第一类回火脆性

D. 综合力学性能差

102. 对焊接性能影响最大的是钢中(　　)。

A. 碳的质量分数　　B. 合金元素的含量

C. 晶粒度的大小　　D. 硫、磷的含量

103. w_C 为(　　)的调质钢，调质处理后具有高的强度、韧性和塑性等综合力学性能。

A. 0.1%～0.2%　　B. 0.25%～0.50%

C. 0.6%～1.0%　　D. 1.0%～1.2%

104. 中淬透性调质钢的油淬火临界直径为(　　) mm。

A. 40～60　　B. 60～80　　C. 80～100　　D. 大于100

105. 大型弹簧和重要弹簧均用合金弹簧钢制造。由于合金元素使共析点左移，故合金弹簧钢的 w_C 应为(　　)。

A. 0.2%～0.4%　　B. 0.45%～0.70%

C. 0.8%～1.1%　　D. 1.2% 以上

106. 弹簧的热处理是淬火加中温回火，硬度一般在 40～45HRC 之间。热处理后的弹簧往往要进行(　　)处理，使表面产生硬化层，并形成残留应力，以提高弹簧的抗疲劳性能，从而提高弹簧的寿命。

A. 时效　　B. 渗氮　　C. 冷处理　　D. 喷丸

107. 线径或厚度在10mm以下的小型弹簧，一般采用冷拉弹簧钢丝冷绕成形。由于弹簧钢丝在生产过程中（冷拉或铅浴淬火）已具备了很好的性能，所以冷绕成形后，不再进行淬火，只需作（ ）的去应力退火，以消除在冷绕过程中产生的应力，并使弹簧定形。

A. 100～200℃　　B. 200～240℃

C. 250～300℃　　D. 300～350℃

108. 热处理过程中要求弹簧钢具有良好的淬透性，并且不易（ ）。

A. 脱氧　　B. 氧化　　C. 增碳　　D. 脱碳

109. 有些淬透性较差的弹簧钢可采用水淬油冷，但要注意严格控制水冷时间，防止( )。

A. 变形　　B. 淬裂　　C. 脱碳　　D. 氧化

110. 滚动轴承钢中铬的质量分数若超过（ ），则会使淬火后残留奥氏体量增加，使硬度和尺寸稳定性降低。

A. 0.45%　　B. 0.70%　　C. 1.20%　　D. 1.65%

111. 滚动轴承钢的最终热处理包括淬火、( )和回火。

A. 强化处理　　B. 松弛处理　　C. 冷处理　　D. 时效处理

112. 对于精密轴承零件，为减少淬火后组织中的奥氏体含量，稳定尺寸，淬火后应立即进行－60℃左右的冷处理，保温时间为（ ）。

A. 1h　　B. 2h　　C. 3h　　D. 4h

113. 只有用（ ）才能消除低合金刃具钢中存在的较严重的网状碳化物。

A. 球化退火　　B. 调质处理　　C. 反复锻造　　D. 正火

114. 为保证高速钢淬火后的残留奥氏体转变为马氏体，产生二次硬化，其回火次数一般为( )。

A. 一次　　B. 两次

C. 三次　　D. 不超过两次

115. 高速钢由于钼和钨的加入降低了相变的温度和临界冷却速度，提高了淬透性，所以可以在（ ）淬硬。

A. 油中　　B. 空气中　　C. 硝盐中　　D. 水中

116. 为了形成奥氏体，并使足够量的碳和合金元素溶入奥氏体，高速钢的淬火温度要超过Ac_1点（ ）。

A. 30～50℃　　B. 50～100℃

C. 100～300℃　　D. 400℃以上

117. 实际生产中高速钢的回火温度与二次硬化的峰值温度范围是一致的，均在（ ）之间，含钴高速钢取上限温度，钨系高速钢取中限温度，钨-钼系取下限温度。

A. 340～380℃　　B. 440～480℃

C. 540～580℃　　D. 600～650℃

118. 凡是在（　　）基体成分上添加少量其他元素，适当增减碳含量，以改善钢的性能，适应某些用途的钢种，目前均称为基体钢。

A. 高铬钢　B. 硬质合金　C. 高速钢　D. 高碳钢

119. 在回火过程中，高速钢中高度弥散的碳化物从马氏体中析出，产生（　　）和残留奥氏体转变成马氏体的二次淬火，产生了二次硬化效应。

A. 弥散硬化　B. 淬火硬化　C. 固溶强化　D. 加工硬化

120. Cr12MoV 钢应用二次硬化法进行热处理时，其淬火温度为（　　）；回火温度为500～520℃，回火次数为3～4次，每次1h。

A. 930～980℃　　B. 980～10300℃

C. 1080～1120℃　　D. 1200℃

121.（　　）是常用的热锻模具钢。

A. Cr12MoV　　B. 5CrNiMo

C. Cr6WV　　D. 6W6Mo5Cr4V

122. GCr15 钢块规技术要求：硬度大于64HRC，尺寸稳定性为小于或等于1.5μm/（m·年）。其热处理工序应为（　　）。

A. 球化退火→淬火→冷处理→低温回火→人工时效

B. 球化退火→淬火→低温回火→冷处理→人工时效

C. 球化退火→淬火→低温回火→人工时效→冷处理

D. 球化退火→淬火→冷处理→人工时效→低温回火

123. 量具热处理时要尽量减少残留奥氏体量。在不影响（　　）的前提下，要采用淬火温度的下限，尽量降低马氏体中碳的含量，最大限度地减少残留应力。

A. 强度　B. 硬度　C. 塑性　D. 韧性

124. 用一个或几个固定火焰喷嘴对旋转（转速为100～200r/min）工件表面进行加热，使其表面加热到淬火温度，然后进行冷却的火焰淬火方法称为（　　）。

A. 回定法　B. 旋转法　C. 前进法　D. 联合法

125. 在使用氧-乙炔火焰混合气体进行火焰淬火后，应（　　）。

A. 先关氧气，再关乙炔，等熄灭后再开少量氧气吹出烧嘴中剩余的气体，最后再关掉氧气

B. 先关乙炔，再关氧气，等熄灭后再开少量氧气吹出烧嘴中剩余的气体，最后再关掉氧气

C. 先关氧气，再关乙炔，等熄灭后再开少量乙炔吹出烧嘴中剩余的气体，

最后再关掉乙炔

D. 先关乙炔，再关氧气，等熄灭后再开少量乙炔吹出烧嘴中剩余的气体，最后再关掉乙炔

126. 淬硬层深度和硬度值是评定感应淬火质量的两项重要指标。实践证明，当淬硬层深度为工件厚度的（　　）左右时，可以得到良好的综合力学性能。

A. 5%～10%　　B. 10%～20%

C. 20%～30%　　D. 30%～35%

127. 连续加热淬火时的工件与感应器之间的（　）是重要参数，一般用图表查取。

A. 相互位置　　B. 相互关系

C. 相互影响　　D. 相对移动速度

128. 某钢件要求有效淬硬深度为1.0mm，应选用的感应加热设备是（　）。

A. 工频设备　B. 高频设备　C. 中频设备　D. 低频设备

129. 感应加热后淬火冷却介质通过在感应圈或冷却器上许多喷射小孔，喷射到工件加热面上进行冷却的方法称为（　　）。

A. 单液冷却　B. 浸液冷却　C. 埋油冷却　D. 喷射冷却

130. 感应淬火时工件在加热和淬火冷却时应该旋转，其目的是增加工件的加热和冷却的（　　）。

A. 效率　B. 均匀性　C. 速度　D. 能量

131. 将感应加热好的工件迅速冷却，但不过冷，利用心部余热对淬火表面“自行”加热，达到回火目的，此种回火方法称为（　）。

A. 余热回火　　B. 感应回火

C. 炉中回火　　D. 自回火

132. 感应淬火件的自回火是利用淬火冷却后工件内部尚存的（　　），待其返回淬火层，使淬火层得到的回火。

A. 电磁场　B. 能量　C. 热量　D. 温度

133. 用感应加热回火方式进行回火时，为了有效地去除残留应力，这时工件的加热层必须（　　）淬火层深度，可采用15～20℃/s的较小加热速度进行回火。

A. 小于　B. 超过　C. 相当于　D. 大大小于

134. 应使用电磁能量损耗较小的材料制作感应器，即材料的（　）要小且导热性要好。

A. 电阻　B. 磁性　C. 导热性　D. 淬透性

135. 感应淬火后的工件也需要进行（　　）处理，这是减少内应力、防止裂纹发生及防止变形的重要工序。

A. 正火　　B. 退火　　C. 回火　　D. 冷处理

136. 为保证均匀加热，在对长轴件局部进行表面淬火时，感应器高度应大于硬化区长度(　　)。

A. 1~3mm　　B. 3~6mm　　C. 8~12mm　　D. 即可

137. 碳氮共渗时，(　　)使过冷奥氏体等温转变图右移，使共渗层淬透性提高，同时可以在较缓和的淬火冷却介质中淬火。由于其渗速较快，可以缩短工艺周期。

A. 氮　　B. 碳　　C. 氢　　D. 氧

138. 在确定碳氮共渗温度以后，共渗时间应根据渗层深度而定。层深与共渗时间成(　　)规律。

A. 正比　　B. 反比　　C. 抛物线　　D. 指数

139. 当碳氮共渗表面的氮含量过高时，会出现黑色组织，将使接触疲劳强度降低；当氮含量过低时，会使渗层过冷奥氏体稳定性降低，淬火后在渗层中出现托氏体网，使共渗件不能获得高的强度和硬度。所以碳氮共渗表面的最佳碳氮含量为：$w_C=0.8\%\sim0.95\%$；$w_N=$(　　)。

A. 0.1%~0.20%　　B. 0.25%~0.4%

C. 0.45%~0.50%　　D. 0.55%~0.60%

140. 下列热处理方式中疲劳强度最高的是(　　)。

A. 感应淬火　　B. 渗碳淬火

C. 碳氮共渗淬火　　D. 氮碳共渗

141. 渗碳工件入炉后，应将炉盖盖紧，不得有漏气现象。为防气体渗碳炉爆炸，通常在炉温未升到(　　)前，不应向炉罐内滴入渗碳剂。

A. 300~350℃　　B. 400~450℃

C. 500~550℃　　D. 600~650℃

142. 滴注式井式电阻炉气体渗碳升温排气阶段的作用是要使炉温迅速恢复到规定的渗碳温度，同时，要尽快排除进入炉内的空气，其目的是(　　)。

A. 防止工件氧化　　B. 防止产生炭黑

C. 防止空气高温下发生爆炸　　D. 控制渗碳层深度

143. 对渗碳剂的要求是：碳含量高、活性大、杂质少，特别是(　　)的质量分数要特别低。

A. CO　　B. S　　C. H　　D. CO_2

144. 固体渗碳生产中使用的渗碳剂应为(　　)。

A. 全部新渗碳剂

B. 全部旧渗碳剂

C. 质量分数为20%~30%新配制的渗碳剂和质量分数为65%~80%使用过

的旧渗碳剂

D. 质量分数为65%～80%新配制的渗碳剂和质量分数为20%～30%使用过的旧渗碳剂

145. 井式电阻炉的固定碳势操作法，操作控制简便，但渗碳剂消耗（ ）、渗碳速度慢，只适合渗层要求浅的工件。

A. 量大 B. 量小 C. 量极小 D. 量适中

146. 渗碳时的废气火苗过短且外缘呈（ ），有透明感，表明渗碳剂供量不足或炉罐漏气。

A. 浅蓝色 B. 浅黄色 C. 桔黄色 D. 红色

147. 对于要求心部有一定强度和冲击韧度的重要渗氮工件，在渗氮前应进行（ ）处理。

A. 退火 B. 正火 C. 调质 D. 淬火

148. 一般情况下对于要求渗氮层深度硬度高、梯度小、变形小的精密工件应选择进行（ ）工艺。

A. 等温渗氮 B. 二段渗氮 C. 三段渗氮 D. 耐蚀渗氮

149. 与气体渗氮相比，氮碳共渗时活性碳原子的存在对氮碳共渗速度的影响是（ ）。

A. 大大加快 B. 大大减缓

C. 无影响 D. 无规律可循

150. 热处理后的清洗必须在（ ）温度以下进行，以防止工件的硬度下降或发生组织转变。

A. A_1 B. 回火 C. Ms D. 100℃

151. 振动光饰可以去除工件表面的锈蚀和氧化层，使倒角、孔或槽等部位光亮清洁，大大改善工件的表面质量，所以，振动光饰还具有降低工件的表面粗糙度，提高工件表面（ ）的作用。

A. 硬度 B. 疲劳寿命 C. 强度 D. 耐磨性

152. 为提高工件热处理后的耐蚀性能，工业上通常将工件进行（ ）处理，在其表面生成一层亮蓝色或亮黑色的磁性氧化膜（Fe_3O_4）。

A. 磷化 B. 发蓝 C. 喷丸 D. 电镀

153. 室温下在畸变工件的伸长边（即弯曲工件的凸起面）的最高点加一静压力，使原伸长边承受压应力，短边承受拉应力，产生塑性变形，从而使伸长边缩短，短边伸长，达到校正的目的。此种矫直法称为（ ）矫直法。

A. 反击 B. 热 C. 回火 D. 冷压

154. 对于高速钢制的薄片工件应采用（ ）矫直法进行矫直。

A. 冷压 B. 冷反击 C. 热反击 D. 加热

155. (　　) 矫直法是用氧-乙炔火焰小面积加热工件的凸起部位（弯曲最大处），然后根据工件的化学成分进行水冷或油冷（碳素钢可用水，合金钢或高速钢用油或空气），使工件变形而被校正。

A. 热点　　B. 淬火状态　　C. 回火　　D. 反击

156. 采用反击矫直法，反击时应从（　　）开始，有规则地向工件两端延伸，锤击的位置要对称于反击开始点，用力要均匀，不宜过大，防止崩裂，锤子的作用力方向要垂直于下面的垫板平台。

A. 最大的弯曲点　　B. 某个弯曲点

C. 凹处的最低点　　D. 凸处的最高点

157. 在进行热点矫直时，热点加热的点数应根据工件弯曲的大小确定，一般先从（　）开始，向左右两边对称延伸，在热点几处后应检查工件的畸变量，若仍不合格则增加热点位置，且热点位置应该尽量选择在非工作部位。

A. 最大的弯曲点　　B. 某个弯曲点

C. 凹下的最低点　　D. 凸起的最高点

158. 在对畸变工件进行校正后，必须应用（　　）消除其校正应力。

A. 去应力退火　　B. 正火　　C. 回火　　D. 调质

159. 能够自动检查工件变形，自动分析、调整矫直位置及压力大小，并利用计算机处理系统分析工件的圆度误差、毛刺、凹坑等表面缺陷，用于对轴类、杆类工件进行精密矫直的机器称为（　　）。

A. 自动矫直机　　B. 矫平机

C. 液压矫直机　　D. 手动压力机

160. 在检验钢材或产品的损坏情况时，取样应（　　）。

A. 避开损坏　　B. 包括损坏

C. 可包括损坏也可不包括损坏　　D. 随机

161. 经抛光后金属试样中的（　　）只有在浸蚀的状态下，才能够在显微镜下被鉴别出来。

A. 裂纹　　B. 非金属夹杂物

C. 空洞　　D. 组织结构

162. 合金工具钢、碳素工具钢和轴承钢只能在（　　）状态下进行珠光体球化质量的评定。

A. 调质　　B. 回火　　C. 正火　　D. 退火

163. 造成渗碳层出现网状碳化物缺陷的原因可能是工件（　　）。

A. 表面碳含量过低　　B. 表面碳含量过高

C. 渗碳层出炉后冷速太快　　D. 滴注式渗碳，滴量过小

164. 渗碳件渗层出现大量残留奥氏体缺陷的产生原因可能是（　　）。

A. 奥氏体不稳定，奥氏体中碳含量较低

B. 奥氏体不稳定，奥氏体中合金元素的含量较低

C. 回火后冷速太快

D. 回火不及时，奥氏体热稳定化

165. 导致渗碳件渗碳层深度不足的原因可能是（ ）。

A. 炉温偏高　　B. 工件表面有氧化皮或积炭

C. 渗碳剂的通入量偏高　　D. 炉压过高

166. 当渗碳层淬火后出现托氏体组织（黑色组织）时，（ ）是错误的补救措施。

A. 喷丸　　B. 降低炉气中介质的氧含量

C. 提高炉气中介质的氧含量　　D. 提高淬火冷却介质冷却能力

167. （ ）会引起感应淬火件出现淬硬层深度不足的缺陷。

A. 频率过低导致涡流透入深度过深

B. 连续淬火加热时工件与感应器之间的相对运动速度过慢

C. 加热时间过短

D. 加热时间过长

168. 因为（ ），所以箱式电阻炉的炉门框及井式电阻炉的炉门面板常用铸铁或铸钢制成，厚度应较大，通常为12~18mm，以防止因变形而影响炉子的密封性。

A. 炉壳在靠近炉口处温度较高

B. 炉壳在靠近炉口处温度较低

C. 炉壳在靠近炉口处温差较大

D. 炉壳在靠近炉口处温度较均匀

169. 在设计热处理电阻炉时，炉门上一般还需开设一个小孔洞，其作用是（ ）。

A. 装料、卸料　　B. 观察炉内的工作情况

C. 必要时向炉内通入空气　　D. 必要时释放炉压

170. 一般铁铬铝的电热元件应预期或定期在空气中加热到（ ），保温5h以形成致密的氧化膜，这样就可延长其使用寿命。

A. 600~700℃　　B. 700~800℃

C. 800~1000℃　　D. 1000~1100℃

171. （ ）制成的电热元件的最高使用温度可达3600℃。

A. 铁铬铝　　B. 铬镍　　C. 二硅化钼　　D. 石墨

172. 工件在高、中温箱式电阻炉中加热主要靠电热元件和炉壁表面的（ ）。

A. 热传导　　B. 热对流　　C. 热辐射　　D. 热交换

173. 钢制的长、短轴类工件一般选用（　　）电阻炉进行热处理。

A. 箱式　　B. 盐浴　　C. 井式　　D. 台车式

174.（　　）的热容量较大，加热温度波动小，容易实现恒温加热。

A. 盐浴炉　　B. 箱式电阻炉　　C. 井式电阻炉　　D. 台车式电阻炉

175. 人们在砌筑热处理设备时，把常温下热导率小于 0.23W/（m·K）的材料称为(　　)。

A. 耐火材料　　B. 隔热材料　　C. 保温材料　　D. 绝热材料

176. 在淬火加热时，工装夹具要同时承受高温和工件重量的作用，而且往往还要随工件一道进入淬火冷却介质中急冷，使用条件恶劣，容易产生氧化、腐蚀、变形或开裂，故工装夹具必须结实耐用，因此，在选材时一般考虑（　　）。

A. 铸铁　　B. 低碳钢和耐热钢

C. 不锈钢　　D. 钛合金

177. 工装夹具上的氧化皮会降低箱式电阻炉、井式电阻炉电热元件以及盐浴炉电极的使用寿命。因此，工装夹具每次用完之后要经过（　　），以除掉表面上的铁锈和脏物，并分类整齐放在干燥通风的地方备用。

A. 喷砂或酸洗及中和处理　　B. 汽油清洗

C. 真空清洗　　D. 热水清洗

178. 在使用红外线二氧化碳分析仪时，应注意保持仪器的清洁与干燥，避免冲击和振动，防止（　　）的干扰。

A. 紫外线　　B. 红外线　　C. 强电磁场　　D. 热辐射

179. 氯化锂露点仪的精度可达到 ±1℃，且其结构简单，但露点仪对管路的要求较为严格，不得含有水分和含有（　　）气氛。

A. 氧气　　B. 氢气　　C. 氨气　　D. 空气

180.（　　）可以直接插入炉膛内进行气氛测定，无需取样系统，这样可以避免取样时因气氛冷却引起平衡关系改变而造成误差。

A. 露点仪

B. 红外线 CO_2 分析仪

C. 氧探头

D. 露点仪和红外线 CO_2 分析仪

技能要求试题

一、GCr15钢轴承套圈淬火、回火处理

1. 考件图样（见图1）

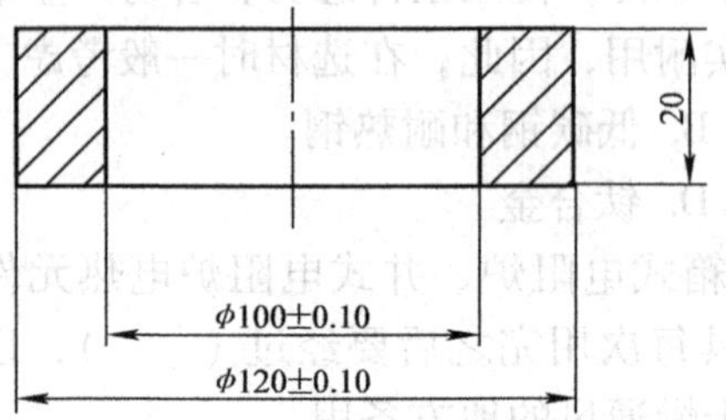

技术要求

1. 热处理后硬度：58～63HRC
   表面脱碳层厚度：≤0.05mm
   金相组织：马氏体1～4级
   （按GB/T18254—2002标准）
2. 热处理后内径：外径畸变量<0.30mm

名称	轴承套圈
材料	GCr15

图1　GCr15钢轴承套圈

2. 准备要求

1）检查考件外形尺寸、钢材牌号是否与考件图样相符合。

2）外观检查应无裂纹、碰伤。

3）检查外形公差尺寸。

3. 考核要求

（1）考核内容

1）根据考件外形尺寸及技术要求制订热处理工艺路线。

2）按批量生产选择设备，按工件形状选择工装夹具。

3）编制热处理工艺曲线及操作注意事项。

4）考核硬度、金相、脱碳层、尺寸畸变量、熟练操作过程和正确使用设备、工装夹具。

5）用火花鉴别GCr15钢与40 Cr钢。

（2）工时定额　结合现场使用设备和装炉数量确定。

（3）安全文明生产　能正确执行安全技术操作规程；能按企业有关文明生产规定，做到车间场地、环境整洁，工装夹具摆放整齐。

4. 考核评分表（见表1）

表1　GCr15 钢轴承套圈淬、回火处理考核评分表

考核项目	考核内容	考核要求	配分	评分标准	得分
主要项目	1. 编制 GCr15 钢轴承套圈淬、回火工艺	画出轴承套圈淬、回火工艺曲线并标明工艺参数	30	1. 淬火温度选错扣10分 2. 时间选错扣5分 3. 回火温度选错扣5分 4. 回火时间选错扣5分 5. 画错工艺曲线、标错工艺参数扣1~5分	
	2. 确定生产设备、淬火冷却介质	确定设备，选择保护介质，选择淬火冷却介质	15	1. 选错设备扣5分 2. 没有保护气氛扣5分 3. 选错淬火冷却介质扣5分	
	3. 淬、回火操作方法和步骤	生产前做好准备，操作步骤正确	10	1. 生产准备错误扣5分 2. 操作步骤错误扣5分	
	4. 确定检验方法及检验操作	能答出各项要求的检验方法，正确操作检验设备工具	30	1. 答错检验方法扣5分 2. 选择硬度计并测量硬度值，操作方法错误、硬度值错误各扣5分 3. 选择量具测量尺寸畸变量错误扣5分 4. 金相组织、脱碳层不符合要求各扣5分	
	5. 火花鉴别	能鉴别 GCr15 钢和 40Cr 钢	5	鉴别错误扣5分	
安全文明生产	1. 按国家标准规定或企业自定有关安全技术规定考核	按达到规定的标准程度评定	5	违反有关规定（如防火、防爆、防触电、防毒）扣1~5分	
	2. 按企业有关文明生产规定考核	按达到规定的标准程度评定	5	1. 安全防护用品穿戴不整齐扣3分 2. 未做到文明生产，场地不整洁，工装夹具摆放不整齐扣2分	
时间定额	结合现场使用设备和装炉数量确定				

二、Y12钢滚轮碳氮共渗处理

1. 考件图样（见图2）

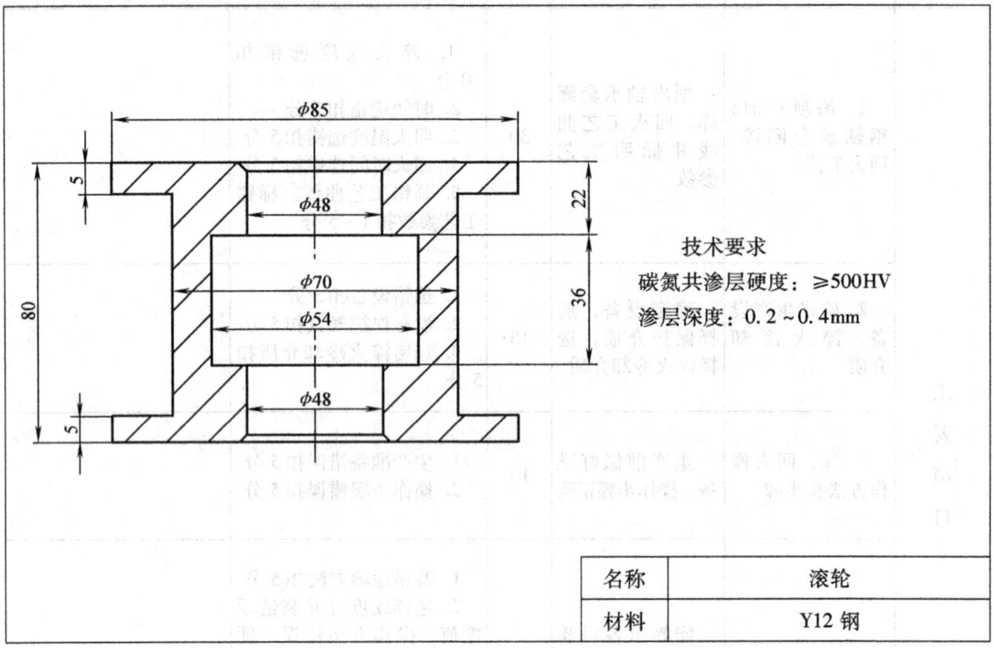

图2 Y12钢滚轮

2. 准备要求

1）检查考件外形尺寸、钢材牌号是否与考件图样相符合。

2）表面不允许有裂纹、伤痕，清洁表面油腻、锈斑、水迹等。

3. 考核要求

（1）考核内容

1）根据技术要求编制热处理工艺路线。

2）按批量生产选择设备，按考件外形尺寸选择工装夹具。

3）编制碳氮共渗工艺曲线及操作安全事项。

4）熟练完成操作全过程并达到技术要求，正确使用设备、工装夹具。

5）用火花鉴别Y12钢和15Cr钢。

（2）工时定额 结合现场使用设备和装炉数量确定。

（3）安全文明生产 能正确执行安全技术操作规程；能按企业有关文明生产规定，做到车间场地、环境整洁，工装夹具摆放整齐。

三、GCr15钢滑座锻件球化退火处理

1. 考样图样（见图3）

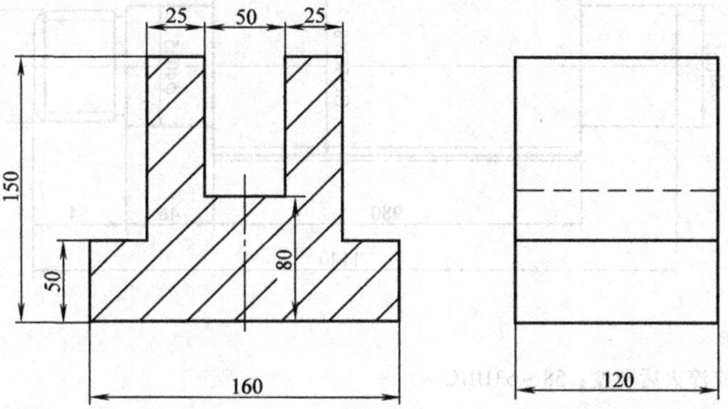

技术要求

锻坯球化退火后硬度：179～207HBW

金相组织：珠光体2～4级

（按GB/T18254—2002标准）

名称	滑座
材料	GCr15钢

图3　GCr15钢滑座

2. 准备要求

1）检查考件的外形尺寸，钢材牌号是否与考件图样相符。

2）检查考件外观，不允许有裂纹、伤痕、夹层、夹渣等有害缺陷。

3. 考核要求

（1）考核内容

1）根据技术要求制订热处理工艺路线。

2）按批量生产选择设备和工装夹具。

3）编制球化退火工艺曲线及操作注意事项。

4）考核硬度、金相组织，熟练完成操作全过程，正确使用设备和工装夹具。

5）用火花鉴别GCr15钢和38CrMoAl钢。

（2）工时定额　结合现场使用设备和装炉数量确定。

（3）安全文明生产　能正确执行安全技术操作规程；能按企业有关文明生产规定，做到车间场地、环境整洁，工装夹具摆放整齐。

四、GCr15 钢滚珠丝杠热处理

1. 考件要求（见图4）

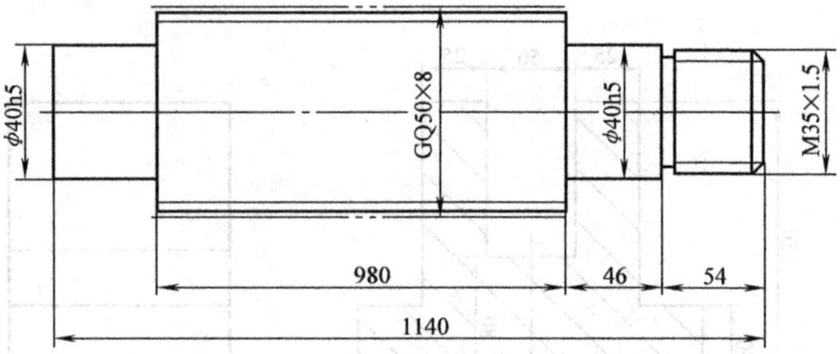

技术要求

1. 螺纹中频感应淬火后硬度：58～63HRC

   淬硬层深度：4～6mm

   金相组织：马氏体1～4级

   （按GB/T18254—2002标准）

2. 两端中心孔淬火后硬度：35～50HRC

3. 工件径向圆跳动量：热处理前≤0.10mm

   热处理后≤0.20mm

名称	滚珠丝杠
材料	GCr15 钢

图4 GCr15 钢滚珠丝杠

2. 准备要求

1）检查考件外形尺寸、钢材牌号与图样是否相符。

2）检查考件外观，应无裂纹、碰伤、锈斑、油污。

3）检查热处理前的径向圆跳动量。

3. 考核要求

（1）考核内容

1）根据考件图样技术要求制订工艺路线，选择中频感应淬火、中心孔火焰淬火设备及工装。

2）编制工艺规范。

3）进行感应淬火、火焰淬火工艺分析，熟练进行操作，正确使用设备工装，操作时注意安全事项。

4）考核硬度和淬硬层深度、组织、径向圆跳动量。

（2）工时定额　结合现场使用设备和装炉数量确定。

（3）安全文明生产　能正确执行安全技术操作规程；能按企业有关文明生产规定，做到车间场地、环境整洁，工装夹具摆放整齐。

五、38CrMoAl 钢机筒渗氮处理

1. 考件图样（见图 5）

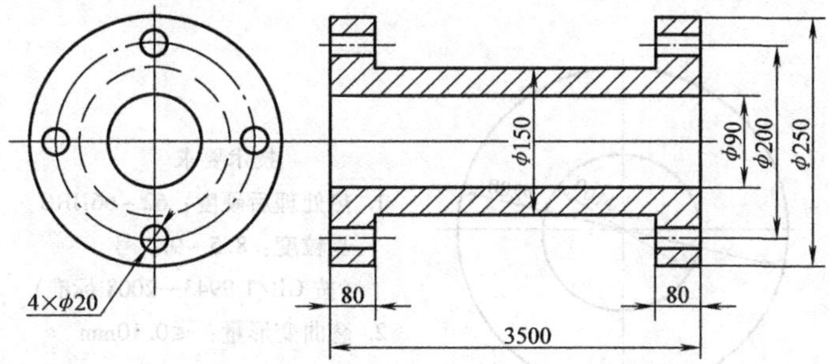

技术要求

1. 渗氮层硬度：≥940HV

渗层深度：0.4～0.6mm

渗层脆性：≤2 级

径向圆跳动量：≤0.10mm

2. 轮缘上 4 个通孔防止渗氮

名称	机筒
材料	38CrMoAl 钢

图 5 38CrMoAl 钢机筒

2. 准备要求

1）检查考件外形尺寸、钢材牌号与图样是否相符。

2）检查工件外观，应无裂纹、伤痕、锈斑、油污。

3）检查热处理前的径向圆跳动量。

3. 考核要求

（1）考核内容

1）根据技术要求编制热处理工艺路线。

2）按批量生产选择设备，并选择相应的工装夹具。

3）编制渗氮处理工艺与操作注意安全事项。

4）考核硬度、渗层深度、脆性、径向圆跳动量，熟练进行操作和正确使用工装夹具和量检具，达到技术要求。

5）用火花鉴别 38CrMoAl 钢和 40Cr 钢。

（2）工时定额　结合现场使用设备和装炉数量确定。

（3）安全文明生产　能正确执行安全技术操作规程；能按企业有关文明生产规定，做到车间场地、环境整洁，工装夹具摆放整齐。

六、W18Cr4V 钢片铣刀热处理

1. 考件图样（见图6）

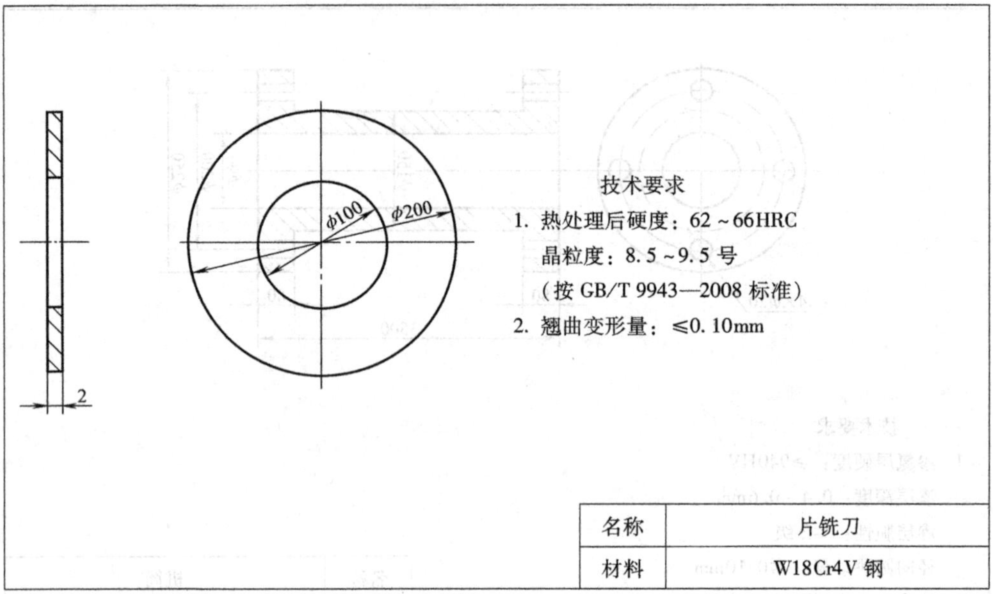

图6 W18Cr4V 钢片铣刀

2. 准备要求

1）检查考件外形尺寸、钢材牌号与图样是否相符。

2）检查工件表面，不允许有碰伤、裂纹、锈蚀、刀痕和其他污物。

3）检查热处理前的畸变量。

3. 考核要求

（1）考核内容

1）根据工件图样技术要求编制热处理工艺路线，选择生产设备、辅助设备。

2）编制片铣刀热处理工艺及操作注意事项、安全要求。

3）考核硬度、晶粒度、畸变量，正确使用设备、辅助设备及工装夹具，熟练地操作，达到技术要求。

4）用火花鉴别 W18Cr4V 钢和 W6Mo5Cr4V2 钢。

（2）工时定额 结合现场使用设备和装炉数量确定。

（3）安全文明生产 能正确执行安全技术操作规程；能按企业有关文明生产规定，做到车间场地、环境整洁，工装夹具摆放整齐。

七、45 钢机床齿条的氮碳共渗处理

1. 考件图样（见图 7）

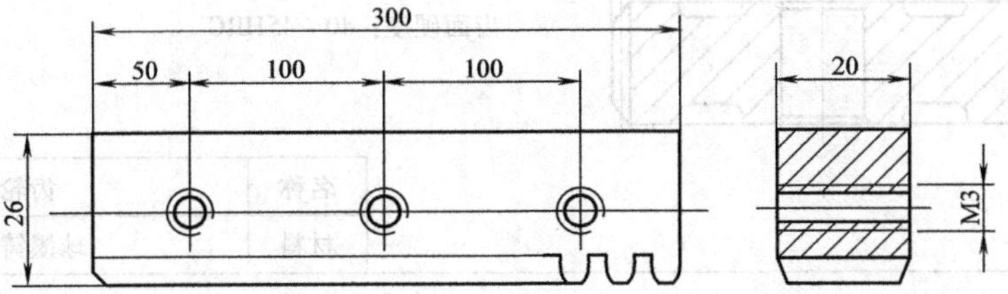

技术要求

1. 氮碳共渗处理后硬度：≥480HV

变形量：热处理前≤0.04mm

热处理后≤0.08mm

2. M3 螺孔保护不进行共渗处理

名称	机床齿条
材料	45 钢

图 7　45 钢机床齿条

2. 准备要求

1）检查考件外形尺寸、钢材牌号与图样是否相符。

2）检查工件表面，应无裂痕、碰伤、锈斑、油污。

3）检查热处理前的畸变量。

3. 考核要求

（1）考核内容

1）根据技术要求编制热处理工艺路线。

2）按批量生产选择设备、工装夹具。

3）编制氮碳共渗工艺曲线及操作安全事项。

4）考核硬度、变形量，正确地操作设备、工装夹具，达到图样技术要求。

5）用火花鉴别 45 钢和 40Cr 钢。

（2）工时定额　结合现场使用设备和装炉数量确定。

（3）安全文明生产　能正确执行安全技术操作规程；能按企业有关文明生产规定，做到车间场地、环境整洁，工装夹具摆放整齐。

八、球墨铸铁齿轮的等温淬火处理

1. 考件图样（见图8）

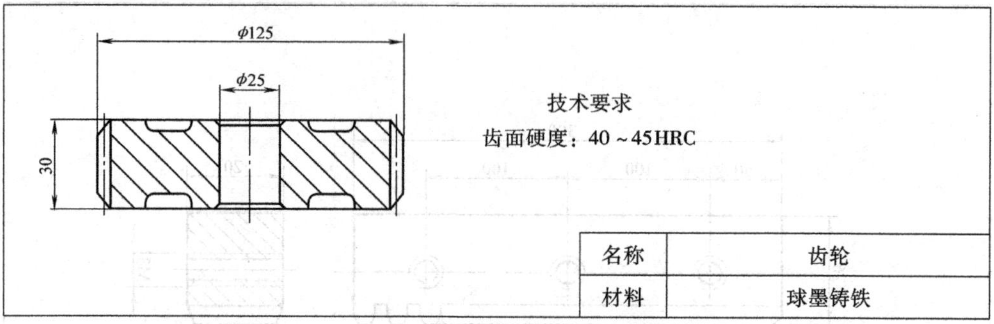

图8 球墨铸铁齿轮

2. 准备要求

1）检查考件外形尺寸、钢材牌号与图样是否相符。

2）检查工件表面，不允许有碰伤、裂纹、折叠、锈斑和其他污物。

3. 考核要求

（1）考核内容

1）根据技术要求编制工艺路线，选择设备。

2）编制等温淬火及回火热处理操作注意事项。

3）考核硬度，应正确使用操作检验设备及工具。

（2）工时定额 结合现场使用设备和装炉数量确定。

（3）安全文明生产 能正确执行安全技术操作规程；能按企业有关文明生产规定，做到车间场地、环境整洁，操作工装、夹具摆放整齐。

九、GCr15钢块规的热处理

1. 考件图样（见图9）

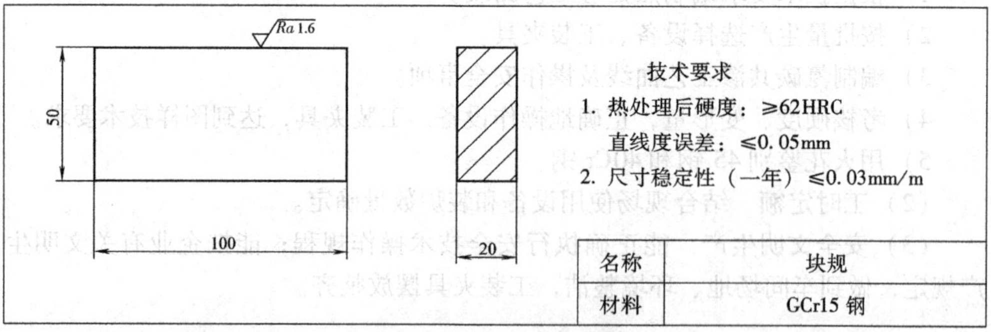

图9 GCr15钢块规

2. 准备要求

1）检查考件外形尺寸、钢材牌号与图样是否相符。

2）检查工件表面，不允许有碰伤、刀痕、裂纹、锈斑。

3. 考核要求

（1）考核内容

1）根据技术要求编制热处理工艺路线。

2）编制块规淬火、深冷处理、回火工艺曲线及操作安全事项。

3）选择设备、工装夹具，熟练操作全过程，达到技术要求。

4）考核硬度、直线度，正确使用检测设备及检测方法。

（2）工时定额　结合现场使用设备和装炉数量确定。

（3）安全文明生产　能正确执行安全技术操作规程；能按企业有关文明生产规定，做到车间场地、环境整洁，工装夹具摆放整齐。

十、20CrMnTi 钢半轴齿轮渗碳、淬火处理

1. 考件图样（见图 10）

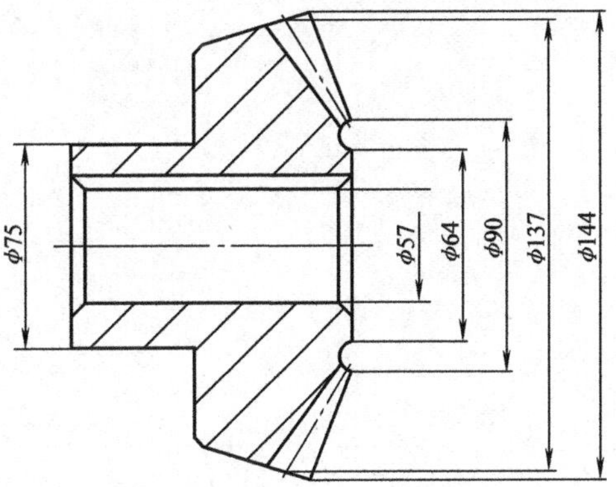

技术要求

渗碳层深度：1.0 ~ 1.4mm

齿面硬度：58 ~ 62HRC

心部硬度：33 ~ 48HRC

金相组织：参照 QC/T262—1999 标准

名称	半轴齿轮
材料	20CrMnTi

图 10　20CrMnTi 半轴齿轮

2. 准备要求

1）检查考件外形尺寸、钢材牌号与图样是否相符。

2）检查外观，应无裂纹、碰伤、折叠、锈斑、油污。

3. 考核要求

（1）考核内容

1）根据技术要求编制热处理工艺路线。

2）按批量生产选择设备，按工件外形尺寸选择工装夹具。

3）编制渗碳、淬火工艺与操作注意事项。

4）考核硬度、渗层深度、金相组织，熟练进行操作并正确使用工装夹具、量检具。

5）用火花鉴别20CrMnTi钢和20Cr钢。

（2）工时定额 结合现场使用设备和装炉数量确定。

（3）安全文明生产 能正确执行安全技术操作规程；能按企业有关文明生产规定，做到车间场地、环境整洁，工装夹具摆放整齐。

模拟试卷样例

一、判断题（对的画√，错的画×；每题2分，共40分）

1. 合金固溶体的性能与组成元素的性质和溶质的溶入量有关，当溶剂和溶质确定时，溶入的溶质量越多，合金固溶体的强度和硬度就越高。（ ）

2. 金属和合金中的晶体缺陷使力学性能变坏，故必须加以消除。（ ）

3. 低合金高强度钢加入的主要合金元素有Mn、Si、V、Nb和Ti等，它们大多不能在热轧或正火状态下使用，一般在进行热处理后才可使用。（ ）

4. GCr15钢是目前应用最多的滚动轴承钢，其 $w_{Cr}=15\%$。（ ）

5. 在井式渗碳炉渗碳时，若火焰中存在火星，火焰过长，尖端外缘出现亮白色，则表明渗剂供给量不足或炉子漏气，此时应将排气管阀门调小，并增加渗剂滴量。（ ）

6. 由于高锰钢极易加工硬化，切削加工困难，故高锰钢工件大多采用铸造成型。（ ）

7. 防锈铝是可以用热处理方法进行强化的铝合金。（ ）

8. 在淬火时，薄刃工件应使整个刃口同时淬入；薄片件应垂直淬入，以使薄片两面同时冷却；大型薄片件应快速垂直淬入，速度越快，变形量越小。（ ）

9. 对有凹面或不通孔的工件，应使凹面和孔朝上淬入，以利排除孔内的气泡。（ ）

10. 在高频感应淬火时，工件应去除毛刺、铁屑和油污，否则在加热时容易与感应器产生打弧现象。打弧时产生的电弧光既会损伤操作者视力，也容易打坏感应器和设备。（ ）

11. 目测炉温是依靠火色和温度的关系，通过相对比确定的，即温度越高，其火色越暗。（ ）

12. 正火可以消除网状碳化物，为球化退火做组织准备。（ ）

13. 电阻炉的电热元件一般有金属电热元件和非金属电热元件两类，前者的维修一般是更换同种材料电热元件和正确装夹；后者一般是正确地选材、缠绕和焊接。（ ）

14. 高速钢在淬火时只有加热到接近熔化的温度才能使足够的合金碳化物溶入到奥氏体中，从而保证淬火质量。（ ）

15. 接触电阻加热淬火要求工件的表面粗糙度值在 $Ra1.6\mu m$ 以上，故大部分工件在粗加工后即要进行接触电阻加热淬火。（ ）

16. 为防气体渗碳炉爆炸，通常在炉温未升到600～650℃前，不应向炉罐内滴入渗碳剂。（ ）

17. 热点矫直必须在回火后进行，否则工件会因内应力过大而造成开裂。（ ）

18. 在通常情况下，规定的发蓝温度为136～148℃，并规定以142℃为界，将136～142℃定为进槽温度，将142～148℃定为出槽温度。中低碳钢、高碳钢的进出槽温度取上限；低碳钢、合金钢的进出槽温度取下限。（ ）

19. 炉衬是决定热处理电阻炉工作性能和热效率的主要因素。（ ）

20. 插入式电极盐浴炉比埋入式电极盐浴炉炉膛使用率高，热损失小，可节省电能与筑炉材料。（ ）

二、选择题（将正确答案的序号填入括号内；每题2分，共60分）

1. 碳质量分数为1.2%的钢，当加热到 $Ac_1 \sim Ac_{cm}$ 时，其组织应为（ ）。

A. 奥氏体　　B. 铁素体和奥氏体

C. 奥氏体和二次渗碳体　　D. 珠光体和奥氏体

2. 能使钢产生白点缺陷的化学元素是（ ）。

A. 硫　　B. 磷　　C. 氢　　D. 氧

3. 硬质合金的热硬性好，其高硬度可保持到（ ），且其耐磨性优良。

A. 600℃　　B. 800℃　　C. 900～1000℃　　D. 1200℃

4. 分级淬火时分级的目的是（ ）。

A. 使工件在介质中停留期间完成组织转变

B. 使奥氏体成分趋于均匀

C. 节约能源

D. 使工件内外温差较为均匀，并减少工件与介质间的温差

5. 工具的使用寿命与其（ ）质量有着极其密切的关系，因此必须掌握其热处理特点，根据不同的性能要求采用不同的热处理方法。

A. 热处理　　B. 热加工　　C. 冷加工　　D. 表面

6. 大型冷作模具一般采用（ ）等高碳高铬钢制造。这类钢具有高的硬度、强度和耐磨性。

A. W18Cr4V　　B. 1Cr18Ni9Ti　　C. Cr12MoV　　D. 30Cr13

7. 铬不锈钢的耐蚀机理是：在钢中加入质量分数（ ）的铬，使钢表面形成一层氧化膜，从而提高金属抗氧化能力。

A. ≥12.5%　　B. ≥9.5%　　C. ≥6%　　D. ≥3%

8. 滚动轴承钢的最终热处理，包括淬火、（　　）和回火。

A. 强化处理　B. 松弛处理　C. 冷处理　D. 时效处理

9. 对于需要渗氮或高频感应淬火的小型锻件，以及合金元素含量较高的钢种（如18Cr2Ni4WA）等，可采用（　）作为预备热处理。

A. 正火　B. 调质　C. 球化退火　D. 完全退火

10. 不能热处理强化的变形铝合金是（　　）。

A. 硬铝　B. 超硬铝　C. 锻铝　D. 防锈铝

11. 当金属或合金的加热温度达到其固相线附近时，晶界氧化和开始部分熔化的现象称为（　　）。

A. 过热　B. 过烧　C. 氧化　D. 脱碳

12. 热处理后的清洗必须在（　　）温度以下进行，以防止工件的硬度下降或发生组织转变。

A. A_1　B. 回火　C. Ms　D. 100℃

13. 使用氧-乙炔火焰混合气体进行火焰淬火后，应（　　）。

A. 先关氧气，再关乙炔，等熄灭后再开少量氧气吹出烧嘴中剩余的气体，最后再关掉氧气

B. 先关乙炔，再关氧气，等熄灭后再开少量氧气吹出烧嘴中剩余的气体，最后再关掉氧气

C. 先关氧气，再关乙炔，等熄灭后再开少量乙炔吹出烧嘴中剩余的气体，最后再关掉乙炔

D. 先关乙炔，再关氧气，等熄灭后再开少量乙炔吹出烧嘴中剩余的气体，最后再关掉乙炔

14. 在进行感应淬火时，工件在加热和淬火冷却时应该旋转，其目的是增加工件的加热和冷却（　　）。

A. 效率　B. 均匀性　C. 速度　D. 能量

15. 应使用电磁能量损耗较小的材料制作感应器，即材料的（　　）要小且导热性要好。

A. 电阻　B. 磁性　C. 导热性　D. 淬透性

16. 热点矫直时加热的点数应根据工件弯曲的大小确定，一般先从（　　）开始，向左右两边对称延伸，在热点几处后应检查工件的畸变量，若仍不合格，则增加热点位置，且热点位置应该尽量选择在非工作部位。

A. 最大的弯曲点　B. 某个弯曲点

C. 凹下的最低点　D. 凸起的最高点

17. 因为（　　），所以箱式电阻炉的炉门框及井式电阻炉的炉门面板常用铸铁或铸钢制成，厚度应大，通常为12～18mm，以防止因变形而影响炉子的密

封性。

A. 炉壳在靠近炉口处温度较高 B. 炉壳在靠近炉口处温度较低

C. 炉壳在靠近炉口处温差较大 D. 炉壳在靠近炉口处温度较均匀

18. 凡是在（ ）基体成分上添加少量其他元素，适当增减碳质量分数，以改善钢的性能，适应某些用途的钢种，目前均称为基体钢。

A. 高铬钢 B. 硬质合金 C. 高速钢 D. 高碳钢

19. 在检验钢材或产品损坏情况时，取样应（ ）。

A. 避开损坏部分

B. 包括损坏部分

C. 可包括损坏部分也可不包括损坏部分

D. 随机

20. 由于大型铸件常常有枝晶偏析出现，所以其预备热处理应采用（ ）。

A. 正火 B. 完全退火或球化退火

C. 高温回火 D. 均匀化退火

21. 铸铁中强烈阻碍石墨化的元素是（ ）。

A. 碳 B. 硅 C. 锰 D. 硫

22. 下列热处理方式中疲劳强度最高的是（ ）。

A. 感应淬火 B. 渗碳淬火

C. 碳氮共渗淬火 D. 氮碳共渗

23. 第二类回火脆性的特点是（ ）。

A. 主要在含有铬、镍等元素的合金钢中出现

B. 与回火后的冷速无关

C. 具有不可逆性

D. 主要在碳素钢中出现

24. 在淬火加热时，工装夹具要同时承受高温和工件重量的作用，而且往往还要随工件一道进入淬火冷却介质中急冷，使用条件恶劣，容易产生氧化、腐蚀、变形或开裂，故工装夹具必须结实耐用。因此，在选材时一般考虑（ ）。

A. 铸铁 B. 低碳钢和耐热钢

C. 不锈钢 D. 钛合金

25. 一般铁铬铝的电热元件应预期或定期在空气中加热到（ ），保温5h以形成致密的氧化膜，这样就可延长使用其寿命。

A. 600～700℃ B. 700～800℃ C. 800～1000℃ D. 1000～1100℃

26. （ ）制成的电热元件其最高使用温度可达3600℃。

A. 铁铬铝 B. 铬镍 C. 二硅化钼 D. 石墨

27. 工件在高、中温箱式电阻炉中加热主要靠电热元件和炉壁表面

的(　　)。

A. 热传导　　B. 热对流　　C. 热辐射　　D. 热交换

28. 钢制的长、短轴类工件一般选用（　　）进行热处理。

A. 箱式电阻炉　B. 盐浴炉　　C. 井式电阻炉　D. 台车式电阻炉

29. （　　）的热容量较大，加热温度波动小，容易实现恒温加热。

A. 盐浴炉　　B. 箱式电阻炉　C. 井式电阻炉　D. 台车式电阻炉

30. 在砌筑热处理设备时，把常温下热导率小于 0.23W/（m·℃）的材料称为（　　）。

A. 耐火材料　　B. 隔热材料　　C. 保温材料　　D. 绝热材料

答 案 部 分

知识要求试题答案

一、判断题

1. ×	2. √	3. √	4. ×	5. √	6. ×	7. √	8. √	9. ×
10. ×	11. ×	12. √	13. √	14. √	15. √	16. ×	17. ×	18. ×
19. ×	20. ×	21. ×	22. √	23. √	24. ×	25. ×	26. ×	27. √
28. ×	29. √	30. ×	31. ×	32. √	33. ×	34. √	35. ×	36. √
37. √	38. ×	39. √	40. ×	41. ×	42. ×	43. ×	44. √	45. ×
46. ×	47. ×	48. √	49. ×	50. ×	51. √	52. √	53. ×	54. ×
55. √	56. ×	57. ×	58. ×	59. √	60. √	61. √	62. √	63. ×
64. √	65. √	66. ×	67. ×	68. √	69. √	70. √	71. ×	72. ×
73. ×	74. ×	75. ×	76. √	77. √	78. √	79. ×	80. √	81. √
82. ×	83. ×	84. √	85. √	86. ×	87. √	88. √	89. ×	90. √
91. ×	92. √	93. ×	94. ×	95. √	96. √	97. √	98. √	99. ×
100. ×	101. ×	102. ×	103. √	104. ×	105. ×	106. √	107. √	108. √
109. √	110. ×	111. ×	112. √	113. √	114. ×	115. √	116. √	117. √
118. ×	119. ×	120. ×	121. ×	122. ×	123. √	124. √	125. √	126. √
127. √	128. ×	129. ×	130. ×	131. ×	132. √	133. √	134. ×	135. ×
136. √	137. ×	138. √	139. ×	140. √	141. ×	142. √	143. √	144. ×
145. √	146. √	147. ×	148. √	149. ×	150. √	151. ×	152. ×	153. √
154. √	155. √	156. ×	157. √	158. ×	159. ×	160. √	161. ×	162. ×
163. √	164. √	165. √	166. ×	167. ×	168. ×	169. ×	170. √	171. √
172. √	173. ×	174. ×	175. ×	176. √	177. ×	178. √	179. ×	180. √

二、选择题

1. B	2. C	3. A	4. B	5. C	6. D	7. B	8. B	9. B
10. D	11. A	12. B	13. A	14. C	15. D	16. C	17. B	18. D
19. D	20. A	21. C	22. A	23. C	24. B	25. B	26. B	27. D
28. B	29. C	30. B	31. C	32. D	33. C	34. A	35. A	36. A
37. D	38. D	39. A	40. B	41. A	42. B	43. B	44. A	45. C
46. A	47. C	48. D	49. A	50. C	51. A	52. D	53. D	54. B
55. C	56. C	57. B	58. B	59. C	60. D	61. B	62. D	63. C
64. D	65. D	66. D	67. C	68. C	69. B	70. B	71. D	72. C
73. D	74. A	75. D	76. A	77. B	78. C	79. B	80. A	81. D
82. D	83. C	84. D	85. C	86. C	87. B	88. C	89. A	90. A
91. D	92. B	93. D	94. B	95. C	96. B	97. D	98. A	99. D
100. A	101. B	102. A	103. B	104. A	105. B	106. D	107. C	108. D
109. B	110. D	111. C	112. A	113. D	114. C	115. B	116. D	117. C
118. C	119. A	120. C	121. B	122. A	123. B	124. B	125. A	126. B
127. D	128. B	129. D	130. B	131. D	132. C	133. B	134. A	135. C
136. C	137. A	138. C	139. B	140. D	141. D	142. A	143. B	144. C
145. A	146. A	147. C	148. A	149. A	150. B	151. B	152. B	153. D
154. C	155. A	156. C	157. D	158. C	159. A	160. B	161. D	162. D
163. B	164. D	165. B	166. C	167. C	168. A	169. B	170. D	171. D
172. C	173. C	174. A	175. B	176. B	177. A	178. C	179. C	180. C

模拟试卷样例答案

一、判断题

1. √ 2. × 3. × 4. × 5. × 6. √ 7. × 8. √ 9. √
10. √ 11. × 12. √ 13. × 14. √ 15. × 16. √ 17. √ 18. ×
19. √ 20. ×

二、选择题

1. C 2. C 3. C 4. D 5. A 6. C 7. A 8. C 9. B
10. D 11. B 12. B 13. A 14. B 15. A 16. D 17. A 18. C
19. B 20. D 21. D 22. D 23. A 24. B 25. D 26. D 27. C
28. C 29. A 30. B

参 考 文 献

[1] 吴元徽．热处理工技师培训教材［M］．北京：机械工业出版社，2001.

[2] 中国机械工程学会热处理学会．热处理手册［M］．4 版．北京：机械工业出版社，2007.

[3] 樊东黎，等．热处理工程师手册［M］．3 版．北京：机械工业出版社，2011.

[4] 才鸿年，马建平．现代热处理手册［M］．北京：化学工业出版社，2010.

热处理工需学习下列课程

初级：机械识图、钳工常识、电工常识、热处理工（初级）

中级：热处理工（中级）

高级：热处理工（高级）

技师和高级技师：热处理工（技师、高级技师）

国家职业资格培训教材

丛书介绍： 深受读者喜爱的经典培训教材，依据最新国家职业标准，按初级、中级、高级、技师（含高级技师）分册编写，以技能培训为主线，理论与技能有机结合，书末有配套的试题库和答案。所有教材均免费提供 PPT 电子教案，部分教材配有 VCD 实景操作光盘（注：标注★的图书配有 VCD 实景操作光盘）。

读者对象： 本套教材是各级职业技能鉴定培训机构、企业培训部门、再就业和农民工培训机构的理想教材，也可作为技工学校、职业高中、各种短训班的专业课教材。

- ◆ 机械识图
- ◆ 机械制图
- ◆ 金属材料及热处理知识
- ◆ 公差配合与测量
- ◆ 机械基础（初级、中级、高级）
- ◆ 液气压传动
- ◆ 数控技术与 AutoCAD 应用
- ◆ 机床夹具设计与制造
- ◆ 测量与机械零件测绘
- ◆ 管理与论文写作
- ◆ 钳工常识
- ◆ 电工常识
- ◆ 电工识图
- ◆ 电工基础
- ◆ 电子技术基础
- ◆ 建筑识图
- ◆ 建筑装饰材料
- ◆ 车工（初级★、中级、高级、技师和高级技师）
- ◆ 铣工（初级★、中级、高级、技师和高级技师）
- ◆ 磨工（初级、中级、高级、技师和高级技师）
- ◆ 钳工（初级★、中级、高级、技师和高级技师）
- ◆ 机修钳工（初级、中级、高级、技师和高级技师）
- ◆ 锻造工（初级、中级、高级、技师和高级技师）
- ◆ 模具工（中级、高级、技师和高级技师）
- ◆ 数控车工（中级★、高级★、技师和高级技师）
- ◆ 数控铣工/加工中心操作工（中级★、高级★、技师和高级技师）
- ◆ 铸造工（初级、中级、高级、技师

和高级技师）
- ◆ 冷作钣金工（初级、中级、高级、技师和高级技师）
- ◆ 焊工（初级★、中级★、高级★、技师和高级技师★）
- ◆ 热处理工（初级、中级、高级、技师和高级技师）
- ◆ 涂装工（初级、中级、高级、技师和高级技师）
- ◆ 电镀工（初级、中级、高级、技师和高级技师）
- ◆ 锅炉操作工（初级、中级、高级、技师和高级技师）
- ◆ 数控机床维修工（中级、高级和技师）
- ◆ 汽车驾驶员（初级、中级、高级、技师）
- ◆ 汽车修理工（初级★、中级、高级、技师和高级技师）
- ◆ 摩托车维修工（初级、中级、高级）
- ◆ 制冷设备维修工（初级、中级、高级、技师和高级技师）
- ◆ 电气设备安装工（初级、中级、高级、技师和高级技师）
- ◆ 值班电工（初级、中级、高级、技师和高级技师）
- ◆ 维修电工（初级★、中级★、高级、技师和高级技师）
- ◆ 家用电器产品维修工（初级、中级、高级）
- ◆ 家用电子产品维修工（初级、中级、高级、技师和高级技师）
- ◆ 可编程序控制系统设计师（一级、二级、三级、四级）
- ◆ 无损检测员（基础知识、超声波探伤、射线探伤、磁粉探伤）
- ◆ 化学检验工（初级、中级、高级、技师和高级技师）
- ◆ 食品检验工（初级、中级、高级、技师和高级技师）
- ◆ 制图员（土建）
- ◆ 起重工（初级、中级、高级、技师）
- ◆ 测量放线工（初级、中级、高级、技师和高级技师）
- ◆ 架子工（初级、中级、高级）
- ◆ 混凝土工（初级、中级、高级）
- ◆ 钢筋工（初级、中级、高级、技师）
- ◆ 管工（初级、中级、高级、技师和高级技师）
- ◆ 木工（初级、中级、高级、技师）
- ◆ 砌筑工（初级、中级、高级、技师）
- ◆ 中央空调系统操作员（初级、中级、高级、技师）
- ◆ 物业管理员（物业管理基础、物业管理员、助理物业管理师、物业管理师）
- ◆ 物流师（助理物流师、物流师、高级物流师）
- ◆ 室内装饰设计员（室内装饰设计员、室内装饰设计师、高级室内装饰设计师）
- ◆ 电切削工（初级、中级、高级、技师和高级技师）
- ◆ 汽车装配工
- ◆ 电梯安装工
- ◆ 电梯维修工

变压器行业特有工种国家职业资格培训教程

丛书介绍：由相关国家职业标准的制定者——机械工业职业技能鉴定指导中心组织编写，是配套用于国家职业技能鉴定的指定教材，覆盖变压器行业5个特有工种，共10种。

读者对象：可作为相关企业培训部门、各级职业技能鉴定培训机构的鉴定培训教材，也可作为变压器行业从业人员学习、考证用书，还可作为技工学校、职业高中、各种短训班的教材。

- ◆ 变压器基础知识
- ◆ 绕组制造工（基础知识）
- ◆ 绕组制造工（初级 中级 高级技能）
- ◆ 绕组制造工（技师 高级技师技能）
- ◆ 干式变压器装配工（初级、中级、高级技能）
- ◆ 变压器装配工（初级、中级、高级、技师、高级技师技能）
- ◆ 变压器试验工（初级、中级、高级、技师、高级技师技能）
- ◆ 互感器装配工（初级、中级、高级、技师、高级技师技能）
- ◆ 绝缘制品件装配工（初级、中级、高级、技师、高级技师技能）
- ◆ 铁心叠装工（初级、中级、高级、技师、高级技师技能）

国家职业资格培训教材——理论鉴定培训系列

丛书介绍：以国家职业技能标准为依据，按机电行业主要职业（工种）的中级、高级理论鉴定考核要求编写，着眼于理论知识的培训。

读者对象：可作为各级职业技能鉴定培训机构、企业培训部门的培训教材，也可作为职业技术院校、技工院校、各种短训班的专业课教材，还可作为个人的学习用书。

- ◆ 车工（中级）鉴定培训教材
- ◆ 车工（高级）鉴定培训教材
- ◆ 铣工（中级）鉴定培训教材
- ◆ 铣工（高级）鉴定培训教材
- ◆ 磨工（中级）鉴定培训教材
- ◆ 磨工（高级）鉴定培训教材
- ◆ 钳工（中级）鉴定培训教材
- ◆ 钳工（高级）鉴定培训教材
- ◆ 机修钳工（中级）鉴定培训教材
- ◆ 机修钳工（高级）鉴定培训教材
- ◆ 焊工（中级）鉴定培训教材
- ◆ 焊工（高级）鉴定培训教材
- ◆ 热处理工（中级）鉴定培训教材
- ◆ 热处理工（高级）鉴定培训教材

- 焊工（高级）操作技能鉴定实战详解
- 焊工（技师、高级技师）操作技能鉴定实战详解
- 维修电工（中级）操作技能鉴定实战详解
- 维修电工（高级）操作技能鉴定实战详解
- 维修电工（技师、高级技师）操作技能鉴定实战详解
- 汽车修理工（中级）操作技能鉴定实战详解
- 汽车修理工（高级）操作技能鉴定实战详解

技能鉴定考核试题库

丛书介绍：根据各职业（工种）鉴定考核要求分级编写，试题针对性、通用性、实用性强。

读者对象：可作为企业培训部门、各级职业技能鉴定机构、再就业培训机构培训考核用书，也可供技工学校、职业高中、各种短训班培训考核使用，还可作为个人读者学习自测用书。

- 机械识图与制图鉴定考核试题库
- 机械基础技能鉴定考核试题库
- 电工基础技能鉴定考核试题库
- 车工职业技能鉴定考核试题库
- 铣工职业技能鉴定考核试题库
- 磨工职业技能鉴定考核试题库
- 数控车工职业技能鉴定考核试题库
- 数控铣工/加工中心操作工职业技能鉴定考核试题库
- 模具工职业技能鉴定考核试题库
- 钳工职业技能鉴定考核试题库
- 机修钳工职业技能鉴定考核试题库
- 汽车修理工职业技能鉴定考核试题库
- 制冷设备维修工职业技能鉴定考核试题库
- 维修电工职业技能鉴定考核试题库
- 铸造工职业技能鉴定考核试题库
- 焊工职业技能鉴定考核试题库
- 冷作钣金工职业技能鉴定考核试题库
- 热处理工职业技能鉴定考核试题库
- 涂装工职业技能鉴定考核试题库

机电类技师培训教材

丛书介绍：以国家职业标准中对各工种技师的要求为依据，以便于培训为前提，紧扣职业技能鉴定培训要求编写。加强了高难度生产加工，复杂设备的安装、调试和维修，技术质量难题的分析和解决，复杂工艺的编制，故障诊断与排除以及论文写作和答辩的内容。书中均配有培训目标、复习思考题、培训内容、

试题库、答案、技能鉴定模拟试卷样例。

读者对象：可作为职业技能鉴定培训机构、企业培训部门、技师学院培训鉴定教材，也可供读者自学及考前复习和自测使用。

◆ 公共基础知识
◆ 电工与电子技术
◆ 机械制图与零件测绘
◆ 金属材料与加工工艺
◆ 机械基础与现代制造技术
◆ 技师论文写作、点评、答辩指导
◆ 车工技师鉴定培训教材
◆ 铣工技师鉴定培训教材
◆ 钳工技师鉴定培训教材
◆ 焊工技师鉴定培训教材
◆ 电工技师鉴定培训教材
◆ 铸造工技师鉴定培训教材
◆ 涂装工技师鉴定培训教材
◆ 模具工技师鉴定培训教材
◆ 机修钳工技师鉴定培训教材
◆ 热处理工技师鉴定培训教材
◆ 维修电工技师鉴定培训教材
◆ 数控车工技师鉴定培训教材
◆ 数控铣工技师鉴定培训教材
◆ 冷作钣金工技师鉴定培训教材
◆ 汽车修理工技师鉴定培训教材
◆ 制冷设备维修工技师鉴定培训教材

特种作业人员安全技术培训考核教材

丛书介绍：依据《特种作业人员安全技术培训大纲及考核标准》编写，内容包含法律法规、安全培训、案例分析、考核复习题及答案。

读者对象：可用作各级各类安全生产培训部门、企业培训部门、培训机构安全生产培训和考核的教材，也可作为各类企事业单位安全管理和相关技术人员的参考书。

◆ 起重机司索指挥作业
◆ 企业内机动车辆驾驶员
◆ 起重机司机
◆ 金属焊接与切割作业
◆ 电工作业
◆ 压力容器操作
◆ 锅炉司炉作业
◆ 电梯作业
◆ 制冷与空调作业
◆ 登高作业

读者信息反馈表

亲爱的读者：

您好！感谢您购买《热处理工(中级)　第2版》(吴元徽　编)一书。为了更好地为您服务，我们希望了解您的需求以及对我社教材的意见和建议，愿这小小的表格在我们之间架起一座沟通的桥梁。另外，如果您在培训中选用了本教材，我们将免费为您提供与本教材配套的电子课件。

姓　名		所在单位名称		
性　别		所从事工作(或专业)		
通信地址			邮　编	
办公电话		移动电话		
E-mail		QQ		
1. 您选择图书时主要考虑的因素(在相应项后面画✓) 出版社(　　)　内容(　　)　价格(　　)　其他：________ 2. 您选择我们图书的途径(在相应项后面画✓) 书目(　　)　书店(　　)　网站(　　)　朋友推介(　　)　其他：________				
希望我们与您经常保持联系的方式： □ 电子邮件信息　□ 定期邮寄书目　□ 通过编辑联络　□ 定期电话咨询				
您关注(或需要)哪些类图书和教材：				
您对本书的意见和建议(欢迎您指出本书的疏漏之处)：				
您近期的著书计划：				

请联系我们——

地　　址　北京市西城区百万庄大街22号　机械工业出版社技能教育分社

邮　　编　100037

社长电话　(010)88379083　88379080

传　　真　(010)68329397

营销编辑　(010)88379534　88379535

免费电子课件索取方式：

网上下载　www. cmpedu. com

邮箱索取　jnfs@ cmpbook. com